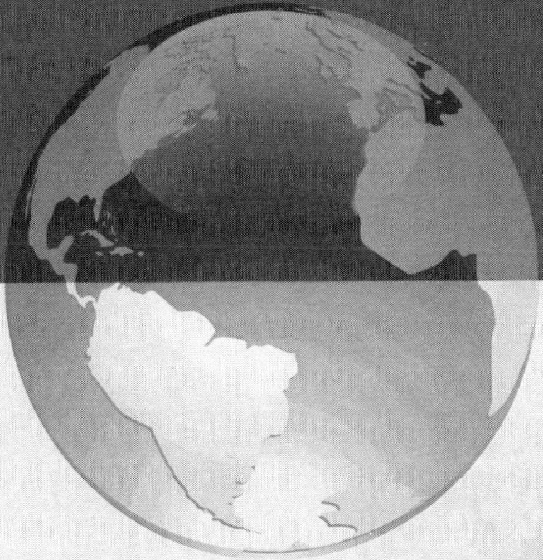

財務管理

主　編　朱盈盈
副主編　馮文龍、明儀皓、劉婷婷

崧燁文化

前言

新時期理財環境的變遷，使財務管理的廣度迅速拓展、深度不斷延伸，對企業的財務管理工作提出了新的挑戰。為了更好地滿足新形勢下企業財務管理的需要，適應高等院校培養應用型人才的迫切要求，我們在借鑑最新的財務管理理論和研究進展的基礎上，編寫了這本《財務管理》教材。

本書以公司制企業的財務管理為主線，以企業財務管理目標為導向，全面系統地分析了現代企業財務管理中的常見問題、方法和技術。

本書的主要特點在於：

第一，結構嚴謹、邏輯清晰、體系合理。本書在結構設計上依據基礎篇、實務篇、專題篇三部分展開。基礎篇主要介紹企業財務管理決策的基本理論和方法體系；實務篇是全書的主體和重點，圍繞企業財務活動的四個方面，即籌資活動、投資活動、資金營運活動和分配活動，系統闡述企業財務管理的具體內容和決策方法；專題篇作為後續和補充，探討在財務假設受到挑戰時，如財務危機、企業併購等時期的特殊財務決策問題。

第二，在內容上突出前瞻性和應用性。本書依據最新頒布的財經法規、會計準則的最新內容和要求編寫，緊密結合中國經濟新常態、金融創新等制度環境的變遷，體現前瞻性。全書共分 10 章，內容包括：財務管理概論、財務估值基礎、財務分析、長期籌資、資本結構決策、投資決策、營運資金管理、利潤分配管理、財務危機管理、企業併購。各章的例題和案例分析均是基於國內企業特別是上市公司的財務數據，力圖從實際應用入手，將現代財務理論與中國企業的財務管理實踐相結合，有助於讀者深入地理解和掌握書中的內容。

第三，在體例上強調實用性和新穎性。本書的理論闡述遵循由易到難、循序漸進的原則，力求簡明扼要、通俗易懂，並結合大量實例來說明財務管理理論和方法的原理及應用，幫助讀者構建完整的財務管理知識體系。根據本科生的認知特點，在編寫時採用了統一的格式化體例，每章都以學習目標和引導案例開篇，章末則以本章小結和配套練習題收尾，形成遞進式教學體系。為便於老師開展案例教學，各章還設置了案例分析，案例資料全部來源於真實案例，使本書更具可讀性和可操作性。

本書可作為高等院校經濟管理類專業的教材，並特別適合於應用型高校的財務管理教學，也可作為財務管理從業人員和廣大實務工作者的參考書。

本書由朱盈盈教授擔任主編並負責整體框架設計，各章具體分工如下：第 1 章由朱盈盈教授和劉婷婷博士共同編寫；第 2 章、第 8 章、第 10 章由明儀皓副教授編寫；第 3 章由劉婷婷博士編寫；第 4 章、第 5 章由朱盈盈教授編寫；第 6 章、第 7 章、第 9 章由馮文龍副教授編寫；最後由朱盈盈教授統稿並審定。

在編寫過程中，我們參閱了大量財務學領域的經典著作和相關文獻，吸收了眾多專家學者的思想觀點和研究成果，並參考了國內外同類優秀教材，在此，對有關作者一併表示衷心感謝！

儘管我們付出了不懈的努力，但限於水平和時間，書中疏漏和不當之處在所難免，恭請廣大讀者批評指正，以期再版時改進。

朱盈盈

目錄

基礎篇

第一章　財務管理概論 …… (3)
第一節　財務管理的概念 …… (3)
第二節　財務管理的目標 …… (8)
第三節　財務管理的環境 …… (13)

第二章　財務估值基礎 …… (26)
第一節　貨幣時間價值 …… (27)
第二節　風險與收益 …… (34)
第三節　證券價值評估 …… (47)

第三章　財務分析 …… (61)
第一節　財務分析概述 …… (62)
第二節　財務指標分析 …… (65)
第三節　財務綜合分析 …… (80)

實務篇

第四章　長期籌資 …… (96)
第一節　長期籌資概述 …… (97)
第二節　股權籌資 …… (105)
第三節　債務籌資 …… (113)

第四節　混合籌資 ………………………………………………………… (124)

第五章　資本結構決策 ………………………………………………… (137)
第一節　資本成本 ………………………………………………………… (138)
第二節　槓桿效應 ………………………………………………………… (149)
第三節　資本結構 ………………………………………………………… (157)

第六章　投資決策 ……………………………………………………… (170)
第一節　投資決策概述 …………………………………………………… (171)
第二節　現金流量分析 …………………………………………………… (176)
第三節　項目投資決策指標 ……………………………………………… (185)
第四節　項目投資決策方法 ……………………………………………… (196)
第五節　證券投資決策 …………………………………………………… (207)

第七章　營運資金管理 ………………………………………………… (223)
第一節　營運資金概述 …………………………………………………… (224)
第二節　現金管理 ………………………………………………………… (233)
第三節　應收帳款管理 …………………………………………………… (240)
第四節　存貨管理 ………………………………………………………… (253)
第五節　短期籌資 ………………………………………………………… (262)

第八章　利潤分配管理 ………………………………………………… (274)
第一節　利潤分配概述 …………………………………………………… (275)
第二節　股利分配理論 …………………………………………………… (280)
第三節　股利政策實踐 …………………………………………………… (283)
第四節　股票分割與股票回購 …………………………………………… (291)

專題篇

第九章　財務危機管理 …………………………………………………………（302）
第一節　財務危機概述 …………………………………………………………（303）
第二節　財務危機管理概述 ……………………………………………………（309）
第三節　財務危機診斷與預警 …………………………………………………（314）
第四節　財務危機處理 …………………………………………………………（324）

第十章　企業併購 ………………………………………………………………（337）
第一節　企業併購的概念和類型 ………………………………………………（338）
第二節　企業併購理論 …………………………………………………………（340）
第三節　企業併購實踐 …………………………………………………………（345）

參考文獻……………………………………………………………………………（363）

附表一：複利終值系數表……………………………………………………………（366）
附表二：複利現值系數表……………………………………………………………（368）
附表三：年金終值系數表……………………………………………………………（370）
附表四：年金現值系數表……………………………………………………………（372）

基礎篇

第一章　財務管理概論

學習目標

- 理解財務管理的概念。
- 掌握財務管理目標的主要觀點。
- 理解財務管理的環境。

引導案例

轉變財務管理理念，助力經濟低碳轉型①

2015 年 11 月 30 日至 12 月 11 日，第 21 屆聯合國氣候變化大會在巴黎北郊的布爾歇展覽中心舉行，90 名中國企業家組成的中國企業家代表團前往參會，共同探討企業在推動節能減排、發展綠色低碳經濟、參與應對氣候變化領域的實踐經驗與機遇，為中國城市的低碳轉型探索路徑。經濟的低碳化轉型將引起企業生產經營環境的變化，企業應適時轉變財務管理理念、及時調整財務管理戰略，在企業的財務活動中充分考慮低碳環境的影響，採取相應的低碳策略以適應低碳經濟，推動企業健康可持續發展。

思考與討論：

1. 影響企業財務管理目標的外部環境有哪些？
2. 請評價企業的社會責任與企業發展的關係。
3. 低碳轉型背景下，企業應當如何應對？

第一節　財務管理的概念

一、企業資金運動

在企業的生產經營過程中，物資資料的購買、加工和銷售固然非常重要，但是作為物資資料的貨幣表現形式，資金的作用不可替代。企業的資金流動是企業生產經營活動的價值體現，是以價值的形式反應企業的生產經營過程。

① 資料來源：筆者根據公開資料整理。

伴隨著企業購買、投資、生產、銷售和分配等生產經營活動的不斷進行，企業資金也處於不斷運動的狀態，從貨幣資金形態開始，依次經歷固定資金、生產儲備資金、未完工產品資金、產成品資金等形態，最終又回到貨幣資金形態。以從貨幣資金形態為起點，經過不同的資金形態變化，最終回到貨幣資金形態的運動過程，稱為資金的循環；周而復始的資金循環形成了資金的運動。如圖 1-1 所示。

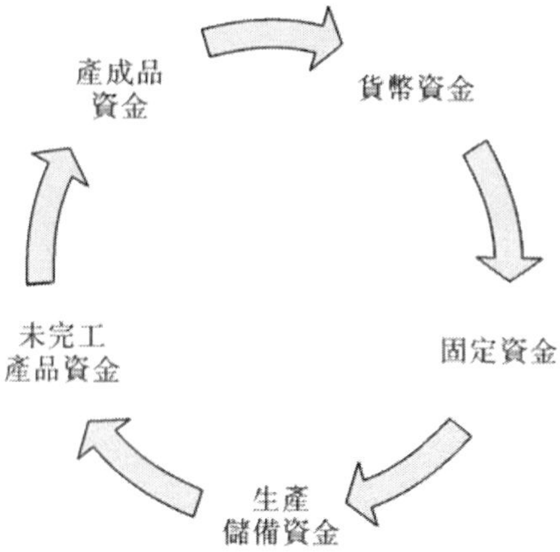

圖 1-1　資金循環圖

資金作用的體現不僅在於資金的數量，更在於資金的質量。決定企業資金運用質量的重要因素是資金的流動，只有流動的資金才能促使企業價值的形成和增值。企業資金運動的形式包括資金流入、資金流出和資金結存三方面。

（一）資金流入

資金流入主要是企業為滿足不同生產經營狀態下籌資、投資或經營需要，通過發行股票、長期股權投資、銷售商品等方式，從投資者或債權人處獲得的資金增量。

（二）資金流出

資金流出往往是企業在不同生產經營狀態下因籌資、投資或經營需要，由於償還到期的本息、對外投資、購買原材料或商品等引起的資金減少。

（三）資金結存

資金結存是指以各類存貨、固定資產、對外投資等實物形式或庫存現金、銀行存款等貨幣形式存在於企業的資金。相比較而言，貨幣形式的資金的流動性和安全性較強。

二、企業財務活動

企業的財務活動是企業生產經營過程中以現金收支為主的資金運動的總稱。市場經濟條件下，幾乎所有的物質資料都具有一定的價值，資金是物質資料內在價值的外在貨幣表現。資金也是企業開展各項經濟活動的必要條件。以製造業企業為例，其生產經營活動主要表現為物質資料的採購、生產和銷售等環節，伴隨著資金的籌集、投入、營運和回收等資金運動。因此，企業的經營活動不斷進行，也就會不斷產生資金的收支。企業的資金運動構成了企業經濟活動的一個獨立方面，即企業的財務活動。

企業的資金運動涉及籌集、投入、營運和回收等過程，所以企業財務活動也主要由籌資、投資、經營和分配四方面構成。

（一）企業籌資引起的財務活動

企業從事生產經營，必須從各種渠道籌集必需的資金，這是企業進行正常生產經營活動的前提，也是財務管理的起點。在籌資過程中，企業可以通過發行股票、債券和吸收直接投資等方式籌集資金，形成企業資金的收入；而企業償還借款、支付利息、股利以及付出各種籌資費用等，形成企業資金的支出。這種因資金籌集而產生的資金運動，便是由企業籌資而引起的財務活動。

企業籌資所要解決的問題是如何取得所需要的資金。具體而言，財務人員首先應明確以什麼方式籌集資金，例如，是通過發行股票取得資金還是向債權人借入資金，兩種資金占總資金的比例應為多少等。假設企業決定借入資金，還要進一步考慮是發行債券還是從銀行借入資金，是借入長期資金還是短期資金，資金的償付是固定的還是可變的，等等。財務人員面對這些問題時，一方面要保證籌資總規模能滿足企業經營與投資的需要，另一方面應通過籌資渠道和籌資方式確定合理的籌資結構，降低籌資成本和風險。一個企業運用融入的資金所產生的現金流量若能與償還負債所需的現金流量相匹配，就能使融資風險最小化，並將企業使用借入資金的能力最大化。

（二）企業投資引起的財務活動

企業投資是指企業將籌集的資金投入生產經營活動以獲得盈利，不斷增加企業價值。企業把籌集到的資金投資於企業內部購置流動資產、固定資產、無形資產等，便形成企業的對內投資；企業把籌集到的資金用於購買其他企業的股票、債券，或與其他企業聯營進行投資，以及收購另一個企業等，便形成企業的對外投資。企業無論對內投資還是對外投資，都需要支出資金。當企業變賣其對內投資的各種資產或收回其對外投資時，則會產生資金的收入。這種因投資而產生的資金運動，便是由企業投資而引起的財務活動。

在進行投資活動時，由於企業的資金是有限的，因此應盡可能的將資金投放於能帶給企業最大收益的項目。同時，當前的投資通常在未來才能獲得回報，因此財務人員在分析投資方案時，不僅要分析投資方案的資金流入與流出，還要分析企業為獲得相應的報酬需要等待多久。顯然，獲得回報越早的投資項目越好。此外，投資項目很少是沒有風險的，一個新的投資項目可能成功，也可能失敗。因此，財務人員需要找到一種方法對這些風險因素加以計量，從而判斷選擇哪個方案，放棄哪個方案，或者是將哪些方案進行組合。

（三）企業經營引起的財務活動

在正常的經營過程中，企業會發生一系列資金收支活動。首先，企業要採購原材料或商品，以便從事生產和銷售活動，同時還要支付工資和其他營業費用；其次，企業售出產品後，便可取得收入，收回資金；最後，如果企業現有資金不能滿足企業經營的需要，還要採取短期借款等方式來籌集所需資金，或者當出現暫時閒置的資金時，也可以購買短期債券，以獲得一定的報酬。這種因生產經營而產生的資金運動，便是由企業經營而引起的財務活動。

在日常理財活動中，主要涉及的都是流動資產與流動負債的管理問題。流動資金的週轉與生產經營週期具有一致性，在一定時期內，資金週轉越快，就可以利用相同數量的資金生產出越多的產品，取得越多的收入，獲得越多的報酬。因此，如何加速資金的週轉，提高資金利用效率，是財務人員在這類財務活動中需要考慮的問題。

（四）企業分配引起的財務活動

企業在經營過程中會產生利潤，也可能會因對外投資而分得利潤，這表明企業有了資金的增值或取得了投資報酬。企業的利潤要按規定的程序進行分配。首先，要依法納稅；其次，要用來彌補虧損，提取公積金、公益金；最後，要向投資者分配利潤。這種因利潤分配而產生的資金運動，便是由企業分配而引起的財務活動。

在分配活動中，財務人員需要確定利潤支付率的高低，即多大比例的稅後利潤用來支付給投資人。過高的利潤支付率會使較多的資金流出企業，從而影響企業再投資的能力。一旦企業遇到較好的投資項目，將有可能因為缺少資金而錯失良機。而過低的利潤支付率又有可能引起投資人不滿，對於上市企業而言，這種情況可能導致股價的下跌，從而使企業價值下降。因此，財務人員要根據企業自身的具體情況確定最佳的分配政策。

上述企業財務活動的四個方面，不是相互割裂、互不相關的，而是相互聯繫、相互依存的。正是這互相聯繫而又有所區別的四個方面，構成了完整的企業財務活動。

三、企業財務關係

市場經濟條件下，企業的生產經營活動中必然同其他經濟單位和個人發生經濟上的聯繫。企業的財務活動不僅僅是一種物質資料的運動或資金的增減變化，也體現著人與人之間的經濟關係。企業在籌資、投資、經營和分配等財務活動過程中，與相關利益各方發生的經濟利益關係，稱為財務關係。企業的利益相關者主要有投資者（股東）、債權人、受資者、債務人、企業內部各單位、企業職工（高級管理人員和員工）和稅務機關等。企業的財務關係主要包括以下幾個方面：

（一）企業與投資者間的財務關係

企業與投資者間的財務關係是指投資者向企業投入資金，企業向投資者支付投資報酬所形成的經濟關係。企業的投資者主要有四類：國家、法人單位、個人和外商。企業的投資者要按照投資合同、協議或章程的約定履行出資義務，以便及時形成資本金，出資後投資者成為企業的所有者；作為經營者，企業利用資本金進行經營並實現利潤後，也要按出資比例或合同、章程的規定，向投資者分配利潤。按照現代企業制度的要求，企業的經營者與企業所有者之間是委託方與受託方的委託代理關係。因此，企業與投資者之間的財務關係體現著所有權的性質，反應著經營權和所有權的關係。

（二）企業與債權人間的財務關係

企業與債權人間的財務關係是指債權人根據契約或合同向企業提供資金，企業按照約定向債權人按時支付利息和償付本金所形成的經濟關係。企業生產經營活動需要大量的資金，除了利用資本金進行經營活動之外，通常還需要借入一定數量的資金。企業的債權人主要有：貸款銀行、債券持有者、商業信用提供者和其他出借資金給公司的單位或個人。企業與債權人之間的財務關係體現的是債務與債權關係。

（三）企業與受資者間的財務關係

企業與受資者間的財務關係是指企業將其閒置資金以購買股票或直接投資的形式，向其他企業投資並取得投資收益所形成的經濟關係。投資企業向被投資企業提供股權資本，被投資企業向投資企業分配利潤。這些被投資的企業就是受資者，企業與它們間的財務關係就是對外投資和分享投資收益的關係，體現的是所有權性質的投資與受資的關係。

（四）企業與債務人間的財務關係

企業與債務人間的財務關係是指企業將其資金以購買債券、提供借款或商業信用等形式出借給其他企業所形成的經濟關係。企業向其他企業提供債權資本，有權要求其債務人按約定的條件支付利息和償付本金。企業與債務人之間的財務關係體現的是債權與債務關係。

（五）企業內部各單位間的財務關係

企業內部各單位間的財務關係是指企業內部各單位在生產經營各環節中相互提供產品或勞務所形成的經濟關係。在實行內部經濟核算制的條件下，企業內部的供、產、銷各部門以及各生產單位之間，相互提供產品和勞務要進行計價結算。這種在企業內部形成的資金結算關係，體現了企業內部各單位之間的利益關係。

（六）企業與職工間的財務關係

企業與職工間的財務關係是指企業向職工支付勞動報酬的過程中所形成的經濟關係。企業要用自身的產品銷售收入，根據職工為企業提供的勞動，向職工支付工資、津貼、獎金等，即按照職工提供的勞動數量和質量支付勞動報酬。企業與職工之間的財務關係體現了兩者在勞動成果上的分配關係。

（七）企業與稅務機關間的財務關係

企業與稅務機關間的財務關係是指企業作為納稅主體必須依法納稅，從而與政府稅務機關所形成的經濟關係。政府是社會的管理者，而稅收則是政府財政收入的主要來源。任何企業都有義務按照國家稅法的規定向政府繳納各種稅款，以保證國家財政收入的實現，從而來滿足社會各方面的需要。及時、足額納稅是企業對國家的貢獻，也是對社會應盡的義務。因此，企業與稅務機關之間的財務關係反應的是依法納稅和依法徵稅的權利與義務關係。

企業的財務活動是持續的動態過程，在此過程中形成企業與利益相關者之間的財務關係。企業財務包括財務活動和財務關係，它們共同構成企業財務管理的對象。

四、企業財務管理

財務管理是基於企業再生產過程中客觀存在的財務活動和財務關係而產生的，是企業組織財務活動，處理財務關係的一項經濟管理工作。企業財務管理的表象是組織財務活動，實質是處理財務關係。要準確理解企業財務管理的概念，需要把握以下幾層含義：

第一，企業財務管理的核心是價值管理。財務管理區別於企業其他管理活動的特點在於它是一種價值管理，即對企業再生產過程中價值運動所進行的管理。

第二，企業財務管理的對象是企業的財務活動和財務關係。財務管理是基於企業再生產過程中客觀存在的財務活動和關係而產生的，是組織企業財務活動、協調企業同各方面財務關係的一項管理活動。

第三，企業財務管理的基本內容包括籌資管理、投資管理、營運資金管理和利潤分配管理。企業的基本活動可以分為籌資、投資、經營和分配四個方面。與之相對應，企業財務管理的基本內容包括籌資管理、投資管理、營運資金管理和利潤分配管理四個部分。

第四，企業財務管理的導向是企業的財務管理目標。財務管理是有意識的管理活動，財務管理目標是企業財務管理活動的導向，它決定著財務管理主體的行為模式。

第五，企業財務管理在整個企業經營管理中處於核心地位，是企業經營管理不可或缺的重要組成部分。財務管理滲透到企業的各個領域、各個環節之中，直接關係到企業的生存與發展。

第二節　財務管理的目標

一、企業目標與財務管理目標

企業是以盈利為目的而從事生產經營活動的經濟組織。在市場經濟的風浪中，企業必須生存下去，才能盈利；只有不斷發展，才能求得生存；只有能夠盈利，才有生存的價值。目標是系統希望實現的結果，作為市場主體的企業，其目標可以概括為生存、發展和盈利。上述三個目標相輔相成，共同決定企業的興衰成敗。其中，生存是盈利與發展的基礎，盈利是生存與發展的動力，而發展又是盈利與生存得以持續的保障。

財務管理目標是企業進行財務管理所要達到的根本目的，它是財務管理工作的行動指南。財務管理的目標是企業目標在財務管理中的體現，與企業目標最終是一致的，但又受到財務管理自身特點的制約。科學地設置財務管理目標，對優化理財行為、實現財務管理的良性循環有重要意義。

二、財務管理目標理論

財務管理目標是在特定的理財環境下形成的，隨著政治、經濟、金融環境等的變化，企業的財務管理目標也不斷發展。在財務管理理論發展過程中，關於企業財務管理目標最具代表性的觀點是：利潤最大化、股東財富最大化和企業價值最大化。

(一) 利潤最大化

這種觀點認為：利潤代表了企業新創造的財富，利潤越多則說明企業的財富增加得越多，越接近企業的目標。基於此，企業應當通過合法經營，採取有效的經營和財務策略，謀求企業在一定期間利潤的最大化。

以利潤最大化為理財目標是有其合理的一面。原因在於：

(1) 企業生存發展的最終目標就是盈利，而利潤代表著企業一定時期經營活動的綜合成果，利潤越多意味著投資者的財富增加得越多。因此，利潤最大化目標是與企業的基本目標一致的，也反應了投資者的要求。

(2) 利潤體現了經濟效益的高低，企業追求利潤最大化，就必須重視經濟核算，加強管理，改進技術，提高勞動生產率，降低產品成本。這些措施都有利於資源的合理配置，有利於經濟效益的提高。

(3) 利潤是增加投資者收益、提高員工勞動報酬的來源，也是企業補充資本累積，擴大經營規模的源泉，利潤最大化目標下能夠同時實現各相關利益主體的利益。

(4) 只有每個企業都最大限度地創造利潤，整個社會的財富才可能實現最大化，從而帶來社會的進步和發展。

但是，以利潤最大化作為財務管理目標存在以下缺陷：

(1) 沒有考慮利潤實現的時間和資金時間價值。比如，甲、乙兩家企業均盈利 2,000 萬元，根據利潤最大化目標，兩家企業的經營財務管理目標實現效果相同；然而，如果甲、乙兩家企業分別是今年和去年實現的盈利 2,000 萬元，兩家企業的利潤實現時間不同，資金的時間價值也不一樣，倘若認為兩家企業財務管理實現效果相同顯然不合理。

(2) 沒有考慮風險因素，可能導致企業忽略對風險的控製而一味地追求高利潤。例如，甲企業為了實現高利潤，銷售環節大肆採用賒銷方式，導致取得的收入中應收帳款占比偏高，雖然利潤水平較高，但是也蘊藏著較高的風險。

(3) 沒有考慮投入產出比。利潤是絕對數，不能反應創造的利潤與投入資本之間的關係。例如，甲、乙兩家企業今年都賺取了 2,000 萬元利潤，並且取得的都是現金收入，單純依靠利潤指標很難判斷兩家企業財務管理目標的實現效果；如果還知道甲企業的投資額為 2 億元，而乙企業的投資額為 5 億元，就能說明甲企業的理財目標實現得更好。

(4) 利潤是一個會計指標，會受到人為因素的影響；並且利潤指標通常按年計算，可能導致企業短期財務決策傾向，影響企業長遠發展。

(二) 股東財富最大化

股東財富最大化，或稱股東價值最大化，是指企業通過合法經營，採取有效的經營和財務策略，為股東帶來最大的財富。對上市公司而言，股東財富是由其所擁有的股票數量和股票市場價格兩方面決定的。比如，某股東持有企業股票 2 萬股，當時每股市場價格為 8 元，則該股東財富的當時價值為 16 萬元。在有效市場假設條件下，股票價格能夠及時、全面地反應價格相關信息，成為價值的最好表現，是衡量股東財富的最有力指標。所以，股東財富最大化又演變為股票價格最大化。

與利潤最大化相比，股東財富最大化目標有其積極的方面：

(1) 考慮了貨幣時間價值，因為股票的內在價值是未來股息收益的折現值，既取決於企業未來現金流量水平，也受到現金流入時間的影響。

(2) 考慮了風險因素，因為風險的高低會對股票價格產生重要影響。

(3) 考慮了利潤與投入資本的關係，因為股票價格是對每股股份的標價，反應的是單位投入資本的市場價格。

(4) 能夠在一定程度上克服企業追求短期利益的行為，因為不僅當前的利潤會影響股價，預期未來的利潤同樣會對股價產生重要影響。

(5) 股東財富最大化目標比較容易量化，便於考核和獎懲。

但應該看到，股東財富最大化目標還存在一些不足：

(1) 適用範圍偏窄。股東財富最大化目標只適合於上市公司，非上市公司難以應用，因為非上市公司無法像上市公司一樣隨時準確地獲得公司股價。而上市公司無論在中國還是在其他國家，都只占全部企業的極少一部分。

(2) 利益導向上有失偏頗。股東財富最大化目標將股東利益作為企業財務目標的最終歸屬，而忽視了其他利益相關者的利益，這樣會導致股東利益與其他相關者利益之間的衝突，反過來也會影響股東利益的實現。比如，在人力資本對企業產出貢獻較大的高科技企業，如果企業的財務活動僅僅能滿足股東的利益需求，而不考慮核心技術人員的利益需求，將會極大地挫傷人力資本所有者的積極性，進而阻礙企業的發展。

(3) 對股東財富的衡量缺乏科學的標準。股價受眾多因素包括非經濟因素的影響，有些還可能是非正常因素，波動性很大，難以準確體現股東財富。特別是在如中國這樣新興的資本市場，股價不能真實、準確地反應企業財務管理狀況，以股價作為評價管理層經營業績的標準會打擊管理層的主動性和積極性。

(三) 企業價值最大化

企業價值最大化是指企業通過合法經營，採取有效的經營和財務策略，謀求企業全部資產的市場價值實現最大。企業價值主要有兩種度量方式：一是等於其流通股票和債券的現行市場價值之和，即按企業流通股票和債券的現行市價計算的總市值；二是等於其未來現金流量的折現價值，即預測企業未來現金流入和現金流出以及現金淨流量，並採用適當的折現率進行折現計算後的現值。

以企業價值最大化作為財務管理目標，延續了股東財富最大化的優點：①考慮了貨幣的時間價值和風險因素；②考慮了利潤與投入資本的關係；③能在一定程度上克服企業的短期行為等。

然而，以企業價值最大化作為財務管理目標也有一些問題：

(1) 計量上存在困難。對於非上市公司，只有對企業進行專門的評估才能確定其價值，而在評估企業的資產時，由於受評估標準和評估方式的影響，很難做到客觀和準確。

(2) 企業價值過於理論化，不易操作。與利潤相比較，企業價值過於抽象，難以被一般企業所理解和接受。

實際上，要實現企業價值最大化，一方面，依託於企業的可持續發展，這受企業研發能力、行銷能力、成本管理能力和員工素質的影響；另一方面，取決於企業的經營成果。基於此，將企業價值最大化作為財務管理目標，應當從以下三方面入手考察：

(1) 堅持利潤導向，並重視考核利潤形成中各因素的影響。理由是：①利潤可以直接反應企業創造的價值；②利潤在一定程度上反應經濟效益的高低；③關注利潤形成中各因素的影響，有利於明確責任並實施針對性的管理。

(2) 輔助考核現金流量。現金流量能夠在一定程度上反應利潤的質量，為企業的財務管理提供指引。

(3) 輔助考核經濟增加值（EVA）。EVA 能夠度量企業獲得的超過正常利潤的額外利潤，反應經營活動的增加值。考核 EVA 的原因有：①EVA 度量的是資本的超額利潤，反應了資本追逐超額收益的天性；②影響 EVA 的因素有企業稅後淨營業利潤、資本占用和加權平均資本成本率，更能體現管理的本質屬性。

三、財務管理目標與多邊利益協調

各國公司法都規定，股東權益是剩餘權益，是在其他相關者利益得到滿足後的剩餘權益，只有滿足了其他方面的利益之後才會有股東的利益。企業只有在向供應商支付了貨款、給職工發了工資、給債權人支付了利息、向政府支付了稅金之後，才可以向股東支付收益。可見，其他利益相關者的要求先於股東被滿足。所以，這種滿足必須是有限度的，否則股東就不會有剩餘了。股東創辦企業的目的是增加財富，並在企業的日常經營過程中承擔著最大的義務和風險。如果企業不能為股東創造價值，他們就不會為企業提供資本。離開了股東的投入，企業就不復存在，其他利益相關者的要求也就無從實現。因此，無論企業的財務管理目標是利潤最大化，還是企業價值最大化，都要以股東財富最大化為基礎，協調好各種利益相關者的利益關係，化解他們之間的利益衝突。

協調利益相關者的利益衝突，要把握的原則是：盡可能使企業利益相關者的利益分配在數量上和時間上達到動態協調平衡。而在所有的利益衝突協調中，所有者與經營者、所有者與債權人、大股東與中小股東的利益衝突協調至關重要。

(一) 所有者與經營者的利益衝突與協調

股東作為企業的所有者，委託經營者管理企業，期望經營者代表他們的利益工作，實現所有者財富最大化；而經營者努力工作創造的財富不能由其單獨享有，而是由全體股東分享，兩者的目標會經常不一致。經營者和所有者的主要利益衝突，就是經營者希望在創造財富的同時，能夠獲取更多的報酬、更多的閒暇時間，同時避免風險；而所有者則希望以較小的代價（支付較少的報酬）實現更多的財富。

為了協調所有者與經營者的利益衝突，防止經營者背離所有者目標，一般可以通過激勵和監督機制解決。

1. 激勵

激勵就是將經營者的報酬與其績效直接掛勾，讓經營者分享企業增加的財富，鼓勵他們自覺採取符合所有者利益最大化的措施。激勵通常有兩種方式：

(1) 股票期權。即允許經營者在未來某一時期以約定的價格購買預先約定數量的本企業股票，股票的市場價格高於約定價格的部分就是經營者所得的報酬。經營者為了獲得更大的股票漲價益處，就必然主動採取能夠提高股價的行動，從而增加所有者財富。

(2) 績效股。企業運用每股收益、資產收益率等業績評價指標評價經營者績效，並視其績效大小給予經營者數量不等的股票作為報酬。如果經營者績效未能達到規定目標，經營者將喪失原先持有的部分績效股。這種方式使經營者不僅為了多得績效股而採取實質行動提高經營績效，而且也會運用各種方法保持股票市價的穩定上升，從而兩者都會增加所有者財富。

然而，激勵也是有成本的。如果所有者支付給經營者的報酬過高，激勵成本過大，將不能實現自己的最大利益；如果報酬過低，不足以激勵經營者，所有者也不能獲得最大利益。所以，激勵可以減少經營者違背所有者意願的行為，但也不能解決全部問題。

2. 監督

經營者背離所有者目標的條件是雙方信息不對稱，經營者瞭解的企業信息比所有者要多，從而形成「內部人控製」。解決這一問題的出路是所有者獲取更多的信息，對經營者進行監督。當經營者背離股東目標時，減少其各種形式的報酬，甚至解雇他們。經營者為了不被解聘就需要努力工作，為實現企業的財務管理目標服務。

但是，由於所有者得不到充分的信息，全面監督在實際上是行不通的，而且其代價高昂，很可能超過所能帶來的收益。因此，即使所有者支付審計費聘請註冊會計師，也僅限於審計財務報表，而不是全面審查經營者的所有管理行為。受到監督成本的限制，所有者也不可能事事都監督。所以，監督可以減少經營者違背所有者意願的行為，但不能解決全部問題。

通常，企業會同時採取監督和激勵兩種方式來協調所有者和經營者的利益衝突。儘管如此，仍不可能使經營者完全按所有者的意願行動，經營者仍然可能採取一些對自己有利而不符合所有者利益最大化的決策，並由此給所有者帶來一定的損失。監督成本、激勵成本和偏離所有者目標的損失三者之間此消彼長，相互制約。所有者要權衡輕重，力求找出能使三項之和最小的解決辦法。

(二) 所有者與債權人的利益衝突與協調

當公司向債權人借入資金後，兩者也形成一種委託代理關係。但是，股東在獲得債權人的資金後，在實施其財富最大化目標時會在一定程度上損害債權人的利益。例如，所有者可能未經債權人同意，要求經營者投資於風險更高的項目，這會增加償債風險，降低債權人的負債價值，造成債權人風險與收益的不對稱。因為高風險的項目一旦成功，額外的利潤就會被所有者獨享；但若失敗，債權人卻要與所有者共同負擔由此而造成的損失。再如，所有者可能在未徵得現有債權人同意的情況下，要求經營者舉借新債，這會增大企業的破產風險，使原有債權的價值降低，損害債權人的利益。

為了協調所有者與債權人的利益衝突，防止所有者背離債權人的目標，一般可以通過以下機制解決：

1. 限制性條款

債權人通過事先在借款合同中加入限制性條款，如規定資金的用途、規定不得發行新債或限制發行新債的數額等，使所有者不能通過以上兩種方式削弱債權人的債權價值。

2. 收回借款或停止借款

當債權人發現企業有侵蝕其債權價值的意圖時，採取提前收回借款或不再提供新的借款的措施，拒絕進一步合作，從而保護自身權益。

（三）大股東與中小股東的利益衝突與協調

大股東通常是指控股股東，他們持有企業大多數股份，能夠影響股東大會和董事會的決議，往往委派企業的最高管理者，從而掌握企業的重大經營決策，擁有對企業的控製權。中小股東人數眾多但持股數量較少，幾乎無法參與企業的經營管理，與控股股東間存在著嚴重的信息不對稱，他們的權利很容易被控股股東以各種形式侵害。大股東侵害中小股東利益的表現形式有：①大股東利用關聯交易轉移上市公司的利潤；②發布虛假信息，操縱股價，欺騙中小投資者；③利用不合理的股利政策，掠奪中小股東的既得利益；④為大股東委派的高級管理者支付較高的報酬和特殊津貼。

為了協調大股東與中小股東的利益衝突，防止大股東侵害中小股東利益，一般可以通過如下兩種方式解決：

1. 改善公司治理

完善上市公司的治理結構，保障股東大會、股東會和監事會有效運行，構建相互制衡的公司治理機制。例如，增強中小股東的投票權、知情權和裁決權，提高董事會中獨立董事的比重，充分發揮監事會的監督職能等。

2. 規範信息披露

完善上市公司的信息披露制度，確保信息的及時性、真實性和完整性。

第三節　財務管理的環境

任何事物總是與一定的環境相聯繫而產生、存在和發展，是一個與其環境相互作用、相互依存的系統，財務管理也不例外。企業的財務管理環境又稱理財環境，是對企業財務活動和財務管理產生影響和作用的企業內外各種條件或因素的統稱。不同時期、不同國家、不同領域的財務管理需要面對不同的理財環境。在這個環境中，優勝劣汰，適者生存。企業只有實時瞭解理財環境，最大限度地適應理財環境，才能使決策和管理工作避害趨利，為實現企業財務管理目標服務。如果不能適應複雜多變的財務管理環境，企業就難以生存。

財務管理內部環境，即微觀理財環境，包括企業的組織形式和發展階段等，一般只對特定企業的財務管理產生影響。財務管理外部環境，即宏觀理財環境，如國家的政治形勢、經濟發展水平、法律法規的完善程度、金融市場狀況等，一般對各類企業的財務管理均會產生影響。

一、財務管理內部環境

(一) 企業組織形式

企業的組織形式會影響企業的財務管理決策。典型的企業組織形式有三種：個人獨資企業、合夥企業以及公司制企業。

1. 個人獨資企業

個人獨資企業是由一個自然人投資，全部資產和經營所得為投資人個人所有，全部債務由投資人個人承擔的經營實體。

個人獨資企業的優點體現為結構簡單、開辦容易、獨自經營、利潤獨享、限制較少、費用較低；缺點表現為規模有限、企業生命週期有限、業主需要對企業債務承擔無限責任、籌資困難等。

2. 合夥企業

合夥企業是指由兩個或兩個以上的自然人訂立合夥協議，共同出資、合夥經營、共享收益、共擔風險，並對合夥企業債務承擔無限連帶責任的營利性組織。根據承擔責任的不同，合夥人分為普通合夥人和有限合夥人。普通合夥人對合夥企業債務承擔無限連帶責任，有限合夥人以其認繳的出資額為限對合夥企業債務承擔責任。由普通合夥人組成的合夥企業稱為普通合夥企業，由普通合夥人和有限合夥人組成的合夥企業稱為有限合夥企業。

合夥企業的優點主要表現在設立程序簡單、設立費用較低、籌資渠道較多；缺點主要表現在責任無限、權力分散、決策緩慢、產權轉讓困難等。

3. 公司制企業

公司制企業是指由兩個或兩個以上投資人（自然人或法人）依法出資組建的，有獨立法人財產，自主經營，自負盈虧的法人企業。與個人獨資企業和合資企業相比，公司制企業實現了所有權和經營權的分離。

公司制企業的優點：①所有權容易轉讓。公司的所有者權益被劃分為若干股權份額，每個份額可以單獨轉讓給新的所有者。②有限債務責任。公司債務是法人的債務，不是所有者的債務，所有者對公司承擔的責任以其出資額為限。當公司資產不足以償還其所欠債務時，股東無需承擔連帶清償責任。③可以無限存續。由於公司的經營者和所有者相分離，某一所有者的死亡或撤出並不會影響公司的存續，一個公司在最初的所有者和經營者退出後仍然可以繼續經營。④籌資渠道更多、籌資能力更強，容易籌集所需資金、擴大經營規模。

公司制企業的不足：①組建公司的手續複雜、成本高。公司法對於設立公司的要求比設立獨資或合夥企業複雜，並且需要提交一系列法律文件，花費的時間較長。公司成立後，政府對其監管比較嚴格，需要定期提交各種報告。②存在代理問題。所有者和經營者分開以後，所有者成為委託人，經營者成為代理人，籌資權、投資權、人事權等都掌握在公司的經營者即代理人手中，股東很難對其行為進行有效的監督。代理人可能為了自身利益而損害委託人利益，導致「內部人控製」問題的產生。③雙重課稅。公司作為獨立的法人，其利潤需繳納企業所得稅；企業利潤分配給股東後，股東還需繳納個人所得稅。

在中國，公司分為有限責任公司和股份有限公司兩種。有限責任公司是指股東以其認繳的出資額為限對公司承擔責任，公司以其全部資產為限對公司的債務承擔責任的企業法人。股份有限公司是指其全部資本劃分為等額股份，股東以其認購的股份為限對公司承擔責任，公司以其全部資產對公司的債務承擔責任的企業法人。

有限責任公司和股份有限公司的主要區別在於：①公司的設立條件不同。有限責任公司由50個以下股東出資設立；設立股份有限公司，應當有2人以上200人以下為發起人，其中半數以上的發起人在中國境內有住所。設立有限責任公司只能向發起人籌資，設立股份有限公司可以向社會公開募集資金。②股東的股權表現形式不同。有限責任公司的權益總額不作等額劃分，股東的股權是通過投資人所擁有的比例來表示的；股份有限公司的權益總額平均劃分為相等的股份，股東的股權是用持有多少股份來表示的。③股份轉讓限制不同。有限責任公司不發行股票，對股東只簽發一張出資證明書，出資證明書不能轉讓、流通，股東轉讓出資需要經股東會討論通過；股份有限公司可以發行股票，股票可以自由轉讓和流通。

企業組織形式的不同，首先會直接影響企業承擔的財務責任。不同組織形式的企業應當以什麼樣的方式來承擔責任，這是由國家法律所規定的。比如，中國的有限責任公司和股份有限公司承擔的財務責任以其資產總額為限，而個人獨資企業和合夥企業承擔的財務責任則不以其資產總額為限。其次，企業組織形式的不同，還會影響到企業的籌資、投資和利潤分配等各個方面。例如，股份有限公司可以通過發行股票來融資，而非股份有限公司則不行。又如，有限責任公司和股份有限公司的重大投資決策需要通過股東大會來表決，而個人獨資企業和合夥企業則不存在股東大會這樣的組織機構。再如，股份有限公司可以通過發放股票股利的形式來分配利潤，而非股份有限公司則不能採取這種分配方式。

（二）企業的發展階段

每個企業的發展都要經歷一定的發展階段。一般而言，企業發展會經過四個階段，分別為初創期、擴張期、穩定期和衰退期。企業應當根據自身所處的不同發展階段，採取相應的財務戰略與之適應。企業不同發展階段的財務管理戰略見表1-1。

表 1-1 企業不同發展階段的財務管理戰略

發展階段	特徵	戰略
初創期	現金需求量很大，籌資方式以債務籌資為主，財務風險很高	股票股利政策 擴張型財務戰略
擴張期	現金需求較高，但是增幅較小，財務風險較高。	低現金股利政策 擴張型財務戰略
穩定期	現金需求有所降低，企業可能有現金結餘，財務風險較低	現金股利政策 穩健型財務戰略
衰退期	現金需求量持續降低，可能出現虧損，財務風險較低	高現金股利政策 防禦收縮型財務戰略

二、財務管理外部環境

這部分主要介紹對企業財務活動產生重要影響的幾種外部宏觀環境，即經濟環境、法律環境、金融環境、社會文化環境。

(一) 經濟環境

財務管理的經濟環境是指影響企業財務管理的各種經濟因素，如經濟週期、經濟發展水平、政府的經濟政策、通貨膨脹狀況等。在影響財務管理的各種外部環境中，經濟環境是最為重要的。

1. 經濟週期

在市場經濟條件下，經濟運行通常具有一定的波動性，大體上經歷復甦、繁榮、衰退和蕭條四個階段的循環，這種循環叫做經濟週期。

經濟週期是客觀存在的一種現象，各經濟週期階段對產業和企業的影響方式和影響程度存在差異。在不同的經濟週期，企業應採用不同的財務管理戰略。財務學者探討了企業在經濟週期中的財務管理戰略，如表 1-2 所示。

表 1-2 經濟週期與財務管理戰略

復甦	繁榮	衰退	蕭條
1. 增加廠房設備	1. 擴充廠房設備	1. 停止擴張	1. 建立投資標準
2. 實行長期租賃	2. 繼續增加存貨	2. 出售多餘設備	2. 保持市場份額
3. 增加存貨	3. 提高產品價格	3. 停產不利產品	3. 縮減管理費用
4. 開發新產品	4. 開展行銷規劃	4. 停止長期採購	4. 放棄次要利益
5. 增加勞動力	5. 增加勞動力	5. 削減存貨	5. 削減存貨
		6. 停止擴招雇員	6. 裁減雇員

經濟週期性對企業財務管理有重要影響。一般而言，在蕭條階段，由於整個宏觀環境的不景氣，企業很可能處於緊縮狀態中，產量和銷售量下降，現金流入量減少；同時，企業原有非現金支出難以減少，未完成的固定資產投資仍需要大量的現金繼續流出，從而造成資金緊張。此時，市場籌資環境往往也不理想，籌資成本加大，如何靈活地調度資金、保持現金流轉順暢就成為這個時期財務管理的重點。在繁榮時期，

由於市場需求旺盛，企業的銷售額大幅度上升。企業為了擴大生產，就要增加投資，以增添機器設備、存貨和勞動力。在這種情況下，企業財務人員就要加大籌資力度，迅速籌集資金以滿足生產經營的需要。總之，面對週期性的經濟波動，財務人員必須進行預測和分析，並適時調整財務政策。

2. 經濟發展水平

經濟發展水平是一個相對概念，世界上各個國家間的經濟發展水平千差萬別，粗略地劃分，可以分為發達國家、發展中國家和不發達國家三類。

財務管理的發展水平是和經濟發展水平密切相關的，經濟發展水平越高，財務管理水平也越好。原因在於：財務管理水平的提高，將推動企業降低成本，改進效率，提高效益，從而促進經濟發展水平的提高；而經濟發展水平的提高，將改變企業的財務戰略、財務理念、財務管理模式和財務管理的方法手段，從而促進企業財務管理水平的提高。財務管理應當以經濟發展水平為基礎，以宏觀經濟發展目標為導向，從業務工作角度保證企業經營目標和經營戰略的實現。

3. 政府的經濟政策

一個國家的經濟政策，如經濟發展計劃、國家的產業政策、財稅政策、金融政策、外匯政策、貨幣政策以及政府的行政法規等，對企業的理財活動有重大影響。如金融政策中的貨幣發行量、信貸規模會影響企業投資的資金來源和投資的預期收益；財稅政策會影響企業的資金結構和投資項目的選擇等；價格政策會影響資金的投向和投資的回收期及預期收益；會計制度的改革會影響會計要素的確認和計量，進而對企業財務活動的事前預測、決策及事後的評價產生影響，等等。

順應經濟政策的導向，可以給企業帶來經濟上的利益。因此，財務人員應該認真研究政府的經濟政策，按照政策導向行事。例如，當國家採取鼓勵或限制某些產業發展的政策時，無疑是給企業指明了投資方向，此時企業應從受限制的產業抽回資金，轉而投放到受鼓勵的產業中去。當然，由於政府的經濟政策可能會因經濟狀況的變化而變化，因而企業在進行財務決策時，也要為這種變化留有餘地，甚至預見到政策的變化趨勢，這樣才能更好地實現企業的理財目標。

4. 通貨膨脹狀況

通貨膨脹不僅降低了消費者的購買力，也給企業理財帶來了很大困難。通貨膨脹對企業財務活動的影響通常表現在以下幾個方面：引起資金占用的大量增加，從而增加企業資金需求；引起企業利潤虛增，造成企業資金由於利潤分配而流失；引起利率上升，加大企業的資金成本；引起有價證券價格下跌，增加企業的籌資難度；引起資金供應緊張，增加企業的籌資困難。

為了減輕通貨膨脹對企業造成的不利影響，企業應當採取措施予以防範。在通貨膨脹初期，貨幣面臨著貶值的風險，這時企業應進行投資，以避免風險、實現資本保值；與客戶簽訂長期購貨合同，以減少物價上漲造成的損失；取得長期負債，以保持資本成本的穩定。在通貨膨脹持續期，企業可以採用比較嚴格的信用條件，減少企業債權；調整財務政策，防止和減少企業資本流失，等等。

(二) 法律環境

財務管理的法律環境是指影響企業財務活動的有關法律、法規和規章制度，主要包括公司法、證券法、金融法、證券交易法、經濟合同法、稅法、企業財務通則、內部控製基本規範等。市場經濟是法制經濟，企業財務活動作為一種社會行為，在很多方面會受到法律規範的約束和保護。影響企業財務管理的法律環境主要有企業組織法規、財務法規以及稅務法規等。

1. 企業組織法規

企業組織必須依法成立。組建不同的企業，要依照不同的法律規範。在中國，企業組織法規主要包括《中華人民共和國公司法》《中華人民共和國個人獨資企業法》《中華人民共和國合夥企業法》《中華人民共和國中外合資經營企業法》《中華人民共和國中外合作經營企業法》《中華人民共和國外資企業法》等。這些法規既是企業的組織法，又是企業的行為法。在這些法規中，詳細規定了不同類型的企業組織設立的條件、設立的程序、組織機構、組織變更和終止的條件以及程序等。例如，公司的組建要遵循《中華人民共和國公司法》中規定的條件和程序，公司一旦成立，其經營活動包括財務管理活動，都要按照《中華人民共和國公司法》的規定來進行。因此，《中華人民共和國公司法》是約束公司財務管理最重要的法規，公司的理財活動不能違反該法律。

從財務管理的角度來看，非公司制企業與公司制企業有很大的不同。非公司制企業的所有者，包括獨資企業的業主和合夥企業的合夥人，要承擔無限責任。也就是說，一旦這樣的企業經營失敗，其個人的財產也將納入償債範圍。而公司制企業的股東承擔的是有限責任，公司經營失敗時，僅以股東的出資額為限來償債。

2. 財務法規

財務法規主要是指《企業財務通則》和分行業的財務制度。《企業財務通則》是各類企業進行財務活動、實施財務管理的基本規範。中國第一個《企業財務通則》於1992年頒布，1993年7月1日起施行。隨著經濟環境的不斷發展，2006年，中國發布了新的《企業財務通則》，並於2007年1月1日開始實施。新通則圍繞企業財務管理環節，明確了資金籌集、資產營運、成本控製、收益分配、信息管理、財務監督六大財務管理要素，並結合不同財務管理要素，對財務管理方法和政策要求作出了規範。

行業財務制度是根據《企業財務通則》的規定，為適應不同行業的特點和財務管理要求，由財政部制定的行業規範。其內容是財務通則的具體化。

3. 稅務法規

稅法是國家法律的重要組成部分，是保障國家和納稅人合法權益的法律規範。按課稅對象的不同，有關稅收的法律主要分為五類，即：流轉稅類、所得稅類、財產稅類、資源稅類和行為稅類。

任何企業都有依法納稅的法定義務。但是，稅負又是企業的一種費用支出，要增加企業的現金流出，因此企業無不希望在不違反稅法的前提下減少稅務負擔。稅負的減少，只能依靠財務人員在投資、籌資和利潤分配等財務決策時精心安排、仔細籌劃，而不能通過偷稅漏稅的方式來取得。這就要求財務人員要熟悉並精通稅法，為理財目標服務。

除上述法規外，與企業財務管理有關的其他經濟法規還有許多，包括各種證券法規、結算法規、合同法規等。財務人員要熟悉這些法規，在守法的前提下完成財務管理的職能，實現企業的理財目標。

（三）金融環境

財務管理的金融環境是指為企業資金融通提供場所的金融市場、參與交易的金融機構和作為交易手段的金融工具等。金融環境是企業最為重要的財務管理環境因素之一，企業資金的取得與投放都與金融環境密不可分。

1. 金融市場

金融市場是指資金供應者和資金需求者雙方通過一定的金融工具進行交易而融通資金的場所。金融市場的基本構成要素一般包括市場參與者、金融工具、交易價格和組織方式，其中市場參與者和金融工具是構成金融市場的兩個最基本要素。金融市場為企業融資和投資提供了場所，具有調節資金餘缺的功能，可以幫助企業實現長、短期資金轉換，引導資本流向和流量，提高資本利用效率。

根據交易期限的不同，可以將金融市場分為貨幣市場和資本市場。貨幣市場是指交易期限在一年及一年以內的資金交易市場，也稱為短期資金市場。貨幣市場交易的主要是短期有價證券，具有期限短、流動性高、風險低和收益低等特點。貨幣市場主要包括短期信貸市場、票據承兌和貼現市場、銀行間同業拆借市場和短期證券市場等。資本市場是指交易期限在一年以上的資金交易市場，也稱為長期資金市場。資本市場主要包括銀行長期信貸市場、股票市場和債券市場等。

金融市場對企業財務管理活動的影響主要體現在以下三個方面：

第一，金融市場為企業籌資和投資提供場所，具有調節資金餘缺的功能。金融市場上存在多種多樣、方便靈活的籌資方式。企業需要資金時，可以到金融市場上選擇合適的籌資方式籌集所需資金，以保證生產經營的順利進行。當企業有多餘的資金時，又可以到金融市場選擇適當的投資方式，為資金尋找出路。金融市場的資金供求關係直接影響企業籌資活動能否順利進行。如果金融市場資金供不應求，利率上升，則企業發行股票、債券以及向銀行借款都會比較困難，資金成本提高；如果金融市場資金供過於求，利率下降，則企業籌資活動就會比較順利，資金成本降低。

第二，金融市場可以幫助企業實現長、短期資金的相互轉換。企業持有的長期債券和股票，可以在金融市場隨轉手變現，成為短期資金；遠期票據通過貼現，可以變為現金；大額可轉讓遠期存單，也可以在金融市場賣出，成為短期資金。與之相反，企業的短期資金同樣能夠在金融市場上轉變為股票、長期債券等長期資產。

第三，金融市場為企業理財提供有意義的信息。比如，貨幣市場的利率變動，反應資金的供求狀況；資本市場的股票行情，反應投資人對企業經營狀況和盈利水平的評價。這些信息是企業進行財務管理的重要依據，財務人員應隨時關注。

2. 金融工具

金融工具是指資金供需雙方在金融市場上進行資金交易、轉讓的工具。金融工具是金融市場上交易的主要對象，是投資者實現證券投資的主要途徑。借助金融工具，資金從供給方轉移到需求方。

金融工具按其與實際金融活動的關係，可以分為原生金融工具和衍生金融工具。

（1）原生金融工具。原生金融工具是在實際信用活動中出具的能證明債權債務關係或所有權關係的合法憑證，主要有商業票據、債券等債權債務憑證和股票、基金等所有權憑證。

根據《中華人民共和國票據法》，票據是指匯票、本票和支票。匯票是出票人簽發的，委託付款人在見票時或者在指定日期無條件支付確定的金額給收款人或者持票人的票據。本票是出票人簽發的，承諾自己在見票時無條件支付確定的金額給收款人或者持票人的票據。支票是出票人簽發的，委託辦理支票存款業務的銀行或者其他金融機構在見票時無條件支付確定的金額給收款人或者持票人的票據。

債券是指企業為籌措債務資本而在證券市場上發行，承諾在一定期限內向債權人還本付息的有價證券。發行債券是公司籌措債務資本的重要方式。

股票是股份有限公司為籌措股權資本而在證券市場上發行的，證明股東所持股份的有價證券。股票持股人即公司的股東，股票是股東在公司中享有股份所有權的憑證。公司股東依照其投入的資本額分享公司的資產收益、行使相應的權利，同時以其所持股份為限對公司承擔相應的責任。

（2）衍生金融工具。衍生金融工具又稱派生金融工具，是指在原生金融工具的基礎上衍化和派生的，通過特定技術設計形成的新的融資工具，如各種遠期合約、互換、掉期、期貨、資產支持證券等。隨著人們投資偏好的變化和金融知識的豐富，衍生金融工具種類繁多、交易增多，具有高風險、高槓桿效應的特點。

金融工具的特點主要表現為可分割性、流動性、風險性和收益性等。可分割性是指金融工具能夠進行分割交易，這解決了企業大額資金需求與社會零散資金供給間的矛盾，保障了企業籌資活動的開展。流動性是指金融工具能夠在短期內、不受嚴重損失的情況下轉變為現金的性質，這為企業分散金融風險、解決短期資金盈餘提供了條件。風險性是指投資金融工具後可能會面臨的不確定性，因此企業在進行金融工具投資時應當充分考慮自身的風險承受能力，謹慎選擇。收益性是指投資金融工具後可以定期或不定期獲得投資收益的特徵。

不同的金融工具獲得的資金在性質、規模、期限和法律效力等方面存在差異，用以滿足不同風險偏好和收益要求。企業無論是應對融資需求還是滿足投資需要，在選擇金融工具時，應當充分考慮自身的具體情況和承受能力，謹慎地選擇適當的金融工具，以滿足企業的財務管理需要。

3. 金融機構

金融機構是金融市場的參與主體之一，能夠為企業提供金融服務。金融機構可分為銀行金融機構和非銀行金融機構。

（1）銀行金融機構。按照功能和地位劃分，銀行金融機構可以分為中央銀行、商業銀行和政策性銀行三類。

中國的中央銀行即中國人民銀行，其職責主要體現在：制定和執行國家的金融政策、匯率政策和貨幣政策；發行人民幣和管理人民幣流通；持有、管理和經營國家外匯儲備和黃金儲備；經理國庫；管理徵信業，推動建立社會信用體系等。

商業銀行在金融市場中具有重要的地位，特別是對證券市場不發達的國家，商業銀行是金融市場的主要參與者。商業銀行經營一般遵守安全性、流動性和效益性原則。企業的財務活動主要與商業銀行關係密切。基於存貸業務，商業銀行吸納社會閒散資金，為有資金需求的企業提供融資服務。

政策性銀行是指由政府設立、參股或保證，不以盈利為目的，專門從事政策性金融業務的銀行。政策性銀行不開辦存款業務，資金主要來源於財政撥款和發行政策性金融債券，業務經營主要考慮國家的整體利益。

（2）非銀行金融機構。非銀行金融機構主要包括保險公司、證券公司、基金公司、財務公司和金融租賃公司等。

保險公司是指經營保險業務的金融機構。保險公司將投保人的錢匯集起來，一旦被保險人發生保險條款所列的事項時，保險公司便根據保險合同進行賠償或給付。保險公司匯集投保人繳納的保費，用於各種投資活動，成為企業資金的重要來源。

證券公司是指專門經營證券業務的金融機構。證券公司在金融市場中發揮著舉足輕重的作用。在中國，證券公司承擔投資銀行業務，任何公司發行債券或股票，都需要借助證券公司。

基金公司是指主要從事證券投資基金管理業務的金融機構。一般而言，基金發起人通過發行基金證券籌集一定數量的資金，委託專業的投資機構進行投資管理，投資者根據出資比例分享投資收益，同時共同承擔投資風險。基金公司是金融市場的主要機構投資者之一，是企業通過金融市場籌集資金的重要來源。

財務公司是指由大型企業集團出資設立，以母公司及其客戶、股東為主要服務群體的非銀行金融機構。財務公司設立的目的主要是為企業集團優化內部資金管理，服務企業供產銷活動和資金運作。

金融租賃公司是指辦理融資租賃業務的非銀行金融機構。金融租賃公司的主要業務包括動產和不動產的租賃、轉租賃和回租租賃等。

（四）社會文化環境

社會文化環境是指企業所處社會的社會結構、社會風俗和習慣、信仰和價值觀念、行為規範、生活方式、文化傳統、人口規模與地理分佈等因素的形成和變動。任何企業都處於一定的社會文化環境中，企業的財務管理活動不可避免地會受到所在社會文化環境的影響和制約。但是，社會文化環境的不同方面對企業財務管理的影響程度是不盡相同的，有的具有直接影響，有的只有間接影響，有的影響比較明顯，有的影響微乎其微。

例如，教育水平是企業財務管理水平的重要保障，隨著財務管理工作的內容越來越豐富，社會整體的教育水平將顯得非常重要。事實表明，在教育落後的情況下，為提高財務管理水平所做的努力往往收效甚微。再如，科學的發展對財務管理理論的完善也起著至關重要的作用。經濟學、數學、統計學、計算機科學等諸多學科的發展，都在一定程度上豐富和促進了財務管理理論的發展。又如，社會的誠信狀況也在一定程度上影響財務管理活動。當社會誠信程度較高時，企業間的信用往來就會加強，會促進彼此之間的合作，並將減少企業的壞帳損失。

對於那些在不同的文化背景中經營的企業，還應重視文化差異對員工的影響，並且在有條件的情況下尋求相關專家的幫助。忽視文化因素對企業財務活動的影響，將會給企業的財務管理帶來嚴重的問題。

本章小結

• 企業財務活動是企業生產經營過程中以現金收支為主的資金運動的總稱，主要由籌資、投資、經營和分配四方面構成。企業在財務活動過程中，與相關利益各方發生的經濟利益關係，稱為財務關係。企業財務包括財務活動和財務關係，它們共同構成企業財務管理的對象。

• 企業財務管理是企業管理的重要組成部分，它是企業以特定的財務管理目標為導向，組織財務活動、處理財務關係的一種價值管理活動。企業財務管理的基本內容包括籌資管理、投資管理、營運資金管理和利潤分配管理四個部分。

• 財務管理目標是企業進行財務管理所要達到的根本目的，它是財務管理工作的行動指南。關於企業財務管理目標最具代表性的觀點是：利潤最大化、股東財富最大化和企業價值最大化。

• 財務管理環境又稱理財環境，是對企業財務活動和財務管理產生影響和作用的企業內外各種條件或因素的統稱。其中，財務管理內部環境包括企業的組織形式和發展階段等，一般只對特定企業的財務管理產生影響。財務管理的外部環境如國家的政治形勢、經濟發展水平、法律法規的完善程度、金融市場狀況等，一般對各類企業的財務管理均會產生影響。在影響財務管理的各種外部環境中，經濟環境是最為重要的。

案例分析

董明珠與格力股東間的利益之爭①

一、案例資料

2017年2月7日，福布斯（中國）發布「2017中國最傑出商界女性排行榜」，共計100位主要管理業務在中國大陸的商界女性入選。其中，珠海格力電器股份有限公司（以下簡稱格力電器）董事長董明珠位居榜首。自2012年5月起，董明珠一直擔任格力電器的董事長，在公司的整體發展戰略制定中發揮著重要的作用，與股東等公司

① 筆者根據公開資料整理編寫。

的利益相關者有著密切的聯繫。

（一）公司簡介

1. 珠海格力集團有限公司

珠海格力集團有限公司（以下簡稱格力集團）成立於1985年3月，前身是珠海特區工業發展總公司。珠海特區工業發展總公司的使命，是發展特區的工業，壯大珠海的經濟實力。特區工業區帶動了房地產項目的興起，同時以貿促工方式使貿易業快速發展。基於此，格力集團形成了工業、房地產、商貿「一體兩翼」的產業結構。

2002年3月，珠海市政府對格力集團實施授權經營。格力集團作為國有資產授權經營主體，優化生產要素配置，集中優勢擴大整個產業鏈，促進產業選擇的多元化。格力集團以資本為紐帶，對集團內授權經營企業實行分級管理，分層經營，確保國有資產保值增值，同時實施品牌拓展、多元化、社會化發展戰略，逐步實現大集團戰略、小核算體系，塑造格力系列品牌，打造格力航空母艦，努力使格力集團成為大型國際化、多元化的現代企業集團。2004年，格力集團在內部實施資源整合和資產重組，形成了工業、房地產、石化三大板塊綜合發展的格局。

經過20年的培育和優選，格力集團已成為珠海市目前規模最大、實力最強的企業集團之一。全集團擁有「格力」和「羅西尼」兩個中國馳名商標，「MMC」廣東省著名商標，格力空調和羅西尼手錶雙雙獲得中國名牌產品稱號，具有較強的產品生產能力。其中，格力空調和羅西尼手錶連續多年居於行業第一，其他產品也都在全國同行業占據重要地位。

2. 珠海格力電器股份有限公司

珠海格力電器股份有限公司（簡稱格力電器，股票代碼：000651）是珠海格力集團的下屬企業，是珠海市人民政府國有資產監督管理委員會管理下的一家大型國有控股股份制企業。格力電器成立於1991年，是目前全球最大的集研發、生產、銷售、服務於一體的專業化空調企業。格力電器旗下的「格力」品牌空調，是中國空調業唯一的「世界名牌」產品，業務遍及全球100多個國家和地區。2015年，格力電器跨入世界500強。2016年8月，格力電器在「2016中國企業500強」中排名第154位。

（二）董明珠個人簡介

董明珠，1954年8月出生於江蘇南京，企業家。1990年，董明珠來到了珠海並且加入格力電器擔任業務經理。1994年，格力電器內部出現了一次嚴重危機，部分骨干業務員突然「集體辭職」，董明珠經受住了誘惑，堅持留在格力電器，被全票推選為公司經營部部長。1996年，空調業涼夏血戰，已升為銷售經理的董明珠帶領23名行銷業務員奮力迎戰，促使該年格力電器銷售增長17%。2001年4月，董明珠擔任格力電器總裁。

2012年5月，格力電器創始人朱江洪卸任格力集團董事長、黨委書記和總裁職位，徹底退休，由董明珠接任格力集團董事長一職。2016年10月18日，董明珠卸任格力集團董事長、董事、法定代表人職務，繼續擔任格力電器董事長、總裁。

（三）董明珠與格力股東的衝突

董明珠是格力電器的董事長，手持數千萬股格力電器股份。同時，她也是格力電器的總裁，是公司的經營管理者。公司的所有者和經營者具有共同的目標，即公司經營持續穩定增長，財務狀況良好。然而，公司的所有者和經營者的立場又存在一定的差異，因此，也存在一定的利益衝突。

作為公司的總裁，董明珠掌握著公司的經營管理權，她秉持的格力目標是多品牌經營，讓更多中國品牌走向世界。

由於國內空調市場已處於飽和期，格力電器正在迫切尋求轉型，尋找新的收入和利潤增長點。近年來，格力電器重視多元化投資，不斷擴大產品範圍，逐步涉足其他行業，電冰箱、電飯煲、手機等產品接連面世。

2016 年 8 月 18 日，格力電器發布公告，稱擬出價 130 億元收購珠海銀隆新能源有限公司（以下簡稱珠海銀隆）100%股權。資料顯示，珠海銀隆是一家專業從事新能源汽車生產、研發，以鋰電池材料供應、鋰電池研發、生產、銷售為核心，延伸到電動汽車核心部件研發、生產、銷售，智能電網調峰調頻系統的研發、生產、銷售、技術支持為一體的新能源生產企業。截至評估基準日 2015 年 12 月 31 日，珠海銀隆 100%股權的評估值為 129.66 億元。格力電器擬以 15.57 元/股的價格，發行約 8.35 億股購買珠海銀隆 100%股權，同時以 15.57 元/股非公開發行股份募集配套融資約 97 億元。募集配套資金的發行對象包括格力集團、公司員工持股計劃、廣東銀通投資控股集團有限公司等，鎖定期三年。格力電器表示，此次收購計劃，格力電器看重的是珠海銀隆所掌握的鈦酸鋰電池技術，希望通過收購讓格力電器能快速切入新能源電動汽車領域，更重要的是在儲能業務上大有作為。

然而，該收購方案甫一亮相便遭到了眾多中小股東的反對，2016 年 10 月底，格力電器臨時股東大會否決了收購珠海銀隆並募集資金的整體方案。中小股東普遍對格力電器此次重組持反對意見，最主要的原因是股東認為這一收購方案總作價過高，將嚴重稀釋股權。

首先，根據格力電器後來回應深交所的重組問詢函公告，珠海銀隆的資產估值僅為 52.12 億元，負債合計 13.34 億元。而格力電器給出的收購價格為 130 億元，溢價率達 2.6 倍。

其次，格力電器兩項增發總共增發約 14.8 億股，占原有股本的 25%。增發完成後，格力電器總股本將從 60.2 億股增加到 75 億股，這意味著所有股東持股比例都被稀釋了近 20%。

具體來看，格力電器以 130 億元的價格收購珠海銀隆，全部以發行股份的方式實施，按照增發價 15.57 元/股測算，此次發行後，格力集團持有格力電器股份比例將由 18.22%降至 16.00%，第二大股東京海擔保的持股比例由 8.91%降至 7.82%，A 股其他股東合計持股比例由 72.87%降至 63.99%。再加上接近 97 億元的配套融資部分，格力集團的持股比例將提高至 18.27%，京海擔保則降至 7.17%，而 A 股其他股東合計持股比例將降至 58.65%。

收購方案被否決後，格力電器表示計劃繼續推進本次發行股份購買資產事宜。格力電器根據中小投資者的意見，與珠海銀隆及其主要股東協商，對本次交易方案進行優化和調整，擬調減或取消配套募集資金。然而，調整後的交易方案未能獲得珠海銀隆股東會審議通過，珠海銀隆基於表決結果決定終止本次交易。2016 年 11 月 16 日，格力電器發布公告稱，決定終止籌劃發行股份購買珠海銀隆事宜。

二、問題提出

1. 該案例中涉及哪些利益相關者？

2. 格力電器的財務管理目標是什麼？

3. 如何看待利益相關者的利益協調問題。

思考與練習

一、單項選擇題

1. 以現金收支為主的企業資金收支活動的總稱是（　　）。

A. 企業財務管理　　B. 企業財務活動

C. 企業財務關係　　D. 企業財務營運

2. 不屬於「企業價值最大化」財務管理目標的優點的是（　　）。

A. 考慮了貨幣時間價值和風險因素　　B. 考慮了利潤與投入資本的關係

C. 能夠克服企業短期行為　　D. 容易量化，便於考核和獎懲

3. 企業同投資者之間的財務關係反應的是（　　）。

A. 經營權與所有權關係　　B. 債權債務關係

C. 投資與受資關係　　D. 債務債權關係

4. 某上市公司針對經常出現中小股東質詢管理層的情況，擬採取措施協調所有者與經營者的矛盾。下列各項中，不能實現上述目的的是（　　）。

A. 強化內部人控製　　B. 解聘總經理

C. 加強對經營者的監督　　D. 將經營者的報酬與其績效掛勾

5. 財務管理的外部環境不包括（　　）。

A. 經濟環境　　B. 企業組織形式　　C. 法律環境　　D. 金融環境

6. 在經濟繁榮階段，市場需求旺盛，企業不應該（　　）。

A. 擴大生產規模　　B. 增加投資　　C. 減少投資　　D. 增加存貨

二、判斷題

1. 股東與管理層雙方目標存在差異，因此不可避免地會產生衝突，一般來說，這種衝突可以通過一套激勵和監督機制來協調解決。（　　）

2. 當存在控股股東時，企業常常會出現中小股東與大股東之間的代理衝突。（　　）

3. 一項負債期限越長，債權人承受的不確定因素越多，承擔的風險也越大。（　　）

4. 通貨膨脹會引起企業利潤虛增、利率水平下降。（　　）

5. 在影響財務管理的各種外部環境中，法律環境是最為重要的。（　　）

第二章　財務估值基礎

學習目標

- 掌握貨幣時間價值的概念及相關計算。
- 掌握風險與收益的概念和度量方法，掌握資本資產定價模型。
- 掌握債券和股票的估值模型及收益率的計算，瞭解證券組合管理。

引導案例

瑞士田納西鎮的巨額帳單

如果你突然收到一張事前不知道的 1,267 億美元的帳單，你一定會大吃一驚。而這樣的事件卻發生在瑞士的田納西鎮居民的身上。紐約布魯克林法院判決田納西鎮應向某一美國投資者支付這筆錢。最初，田納西鎮的居民以為這是一件小事，但當他們收到帳單時，被這張巨額帳單嚇呆了。他們的律師指出，若高級法院支持這一判決，為償還債務，所有田納西鎮的居民在其餘生中，將不得不靠吃麥當勞等廉價快餐度日。

田納西鎮的問題源於 1966 年的一筆存款。斯蘭黑不動產公司在內部交換銀行（田納西鎮的一家銀行）存入一筆 6 億美元的存款。存款協議要求銀行按每周 1%的利率（複利）付息，難怪該銀行第二年就破產了。1994 年，紐約布魯克林法院作出判決：從存款日到田納西鎮對該銀行進行清算的七年中，這筆存款應按每周 1%的複利計算，而在銀行清算後的 21 年中，每年按 8.54%的複利計算。

思考與討論

1. 這張 1,267 億美元的帳單是怎麼計算得來的？
2. 如果按照每周 1%的複利計算，6 億美元增加到 60 億美元需要多長時間？
3. 從本案例中可以得到什麼啓發？

第一節　貨幣時間價值

一、貨幣時間價值概述

（一）貨幣時間價值的概念

如果銀行存款年利率為10%，我們將今天的1元錢存入銀行，一年以後就會是1.1元。可見，經過一年時間，這1元錢發生了0.1元的增值，今天的1元錢和一年後的1.1元錢等值。貨幣時間價值的實質是資金週轉使用後的增值部分。

貨幣時間價值是指一定量的貨幣資本在不同時點上的價值量差額，即貨幣經歷一段時間的投資和再投資後所增加的價值。貨幣的時間價值來源於貨幣進入社會再生產過程後的價值增值。當貨幣作為資本投入生產經營之後，經過一定時間的投資和再投資，其數額會隨著時間的推移不斷增長，這是一種客觀的經濟現象。通常情況下，貨幣時間價值是既沒有風險也沒有通貨膨脹情況下的社會平均利潤，是利潤平均化規律發生作用的結果。根據貨幣時間價值理論，可以將某一時點的貨幣價值金額折算為其他時點的價值金額。

（二）貨幣時間價值的表現形式

貨幣的時間價值有兩種表現形式，相對數形式和絕對數形式。相對數形式即時間價值率，是指在沒有風險和沒有通貨膨脹條件下的社會平均資金利潤率，也叫利率或貼現率。絕對數形式即時間價值額，是指資金在生產經營過程中帶來的真實增值額，等於一定數額的資金與時間價值率的乘積，也就是利息。

二、複利終值和複利現值

利息的計算有單利和複利兩種方法。單利是在任一個計息期均按照初始本金計算利息，當期產生的利息在下一期不作為本金，不重複計算利息。銀行存款多用這種計息方式。相對的，複利是在任一個計息期均按照本息和計算利息，即不僅本金要計算利息，利息也要計算利息。銀行貸款多用這種計息方式。

（一）單利終值和現值的計算

1. 單利終值

$$FV = PV(1 + n \times i)$$

其中，$(1 + n \times i)$ 為單利終值系數。

2. 單利現值

$$PV = \frac{FV}{(1 + n \times i)}$$

其中，$1/(1 + n \times i)$ 為單利現值系數。

(二) 複利終值和現值的計算

複利計算方法是指每經過一個計息期，要將該期所派生的利息加入本金再計算下一期利息，逐期滾動計算，俗稱「利滾利」。這裡所說的計息期，是相鄰兩次計息的間隔，如年、月、日等。除非特別說明，計息期一般為一年。

1. 複利終值

複利終值是指一定量的貨幣按複利計算的若干期後的本利總和。複利終值的計算公式如下：

$$FV = PV(1+i)^n$$

其中，i 為每期利率，n 為計息期；$(1+i)^n$ 為複利終值系數，記作 $(F/P, i, n)$，可直接查閱「複利終值系數表」。

【例 2-1】 錦蓉公司將 200,000 元存入銀行，年利率為 3%，求這筆錢 5 年後的終值。

$FV = PV(1+i)^n = 200,000 \times (F/P, 3\%, 5) = 231,860$(元)

2. 複利現值

複利現值是指未來某期一定量的貨幣，按複利計算的現在價值。複利現值的計算公式如下：

$$PV = \frac{FV}{(1+i)^n}$$

其中，i 為每期利率，n 為計息期；$1/(1+i)^n$ 為複利現值系數，記作 $(P/F,i,n)$，可直接查閱「複利現值系數表」。

【例 2-2】 錦蓉公司準備 5 年後從銀行取得 200,000 元錢，在年利率 3%的情況下，請問它當前應存入的金額。

$PV = FV/(1+i)^n = 200,000 \times (P/F, 3\%, 5) = 172,520$(元)

三、年金終值和年金現值

年金就是系列間隔時間相同、金額相等的現金流入或者流出。這裡的間隔時間可以不等於（大於或小於）一年，例如每季末等額支付的債權利息也是年金。

年金包括普通年金（後付年金）、先付年金（預付年金）、遞延年金、永續年金等形式。遞延年金和永續年金是派生出來的年金。

(一) 普通年金

普通年金又叫後付年金，是指從第一期開始每期期末發生等額收付。現實中這種年金最為常見，是年金的最基本形式。

1. 普通年金終值

普通年金終值是指一定時期內按相同時間間隔每期期末等額收付的系列款項的複利終值之和。也就是將每一期的金額，按複利換算到最後一期期末的終值，然後加總，就是年金終值（見圖 2-1）。其計算公式為：

$$FVA = A \times \frac{(1+i)^n - 1}{i}$$
$$= A \times (F/A,\ i,\ n)$$

其中：A 為每期年金金額；i 為每期利率；n 為年金期數；$\frac{(1+i)^n - 1}{i}$ 稱為「年金終值系數」，記作（F/A，i，n），可直接查閱「年金終值系數表」。

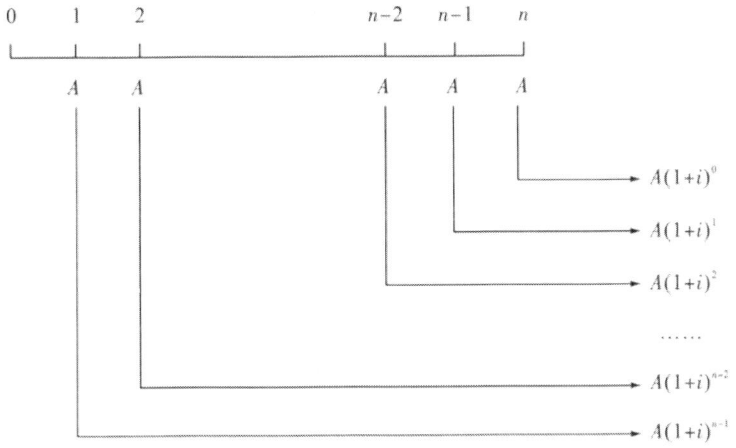

圖 2-1　普通年金的終值

【例 2-3】 錦蓉公司同某銀行簽訂了連續 9 期的分期還款協議，規定錦蓉公司每期期末還款 30,000 元。假定每期利率為 3%，則錦蓉公司所還款在協議到期時相當於多少錢？

$FVA = 30,000 \times (F/A,\ 3\%,\ 9) = 304,773$（元）

2. 普通年金現值

普通年金現值是指在一定時期內按相同時間間隔每期期末等額收付的系列款項，折算到第一期期初的複利現值之和（見圖 2-2）。其計算公式為：

$$PVA = A \times \frac{1-(1+i)^{-n}}{i}$$
$$= A \times (P/A,\ i,\ n)$$

其中：A 為每期年金金額；i 為每期利率；n 為年金期數；$\frac{1-(1+i)^{-n}}{i}$ 稱為「年金現值系數」，記作（P/A，i，n），可直接查閱「年金現值系數表」。

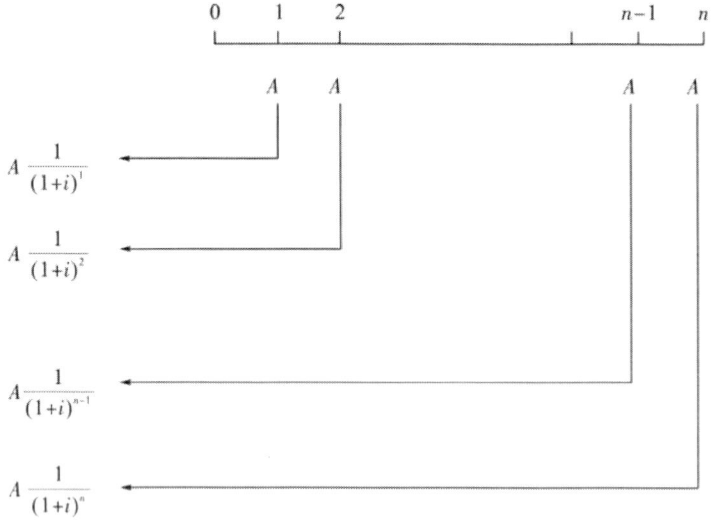

圖 2-2　普通年金的現值

【例 2-4】錦蓉公司計劃分期買入某品牌電腦，每期期末需要支付 20,000 元，每期利率為 10%，總共 5 期，請問錦蓉公司支付總額的現值是多少？

$PVA = 20,000 \times (P/A, 10\%, 5) = 20,000 \times 3.790,8 = 75,816$(元)

（二）先付年金

先付年金又叫即付年金或者預付年金，是指從第一期開始每期期初發生等額收付。

1. 先付年金終值

先付年金終值是指一定時期內按相同時間間隔每期期初等額收付的系列款項的複利終值之和。先付年金終值與後付年金終值的關係見圖 2-3。

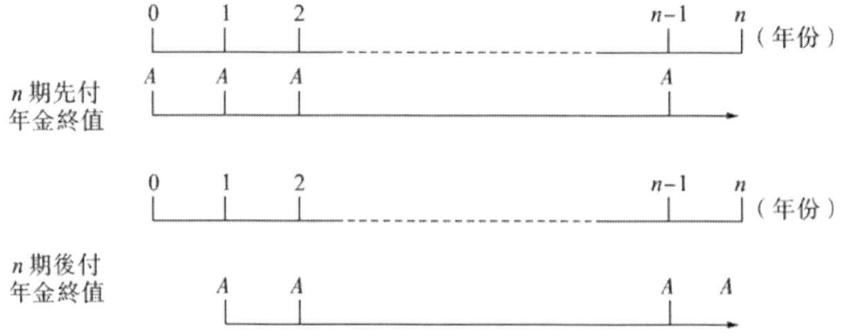

圖 2-3　先付年金終值與後付年金終值的關係

先付年金終值的計算公式為：

$FVA = A[(F/A, i, n+1) - 1]$

【例 2-5】李濤正在為給自己買房準備資金，連續 6 年於每年年初存入銀行 50,000 元。若銀行存款利率為 3%，則李濤在第六年年末能一次取出本利多少錢？

$$FVA = A[(F/A, i, n+1) - 1] = 50,000 \times [(F/A, 3\%, 7) - 1]$$
$$= 50,000 \times (7.662,5 - 1) = 333,125(元)$$

2. 先付年金現值

先付年金現值是指在一定時期內按相同時間間隔在每期期初等額收付的系列款項，折算到第一期期初的複利現值之和。先付年金現值與後付年金現值的關係見圖 2-4。

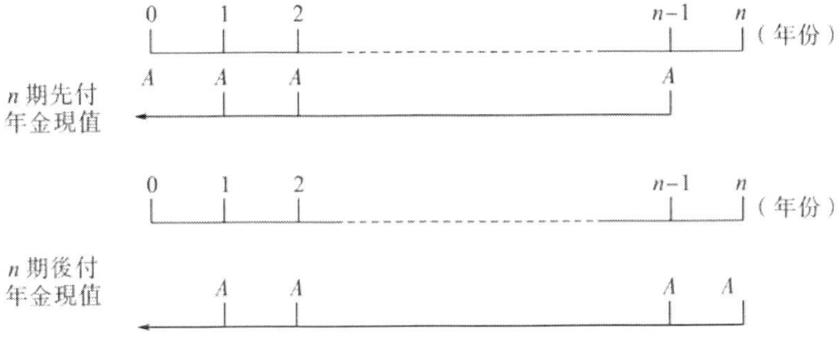

圖 2-4　先付年金現值與後付年金現值的關係

先付年金現值的計算公式為：

$$PVA = A \times [(P/A, i, n-1) + 1]$$

【例 2-6】 張平同學為了在 3 年後出國，計劃每年年初在銀行存入 60,000 元，銀行的年利率為 3%。請問這些存款的現值是多少？

$PVA = 60,000 \times [(P/A, 3\%, 2) + 1] = 60,000 \times 2.913,5 = 174,810$（元）

（三）遞延年金

遞延年金又叫延期年金，是指在若干期以後才發生系列等額收付，如圖 2-5 所示。

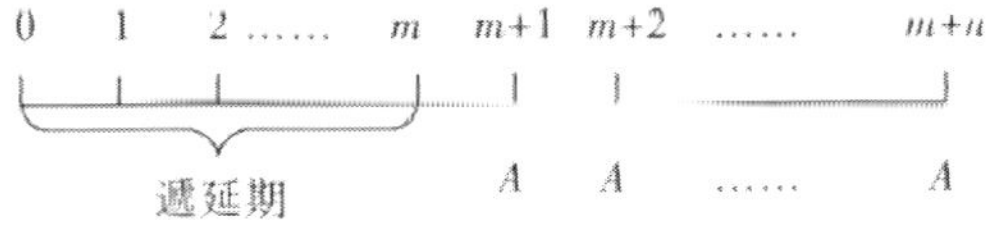

圖 2-5　遞延年金示意圖

從圖 2-5 中可見，前 m 期未發生收付，稱為遞延期。從第 $m+1$ 期到第 $m+n$ 期在每期期末發生等額收付。

1. 遞延年金終值

遞延年金的終值計算與普通年金的終值計算一樣，其計算公式如下：

$$FVA = A \times (F/A, i, n)$$

其中：n 表示的是 A 的期數，與遞延期無關。

2. 遞延年金現值

遞延年金現值是指間隔一定遞延期後每期期末或期初等額收付的系列款項，折算到第一期期初的複利現值之和。

遞延年金現值有兩種計算方法。

計算方法一：先將遞延年金視為 n 期普通年金，求出在第 n 期期初（即 m 期期末）

的普通年金現值，然後再折算到第 1 期期初，即 0 時刻。基本思路如圖 2-6 所示。

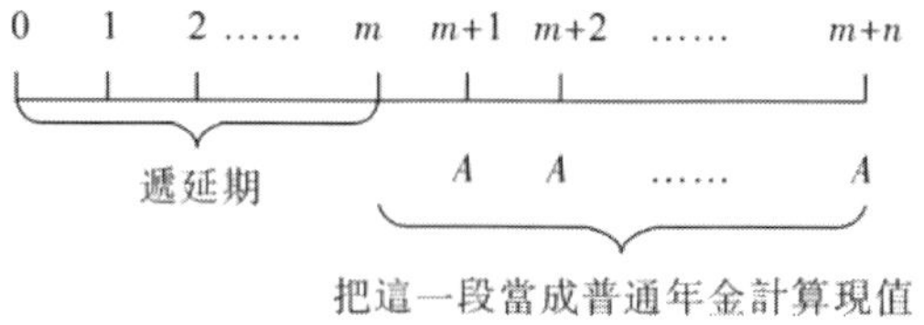

圖 2-6 遞延年金現值計算方法一

計算公式為：

$$PVA = A \times (P/A, i, n) \times (P/F, i, m)$$

其中：m 為遞延期數，n 為連續收付的期數，即年金期數。

計算方法二：先假設遞延期內每期都有等額的收付 A，計算 $m+n$ 期年金現值，再減去多算的前 m 期年金的現值。基本思路如圖 2-7 所示。

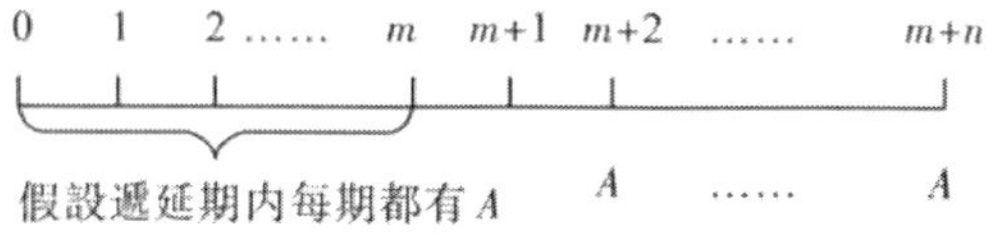

圖 2-7 遞延年金現值計算方法二

計算公式為：

$$PVA = A \times [(P/A, i, n+m) - (P/A, i, m)]$$

其中：m 為遞延期數，n 為年金期數。

【例 2-7】 錦蓉公司向銀行借入一筆款項，銀行貸款的年利率為 10%。銀行規定前 10 年不用還本付息，但在第 11 年至第 20 年需在每年年末償還本息 600 萬元。請問錦蓉公司向銀行借了多少錢。

方法一：

$PVA = A \times (P/A, 10\%, 10) \times (P/F, 10\%, 10)$

$= 600 \times 6.144,6 \times 0.385,5 = 1,421.25$（萬元）

方法二：

$PVA = A \times [(P/A, 10\%, 20) - (P/A, 10\%, 10)]$

$= 600 \times (8.513,6 - 6.144,6) = 1,421.4$（萬元）

兩種方法計算的結果相差 0.15 萬元，是因為貨幣時間價值系數的小數點位數保留造成的。

（四）永續年金

永續年金是指無限期收付、沒有終止期限的年金。例如，優先股的固定股利、沒有到期日的國債利息等，都可以視為永續年金。因為永續年金沒有終止的時間，所以沒有終值，只有現值。

1. 永續年金現值

永續年金的現值可以看成是一個 n 無窮大時普通年金的現值，其計算公式如下：

$$PVA = A/i$$

【例 2-8】錦蓉公司準備成立一個獎學金基金，買入年利率 5%的長期國債，每年用年底的利息 10 萬元用作學生們的獎學金。則此基金需要投入的本金為多少？

$PVA = 10/5\% = 200$（萬元）

2. 永續增長年金現值

永續增長年金是指永遠以固定增長率增長的年金。假設增長型永續年金第一年年末的現金流為 A，第二年為 $A(1+g)$，第三年為 $A(1+g)^2$，…，第 n 年為 $A(1+g)^{n-1}$，……同時假定貼現率為 i，如果滿足年金增長率 g 小於貼現率 i，則永續增長年金現值的計算公式為：

$$PVA = \frac{A}{i-g}$$

其中：A 為每期年金金額；i 為貼現率；g 為年金增長率。

【例 2-9】假設上例中，錦蓉公司成立的這個獎學金基金，買入年利率 5%的長期國債，第一年用年底的利息 10 萬元用作學生們的獎學金，以後每年獎學金要增加 3%。則此基金需要投入的本金為多少？

$PVA = 10/(5\%-3\%) = 500$（萬元）

四、利率的計算

（一）實際利率與名義利率

在前面的計算中，為了計算簡便，假定貼現率都是扣除了通貨膨脹之後的實際利率。然而在現實生活中，當我們使用一個貼現率的時候需要特別注意，因為它通常是一個名義利率而不是實際利率，沒有考慮通貨膨脹因素。

例如，以 8%的名義利率向銀行存入 10,000 元，那麼 1 年後就可以得到 10,800 元。但這並不意味著投資價值真的增加了 8%。假設這一年的通貨膨脹率也為 8%，那麼就意味著去年價值 10,000 元的商品其成本也增加了 8%，即變為 10,800 元。因此存款的實際終值變為：

$$FV_r = \frac{10,000\times(1+8\%)}{(1+8\%)} = 10,000(\text{元})$$

公式中分子上的利率是名義利率，分母上的利率是通貨膨脹。可以看出，該投資實際上一分錢都沒賺。也就是說，名義利率為 8%，但實際利率卻是 0。

一般地，設 i_n 為名義利率，i_r 為實際利率，i_i 為通貨膨脹率，則實際利率的計算可以通過以下公式得到：

$$1 + i_r = \frac{1+i_n}{1+i_i}$$

需要注意的是，現實生活中還會出現計息期小於一年（每年多次付息）的情況。此時，應根據以下公式確定每個計息期的利率，即期間利率：

期間利率＝名義利率÷每年計息次數

（二）插值法

在前面計算現值和終值時，利率都是給定的，但是在理財實務中，經常會遇到已知計息期數、終值和現值，求貼現率的問題。一般來說，求貼現率可以分為兩步：第一步求出換算系數，第二步根據換算系數和有關係數表用插值法求貼現率。插值法的公式為：

$$i = i_1 + \frac{B - B_1}{B_2 - B_1} \times (i_2 - i_1)$$

其中，i 為所求利率，B 為 i 對應的終值或者現值系數，B_1、B_2 為年金現值（終值）系數表中與 B 相鄰的系數，i_1、i_2 為 B_1、B_2 對應的利率。

【例 2-10】 老張即將退休，現在向銀行存入 50,000 元作為養老備用金，在利率為多少時，才能保證在今後 10 年中每年年末都得到 7,500 元？

$$\text{年金現值系數}(F/A,\ i,\ n) = \frac{50,000}{7,500} = 6.666,7$$

查年金現值系數表，當利率為 8%時，系數為 6.710,1；當利率為 9%時，系數為 6.417,7。所以利率為 8%~9%，可以用插值法計算。

$$i = 8\% + \frac{6.710,1 - 6.666,7}{6.710,1 - 6.417,7} \times (9\% - 8\%) = 8.148\%$$

第二節　風險與收益

一、風險與收益的概念

（一）風險的概念

如果企業的一項行動有多種可能的結果，其將來的財務後果是不確定的，就叫有風險。如果這項行動只有一種後果，就沒有風險。例如，現在將一筆款項存入銀行，可以確知一年後得到的本利和，幾乎沒有風險。但這種情況在企業投資中非常罕見。

1. 風險的含義

風險是收益的不確定性。雖然風險的存在可能意味著收益的增加，但人們考慮更多的則是損失發生的可能性。

從財務管理的角度看，風險就是企業在各項財務活動過程中，由於各種難以預料或者無法控製的因素作用，使企業的實際收益與預計收益發生背離，從而蒙受經濟損失的可能性。例如，當我們預計一個投資項目的未來收益時，不可能十分精確，也沒有百分之百的把握，價格、銷量、成本等可能發生我們預想不到並且無法控製的變化。

風險是事件本身的不確定性，具有客觀性。例如，無論企業還是個人，投資於國債，其收益的不確定性較小；如果投資於股票，則收益的不確定性大得多。這種風險是「一定條件下」的風險，在什麼時間、買哪一種或哪幾種股票、各買多少，風險是不一樣的。這些問題一旦確定下來，風險大小就無法改變了。這就是說，特定投資的風險大小是客觀的，投資者是否去冒風險及冒多大風險，是可以選擇的，是主觀決定的。

風險的大小隨時間延續而變化，是「一定時期內」的風險。我們對一個投資項目的成本，事先的預計可能不很準確，越接近完工則預計越準確。隨著時間的延續，事件的不確定性在縮小，事件完成，其結果也就完全確定了。因此，風險總是「一定時期內」的風險。

風險可能給投資者帶來超出預期的收益，也可能帶來超出預期的損失。一般來說，投資者對意外損失的關切，比對意外收益要強烈得多。因此人們研究風險時主要從不利的方面來考察風險，側重於如何減少損失。

2. 風險的分類

（1）從個別投資主體的角度看，風險分為市場風險和企業特有風險

市場風險是指由某種全局性的因素變動引起的，對市場上所有的企業都會產生不利影響的風險，如戰爭、經濟衰退、通貨膨脹等。這類風險涉及所有的投資對象，不能通過多元化投資來減少或消除，故又稱為不可分散風險或系統風險。例如，企業投資股票，無論購買哪一種股票，在經濟衰退時各種股票的價格都要不同程度下跌，其都要承擔市場風險。

企業特有風險是指由某一特殊的因素引起的，只對某個或某些企業產生不利影響的風險，如訴訟、罷工、新產品開發失敗等。這些事件造成的隨機損失在企業之間是不相關的，因而可以通過多元化投資來分散，故又稱為可分散風險或非系統風險。例如，企業投資股票的時候，買幾只不同的股票，比只買一只股票的風險要小。

（2）從企業本身來看，風險分為經營風險和財務風險

經營風險是指因生產經營方面的原因給企業目標帶來不利影響的可能性。如：由於銷售決策失誤帶來的風險；由於原材料供應不穩定或價格上升帶來的風險；由於生產安全管理不嚴格，發生設備事故帶來的風險等。經營風險是任何商業活動都有的，又叫商業風險。

財務風險是指由於舉債而給企業目標帶來不利影響的可能性，這是籌資決策帶來的風險，也叫籌資風險。如果不借錢，企業全部使用股東的資本，那麼該企業沒有財務風險，只有經營風險。如果經營是確定的（實際上總有經營風險），例如，肯定能賺10%，那麼負債再多也不要緊，只要利率低於10%。財務風險只是加大了經營風險。那麼，應不應該借錢經營呢？應當借多少錢？那要看風險有多大，冒風險預期得到的收益有多少，以及企業願意還是不願意冒風險。

（二）收益的概念

1. 資產的收益和收益率

資產的收益是指資產的價值在一定時期的增值。通常有兩種表述資產收益的方式：

其一，以絕對數表示的資產價值的增值量，稱為資產的收益額，一般以資產價值在一定時期內的增值量來表示，該增值來自於兩個部分：一是一定期限內資產的現金淨收入，主要是利息、紅利或股息收益；二是期末資產的價值（或市場價格）相對於期初價值（或市場價格）的升值，也稱為資本利得。

其二，以相對數表示的資產價值的增值率，稱為資產的收益率或報酬率，是資產

增值量與期初資產價值（價格）的比值，該收益率包括兩部分：一是利息（股息）的收益率，二是資本利得的收益率。由於以相對數表示的收益便於不同規模資產之間的收益比較，故在現實生活中，通常是以資產的收益率來表示資產的收益情況。

單期資產收益率＝資產價值(價格)的增值÷期初資產價值(價格)

＝(利息或股息收益+資本利得)÷期初資產價值(價格)

＝利息或股息收益率+資本利得收益率

另外，由於收益率是相對於特定期限的，它的大小要受計算期限的影響，但是計算期限往往不一定是一年，為了便於比較和分析，對於計算期限短於或者長於一年的資產，在計算收益率時一般要將不同期限的收益率轉化成年收益率。

因此，如果不作特殊說明的話，資產的收益率指的就是資產的年化收益率，又稱資產的報酬率。

【例2-11】 錦蓉公司一年前的股票價格為10元，一年內發放的稅後股息為0.5元，現在的市價為11元。那麼，在不考慮交易費用的情況下，一年內該股票的收益率是多少？

股票收益額 = 0.5+（11-10）= 1.5（元）

其中：股息收益為0.5元，資本利得為1元。

股票的收益率=（0.5+ 11-10）÷ 10 = 5%+10% = 15%

其中股息收益率為5%，資本利得收益率為10%。

2. 資產收益率的類型

在實際的財務工作中，由於工作角度和出發點不同，收益率可以有以下一些類型：

（1）實際收益率。實際收益率又稱為真實收益率，是指已經實現的或確定能夠實現的資產收益率，包括已實現的或確定能夠實現的利息（股息）率與資本利得收益率之和。如果存在通貨膨脹，還應剔除通貨膨脹因素的影響。

（2）名義收益率。名義收益率是名義收益與本金額的比率，名義收益率未剔除通貨膨脹因素的影響。

（3）預期收益率。預期收益率是指在不確定的條件下，投資者根據已知信息預測未來能獲得的收益率。

（4）必要收益率。必要收益率也稱「必要報酬率」或「投資者要求的最低收益率」，是投資者對某項資產要求的最低收益率。在投資實務中，如果資產的預期收益率≥投資者要求的必要收益率，則該項投資可行；如果資產的預期收益率<投資者要求的必要收益率，則該項投資不可行。

必要收益率與資產的風險程度有關。如果某項資產的風險較大，則投資者會對該資產要求較高的收益率，該資產的必要收益率就高；反之，如果風險較小，投資者就會要求較低的收益率，該資產的必要收益率就低。必要收益率由無風險收益率和風險收益率兩部分構成。

①無風險收益率也稱無風險利率，是指無風險資產的收益率，它的大小由資金的時間價值和通貨膨脹補貼兩部分組成。完全無風險的資產在現實情況下是不存在的，為了方便起見，通常用短期國庫券的利率近似地代替無風險收益率。

②風險收益率是指某項資產的持有者因承擔該資產的風險而要求的超過無風險收益率的額外收益，它等於必要收益率與無風險收益率之差。風險收益率衡量了投資者將資金從無風險資產轉移到風險資產而要求得到的「額外補償」，它的大小取決於兩個因素：一是風險的大小；二是投資者對風險的偏好。

二、單項資產的風險與收益

風險的衡量，需要使用概率和統計方法。其主要指標有收益率的方差、標準差和變異系數等。

（一）概率

在經濟活動中，某一事件在相同的條件下可能發生也可能不發生，這類事件稱為隨機事件。概率就是用來表示隨機事件發生可能性大小的數值。通常，把必然發生的事件的概率定為1，把不可能發生的事件的概率定為0，而一般隨機事件的概率是介於0與1之間的一個數。概率越大就表示該事件發生的可能性越大。

將隨機事件的所有可能結果按一定的規則進行排列，並且列示出每種結果出現的相應概率，這樣的完整描述就構成了概率分佈。

【例2-12】錦蓉公司有兩個投資機會，B投資機會是一個高科技項目，該領域競爭很激烈，如果經濟發展迅速並且該項目搞得好，取得較大市場佔有率，利潤會很大；否則，利潤很小甚至虧本。C項目是一個老產品並且是必需品，銷售前景可以準確預測出來。假設未來的經濟情況只有三種：繁榮、正常、衰退，有關的概率分佈見表2-1。

表2-1　不同經濟情況下的項目投資收益表

經濟情況	發生概率	B項目預期收益	C項目預期收益
繁榮	0.3	100%	20%
正常	0.4	15%	15%
衰退	0.3	-70%	10%
合計	1.0		

在這裡，概率表示每一種經濟情況出現的可能性，同時也就是各種不同期望收益率出現的可能性。例如，未來經濟繁榮的可能性有0.3。假如這種情況真的出現，B項目可獲得高達100%的收益率，也就是說，採納B項目獲利100%的可能性是0.3。當然，收益率作為一種隨機變量，受多種因素的影響，本書為了簡化，假設其他因素都相同，只有經濟情況這一個因素影響收益率。

（二）期望值

將隨機變量的各個取值，以相應的概率為權數的加權平均數，叫做隨機變量的期望值（數學期望或均值），它反應隨機變量取值的平均化。期望收益率反應的就是預期收益的平均化，在各種不確定因素影響下，它代表著投資者的合理預期。期望收益率的計算公式為：

$$E(R) = \sum_{i=1}^{n} R_i \times P_i$$

式中：

$E(R)$——期望收益率；

P_i——第 i 種可能結果出現的概率；

R_i——第 i 種可能結果的收益率；

n——所有可能結果的數目。

【例 2-13】 接例 2-12，請計算 B、C 兩個項目的期望收益率。

根據期望收益率的計算公式，有：

B 項目的期望收益率＝0.3×100%+0.4×15%+0.3×（-70%）＝15%

C 項目的期望收益率＝0.3×20%+0.4×15%+0.3×10%＝15%

計算結果表明，這兩個項目的期望收益率相同，那是否可以認為它們的風險是相同的呢？為了定量地衡量風險的大小，還需要使用統計學中衡量概率分佈離散程度的指標，包括方差、標準差、變異系數等。

（三）方差

方差是用來表示隨機變量的各種可能值與其期望值之間的離散程度的一個數值。資產收益率的方差表示實際收益率與期望收益率之間的偏離程度，是量化風險的重要指標之一。資產收益率方差的計算公式為：

$$\sigma^2 = \sum_{i=1}^{n} [R_i - E(R)]^2 \times P_i$$

式中：

σ^2——收益率的方差；

$E(R)$——期望收益率；

P_i——第 i 種可能結果出現的概率；

R_i——第 i 種可能結果的收益率；

n——所有可能結果的數目。

【例 2-14】 接例 2-12，請計算 B、C 兩個項目的方差。

根據方差的計算公式，計算得 B 項目的方差為 0.433,5，C 項目的方差為 0.001,5，它們定量地說明 B 項目的風險大於 C 項目。

（四）標準差

標準差也叫均方差或標準離差，等於方差的平方根。它也是反應隨機變量的各種可能值與其期望值之間的離散程度的指標。資產收益率標準差的計算公式為：

$$\sigma = \sqrt{\sum_{i=1}^{n} [R_i - E(R)]^2 \times P_i}$$

式中：

σ——收益率的標準差；

$E(R)$ ——期望收益率；

P_i ——第 i 種可能結果出現的概率；

R_i ——第 i 種可能結果的收益率；

n ——所有可能結果的數目。

【例 2-15】 接例 2-12，請計算 B、C 兩個項目的標準差。

根據標準差的計算公式，計算得 B 項目的標準差為 0.658,4，C 項目的標準差為 0.038,7，同樣說明 C 項目的風險小於 B 項目。

標準差和方差都是用絕對指標來衡量資產的風險大小，在期望收益率相同的情況下，標準差或方差越大，則風險越大；標準差或方差越小，則風險也越小。標準差或方差指標衡量的是單項資產的風險大小，如果要比較不同資產風險的大小，只能用來比較期望收益率相同的資產的風險程度，但無法比較具有不同期望收益率的資產的風險。

（五）變異系數

對於期望收益率不同的資產的風險比較，我們可以用變異系數來衡量。

變異系數是指標準差對期望值的比例，其計算公式為：

$$\text{變異系數} = \frac{\text{標準差 } \sigma}{\text{期望值 } E(R)} \times 100\%$$

變異系數是一個相對指標，它表示某資產每單位期望收益中所包含的風險的大小。一般情況下，變異系數越大，資產的相對風險越大；相反，變異系數越小，資產的相對風險越小。變異系數指標可以用來比較期望收益率不同的資產之間的風險大小。因此，在比較不同方案的風險程度時，應該通過它們的變異系數來比較分析。

【例 2-16】 例 2-12 中，由於兩個項目的期望收益率相等，可以用兩個項目的標準差或者方差來比較兩個項目的風險。如果現在有兩個期望收益率不等的項目，E 項目的期望收益率為 30%，標準差為 15%，F 項目的期望收益率為 20%，標準差為 12%，我們只能用變異系數判斷。

E 項目的變異系數為 15%/30% = 0.5

F 項目的變異系數為 12%/20% = 0.6

E 項目的變異系數小於 F 項目，因此 F 項目風險程度比 E 項目高。

三、資產組合的風險與收益

在投資實務中，投資者一般不會把所有資金投資於單一資產，而是同時持有多種資產。資產組合是指兩個或者兩個以上資產所構成的集合。資產組合的風險和收益具有與單項資產不同的特徵。

（一）資產組合的期望收益率

資產組合的期望收益率，就是組成資產組合的各種資產的期望收益率的加權平均數，其權數等於各種資產在整個組合中所占的價值比例。即：

$$R_P = \sum_{i=1}^{n} W_i \times R_i$$

式中：

R_P ——資產組合的期望收益率；

R_i ——組合內第 i 項資產的期望收益率；

W_i ——第 i 項資產在整個組合中所占的價值比例。

【例 2-17】 甲、乙、丙三種股票構成一個投資組合，甲在組合中占 30%，乙占 50%，丙占 20%，甲、乙、丙的收益率分別為 20%、10% 和 -5%。求該投資組合的期望收益率。

該組合的期望收益率 = 30%×20%+50%×10%+20%×（-5%）= 10%

（二）資產組合風險的度量

1. 兩項資產組合的風險

兩項資產組合的收益率的方差滿足以下關係式：

$$\sigma_p^2 = \omega_1^2 \sigma_1^2 + \omega_2^2 \sigma_2^2 + 2\omega_1 \omega_2 \rho_{1,2} \sigma_1 \sigma_2$$

式中：σ_p 表示資產組合的標準差，衡量資產組合的風險；σ_1 和 σ_2 分別表示組合中兩項資產的標準差；ω_1 和 ω_2 分別表示組合中兩項資產所占的價值比例；$\rho_{1,2}$ 反應兩項資產收益率的相關程度，即兩項資產收益率之間相對運動的狀態，稱為相關係數。理論上，相關係數處於區間［-1，1］內。

當 $\rho_{1,2} = 1$ 時，表明兩項資產的收益率具有完全正相關的關係，即它們的收益率變化方向和變化幅度完全相同，這時 σ_p^2 達到最大。組合的風險等於組合中各項資產風險的加權平均值。當兩項資產的收益率完全正相關時，資產組合不能降低任何風險。

當 $\rho_{1,2} = -1$ 時，表明兩項資產的收益率具有完全負相關的關係，即它們的收益率變化方向和變化幅度完全相反，這時 σ_p^2 達到最小，甚至可能是零。因此，當兩項資產的收益率具有完全負相關關係時，資產組合就可以最大限度地抵消風險。

現實中的大多數情況是 $-1 < \rho_{1,2} < 1$，因此，會有 $0 < \sigma_p < (\omega_1 \sigma_1 + \omega_2 \sigma_2)$，即資產組合的標準差小於組合中各資產標準差的加權平均值，也即資產組合的風險小於組合中各資產風險之加權平均值，因此資產組合才可以分散風險，但不能完全消除風險。

【例 2-18】 現有甲、乙兩種證券及它們各占 50%比重構成的投資組合，兩種證券及其組合 2012—2016 年的收益率情況如表 2-2 所示。

表 2-2 **甲、乙證券收益情況**

年度	甲證券（%）	乙證券（%）	甲、乙投資組合（%）
2012	40	-10	15
2013	-10	40	15
2014	35	-5	15
2015	-5	35	15
2016	15	15	15

要求：

(1) 計算甲、乙證券及其投資組合的平均收益率；

(2) 計算甲、乙證券及其組合的標準差；

(3) 判斷甲證券與乙證券的相關係數。

根據上述資料，分析計算如下：

(1) 計算平均收益率

甲證券的平均收益率 = 15%

乙證券的平均收益率 = 15%

證券投資組合的平均收益率 = 15%

(2) 計算標準差

$$甲證券的標準差 = \sqrt{\sum_{i=1}^{n}[R_i - E(R)]^2 \times P_i} = 22.6$$

$$乙證券的標準差 = \sqrt{\sum_{i=1}^{n}[R_i - E(R)]^2 \times P_i} = 22.6$$

$$組合的標準差 = \sqrt{\sum_{i=1}^{n}[R_i - E(R)]^2 \times P_i} = 0$$

(3) 甲、乙證券的相關係數為 -1，因為甲、乙組合的標準差為0，說明兩項資產的收益率具有完全負相關的關係，即它們的收益率變化方向和變化幅度完全相反。

2. 多項資產組合的風險

隨著資產組合中資產個數的增加，資產組合的風險會逐漸降低。但當資產的個數增加到一定程度時，資產組合的風險程度將趨於平穩。這個關係如圖 2-8 所示。

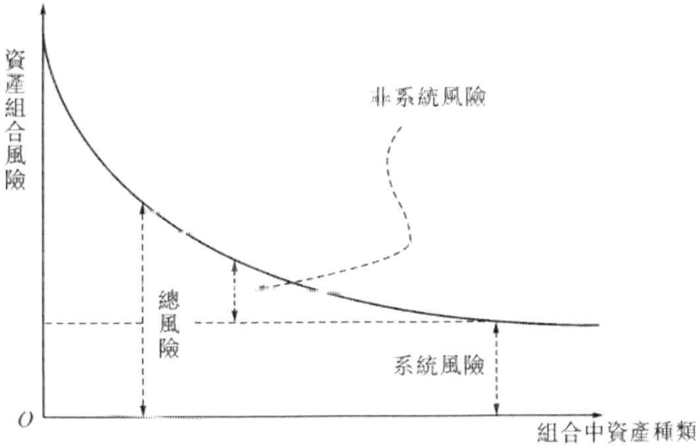

圖 2-8　投資組合的風險

那些只反應資產本身特性，由方差表示的各資產本身的風險，會隨著組合中資產個數的增加而逐漸減小，當組合中資產的個數足夠大時，這部分風險可以被完全消除。我們將這些隨著資產種類增加而降低直至最終消除的風險稱為非系統風險。

而另一些風險是由影響整個市場的風險因素所引起的，它們始終存在，並不能隨著組合中資產數目的增加而消失，這些無法最終消除的風險稱為系統風險。

3. 單項資產和資產組合的 β 系數

單項資產和資產組合受系統風險的影響程度，可以用 β 系數（系統風險系數）來衡量。

（1）單項資產的 β 系數。單項資產的 β 系數是指可以反應單項資產收益率與市場平均收益率之間變動關係的一個量化指標。它表示單項資產收益率的變動受市場平均收益率變動的影響程度。換句話說，就是相對於市場組合的平均風險而言，單項資產的風險是市場平均風險的多少倍。β 系數的定義式如下：

$$\beta_i = \frac{COV(R_i, R_m)}{\sigma_m^2} = \frac{\rho_{i,m}\sigma_i\sigma_m}{\sigma_m^2} = \rho_{i,m} \times \frac{\sigma_i}{\sigma_m}$$

式中：

$\rho_{i,m}$——第 i 項資產的收益率與市場組合收益率的相關關係；

σ_i——第 i 項資產收益率的標準差，反應該資產的風險大小；

σ_m——市場組合收益率的標準差，反應市場組合的風險；

$COV(R_i, R_m)$——第 i 項資產收益率與市場組合收益率的協方差，等於上述三個指標的乘積 $\rho_{i,m}\sigma_i\sigma_m$。

如果一只股票的 β 系數是 1.5，就意味著當市場風險收益率上升 10%時，該股票風險收益率上升 15%，而市場風險收益率下降 10%時，該股票的風險收益率亦會下降 15%。在實務中，β 系數一般是通過對同一時期市場的收益情況和單項資產的收益率數據進行統計分析，採用線性迴歸的方法獲得的。一些投資諮詢機構會定期公布證券的 β 系數。

（2）市場組合。市場組合是指由市場上所有資產組成的組合。它的收益率就是市場平均收益率，實務中通常用股票價格指數的收益率來代替。而市場組合的方差則代表了市場整體的風險。由於包含了所有的資產，因此市場組合中的非系統風險已經被消除，所以市場組合的風險就是市場風險。

當某資產的 β 系數等於 1 時，說明該資產的收益率與市場平均收益率呈同方向、同比例的變化，該資產的系統風險與市場組合的風險一致；當某資產的 β 系數大於 1 時，說明該資產收益率的變動幅度大於市場組合收益率的變動幅度，因此其系統風險大於市場組合的風險；當某資產的 β 系數小於 1 時，說明該資產收益率的變動幅度小於市場組合收益率的變動幅度，因此其系統風險小於市場組合的風險。

需要注意的是，實務中絕大多數資產的 β 系數是大於零的。也就是說，它們收益率的變化方向與市場平均收益率的變化方向是一致的，只是變化幅度不同。個別資產的 β 系數是負數，表明這類資產與市場平均收益的變化方向相反，當市場平均收益增加時，這類資產的收益卻在減少。例如一些金融衍生工具，如看跌期權可以有較大的負 β 系數。

（3）資產組合的 β 系數。對於資產組合來說，其系統風險的大小也可以用 β 系數來衡量。資產組合的 β 系數是所有單項資產 β 系數的加權平均數，權數為各種資產在資產組合中所占的價值比例。其計算公式為：

$$\beta_p = \sum_{i=1}^{n} (W_i \times \beta_i)$$

式中：

β_p——資產組合的風險系數；

W_i——第 i 項資產在組合中所占的價值比例；

β_i——第 i 項資產的 β 系數。

由於單項資產的 β 系數不盡相同，因此通過替換資產組合中的資產或改變不同資產在組合中的價值比例，可以改變資產組合的風險特性。

四、資本資產定價模型

資本資產定價模型（Capital Asset Pricing Model，簡稱 CAPM）是由美國學者威廉·夏普（William Sharpe）、約翰·林特納（John Lintner）、杰克·特里諾（Jack Treynor）和簡·莫辛（Jan Mossin）等人在投資組合理論的基礎上發展起來的，是現代金融市場價格理論的支柱，廣泛應用於投資決策和公司理財領域。

眾所周知，投資者只有在預期收益足以補償其承擔的投資風險時才會購買風險性資產。從風險與收益的均衡原則可知，風險越高，投資者要求的必要收益率也就越高。那麼，為了補償某一特定程度的風險，投資者應該獲得多大的必要收益率呢？市場又是怎樣決定必要收益率的呢？資本資產定價模型將風險和收益率聯繫在一起，把收益率表示成風險的函數，進而研究資本市場如何決定股票的收益率，如何決定股票的價格。

（一）資本資產定價模型的假設條件

資本資產定價模型建立在一系列嚴格的假設基礎上。儘管有些假設條件與現實有所偏離，但是它們簡化了建模的過程，而且後來的研究發現，即使放寬這些假設條件，CAPM 模型的基本觀點依然正確。

1. 市場是完備的

這一假設表明：首先，市場是完全競爭的。市場上有大量的投資者，與所有投資者的總財富相比，每個投資者的財富都微不足道。因此，每個投資者都是價格接受者，沒有人能影響市場價格。其次，市場是無摩擦的。所謂摩擦，是指對市場上的資本和信息自由流動的阻礙。沒有摩擦，意味著市場上不存在佣金、印花稅等與買賣證券有關的交易費用和成本；也不存在對紅利收入、利息收入以及資本利得徵稅。並且，投資者之間是信息對稱的，信息向市場裡的每個人自由、及時地傳遞，所有投資者可以免費獲得充分的市場信息。

2. 投資者都是理性的

所有投資者都是理性人，他們通過考察證券的期望收益率和風險對證券進行估值，並且每一個投資者都是風險厭惡者，在風險相同時，他們將選擇期望收益率較高的投資組合，而在期望收益率相同時，他們將選擇風險較小的投資組合。

3. 所有投資者都有一致的預期

所有的投資者對於每一種證券收益率概率分佈的看法一致，對期望收益率、方差和協方差都有完全相同的估計，這就意味著市場上的效率邊界只有一條，所有的投資者都有相同的無差異曲線，均值和標準差包含著現存的與該種證券相關的所有信息。

4. 存在無風險資產

投資者可以在無風險利率的水平下無限制地自由借入或貸出資金。

5. 單一的投資期限

單一的投資期限是指所有投資者都在相同的單一時期中計劃他們的投資。所謂單一時期，是指資本市場上投資的機會成本未發生變化的一段時間。在單一時期期初，投資者計劃實施投資，在期末，獲得紅利與資本收益。這一假設排除了連續時間投資行為。

上述假設條件所設定的資本市場是一個完全市場，投資者在相同經濟環境下有相同的投資機會、相同的預期。這個市場上的投資者都是理性的，嚴格按照馬科威茨模型的規則進行多樣化的投資，並將從有效邊界的某處選擇投資組合。有了這一前提，我們就能將注意力從考察個別投資者如何投資轉移到考察證券價格的變化上，從而進一步研究每一種資產或資產組合的風險與收益的均衡關係。

（二）資本資產定價模型的基本原理

1. 資本資產定價模型公式

$$R_i = R_f + \beta_i(R_m - R_f)$$

式中：

R_i ——資產 i 的必要收益率；

R_f ——無風險收益率；

β_i ——資產 i 的 β 系數；

R_m ——市場組合的平均收益率。

無風險收益率 R_f 通常以短期國債的利率來近似替代，市場組合的平均收益率 R_m 通常用股票價格指數收益率的平均值或所有股票的平均收益率來替代。

$R_m - R_f$ 稱為市場風險溢價或市場風險收益率，即市場平均收益率與無風險收益率之差。市場風險溢價是投資者由於承擔了市場平均風險所要求獲得的風險補償，它反應的是市場作為一個整體對風險的平均「容忍」程度，或者說是市場對風險的厭惡程度。市場對風險越是厭惡和迴避，要求的風險補償就越高，市場風險溢價的數值就越大。反之，如果市場抗風險能力強，則對風險的厭惡和迴避就不是很強烈，要求的風險補償就越低，市場風險溢價就越小。

β 系數描述了資產的不可分散風險，可以用於衡量資產收益率對於市場變動的敏感程度（Sensitivity），或者說，資產相對於市場的風險程度。如果一項資產對市場變化越敏感，則 β 值越高。

$\beta_i(R_m - R_f)$ 稱為資產的風險溢價或風險收益率，它是投資者承擔特定資產的風險所要求獲得的風險補償。

【例 2-19】 錦蓉公司的 β 系數為 1.8，市場組合的平均收益率為 12%，無風險收益率為 5%。則該公司股票的必要收益率為：

$$R_i = R_f + \beta_i(R_m - R_f) = 5\% + 1.8 \times (12\% - 5\%) = 17.6\%$$

也就是說，只有在錦蓉公司股票的預期收益率達到或超過 17.6%時，投資者方肯進行投資，否則投資者不會購買錦蓉公司的股票。

【例 2-20】 錦蓉公司擬進行股票投資，計劃購買用友軟件（600588）、貴州茅臺（600519）、中國銀行（601988）三種股票，並分別設計了甲、乙兩種投資組合。

已知三種股票的 β 系數分別為 1.8、1.0 和 0.8，它們在甲種投資組合中的投資比重為 40%、30%和 30%；乙種投資組合的風險溢價為 3.6%。同期市場上所有股票的平均收益率為 14%，無風險收益率為 10%。

要求：

（1）根據三種股票的 β 系數，分別評價這三種股票相對於市場投資組合而言的投資風險大小。

（2）按照資本資產定價模型計算用友軟件股票的必要收益率。

（3）計算甲種投資組合的 β 系數和必要收益率。

（4）計算乙種投資組合的 β 系數和必要收益率。

（5）比較甲、乙兩種投資組合的 β 系數，評價它們的投資風險大小。

根據上述資料，分析計算如下：

（1）用友軟件股票的 β 系數為 1.8>1，說明用友軟件股票的風險大於市場投資組合的風險；貴州茅臺股票的 β 系數為 1.0，說明貴州茅臺股票的風險等於市場投資組合的風險；中國銀行股票的 β 系數為 0.8<1，說明中國銀行股票的風險小於市場投資組合的風險。所以用友軟件股票相對於市場投資組合的投資風險大於茅臺股票，貴州茅臺股票相對於市場投資組合的投資風險大於中國銀行股票。

（2）用友軟件股票的必要收益率

$$R_i = R_f + \beta_i(R_m - R_f) = 10\% + 1.8 \times (14\% - 10\%) = 17.2\%$$

（3）甲種投資組合的 β 系數

$$\beta_p = \sum_{i=1}^{n}(W_i \times \beta_i) = 1.8 \times 40\% + 1 \times 30\% + 0.8 \times 30\% = 1.26$$

甲種投資組合的必要收益率

$$R_i = R_f + \beta_i(R_m - R_f) = 10\% + 1.26 \times (14\% - 10\%) = 15.04\%$$

（4）乙種投資組合的 β 系數

$$\beta_p = 3.6\% / (14\% - 10\%) = 0.9$$

乙種投資組合的必要收益率

$$R_i = R_f + \beta_i(R_m - R_f) = 10\% + 3.6\% = 13.6\%$$

（5）甲種投資組合的 β 系數大於乙種投資組合的 β 系數，說明甲組合的投資風險大於乙組合的投資風險。

【例 2-21】錦蓉公司持有由樂視網（300104）、萬達院線（002739）、保利地產（600048）三種股票組成的證券組合，三種股票的 β 系數分別是 3、1.5 和 0.8，它們的投資額分別是 600 萬元、300 萬元和 100 萬元。股票市場平均收益率為 11%，無風險收益率為 6%。

要求：

（1）確定證券組合的必要收益率。

（2）若公司為了降低風險，改變股票投資金額，使得三種股票在證券組合中的投資額分別變為 100 萬元、300 萬元和 600 萬元，其餘條件不變。試計算此時的風險收益率和必要收益率。

根據上述資料，分析計算如下：

（1）確定證券組合的必要收益率

①計算各股票在組合中的比例

樂視網股票的比例 = 600/(600+300+10) = 60%

萬達院線股票的比例 = 300/(600+300+10) = 30%

保利地產股票的比例 = 100/(600+300+10) = 10%

②計算證券組合的 β 系數

證券組合的 β 系數 = 3×60%+1.5×30%+0.8×10% = 2.33

③計算證券組合的風險收益率

證券組合的風險收益率 = 2.33×（11%−6%）= 11.7%

④計算證券組合的必要收益率

證券組合的必要收益率 = 11.7%+6% = 17.7%

（2）調整組合中各股票的比例後

①計算各股票在組合中的比例

樂視網股票的比例 = 100/(600+300+10) = 10%

萬達院線股票的比例 = 300/(600+300+10) = 30%

保利地產股票的比例 = 600/(600+300+10) = 60%

②計算證券組合的 β 系數

證券組合的風險收益率 = 3×10%+1.5×30%+60%×0.8 = 1.23

③計算證券組合的風險收益率

證券組合的風險收益率 = 1.23×（11%−6%）= 6.15%

④計算證券組合的必要收益率

證券組合的必要收益率 = 6.15%+6% = 12.15%

2. 證券市場線

根據資本資產定價模型，單一證券的風險與收益之間的關係可以用證券市場線（Security Market Line，簡稱 SML）來描述，見圖 2-9。

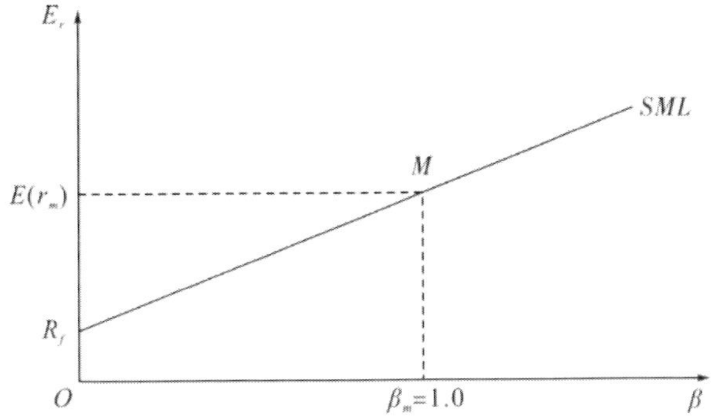

圖 2-9　證券市場線

證券市場線說明了證券的必要收益率與不可分散風險 β 系數之間的關係。由圖 2-9 可知，風險資產的收益由兩部分構成：一是無風險收益率 R_f；二是風險收益率 $\beta_i(R_m - R_f)$。

證券市場線表明：①風險資產的收益高於無風險資產的收益率；②只有系統性風險需要補償，非系統性風險可以通過投資多樣化減少甚至消除，因而不需要補償；③風險資產實際獲得的風險溢價取決於 β_i 的大小，β_i 值越大，風險收益率就越大；反之，β_i 越小，風險收益率就越小。在圖 2-9 中，β_m 表示市場組合的 β 系數，即 $\beta_m = 1$。

證券市場線還反應了投資者迴避風險的程度。直線越陡峭，斜率越大，意味著在同樣的風險水平上，投資者要求的收益率越高，即越傾向於迴避風險。

第三節　證券價值評估

一、債券價值評估

債券是一種有價證券，是社會各類經濟主體為籌集資金而向債券投資者出具的、承諾按一定利率定期支付利息的並到期償還本金的債權債務憑證。

（一）債券的基本要素

1. 債券的票面價值

債券的票面價值是指債券票面標明的貨幣價值，是債券發行人承諾在債券到期日償還給債券持有人的金額。債券票面價值包括兩個基本內容：一是幣種，二是票面金額。首先，要規定幣種。幣種的選擇主要考慮債券的發行對象，一般來說，在本國發行通常採用本國貨幣，在國際市場發行通常採用發行地貨幣或國際通用貨幣。此外，還要考慮發行者本身對幣種的需要。其次，規定債券的票面金額。根據債券的發行對象、市場資金供給情況及債權發行費用等因素綜合考慮。比如美國公司發行的大多數債券面值是 1,000 美元，而中國公司發行的債券面值大多為 100 元人民幣。

2. 債券的到期期限

債券的到期期限是指債券從發行之日起到償清本息之日止的時間，也是債券發行人承諾履行合同義務的全部時間。確定債券期限的考慮因素有：①資金使用方向。彌補臨時性資金週轉，可以發行短期債券；滿足長期資金需求，可以發行中長期債券。②市場利率變化。一般來說，當未來市場利率趨於下降時，應選擇發行期較短的債券，可以避免市場利率下跌後仍須支付較高的利息；反之，則發行期限較長的債券，能保持較低的利息負擔。③債券的變現能力。如果債券流通市場發達，債券容易變現，長期債券較能被投資者接受；反之，債券流通市場不發達，債券不易變現，長期債券的銷售就可能不如短期債券。

3. 債券的票面利率

債券的票面利率也稱名義利率，是指債券年利息與債券票面價值的比率，通常用百分數表示。票面利率有多種形式：單利、複利、貼現利率。其影響因素有：①借貸資金市場利率水平。市場利率較高時，票面利率較高，反之較低。②籌資者的資信水平。發行人資信好，信用等級高，投資者風險小，票面利率可以定得低一些；反之，則應定高一些。③債券期限長短。一般來說，期限較長的債券流動性差，風險相對較大，票面利率應定得高些，反之亦然。但是，有時也會出現短期債券票面利率高而長期債券票面利率低的現象。

4. 債券發行人名稱

債券發行人名稱是指債務主體，既明確了債券發行人應履行對債權人償還本息的義務，也為債權人到期追索本金和利息提供了依據。

（二）債券估值模型

進行債券投資，必須對債券的價值進行評估，以便和債券的現實價格進行比較後做出正確的投資決策。

債券價值是由其未來的現金流入量的現值決定的，其未來的現金流入量由未來的利息收入和到期償還的本金組成。所以，債券可以按下面的計算公式進行估值，此為債券的一般估值模型。

$$V = \sum_{t=1}^{n} \frac{I_t}{(1+r)^t} + \frac{M}{(1+r)^n}$$

式中：

V ——債券價值；

I_t ——第 t 期的利息；

M ——債券面值；

r ——市場利率或投資人要求的必要收益率；

n ——付息期數。

注意，上式中的 n 為付息期數，如果每年付息一次，則利率為年利率，n 為債券發行年限；如果每年付息多次，就需要對利率和付息期數進行調整，式中的利率應為期間利率，n 為債券發行年限乘以每年計息次數。

【例 2-22】鴻昌公司債券面值為 100 元，票面利率為 8%，期限為 10 年，每半年付息一次。錦蓉公司擬對這種債券進行投資，當前的市場利率為 6%，問債券的價格為多少錦蓉公司才能進行投資？

根據債券的一般估值模型，鴻昌公司債券的價值為：

$V=100\times4\%\times(P/A,3\%,20)+100\times(P/F,3\%,20)=114.88$（元）

即該債券的價格必須低於或等於 114.88 元時，錦蓉公司才能購買。

（三）債券的收益率

債券投資的收益包括兩部分，一是按票面價值和票面利率支付的利息，二是債券買賣的差價收益。

債券投資收益的高低，通常用債券收益率（年化收益率）來表示。債券收益率是一定時期內債券投資收益與投資額的比率，它是衡量債券投資是否可行的重要指標。債券投資收益率主要是指持有期收益率和到期收益率兩個概念。

1. 持有期收益率

持有期收益率是指買入債券後持有一段時間，又在債券到期前將其出售而得到的年化收益率。持有期收益率既考慮了持有期間利息收益，也考慮了買賣差價，是投資者獲得的現實收益率。

計算債券的持有期收益率，不論是長期投資還是短期投資，一般都不考慮貨幣資金的時間價值，計算公式如下：

$$K=\frac{I+(P_1-P_0)/n}{P_0}$$

式中：

K ——投資收益率；

P_1 ——債券賣價；

P_0 ——債券買價；

I ——每年支付利息；

n ——持有年數。

【例 2-23】錦蓉公司於 2010 年 1 月 1 日以 92.42 元的價格購買一張面值為 100 元的債券，期限為 5 年，票面利率為 8%，每年 1 月 1 日付息，該債券於 2012 年 1 月 1 日按市價 95.33 元賣出，則該債券的持有期收益率為：

$$K=\frac{100\times8\%+(95.33-92.42)/2}{92.42}=10.23\%$$

2. 到期收益率

一般情況下，投資者在決策投資以前不太關心債券的未來價格變化，而是更關心債券未來的利息收入以及到期值與當前市價的差額所揭示的收益水平，即到期收益率。到期收益率又稱為債券的內部收益率，是指按當前市場價格購入債券並持有至到期所能獲得的預期收益率。如果到期收益率大於或等於投資者要求的必要收益率，則以現價購入有利可圖，否則應該放棄。

債券的到期收益率，是用當前債券市場價格 P 代替債券估值公式中的 V 計算出來的貼現率，記為 y。

由定義知道，到期收益率 y 應該滿足下列方程：

$$P=\sum_{t=1}^{n}\frac{I}{(1+y)^{t}}+\frac{M}{(1+y)^{n}}$$

式中：

y ——到期收益率；

P ——債券市場價格；

I ——每年支付利息；

M——債券面值；

n ——付息期數。

【例 2-24】 錦蓉公司的債券面值為 100 元，票面利率為 9%，目前市價為 110 元，還有 10 年到期，請計算該債券的到期收益率。

根據到期收益率的定義式，有：

$$110=\sum_{t=1}^{10}\frac{9}{(1+y)^{t}}+\frac{100}{(1+y)^{10}}$$

通過插值法可以計算出，該債券的到期收益率 $y=7.54\%$。

在債券估值公式中，r 是市場收益率或投資者要求的必要收益率，將其與到期收益率 y 比較，顯然，如果 $r<y$，則說明該債券的預期收益率大於必要收益率，投資者應該購買債券；如果 $r>y$，則說明該債券的預期收益率等於小於必要收益率，投資者不應該購買債券；如果 $r=y$，則說明該債券的預期收益率等於必要收益率，企業可以買也可以不買債券。

二、股票價值評估

股票是股份有限公司發行的，用以證明投資者的股東身分和權益，並據以獲取股息和紅利的憑證。股票一經發行，購買股票的投資者即成為公司的股東。股票實質上代表了股東對股份公司的所有權，股東憑藉股票可以獲得公司的股息和紅利，參加股東大會並行使自己的權力，同時也承擔相應的責任與風險。

(一) 股票的特徵

1. 收益性

收益性是股票最基本的特徵，它是指持有股票可以為持有人帶來收益的特性。股票的收益主要有兩類：一是來自股份公司的股息和紅利。股票持有者對發行公司享有經濟權益，可從公司領取股息和分享公司的紅利。股息和紅利的多少取決於股份公司的經營能力和盈利水平。二是來自股票流通的資本利得。當股票的市場價格高於買入價格時，賣出股票就可以賺取價差收益，這種價差收益稱為資本利得。

2. 風險性

風險性是指持有股票可能產生經濟利益損失的特性。股票風險的內涵是預期收益的不確定性，即最終實現的實際收益可能會偏離投資者原來的預期收益。一方面，股東能否獲得預期的股息和紅利取決於公司的盈利情況。利大多分，利小少分，無利不分；公司虧損時股東要承擔有限責任；公司破產時可能血本無歸。另一方面，股票的市場價格也會受各種因素的影響而變化，如果股價下跌，股票持有者會因股票貶值而蒙受損失。

3. 流動性

流動性是指股票可以依法自由地進行交易的特徵。股票持有人雖然不能直接從股份公司退股，但可以在股票市場上很方便地賣出股票來變現，在收回投資的同時，將股票所代表的股東身分及其各種權益讓渡給受讓者。

4. 永久性

永久性是指股票所載有權利的有效性是始終不變的，因為它是一種無期限的法律憑證。股票的有效期與股份公司的存續期間相聯繫，兩者是並存的關係。這種關係實質上反應了股東與股份公司之間穩定的經濟關係。對於股份公司而言，由於股東不會要求公司退股，所以通過發行股票籌集到的資金，在公司存續期間是一筆穩定的自有資本。

5. 參與性

參與性是指股票持有人有權參與公司重大決策的特性。股票持有人作為股份公司的股東，有權出席股東大會，通過選舉公司董事來實現其參與權。權利大小取決於其持有股票數額的多少，如果某股東持有的股票數額達到決策所需的有效多數時，就能實質性地影響公司的經營方針。

（二）股票估值模型

1. 股利貼現模型

股票的估值即股票內在價值的估算。其基本模型是股利貼現模型，即求未來每股股利的現值之和。

最常見的幾種股票估值模型，是根據持有股票的期限及對未來股利增長率的不同假設構造出來的，包括以下幾種：

（1）短期持有股票、未來準備出售的股票估值模型

在一般情況下，投資者投資於股票，不僅希望得到股利收入，還希望在未來出售股票時從股票價格的上漲中得到好處。此時的股票估值模型為：

$$V = \sum_{t=1}^{n} \frac{d_t}{(1+K)^t} + \frac{V_n}{(1+K)^n}$$

式中：

V ——股票內在價值；

V_n ——預計未來出售時的股票價格；

K ——投資人要求的必要收益率；

d_t ——第 t 期的預期股利；

n ——預計持有股票的期數。

（2）長期持有股票、股利穩定不變的股票估值模型

假設每年股利穩定不變，投資人持有期限很長時，股利支付過程是一個永續年金，則股票的估值模型為：

$$V = \frac{D}{K}$$

式中：

V ——股票內在價值；

D ——每年固定股利；

K ——投資人要求的必要收益率。

【例 2-25】 明達公司每年分配股利 1 元，錦蓉公司的必要收益率是 10%，則對錦蓉公司而言，明達公司的股票價值為：

$$V = \frac{1}{10\%} = 10(\text{元})$$

這就是說，如果明達公司每年分配股利 1 元，在錦蓉公司的必要收益率為 10%時，它相當於投資 10 元的收益，所以其價值 10 元。如果市價高於 10 元，說明市場對其高估，錦蓉公司不能購買；否則，說明市場對其低估，應當購買。

（3）長期持有股票、股利固定增長的股票估值模型

如果一個公司的股利不斷增長，投資人的投資期限又非常長，則股票的估值就更困難了，只能計算近似值。

設本期（基期）股利為 D_0，預期第 1 年的股利為 D_1，未來各期股利相對於上年的增長率為 g，則股票估值模型為：

$$V = \frac{D_0(1+g)}{K-g} = \frac{D_1}{K-g}$$

【例 2-26】 錦蓉公司準備購買昌達股份有限公司的股票，昌達公司本期每股股利為 0.8 元，預計以後每年以 4%的增長率增長。經分析，錦蓉公司認為必須達到 12%的收益率才能購買昌達公司的股票，則該股票的內在價值為：

$$V = \frac{0.8(1+4\%)}{12\% - 4\%} = 10.4(\text{元})$$

即昌達的股票價格在 10.4 元以下時，錦蓉公司才值得購買。

事實上，大多數股份公司的股利都是非固定或非固定增長的。通常可能是在起初時以一個比較高的增長率增長，然後再以一個比較低的增長率增長，這時，股票的價值則要分段計算。

【例 2-27】 榮達公司普通股當前的股利為每股 2 元，預計未來 3 年以 20%的增長率增長，然後恢復正常增長，增長率為 12%，錦蓉公司的必要收益率為 15%。

要求：計算分析榮達公司股票在何種價格時錦蓉公司才能進行投資。

解：

分別計算前 3 年的股利現值，得到：

$PV_1 = 2 \times (1+20\%) \times (P/F, 15\%, 1) = 2.087(\text{元})$

$PV_2 = 2 \times (1 + 20\%)^2 \times (P/F, 15\%, 2) = 2.178$(元)

$PV_3 = 2 \times (1 + 20\%)^3 \times (P/F, 15\%, 3) = 2.272$(元)

因此，前3年的股利現值合計為6.537元，然後計算第3年年末該企業普通股的內在價值為：

$$V_3 = \frac{2 \times (1 + 20\%)^3 \times (1 + 12\%)}{15\% - 12\%} = 129.02(\text{元})$$

V_3的現值$=V_3\times(P/F, 15\%, 3) = 84.831$（元）

該股票的內在價值$= 6.537+84.831 = 91.37$（元）

即榮達公司股價低於或等於91.37元時，錦蓉公司才能進行投資。

上面的計算中，首先將股利增長分為兩個階段，第一階段以20%的速度增長，計算其股利的現值；然後以第3年為起點，以12%的增長率計算第二階段的收益現值（內在價值），兩個階段的現值之和，即為股票的價值。

2. 市盈率模型

即根據行業平均市盈率來評估股票價值的模型，其計算公式為：

$$\text{股票價值}=\text{行業平均市盈率}\times\text{普通股每股收益}$$

$$\text{普通股每股收益}=\frac{\text{淨利潤}-\text{優先股股利}}{\text{普通股股數}}$$

$$\text{市盈率}=\frac{\text{每股市價}}{\text{每股收益}}$$

【例2-28】民生銀行2016年的每股收益為0.5元，行業平均的市盈率為22倍，按此方法計算民生銀行股票在何種價格時，錦蓉公司才能進行投資？

解：民生銀行股票的內在價值為：

股票價值$= 22 \times 0.5 = 11$(元)

在民生銀行股票低於11元時，錦蓉公司才能進行投資

（三）股票的收益率

企業進行股票投資的目的有兩個：一是獲利，即作為一般的證券投資，獲取股利收入及股票買賣差價；二是控股，即通過購買某一企業的大量股票達到控製該企業的目的。在第一種情況下需要計算其投資收益率。

股票投資沒有票面收益率和到期收益率，只有本期收益率和持有期收益率。

1. 本期收益率

本期收益率是指股份公司以現金派發股利與本期股票價格的比率，表明持有期內某年的收益水平。用下列公式表示：

$$\text{本期收益率} = \frac{\text{年現金股利}}{\text{股票購買價格}} \times 100\%$$

計算本期收益率一般不是為了進行投資決策，它只是投資管理的一個環節。

2. 持有期收益率

持有期收益率是指投資者從買入股票到賣出股票這一段時間獲得的年化收益率，

該指標一般用於總結股票投資的成效。

（1）短期股票投資的收益率。如果投資者持有股票時間不超過 1 年，不用考慮資金的時間價值，其持有期收益率可以按如下公式計算：

$$K = \frac{(P_1 - P_0) + D}{P_0} \times 100\%$$

式中：

P_0 ——股票購買價格；

P_1 ——股票出售價格；

D ——支付的股利；

K ——股票投資收益率。

【例 2-29】 2015 年 3 月 10 日，錦蓉公司購買凱利公司每股市價為 20 元的股票，2016 年 1 月，錦蓉公司每股獲現金股利 1 元。2016 年 3 月 10 日，錦蓉公司將該股票以每股 24 元的價格出售。

要求：計算錦蓉公司投資凱利公司股票的收益率為多少？

解：

$$K = \frac{24 - 20 + 1}{20} \times 100\% = 25\%$$

（2）長期股票投資的收益率。企業進行長期股票投資，每年獲得的股利是經常變動的，當企業出售股票時，也可收回一定資金。此外，長期股票投資，因為涉及的時間較長，所以投資收益率的計算要考慮貨幣資金時間價值因素，顯得比較複雜。其計算公式如下：

$$P_0 = \sum_{i=1}^{n} \frac{D_i}{(1 + K)^i} + \frac{P_n}{(1 + K)^n}$$

式中：

P_0 ——股票的購買價格；

P_n ——股票的出售價格；

D_i ——各年獲得的股利；

n ——投資期限；

K ——股票投資收益率。

【例 2-30】 錦蓉公司在 2011 年 4 月 1 日投資 510 萬元購買某種股票 100 萬股，在 2012 年、2013 年和 2014 年的 3 月 31 日，每股各分得現金股利 0.5 元、0.6 元和 0.8 元，並於 2014 年 3 月 31 日以每股 6 元的價格將股票全部出售，試計算該項投資的收益率。根據以上公式有：

$$5.1 = \frac{0.5}{(1 + K)} + \frac{0.6}{(1 + K)^2} + \frac{0.8}{(1 + K)^3} + \frac{6}{(1 + K)^3}$$

採用插值法來進行計算，得到 $K = 17.11\%$。

三、證券組合管理

證券組合管理理論最早由美國著名經濟學家哈里・馬柯威茨於1952年提出。在此之前，偶爾也有人曾在論文中提出過組合的概念，但經濟學家和投資管理者一般僅致力於對個別投資對象的研究和管理。自此以後，經濟學家們一直在利用數量化方法不斷豐富和完善組合管理的理論和實際投資管理方法，並使之成為投資學中的主流理論之一。

這裡的「組合」一詞通常指個人或機構投資者所擁有的各種資產的總稱，通常包括各種類型的債券、股票及存款單等。證券投資者構建投資組合的目的是降低非系統風險。投資者可以通過投資組合在投資收益與風險中找到一個平衡點，即在風險一定的條件下實現收益的最大化，或在收益一定的條件下使風險最小化。

（一）證券組合管理的意義和特點

證券組合管理的意義在於採用適當的方法選擇多種證券作為投資對象，以達到在保證預定收益的前提下使投資風險最小或在控製風險的前提下使投資收益最大化的目標，避免投資過程的隨意性。

證券組合管理的特點主要表現在兩方面：

1. 投資的分散性

證券組合理論認為，證券組合的風險隨著組合所包含證券數量的增加而降低，只要證券收益之間不是完全正相關，分散化就可以有效地降低非系統風險，使證券組合的投資風險趨於市場平均風險水平。因此，組合管理強調構成組合的證券應多元化。

2. 風險與收益的匹配性

證券組合理論認為，投資收益是對承擔風險的補償。承擔風險越大，收益越高。承擔風險越小，收益越低。因此，組合管理強調投資的收益目標應與風險的承受能力相適應。

（二）證券組合管理的方法和步驟

1. 證券組合管理的方法

根據組合管理者對市場效率的不同看法，其採用的管理方法可大致分為被動管理和主動管理兩種類型。

所謂被動管理方法，是指長期穩定持有模擬市場指數的證券組合以獲得市場平均收益的管理方法。採用此種方法的管理者認為，證券市場是有效率的市場，凡是能夠影響證券價格的信息均已在當前證券價格中得到反應。也就是說，證券價格的未來變化是無法估計的，以致任何企圖預測市場行情或挖掘定價錯誤證券，並借此頻繁調整持有證券的行為無助於提高期望收益，而只會浪費大量的經紀佣金和精力。因此，他們堅持買入並長期持有的投資策略。但這並不意味著他們無視投資風險而隨便選擇某些證券進行長期投資。恰恰相反，正是由於承認存在投資風險並認為組合投資能夠有效降低公司的個別風險，所以他們通常購買分散化程度較高的投資組合，如市場指數基金或類似的證券組合。

所謂主動管理方法，是指經常預測市場行情或尋找定價錯誤證券，並借此頻繁調整證券組合以獲得盡可能高的收益的管理方法。採用此種方法的管理者認為，市場不總是有效的，加工和分析某些信息可以預測市場行情趨勢和發現定價過高或過低的證券，進而對買賣證券的時機和種類作出選擇，以實現盡可能高的收益。

2. 證券組合管理的基本步驟

證券組合管理通常包括以下幾個步驟：①確定證券投資政策；②進行證券投資分析；③構建證券投資組合；④投資組合修正；⑤投資組合業績評估。

本章小結

- 貨幣時間價值是指一定量的貨幣資本在不同時點上的價值量差額，即貨幣經歷一段時間的投資和再投資後所增加的價值。貨幣時間價值有兩種表現形式，相對數形式即時間價值率，絕對數形式即時間價值額。
- 利息的計算有單利和複利兩種方法。年金就是系列間隔時間相同、金額相等的現金流入或者流出。年金包括普通年金（後付年金）、先付年金（預付年金）、遞延年金、永續年金等形式。
- 如果企業的一項行動有多種可能的結果，其將來的財務後果是不確定的，就叫有風險。從個別投資主體的角度看，風險分為市場風險和企業特有風險兩類。從企業本身來看，風險分為經營風險和財務風險兩類。
- 資產的收益是指資產的價值在一定時期的增值。通常有兩種表述資產收益的方式：資產收益額和資產收益率。資產收益率可分為實際收益率、名義收益率、預期收益率、必要收益率等不同類型。
- 衡量單項資產的風險和收益的指標主要有概率、期望值、方差、標準差和變異系數。
- 資本資產定價模型（CAPM）是在投資組合理論和資本市場理論基礎上形成發展起來的，主要研究資本市場中資產的預期收益率與風險之間的關係，以及均衡價格是如何形成的。其計算公式為：

$$R_i = R_f + \beta_i(R_m - R_f)$$

- 進行債券投資，必須對債券的價值進行評估，以便和債券的市場價格進行比較後做出正確的投資決策。債券的一般估值模型：

$$V = \sum_{t=1}^{n} \frac{I_t}{(1+r)^t} + \frac{M}{(1+r)^n}$$

- 最基本的股票估值模型是股利貼現模型。常見的幾種股票估值模型，是根據持有股票的期限及對未來股利增長率的不同假設構造出來的。其包括：①短期持有股票、未來準備出售的股票估值模型；②長期持有股票、股利穩定不變的股票估值模型；③長期持有股票、股利固定增長的股票估值模型。

案例分析

中國債券市場的罕見大牛市及其終結[1]

一、案例資料

（一）債券牛市回顧

很多人以為債券牛市就是某種債券所承諾的利息在上漲，但事實正好相反，債券牛市發生在新發行的那些債券承諾利息逐漸下跌的時間段。為什麼利率下跌階段會出現所謂的債券牛市？這是因為如果市場都預期利率在將來一個階段會出現下跌，那麼在將來發行的債券利率對比原來發行的債券利率也會下跌，這樣投資者在可交易債券市場就會更願意買入利率相對更高的舊債券。這些可以交易的舊債券由於買的人多了，價格就會出現上漲。如果市場預期將來的利率下跌會比較劇烈，那麼現有的債券價格上漲幅度也就會比較大，這樣，債券牛市就出現了。

從 2003 年以來，中國債券市場基本是一年牛、一年熊、一年平這樣的走勢。2014 年年初至 2016 年，國內債券市場走出了一波延續兩年多的牛市行情。10 年期國債收益率的變化，可以比較好地代表中國市場利率水平的變化。該利率從 2014 年 1 月份的 4.6%下降到了 2016 年的 2.7%，降幅超過 1.9 個百分點。這次國債收益率如此之大的降幅，在過去 10 多年裡，僅次於 2005 年。10 年期國債收益率的下降，表示中國市場利率也一路下滑。而從收益率下降持續的時間來看，這次利率下降的時間更是長於過去若干年的利率下降時間。所以，債券市場出現了歷史上罕見的一波債券牛市。

（二）10 年期國債收益率曲線

從經濟規律上來說，債券收益率應當主要決定於經濟增長的速度和通貨膨脹水平。經濟增長越快，通貨膨脹水平越高，債券收益率就應該越高。「十二五」的 5 年（2011—2015 年），是中國經濟增長持續放緩的 5 年，GDP 增速從 2011 年的 9.5%降至 2015 年的 6.9%。伴隨經濟增長放緩，國債利率水平也呈現下行走勢，近年來的 10 年期國債利率水平從 2014 年年初 4.6%的高位下降到 2016 年下半年 2.7%的水平，如圖 2-10 所示。

（三）貨幣政策背景資料

周小川：不能太依賴貨幣政策應轉向審慎了[2]

博鰲亞洲論壇 2017 年年會於 3 月 23-26 日在海南博鰲舉辦，主題為「直面全球化與自由貿易的未來」，中國人民銀行行長周小川出席並發言。

周小川表示，歐洲主權債務危機仍未解決，足以見得全球經濟復甦是一個曲折、

---

① 筆者根據公開資料整理編寫。

② 來源於全景網新聞「周小川：不能太依賴貨幣政策應轉向審慎了」. http://www.p5w.net/news/gncj/201703/t20170326_1748842.htm.

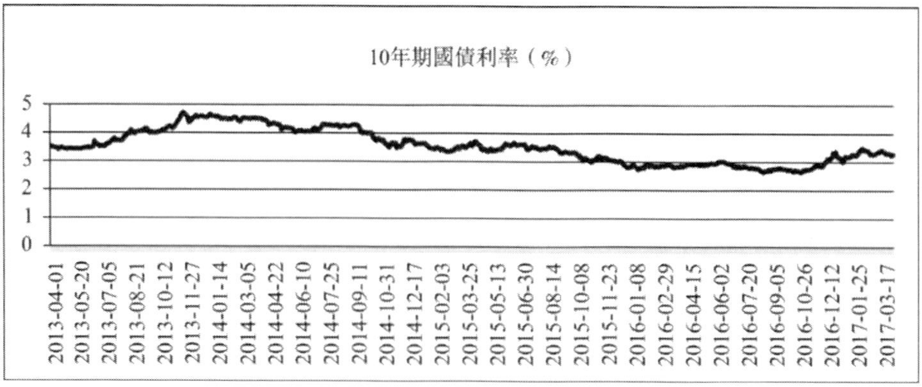

圖 2-10　10 年期國債利率①

漸進的過程，因此，各國的貨幣政策也需要重新改變，「變成比較審慎的貨幣政策」。周小川坦言，這是一個很大的挑戰，比如對日本央行即是如此。「但我認為這個方向就是要看到貨幣政策的限度，要認真地去考慮什麼時候離開貨幣寬鬆週期。」

周小川強調，雖然貨幣政策制定當局已經開始實行緊縮政策，但這一過程應是漸進的。「在某些時期，我們會強調結構改革以及其他長期的發展戰略，以發出信號告訴人們不要太依賴於貨幣政策。這個信號的發出是很重要的。」

（四）貨幣政策與市場利率

積極的貨幣政策是通過提高貨幣供應增長速度來刺激總需求，在這種政策下，取得信貸更為容易，利息率會降低。因此，當總需求與經濟的生產能力相比很低時，使用擴張性的貨幣政策最合適。

緊縮的貨幣政策是通過削減貨幣供應的增長率來降低總需求水平，在這種政策下，取得信貸較為困難，利息率也隨之提高。因此，在通貨膨脹較嚴重時，採用緊縮的貨幣政策較合適。

如周小川所說，中國貨幣政策正由寬鬆轉向審慎，這意味著，在接下來的時間裡，中國的貨幣供應量會下降，市場利率水平將長期上升。

二、問題提出

1. 債券牛市的表現是什麼？請運用債券估值理論解釋為什麼會出現 2014—2016 年的罕見大牛市。

2. 債券牛市為什麼會終結？你對下一階段的債券市場走勢有什麼看法？

① 根據人民銀行公布的中債國債收益率數據整理。

思考與練習

一、單項選擇題

1. 如果某單項資產的系統風險小於整個市場投資組合的風險，則可以判定該項資產的β值（　　）。

A. 等於 1　　B. 小於 1
C. 大於 1　　D. 等於 0

2. 已知某種證券收益率的標準差為 0.3，當前的市場組合收益率的標準差為 0.5，兩者之間的相關係數為 0.6，則該證券的β係數為（　　）。

A. 0.04　　B. 0.36
C. 0.25　　D. 0.09

3. 兩種股票完全正相關時，把兩者組合在一起（　　）。

A. 能適當分散風險　　B. 不能分散風險
C. 能分散掉一部分風險　　D. 能分散掉全部風險

4. 下列關於資本資產定價原理的說法中，錯誤的是（　　）。

A. 股票的必要收益率與β值線性相關
B. 資產的必要收益率等於無風險收益率加風險收益率
C. 風險資產的必要收益率不可能低於無風險收益率
D. 若投資組合的β值等於 1，表明該組合沒有市場風險

5. 某優先股的每股股利為 1.5 元，貼現率為 10%，該優先股股票的價值為（　　）。

A. 10 元　　B. 1.5 元
C. 15 元　　D. 5 元

6. 對於任意兩個項目，能比較兩者風險的指標是（　　）。

A. 方差　　B. 標準差
C. β係數　　D. 期望收益

一、判斷題

1. 貨幣時間價值就是一定量的資金經過一段時間後增加的價值。（　　）
2. 普通年金就是間隔相同時間，每期期初支付相同金額的一系列資金。（　　）
3. 現值就是未來某一時點的一定數量的資金折合為現在的價值。（　　）
4. 股票價格的波動比債券波動大，所以風險比債券高。（　　）
5. 只要組合的資產足夠多，就可以把風險降為零。（　　）

三、計算題

1. 假設你打算在年初買一套公寓，總房款為 100 萬元。如果首付 20%，年利率為 8%，銀行提供 20 年按揭貸款，每年年末還款一次，則每年的還款額是多少？

2. 錦蓉公司發行債券，面值 100 元，票面利率為 10%，期限為 5 年，每年付息一次，到期一次還本。假定投資者要求的必要收益率分別為 12%、10%、8%，請分別計算該債券的價值。

3. 某公司今年業務量高增長，業績也伴隨著高增長，本期（D_0）每股股利為 2 元，據估計，未來 3 年內，股利以每年 30%的速度增長。3 年後轉為年增長率 6%的正常增長。假設投資者要求的必要收益率為 13%，請估計該公司的股票價值。

第三章　財務分析

學習目標

- 瞭解財務分析的目的和作用，掌握財務分析的方法。
- 能夠運用財務指標分析法對企業償債能力、營運能力、盈利能力和發展能力進行分析。
- 理解企業財務綜合分析方法。

引導案例

九好集團財務造假①

2017年3月10日，中國證券監督管理委員會發布公告，查獲浙江九好辦公服務集團有限公司（簡稱九好集團）「忽悠式重組」案件。2013—2015年，九好集團為實現重組上市目的，通過虛構業務、虛設客戶、虛簽合同、虛減成本、虛構存款等財務造假手段，虛增2013—2015年服務費收入2.6億元，虛增2015年貿易收入57萬餘元，虛構銀行存款3億元，將自己包裝成價值37.1億元的優良資產，與鞍重股份聯手進行忽悠式重組，以期達到借殼上市的目的，九好集團及鞍重股份的信息披露存在虛假記載和重大遺漏。

九好集團財務造假被曝光，離不開財務分析。財務分析是瞭解和評價公司財務狀況的重要途徑，是利益相關者進行管理、投資決策和監管的重要依據，也是識別財務造假的重要手段。

思考與討論

1. 九好集團財務造假的動機是什麼？
2. 財務分析的目的有哪些？
3. 財務分析的主體有哪些？

① 中國證券監督管理委員會.「證監會亮劍重組亂象 重拳出擊有毒資產汙染資本市場」。網址：http://www.csrc.gov.cn/pub/newsite/zjhxwfb/xwdd/201703/t20170310_313451.html.

第一節　財務分析概述

一、財務分析的目的和作用

(一) 財務分析的內涵

企業在生產經營中，應當按照會計規範的要求進行會計核算，並編制財務報告。財務報告是企業對外提供的，反應某一特定時點或會計期間的企業財務狀況、經營成果和現金流量等方面的會計信息的主要文件。財務報告包括財務報表和其他應當在財務報告中披露的相關信息，其中財務報表由報表本身（資產負債表、利潤表、現金流量表和所有者權益變動表）和附註兩部分組成。

然而，財務報告主要是通過列示的方式呈現各類會計信息，缺乏一定的綜合性，無法深入地揭示企業的綜合能力，無法有效地反應企業的發展趨勢。因此，還需要對會計信息做進一步的加工和處理，以提高會計信息的利用程度，深入和全面地反應企業各項財務能力和綜合實力。財務分析就是對會計信息進行深加工的重要途徑。

財務分析的主體是多元的，股權投資者、經營管理者、債權人、審計師和政府部門等都可能對企業進行分析，成為財務分析主體。財務分析的客體是財務活動，即籌資活動、投資活動、經營活動和分配活動。財務分析的基礎主要以財務信息為主。通過分析資產負債表，財務分析主體可以瞭解公司的財務狀況，對公司的償債能力、資本結構是否合理、流動資金是否充足等作出判斷。通過分析利潤表，財務分析主體可以瞭解公司的盈利能力、盈利狀況、經營效率，對公司在行業中的競爭地位、持續成長能力作出判斷。通過分析現金流量表，財務分析主體可以瞭解和評價公司獲取現金和現金等價物的能力，並據以預測公司未來現金流量。通過分析所有者權益變動表，財務分析主體能夠瞭解所有者權益變動的影響因素和內部結構，其反應公司淨資產的實力。

綜上所述，財務分析是以企業財務報告及其他相關資料為基礎，運用一系列專門的財務分析技術和方法，對企業財務活動的效率進行分析和評價，為財務分析主體的經營決策、管理控製和監督管理提供有用信息的過程。

(二) 財務分析的目的

財務分析的目的與財務分析主體的目標相關。財務分析的主體是多元的，不同主體的財務分析目標也存在差異。

1. 股權所有者進行財務分析的目的

股權投資者將資金投入企業後，成為企業的所有者。他們進行財務分析的根本目的主要是分析企業的盈利能力狀況，因為盈利能力是評估股票價值或企業價值的關鍵，是進行有效投資決策的依據。此外，股權投資者為確保資本保值增值，還關心企業的權益結構、償債能力和營運能力。只有股權所有者認為企業的發展前景較好，他們才會保持或者增加股權投資；否則，股權投資者會拋售股權。另外，股權所有者進行財務分析有助於恰當地評價經營者的經營業績，通過行使所有者權利，為企業未來發展指明方向。

2. 企業經營者進行財務分析的目的

經營者是企業經營管理人員，對企業的財務狀況、盈利能力和未來發展能力都非常關注。作為股權所有者的受託人，企業經營者也關心盈利能力。企業的經營管理者關心的不單單是盈利的結果，同時也關注盈利的原因及過程，以便及時發現生產經營中的問題與不足，及時採取改進措施，使企業的盈利能力能夠保持持續增長。

3. 債權人進行財務分析的目的

企業的債權人包括企業借款的銀行和非銀行金融機構、購買企業債券的法人與個人等。無論企業的業績多麼優秀，債權人可獲得的報酬僅為固定的利息；然而，企業一旦發生虧損或經營困難，債權人可能無法及時收回本息。因此，債權人進行財務分析的目的主要是關注其貸款的安全性，即償債能力；同時也關注企業的收益狀況與風險程度是否相適應，即將償債能力與盈利能力相結合分析。

4. 其他主體進行財務分析的目的

其他財務分析主體主要有審計師、與企業經營有關的企業和政府部門等。審計師進行財務分析的目的主要是在一定程度上確保財務報表的編制符合公認會計準則，沒有重大錯誤和不規範的會計處理；與企業經營有關的企業包括材料供應商和產品購買者，它們進行財務分析的目的主要是搞清企業在商業上和財務上的信用狀況；國家部門主要包括財政、工商、稅務等部門，它們進行財務分析的目的主要是更好地瞭解宏觀經濟的運行情況、監督檢查企業對法律法規的執行情況，為制定相關政策提供可靠的信息。

（三）財務分析的作用

從財務分析的服務對象看，財務分析不僅為企業的內部經營管理提供重要的信息，而且為企業外部投資者的投資、貸款等提供決策依據。綜合而言，財務分析的作用主要體現在如下三方面：

首先，借助財務分析，能夠全面地瞭解和評價企業的財務能力，包括償債能力、盈利能力、營運能力、發展能力和綜合能力等，有助於發現企業經營活動中的問題與不足，為企業改進和提高經營管理水平提供信息。

其次，借助財務分析，能夠為企業的外部投資者、債權人和其他分析主體系統、完整地瞭解企業的財務狀況、經營情況提供會計信息，為其投資決策、信貸決策等提供依據。

最後，借助財務分析，能夠為企業管理者監督和考核各職能部門完成經營計劃和實現經營業績情況提供參考，有利於企業建立和完善業績評價體系，保障企業財務目標的順利實現。

二、財務分析的方法

財務分析的方法主要有兩種：比率分析法和比較分析法。

(一) 比率分析法

比率分析法的實質是將同一時期財務報表中影響財務狀況的相關項目進行對比,通過計算一系列財務比率,揭示企業的財務狀況。比率分析法的優點主要是簡單、明了、可比性較強。財務比率主要包括結構比率、效率比率和相關比率三類。

1. 結構比率

結構比率是反應某個項目的各個組成部分與總體之間關係的財務比率,可以反應部分與整體間的關係,用以考察總體中的各個組成部分的安排是否合理。其計算公式可以表示為:

$$\text{結構比率} = \frac{\text{某個構成部分數值}}{\text{總體數值}} \times 100\%$$

例如,流動資產、固定資產和無形資產等在資產總額的百分比,可以反應企業資產的構成,長期負債與流動負債在負債總額的占比能夠反應負債構成。

2. 效率比率

效率比率是反應某項經濟活動的投入與產出之間關係的財務比率,能夠反應經濟活動的經濟效益,揭示企業的盈利能力狀況。例如,資產利潤率用以反應資產總額與利潤間的關係。

3. 相關比率

相關比率是反應經濟活動中兩個或兩個以上具有相關關係的項目間關係的財務指標,能夠考察企業相互關聯的業務安排是否合理,揭示企業財務狀況。例如,流動比率可以反應流動資產與流動負債間的相關關係。

比率分析法是財務分析中最基本和最重要的方法,但在應用比率分析法時必須意識到該方法所存在的局限性。第一,比率的變動可能僅僅被解釋為兩個相關因素之間的變動;第二,比率分析法難以綜合反應比率與財務報表之間的聯繫。

(二) 比較分析法

比較分析法是將同一企業不同時期或不同企業同一時期的財務狀況進行對比,反應企業財務狀況變化和差異。

1. 比較分析法的類型

根據比較對象的不同,比較分析法可以分為縱向比較分析法、橫向比較分析法和預算差異分析法三種類型。

(1) 縱向比較分析法是將同一企業不同時期的財務狀況進行對比分析,反應企業某個項目的增減變化方向和程度,揭示企業財務狀況的變化情況。一般而言,如果是同一企業兩期的財務狀況進行對比,可稱為水平分析法或規模分析法;如果是同一企業多期的財務狀況進行對比,可稱為趨勢分析法。

(2) 橫向比較分析法是將目標企業財務狀況與其他企業同期的財務狀況進行對比分析,反應目標企業的差異及其程度,揭示該企業在各指標的優勢和劣勢。利用橫向比較法對不同企業的財務狀況進行對比時,一定要注意可比性問題。

(3) 預算差異分析法是將目標企業當期的財務會計信息同預算數據進行對比,用以反應企業實際財務狀況同預算間的差異。

2. 比較內容

根據比較的內容不同，比較分析法可以分為重要財務指標的比較、會計報表的比較和會計報表項目構成的比較三種方式。

（1）重要財務指標的比較是將不同時期的財務指標進行縱向比較，通過指標的增減變動情況，考察發展趨勢、預測發展前景。重要財務指標比較的方法主要有定基動態比率和環比動態比率兩種。

定基動態比率是以某一時期的數據作為固定的基期數據，計算報告期的相應比率。其計算公式為：

$$定基動態比率 = \frac{報告期數額}{固定基期數額} \times 100\%$$

環比動態比率是以報告期的前一期數據作為基期數據，計算報告期的相應比率。其計算公式為：

$$環比動態比率 = \frac{報告期數額}{前一期數額} \times 100\%$$

（2）會計報表的比較是將連續多期的會計報表的金額並列起來，對比各指標在不同期間的增減變動情況，反應企業財務狀況和經營成果變化。會計報表的比較包括資產負債表比較、利潤表比較和現金流量表比較等。

（3）會計報表項目構成的比較是評價會計報表中總體項目結構的變化，通過比較各個項目在總體項目中占比的增減變化，揭示有關財務活動的變化趨勢。

3. 比較分析法的注意事項

運用比較分析法時，應當注意如下問題：第一，進行比較的各時期的財務指標或不同公司的財務指標，計算口徑必須統一；第二，比較分析法主要是用以反應正常生產經營狀況下的差異和變化，因此應當剔除偶發性項目的影響；第三，比較分析法的最終目標是揭示企業財務狀況和經營狀況中存在的問題，因此，對於重點項目或變動比較顯著的項目應當重點分析，研究其產生的原因，以便有針對性的應對。

第二節　財務指標分析

一、償債能力分析

償債能力是指企業償還各類到期債務的能力，反應企業償還到期債務的承受能力或保證程度。根據企業負債的償還期的長短，償債能力分析可分為短期償債能力分析和長期償債能力分析。

（一）短期償債能力分析

短期償債能力是企業償還流動負債的能力。一般而言，流動負債需要用流動資產償還，因此，短期償債能力的強弱取決於流動資產的流動性，即資產轉換成現金的速度。企業流動資產的流動性強，相應的短期償債能力也強。因此，通常使用流動比率、速動比率、現金比率和現金流量比率衡量短期償債能力。

1. 流動比率

流動比率是企業流動資產與流動負債的比率，表示每一元錢流動負債有多少流動資產作為償還的保證，即反應企業流動資產對流動負債的保障程度。其計算公式為：

$$流動比率 = \frac{流動資產合計}{流動負債合計}$$

流動資產用資產負債表中的期末流動資產總額表示，流動負債用資產負債表中的期末流動負債總額表示。一般情況下，該指標越大，表明公司短期償債能力越強。根據西方企業的經驗，製造業企業的流動比率一般應不低於 2。但是，單憑經驗判斷太過片面，流動比率較高並不意味著償債能力一定很強。如果某一公司流動比率很高，但可能是存貨積壓或產品滯銷造成的，掩蓋了短期償債能力不足的現狀。同時，企業很容易借助該指標粉飾短期償債能力。因此，應用流動比率指標分析企業的短期償債能力時，還應結合存貨的規模大小、週轉速度、變現能力和變現價值等指標進行綜合分析。

【例 3-1】 錦蓉公司 2016 年年初與年末的流動資產分別為 3,850,008 萬元和 4,459,741 萬元，流動負債分別為 592,494 萬元和 796,762 萬元，請計算流動比率。

年初流動比率 = 3,850,008 ÷ 592,494 = 6.50

年末流動比率 = 4,459,741 ÷ 796,762 = 5.60

錦蓉公司的年初、年末流動比率均大於 2，說明企業具有較強的償還短期借款的能力。

2. 速動比率

速動比率是企業速動資產與流動負債的比率。流動比率在評價企業短期償債能力時，存在一定的局限性，如果流動比率較高，但流動資產的流動性較差，則企業的短期償債能力仍然不強。在流動資產中，存貨的流動性相對較差，這主要是因為存貨需經過銷售，才能轉變為現金，若存貨滯銷，則其變現就成問題。一般來說，流動資產扣除存貨後稱為速動資產。速動比率的計算公式為：

$$速動比率 = \frac{流動資產合計 - 存貨淨額}{流動負債合計}$$

一般情況下，該指標越大，表明公司短期償債能力越強。在一般製造業企業中，存貨價值約為流動資產價值的一半，所以該指標大於 1 為好。

【例 3-2】 錦蓉公司 2016 年年初與年末的流動資產分別為 3,850,008 萬元和 4,459,741 萬元，存貨分別為 809,149 萬元和 870,085 萬元，流動負債分別為 592,494 萬元和 796,762 萬元，請計算速動比率。

年初速動比率 = (3,850,008 - 809,149) ÷ 592,494 = 5.13

年末速動比率 = (4,459,741 - 870,085) ÷ 796,762 = 4.51

無論是年初還是年末，錦蓉公司的速動比率都保持在較高水平，說明該公司的短期償債能力較強。

需要指出的是，應收帳款的變現能力會影響速動比率的可信度。如果企業的應收帳款中不易收回的部分占了較高比重，成為壞帳的可能性較大，那麼速動比率反應短期償債能力的真實性較差。因此，在運用速動比率分析公司短期償債能力時，應結合應收帳款的規模、週轉速度和其他應收款的規模，以及它們的變現能力進行綜合分析。

3. 現金比率

現金比率表示每一元錢流動負債有多少現金及現金等價物作為償還的保證，反應公司可用現金及變現方式清償流動負債的能力。其計算公式為：

$$現金比率 = \frac{貨幣資金 + 交易性金融資產}{流動負債合計}$$

現金比率可以反應企業的直接償付能力，該指標剔除了應收帳款對償債能力的影響，能真實地反應公司實際的短期償債能力，該指標值越大，反應公司的短期償債能力越強。但是，現金比率過高，又意味著企業的資產沒有得到有效的運用，持有過多盈利能力較低的現金類資產。經驗研究表明，高於 0.2 的現金比率就可以接受。

【例 3-3】 接上例，錦蓉公司 2016 年年初貨幣資金為 2, 238, 211 萬元，交易性金融資產為 3, 520 萬元，2016 年年末貨幣資金為 2, 637, 419 萬元，交易性金融資產為 41, 050 萬元，請計算現金比率。

年初現金比率 = (2, 238, 211+3, 520) ÷ 592, 494 = 3. 78

年末現金比率 = (2, 637, 419+41, 050) ÷ 796, 762 = 3. 36

該公司年初、年末現金比率都較高，若按現金比率評價公司的短期償債能力，錦蓉公司短期償債能力很強。但這一指標過高，也表明了錦蓉公司通過負債籌集到的流動資金未得到充分利用，導致現金類資產比例較大。

4. 現金流量比率

現金流量比率是企業經營活動中所產生的現金淨流量與流動負債的比率。其計算公式為：

$$現金流量比率 = \frac{經營活動中產生的現金淨流量}{流動負債合計}$$

流動比率、速動比率和現金比率是從靜態的角度反應企業現存的資產對短期債務償還的保障程度。現金流量比率則是從動態視角反應本期經營活動產生的現金流量淨額對短期償付能力的保障程度。

【例 3-4】 接上例，錦蓉公司 2016 年年初和年末經營活動的現金流量淨額分別為 79, 457 萬元和 669, 107 萬元，請計算現金流量比率。

年初現金流量比率 = 79, 457 ÷ 592, 494 = 0. 13

年末現金流量比率 = 669, 107 ÷ 796, 762 = 0. 84

錦蓉公司 2016 年年末的現金流量比率較年初有所上升，但無論是期初、期末該指標都小於 1，說明依靠生產經營活動產生的現金流量難以滿足償債的需要，公司必須以其他方式取得現金，才能保證債務的及時清償。

（二）長期償債能力分析

長期償債能力是指企業償還長期負債的能力。長期償債能力的強弱是反應企業財務安全和穩定程度的重要標誌。反應企業長期償債能力的財務指標主要有：資產負債率、權益乘數、產權比率、償債保障比率、利息保障倍數和現金利息保障倍數等。

1. 資產負債率

資產負債率是負債總額和資產總額之比值，表明債權人所提供的資金占企業全部資產的比重。其計算公式為：

$$資產負債率 = \frac{負債總額}{資產總額} \times 100\%$$

資產負債率反應總資產中有多大的比例是通過負債取得的，可以衡量企業清算時資產對債權人權益的保障程度。資產負債率越高，意味著企業償還債務的能力越差，財務風險越大；反之，償還債務的能力越強。

在分析資產負債率時，不同的利益主體對該指標的要求不同。從債權人立場看，他們最關心的是貸給企業款項的安全程度，他們希望企業的資產負債率越低越好；從投資者角度看，由於企業通過舉債籌措的資金與投資者投入的資金在經營中發揮同樣的作用，所以，投資者所關心的是全部資本利潤率是否超過借入款項利息；從經營者的立場看，如果負債過大，超出債權人心理承受能力，企業就借不到錢，因此，經營者會尋求資產負債率的適當比值，即要能保持長期償債能力，又要盡最大限度地利用外部資金。

【例 3-5】 錦蓉公司 2016 年年初、年末的負債總額分別為 607, 579 萬元和 820, 147 萬元，年初、年末的資產總額分別為 4, 640, 887 萬元、5, 254, 663 萬元，請計算資產負債率。

年初資產負債率 = 607, 579 ÷ 4, 640, 887 × 100% = 13. 09%

年末資產負債率 = 820, 147 ÷ 5, 254, 663 × 100% = 15. 61%

錦蓉公司的資產負債率有所上升，表明企業的負債水平升高，然而年初和年末的資產負債率總體水平較低，長期償債能力較強。但是，企業的償債能力的強弱還需結合行業水平來做進一步分析。

2. 權益乘數

權益乘數是總資產和股東權益的比值，反應資產總額是股東權益總額的倍數。其計算公式為：

$$權益乘數 = \frac{總資產}{股東權益}$$

權益乘數反應了企業財務槓桿的大小，表明股東每投入一元錢可實際擁有和控製的企業資產數額。權益乘數越大，說明股東投入的資本在總資產中的比重越小，財務槓桿越大。

3. 產權比率

產權比率又稱資本負債率，是負債總額與所有者權益之比，是企業財務結構穩健與否的重要標誌。其計算公式為：

$$產權比率 = \frac{負債總額}{所有者權益} \times 100\%$$

產權比率反應了債權人所提供資金與股東所提供資金的對比關係，揭示了所有者權益對債權人權益的保障程度，是衡量企業長期償債能力的重要指標。產權比率越低，表明企業長期財務狀況良好，債權人貸款的安全性和保障程度越高，企業的財務風險越小。

【例 3-6】 接上例，錦蓉公司 2016 年年初、年末的負債總額分別為 607, 579 萬元和 820, 147 萬元，年初、年末的所有者權益分別為 4, 033, 308 萬元、4, 434, 516 萬元。請計算產權比率。

年初產權比率 = 607, 579 ÷ 4, 033, 308 × 100% = 15. 06%

年末產權比率 = 820, 147 ÷ 4, 434, 516 × 100% = 18. 49%

由計算可知，錦蓉公司年末的產權比率提高，表明年末該公司舉債經營程度提高，財務風險加大。在分析公司產權比率的同時，應結合該行業的平均水平。

4. 償債保障比率

償債保障比率是負債總額與經營活動現金淨流量的比值，反應了企業經營活動產生的現金流量淨額償還長期債務所需要的時間，也稱為債務償還期。其計算公式為：

$$償債保障比率 = \frac{負債總額}{經營活動產生的現金流量淨額} \times 100\%$$

償債保障比率能夠揭示企業通過經營活動所獲得的現金償還企業債務的能力。在其他情況一定的條件下，該指標越低，意味著企業長期償債能力越強。

【例 3-7】 接上例，錦蓉公司 2016 年年初、年末的負債總額分別為 607, 579 萬元和 820, 147 萬元，年初和年末經營活動的現金流量淨額分別為 79, 457 萬元和 669, 107 萬元，請計算償債保障比率。

年初償債保障比率 = 607, 579 ÷ 79, 457 × 100% = 7. 65%

年末償債保障比率 = 820, 147 ÷ 669, 107 × 100% =1. 26%

由計算可知，錦蓉公司年末的償債保障比率下降，表明該公司經營獲得的現金流量對負債的保障程度提高。

5. 利息保障倍數

利息保障倍數是企業經營收益與利息費用之比，反應企業經營活動償付利息費用的能力。經營收益即企業納稅付息前收益，也稱息稅前利潤，其計算公式為：

$$利息保障倍數 = \frac{息稅前利潤}{全部利息費用}$$

其中：息稅前利潤=淨利潤+利潤表中的利息費用+所得稅

企業生產經營活動創造的收益，是企業支付利息的資金保證。利息保障倍數越大，意味著企業償付利息的能力越強。例如利息保障倍數為 5，說明企業經營收益相當於 5 倍的利息支出。一般而言，企業的利息保障倍數至少應大於 1，否則就難以償付債務及其利息費用。在分析時應比較企業連續多個會計年度的利息保障倍數，以考察企業付息能力的穩定性。

【例 3-8】 若錦蓉公司 2016 年年初、年末的利潤總額分別為 801, 592 萬元和 828, 749 萬元，年初、年末的財務費用（假設財務費用就是全部利息費用）分別為

65, 778 萬元和 73, 211 萬元，請計算利息保障倍數。

年初利息保障倍數 =（801, 592+657, 78）÷ 65, 778 = 13. 19

年末利息保障倍數 =（828, 749+73, 211）÷ 73, 211 = 12. 32

由計算可知，錦蓉公司年初、年末的利息保障倍數較高，反應出企業經營活動償付利息費用的能力較強。

6. 現金利息保障倍數

現金利息保障倍數用以反應企業用經營所得現金償付債務利息的能力。其計算公式為：

$$\text{現金利息保障倍數} = \frac{\text{經營活動產生的現金流量淨額} + \text{現金利息支出} + \text{付現所得稅}}{\text{現金利息支出}} \times 100\%$$

現金利息保障倍數揭示了企業經營所獲得的現金是現金利息支出的多少倍，它更明確地反應了企業實際支付利息的能力。該指標越高，說明企業的償付能力越強。

（三）影響償債能力的其他因素

1. 可動用的銀行授信額度

可動用的銀行授信額度是指銀行授予企業的貸款指標，對於這種授信額度企業可以隨時使用，快捷地獲得銀行借款。銀行授信額度信息不在財務報表內反應，卻可以隨時增加企業的支付能力，因此可以提高企業償債能力。

2. 或有負債

或有負債是指企業過去交易或者事項形成的潛在義務，或有負債不會列示在資產負債表中。但是將來一旦轉化為企業的真實負債，就會加重企業的償債義務。例如，如果企業存在債務擔保或未決訴訟等或有事項，未來一旦轉化為企業債務，就會影響企業的財務狀況，加大企業的財務風險。

3. 經營租賃

當企業存在經營租賃時，意味著企業要在租賃期內分期支付租賃費用，即有固定的、經常性的支付義務。經營租賃作為一種表外融資方式，租賃費用未反應在資產負債中，但是會影響企業的償債能力。因此，如果企業存在經營租賃時，特別是經營租賃期限較長、金額較大的情況，應考慮租賃費用對償債能力的影響。

二、營運能力分析

營運能力主要指資產運用、循環效率的高低，反應企業的營業狀況和經營管理水平。一般而言，資金週轉速度越快，說明企業的資金管理水平越高，資金使用效率越高。資金只有經過一次完整的供、產、銷環節，才能完成一次資金週轉。因此，可以使用產品銷售情況與企業資產占用量反應企業的資產週轉狀況，體現企業的營運能力。企業營運能力主要包括三個方面：流動資產營運能力、固定資產營運能力和總資產營運能力。

（一）流動資產營運能力分析

反應流動資產營運能力的主要指標有應收帳款週轉率、存貨週轉率和流動資產週轉率。

1. 應收帳款週轉率

應收帳款週轉率是企業一定時期的賒銷收入淨額與應收帳款平均餘額的比率，表明一定時期內應收帳款平均收回的次數。應收帳款週轉率能夠反應應收帳款的收款速度，是評價企業應收帳款變現速度和管理效率的指標。其計算公式為：

$$應收帳款週轉率(次數) = \frac{賒銷收入淨額}{應收帳款平均餘額}$$

$$= \frac{賒銷收入淨額}{(期初應收帳款 + 期末應收帳款)/2}$$

賒銷收入淨額是指企業銷售收入淨額中扣除現銷收入後餘額。然而，賒銷收入淨額作為企業的內部信息並不對外披露，所以，外部財務分析者難以獲得賒銷收入淨額的資料。因此，在計算應收帳款週轉率時常使用銷售收入淨額代替賒銷收入淨額。

一般而言，應收帳款週轉率較高，應收帳款的收帳速度越快，能夠節約營運資金、減少壞帳損失的可能性和額度、減少收帳費用，企業的營運能力越強。但是，如果應收帳款週轉率過高，則可能是由於企業實行了較嚴格的信用政策，這會制約企業銷售量的增長，進而影響企業的盈利水平。

應收帳款週轉期是衡量應收帳款週轉速度的另一個指標。應收帳款週轉期是計算期天數和應收帳款週轉率的比率，反應應收帳款每週轉一次需要的天數。計算公式為：

$$應收帳款週轉天數 = \frac{計算期天數}{應收帳款週轉率}$$

$$= \frac{計算期天數}{賒銷收入淨額} \times 應收帳款平均餘額$$

上式中的計算期天數，從理論上講應使用計算期間的實際天數，但是為了計算方便，一般全年按 360 天計算，季度按 90 天計算，月度按 30 天計算。

應收帳款週轉率越高，每週轉一次所需天數越短，表明公司收帳越快，發生壞帳的可能越小。反之，則表明公司應收帳款的變現過於緩慢以及應收帳款的管理缺乏效率。

【例 3-9】 錦蓉公司 2016 年的銷售淨收入為 2,165,929 萬元，應收帳款年末數為 12,295 萬元，年初數為 10,696 萬元。2016 年該公司應收帳款週轉率指標計算如下：

$$應收帳款週轉率(次數) = \frac{2,165,929}{(12,295 + 10,696)/2} = 188(次)$$

應收帳款週轉天數 = 360/188 = 1.91(天)

2. 存貨週轉率

在流動資產中，存貨所占比重較大，存貨的週轉速度將直接影響總資產的週轉速度。存貨週轉速度可以用存貨週轉率和存貨週轉期來衡量。

存貨週轉率是企業一定時期銷售成本與平均存貨餘額的比率，說明一定時期內企業存貨平均週轉的次數，用於反應存貨規模是否合理，揭示存貨的變現速度和利用效率。其計算公式為：

$$存貨週轉率(次數) = \frac{銷售(營業)成本}{存貨平均餘額}$$

$$= \frac{銷售(營業)成本}{(期初存貨 + 期末存貨)/2}$$

$$存貨週轉天數 = \frac{計算期天數}{存貨週轉率}$$

$$= \frac{計算期天數}{銷售(營業)成本} \times 存貨平均餘額$$

存貨的目的在於銷售並實現利潤，因而公司的存貨與銷貨之間，必須保持合理的比率。存貨週轉率正是衡量公司銷貨能力強弱和存貨是否過多或短缺的指標。存貨週轉率越高，說明存貨週轉速度越快，公司的銷售能力越強，營運資金占用在存貨上的金額越小，資金利用效率越高。反之，則表明存貨過多、銷售狀況不佳，不僅使資金積壓，影響資產的流動性，還增加倉儲費用與產品損耗。

在具體分析時，應注意以下幾點：一是存貨週轉率的高低與企業的經營特點有密切聯繫，應注意結合所在行業的特點加以考慮。二是企業可能會出於特殊的原因增大存貨量，導致存貨週轉率較低。比如，企業預測存貨將升值而故意囤積存貨，以等待時機銷售並獲利。三是存貨週轉速度並非越高越好。存貨餘額太低，可能會導致企業經常缺貨，影響正常的經營活動。

【例 3-10】錦蓉公司 2016 年營業成本為 667,196 萬元，年初存貨餘額為 809,149 萬元，年末存貨餘額為 870,085 萬元，則其存貨週轉率（次數）及天數計算如下：

$$存貨週轉率(次數) = \frac{667,196}{(809,149 + 870,085)/2} = 0.79(次)$$

存貨週轉天數 = 360/0.79 = 453(天)

3. 流動資產週轉率

流動資產週轉率是指企業一定時期內銷售收入淨額同流動資產平均餘額的比率，表明在一個會計年度內企業流動資產週轉的次數，反應了企業全部流動資產的利用效率。其計算公式為：

$$流動資產週轉率(次數) = \frac{銷售收入淨額}{流動資產平均餘額}$$

$$= \frac{銷售收入淨額}{(期初流動資產 + 期末流動資產)/2}$$

$$流動資產週轉期 = \frac{計算期天數}{流動資產週轉次數}$$

$$= \frac{計算期天數}{銷售收入淨額} \times 流動資產平均餘額$$

流動資產週轉率是綜合反應流動資產週轉狀況的指標。一般情況下，流動資產週轉率越高，表明企業流動資產週轉速度越快，利用效率越好。在較快的週轉速度下，流動資產會相對節約，相當於流動資產投入的增加，在一定程度上增強了企業的盈利能力；而週轉速度慢，則需要補充流動資金參加週轉，會形成資金浪費，降低企業盈利能力。

【例 3-11】錦蓉公司 2016 年的銷售淨收入為 2, 165, 929 萬元，流動資產年初數為 3, 772, 115 萬元，年末數為 4, 154, 875 萬元。2016 年該公司流動資產週轉率指標計算如下：

$$\text{流動資產週轉率(次數)} = \frac{2,165,929}{(3,772,115 + 4,154,875)/2} = 0.55(\text{次})$$

流動資產週轉天數 = 360/0. 55 = 654. 5(天)

(二) 固定資產營運能力分析

固定資產週轉率是指企業銷售收入淨額與固定資產平均淨值的比率，用以反應企業固定資產週轉情況，衡量固定資產利用效率。其計算公式為：

$$\text{固定資產週轉率(次數)} = \frac{\text{銷售收入淨額}}{\text{固定資產平均淨值}}$$

$$= \frac{\text{銷售收入淨額}}{(\text{期初固定資產淨值} + \text{期末固定資產淨值})/2}$$

固定資產週轉率主要用於分析對廠房、設備等固定資產的利用效率，比率越高，說明企業固定資產結構合理，利用率越高，管理水平越好。

需要注意的是，這一指標的分母採用固定資產淨值，因此指標的比較將受到折舊方法和折舊年限的影響，應注意其可比性問題。另外，當企業固定資產淨值過低（如因資產陳舊或過度計提折舊），或者企業屬於勞動密集型企業時，這一比率就可能沒有太大的意義。

【例 3-12】錦蓉公司 2016 年的銷售淨收入為 2, 165, 929 元，年初固定資產淨值為 577, 930 萬元，年末數為 551, 202 萬元，則該公司的固定資產週轉率指標計算如下：

$$\text{固定資產週轉率(次數)} = \frac{2,165,929}{(577,930 + 551,202)/2} = 3.84(\text{次})$$

固定資產週轉天數 = 360/3. 84 = 93. 75(天)

(三) 總資產營運能力分析

總資產週轉率是指企業在一定時期內銷售收入淨額同總資產平均餘額的比值，是綜合評價企業全部資產的經營質量和利用效率的重要指標。其計算公式為：

$$\text{總資產週轉率} = \frac{\text{銷售收入淨額}}{\text{總資產平均餘額}}$$

總資產週轉率綜合反應了企業整體資產的營運能力。總資產週轉率越高，說明總資產週轉速度越快，銷售能力越強，總資產利用效率較好。如果企業的總資產週轉率較低，表明企業的總資產營運效率較差，可以通過薄利多銷或處理多餘資產的方法，加速資產的週轉，提高營運效率。

【例 3-13】接上例，錦蓉公司 2015 年、2016 年的銷售淨收入分別為 2, 101, 149 萬元和 2, 165, 929 萬元，2015 年年初和年末的總資產分別為 4, 412, 950 萬元和 4, 640, 887 萬元，2016 年年末的總資產為 5, 254, 663 萬元，則該公司的總資產週轉率指標計算如下：

$$2016\text{年總資產週轉率} = \frac{2,165,929}{(4,640,887 + 5,254,663)/2} = 0.44(\text{次})$$

$$2015\text{年總資產週轉率} = \frac{2,101,149}{(4,640,887 + 4,412,950)/2} = 0.46(\text{次})$$

各項資產的週轉率指標用於反應企業各項資產賺取收入的能力，在實務中，週轉率指標經常和企業的盈利能力指標結合在一起，以全面評價企業的盈利能力。

三、盈利能力分析

盈利能力是指企業賺取利潤，實現資金增值的能力，是企業生存和發展的物質基礎。因此，無論是企業的所有者、債權人，還是管理層都非常重視和關心企業的盈利能力。反應企業盈利的主要指標有銷售毛利率、銷售淨利率、總資產報酬率和淨資產收益率。需要指出的是，在分析盈利能力時，應剔除非正常經營活動的影響，因為這些特殊的經營活動帶來的收益或損失不可持續。

（一）銷售毛利率

銷售毛利率是指企業銷售毛利占銷售收入淨額的百分比，反應了銷售成本與銷售收入間的比例關係。其計算公式如下：

$$\text{銷售毛利率} = \frac{\text{銷售毛利}}{\text{銷售收入淨額}} \times 100\%$$

$$= \frac{\text{銷售收入淨額} - \text{銷售成本}}{\text{銷售收入淨額}} \times 100\%$$

銷售毛利率反應每一元錢銷售收入扣除銷售成本後，有多少錢可以用於各項期間費用和形成盈利。銷售毛利率越高，說明企業銷售成本在銷售收入淨額中所占的比重越小，企業通過銷售獲取利潤的能力越強。

【例 3-14】 接上例，錦蓉公司 2015 年、2016 年的銷售淨收入分別為 2,101,149 萬元和 2,165,929 萬元，2015 年、2016 年的營業成本分別為 577,203 萬元和 667,196 萬元。該公司的銷售毛利潤率計算如下：

$$2016\text{年銷售毛利潤率} = \frac{2,165,929 - 667,196}{2,165,929} = 69.20\%$$

$$2015\text{年銷售毛利潤率} = \frac{2,101,149 - 577,203}{2,101,149} = 72.52\%$$

2016 年的銷售毛利率有所下降，說明企業的盈利能力有所下降，企業應盡快查明原因，採取相應的措施，提高盈利水平。

（二）銷售淨利率

銷售淨利率是指企業淨利潤占銷售收入淨額的百分比。該指標反應每一元錢的銷售收入帶來的淨利潤的多少，表示銷售收入的收益水平。其計算公式為：

$$\text{銷售淨利率} = \frac{\text{淨利潤}}{\text{銷售收入淨額}} \times 100\%$$

銷售淨利率越高，表明企業通過擴大銷售獲取報酬的能力越強。

【例 3-15】 接上例，錦蓉公司 2015 年、2016 年的銷售淨收入分別為 2,101,149 萬元和 2,165,929 萬元，2015 年、2016 年的淨利潤分別為 605,822 萬元和 641,048 萬元。該公司的銷售淨利率計算如下：

$$2016\text{ 年銷售淨利率} = \frac{641,048}{2,165,929} = 29.60\%$$

$$2015\text{ 年銷售淨利率} = \frac{605,822}{2,101,149} = 28.83\%$$

2016 年的銷售淨利率增加了，從這個指標來看，該企業的盈利能力較上一年增強了。

(三) 總資產報酬率

總資產報酬率是指企業一定時期內的利潤額與總資產平均餘額的比率，反應每一元錢的資產創造的財務成果，用於評價企業利用全部資產進行經營活動的效率。在實務中，根據財務分析的目的不同，利潤可以分為息稅前利潤、稅前利潤總額和稅後淨利潤，相應地，總資產報酬率可分為總資產息稅前利潤率、總資產利潤率和總資產淨利率。其計算公式為：

$$\text{總資產息稅前利潤率} = \frac{\text{息稅前利潤}}{\text{總資產平均餘額}} \times 100\%$$

$$\text{總資產利潤率} = \frac{\text{利潤總額}}{\text{總資產平均餘額}} \times 100\%$$

$$\text{總資產淨利率} = \frac{\text{淨利潤}}{\text{總資產平均餘額}} \times 100\%$$

總資產報酬率可以反應企業資產利用的綜合效果。該指標越高，則企業的資產利用效率越高，盈利能力越強。

【例 3-16】 接上例，錦蓉公司 2015 年、2016 年的淨利潤分別為 605,822 萬元和 641,048 萬元。2015 年年初和年末的總資產分別為 4,412,950 萬元和 4,640,887 萬元，2016 年年末的總資產為 5,254,663 萬元。錦蓉公司的總資產淨利率計算如下：

$$2015\text{ 年總資產淨利率} = \frac{605,822}{(4,412,950 + 4,640,887)/2} = 13.38\%$$

$$2016\text{ 年總資產淨利率} = \frac{641,048}{(4,640,887 + 5,254,663)/2} = 12.96\%$$

2016 年的總資產淨利率有所下降，表明其盈利能力有所下降。企業的盈利能力和資產利用效率均待提高。

(四) 淨資產收益率

淨資產收益率又稱權益淨利率或權益報酬率，是指淨利潤與所有者權益平均餘額的比率。其計算公式為：

$$\text{淨資產收益率} = \frac{\text{淨利潤}}{\text{所有者權益平均餘額}} \times 100\%$$

淨資產收益率反應企業股東獲取投資報酬的高低，揭示股東所投入的資金是否得到充分利用。淨資產收益率越高，表明資本週轉速度越快，運用效率越高；比率越低，則表明公司的資本運用效率越差。值得注意的是，淨資產收益率過高，意味著企業過分依賴舉債經營，自有資本較少，財務風險較高。

【例 3-17】 接上例，錦蓉公司 2015 年、2016 年的淨利潤分別為 605, 822 萬元和 641, 048 萬元。2015 年年初的所有者權益為 3, 912, 157 萬元，2016 年年初、年末的所有者權益分別為 4, 033, 308 萬元、4, 434, 516 萬元。該公司的淨資產收益率計算如下：

$$2015\text{ 年淨資產收益率} = \frac{605,822}{(3,912,157 + 4,033,308)/2} = 15.25\%$$

$$2016\text{ 年淨資產收益率} = \frac{641,048}{(4,033,308 + 4,434,516)/2} = 15.14\%$$

2016 年的淨資產收益率有所下降，表明其盈利能力有所下降。企業的盈利能力和運用股東投入資本的效率均待提高。

四、發展能力分析

企業發展能力又稱為成長能力，是指企業在經營活動中所表現出的增長能力，反應企業未來發展前景與發展速度。評價企業發展能力的主要指標有：總資產增長率、淨資產增長率、銷售收入增長率、利潤增長率。

（一）總資產增長率

總資產增長率是企業本年總資產增長額同年初資產總額的比率，反應企業本年度資產規模的增長情況。資產是企業用於取得收入的資源，也是企業償還債務的保障。發展能力較強的企業一般能保持資產的穩定增長。其計算公式為：

$$\text{總資產增長率} = \frac{\text{本年總資產增長額}}{\text{年初資產總額}} \times 100\%$$

$$= \frac{\text{年末資產總額} - \text{年初資產總額}}{\text{年初資產總額}} \times 100\%$$

總資產增長率越高，表明企業一定時期內資產經營規模擴張的速度越快，企業競爭能力越強。但在分析時，需要關注資產規模擴張的質和量的關係，以及企業的後續成長能力，避免盲目擴張。

【例 3-18】 錦蓉公司 2015 年年末、2016 年年末的總資產分別為 4, 640, 887 萬元、5, 254, 663 萬元，則該公司 2016 年的總資產增長率為：

$$2016\text{ 年總資產增長率} = \frac{5,254,663 - 4,640,887}{4,640,887} \times 100\% = 13.23\%$$

（二）淨資產增長率

淨資產增長率又稱資本累積率或股權資本增長率，是指企業本年所有者權益增長額同年初所有者權益的比率，反應企業本年度資本的累積能力，是評價企業發展潛力的重要指標。其計算公式為：

$$淨資產增長率=\frac{本年所有者權益增長額}{年初所有者權益總額}\times 100\%$$

$$=\frac{年末所有者權益總額-年初所有者權益總額}{年初所有者權益總額}\times 100\%$$

淨資產增長率反應了投資者投入企業資本的保全性和增長性，該指標越高，表明企業的資本累積越多，企業資本保全性越強，應對風險和持續發展的能力越強。該指標如為負值，表明企業資本受到侵蝕，所有者利益受到損害，應予充分重視。

【例 3-19】 錦蓉公司 2015 年、2016 年的所有者權益分別為 4,033,308 萬元、4,434,516 萬元，則該公司 2016 年的淨資產增長率為：

$$2016\text{ 年淨資產增長率}=\frac{4,434,516-4,033,308}{4,033,308}\times 100\%=9.95\%$$

（三）銷售收入增長率

銷售收入增長率是指企業本年銷售收入增長額與上年銷售收入淨額的比率，是衡量企業經營狀況和市場競爭力的重要指標。其計算公式為：

$$銷售收入增長率=\frac{本年銷售收入增長額}{上年銷售收入淨額}\times 100\%$$

$$=\frac{本年銷售收入淨額-上年銷售收入淨額}{上年銷售收入淨額}\times 100\%$$

銷售收入增長率反應了企業銷售收入的變化情況，揭示企業的成長性和市場競爭力。銷售收入增長率越高，表明企業銷售收入的成長性越好，業務擴張能力越強。

【例 3-20】 錦蓉公司 2015 年、2016 年的銷售淨收入分別為 2,101,149 萬元和 2,165,929 萬元，則該公司 2016 年的銷售收入增長率為：

$$2016\text{ 年銷售收入增長率}=\frac{2,165,929-2,101,149}{2,101,149}\times 100\%-3.08\%$$

（四）利潤增長率

利潤增長率是指本年利潤總額增長額與上年利潤總額的比值。其計算公式為：

$$利潤增長率=\frac{本年利潤總額增長額}{上年利潤總額}\times 100\%$$

$$=\frac{本年利潤總額-上年利潤總額}{上年利潤總額}\times 100\%$$

利潤增長率反應了企業盈利能力的變化，該比率越高，表明企業的成長性越好，發展能力越強。

【例 3-21】 錦蓉公司 2015 年、2016 年的利潤總額分別為 801,592 萬元和 828,749 萬元，則該公司 2016 年的營業利潤增長率為：

$$2016\text{ 年利潤增長率}=\frac{828,749-801,592}{801,592}\times 100\%=3.39\%$$

五、上市公司財務指標分析

(一) 每股收益

每股收益又稱每股利潤，是指股份公司發行在外的每股普通股所能享有的淨收益，是綜合反應股份公司獲利能力的重要指標，可以用來判斷和評價管理層的經營業績。其計算公式為：

$$每股收益 = \frac{歸屬於公司普通股股東的淨利潤}{發行在外的普通股加權平均數}$$

上式中，歸屬於公司普通股股東的淨利潤等於公司當期淨利潤扣除優先股股利後的餘額。分母採用加權平均數，主要是考慮到本期內發行在外的普通股股數只能在增加以後的這段時期產生收益，而回購的普通股股數在減少以前的期間內仍產生收益。因此，在報告期內如果因增資、回購等原因造成股本發生變化時，要按照當年實際增加的時間進行加權計算。

$$發行在外的普通股加權平均數 = 期初發行在外普通股股數 + 當期新發行的普通股股數 \times \frac{已發行時間}{報告期時間} - 當期回購的普通股股數 \times \frac{已回購時間}{報告期時間}$$

每股收益能夠衡量公司盈利能力大小，每股收益越高，說明公司的盈利能力越強。

【例 3-22】 錦蓉公司 2016 年歸屬於普通股股東的淨利潤為 641,048.4 萬元，2016 年末增發新股，普通股股數依然保持 2015 年的 380,000 萬股。請計算錦蓉公司的每股收益。

每股收益 = 641,048.4 ÷ 380,000 = 1.69（元/股）

(二) 每股股利

每股股利是企業普通股分配的現金股利總額與發行在外的普通股總股數的比值。其計算公式為：

$$每股股利 = \frac{現金股利總額 - 優先股股利}{期末發行在外的普通股股數}$$

每股股利反應的是上市公司每股普通股獲取現金股利的大小。每股股利越大，則企業股本獲利能力就越強；每股股利越小，則企業股本獲利能力就越弱。但須注意，上市公司每股股利發放多少，除了受上市公司盈利能力影響以外，還取決於企業的股利發放政策和現金充裕程度。如果企業為了增強企業發展後勁而增加企業的公積金，則當前的每股股利必然會減少；反之，則當前的每股股利會增加。投資者在使用該指標時，應當比較分析公司連續幾年的每股股利，以評估股利回報的穩定性。

【例 3-23】 錦蓉公司 2016 年度發放普通股股利 227,758 萬元，年末發行在外的普通股股數為 380,000 萬股。錦蓉公司的每股股利計算如下：

2016 年度每股股利 = 227,758 ÷ 380,000 = 0.6（元）

反應每股股利和每股收益之間關係的一個重要指標是股利發放率，即普通股每股股利與當期的每股收益之比。

$$股利發放率 = \frac{每股股利}{每股收益}$$

股利發放率表明每一元錢淨收益中有多少用於向普通股股東發放現金股利，反應普通股股東的當期收益水平。借助於該指標，投資者可以瞭解一家上市公司的股利發放政策。

（三）每股淨資產

每股淨資產又稱每股帳面價值，是指企業淨資產與發行在外的普通股股數的比率。其計算公式為：

$$每股淨資產 = \frac{期末淨資產}{期末發行在外的普通股股數}$$

每股淨資產反應了發行在外的每份普通股股份所能分配的企業帳面淨資產的價值，這裡的帳面淨資產即股東權益的帳面價值。每股淨資產反應了會計期末每一股份在帳面上到底值多少錢，它在理論上提供了股票的最低價值。進行投資分析時，只能有限地使用這個指標，因為每股淨資產是以歷史成本計量的，既不反應淨資產的變現價值，也不反應淨資產的產出能力，它與股票面值、發行價值、市場價值乃至清算價值等都存在較大差距。

【例 3-24】 錦蓉公司 2016 年年末所有者權益為 4, 434, 516 萬元，全部為普通股，年末普通股股數為 380, 000 萬股。錦蓉公司的每股淨資產計算如下：

2016 年年末每股淨資產 = 4, 434, 516 ÷ 380, 000 = 11.67（元）

（四）每股現金淨流量

每股現金淨流量是指企業經營活動現金流量淨額扣除優先股股利後的餘額與普通股股數的比值，用以反應公司每股普通股所獲得的經營活動現金流量。其計算公式為：

$$每股營業現金淨流量 = \frac{經營活動現金流量淨額 - 優先股股利}{普通股股數}$$

該指標反應了企業最大的派發現金股利的能力，超過此限度，企業可能就需要借款分紅。每股現金流量越高，公司向普通股股東支付現金股利的能力越強。

【例 3-25】 接上例，如果錦蓉公司有普通股 380, 000 萬股，經營活動的現金流量淨額為 669, 107 萬元，請計算每股營業現金淨流量。

每股營業現金淨流量 = 669, 107 ÷ 380, 000 = 1.76（元/股）

（五）市盈率

市盈率（P/E 比率）是指股票每股市價與每股收益的比率，反應普通股股東為獲取一元錢的淨利潤所願意支付的股票價格。其計算公式如下：

$$市盈率 = \frac{每股市價}{每股收益}$$

市盈率是股票市場上反應股票投資價值的重要指標，也是投資者進行中長期股票投資的重要決策指標，它反應了投資者對股票的未來收益和投資風險的預期。一般來說，市盈率越高，投資者對該公司的發展前景看好，願意出較高的價格購買該股票。

因此，盈利能力較高、成長性較好的公司股票市盈率通常要高一些，而成長性較差的公司股票市盈率相對低一些。但是，較高的市盈率通常也意味著該股票具有較高的投資風險。

影響企業股票市盈率的因素有：第一，上市公司盈利能力的成長性。如果上市公司預期盈利能力不斷提高，說明企業具有較好的成長性，則市盈率相對較高。第二，投資者所獲取報酬率的穩定性。如果上市公司經營效益良好且相對穩定，則投資者獲取的收益也較高且穩定，投資者就願意持有該企業的股票，則該企業的股票市盈率會由於眾多投資者的普遍看好而相應提高。第三，利率水平的變動。當市場利率水平變化時，市盈率也應作相應的調整。

【例 3-26】 沿用例 3-22 的資料，假定錦蓉公司 2016 年年末每股市價為 40 元。請計算錦蓉公司市盈率。

2016 年年末市盈率 = 40 ÷ 1.69 = 23.67（倍）

（六）市淨率

市淨率是每股市價與每股淨資產的比率，反應了公司股東權益的市場價值與帳面價值之間的關係，是投資者用以衡量、分析個股是否具有投資價值的工具之一。市淨率的計算公式如下：

$$市淨率 = \frac{每股市價}{每股淨資產}$$

一般來說，市淨率較低的股票，投資價值較高；反之，則投資價值較低。但有時較低市淨率反應的可能是投資者對公司前景的不良預期，而較高市淨率則相反。因此，在判斷某只股票的投資價值時，還要綜合考慮當時的市場環境以及公司的經營情況、資產質量和盈利能力等因素。

【例 3-27】 沿用例 3-24 和 3-26 資料，計算錦蓉公司的市淨率。

2016 年年末市淨率 = 40 ÷ 11.67 = 3.43（倍）

第三節　財務綜合分析

財務指標分析從償債能力、營運能力、盈利能力和發展能力等角度對企業的籌資活動、投資活動、經營活動和分配活動進行了細緻的分析，為評價企業的財務狀況和盈利能力提供了重要的參考。然而，財務分析的最終目的在於全面、準確、客觀地揭示企業財務狀況和經營情況，並對企業經濟效益優劣作出合理的評價。因此，只有將企業各項分析指標有機地聯繫起來，才能從總體意義上把握企業財務狀況和經營情況的優劣。因此，必須對企業進行財務綜合分析。

傳統的財務綜合分析方法主要有杜邦財務分析法和沃爾評分法。

一、杜邦財務分析法

杜邦財務分析法又稱杜邦財務分析體系，是利用各主要財務比率指標間的內在聯繫，對企業財務狀況及經濟效益進行綜合系統分析評價的方法。由於該方法是由美國杜邦公司率先採用並推廣開的，因此而得名。

杜邦財務分析法將若干反應企業盈利能力、償債能力和營運能力的比率按其內在聯繫有機結合起來，形成一個完整的指標分析體系，並以淨資產收益率指標來綜合反應。

杜邦財務分析法反應了以下幾種主要的財務比率關係，具體可以分為兩個層次。

第一層次：

(1) 淨資產收益率 = 總資產淨利率 × 權益乘數

(2) 總資產淨利率 = 銷售淨利率 × 總資產週轉率

基於以上兩個關係，可以得出：

淨資產收益率 = 銷售淨利率 × 總資產週轉率 × 權益乘數

第二層次：

(1) $銷售淨利率 = \frac{淨利潤}{銷售收入} = \frac{銷售收入 - 全部成本 + 其他利潤 - 所得稅}{銷售收入}$

(2) $總資產週轉率 = \frac{銷售收入}{總資產}$

杜邦財務分析法將淨資產收益率（權益淨利率）分解如圖 3-1 所示。

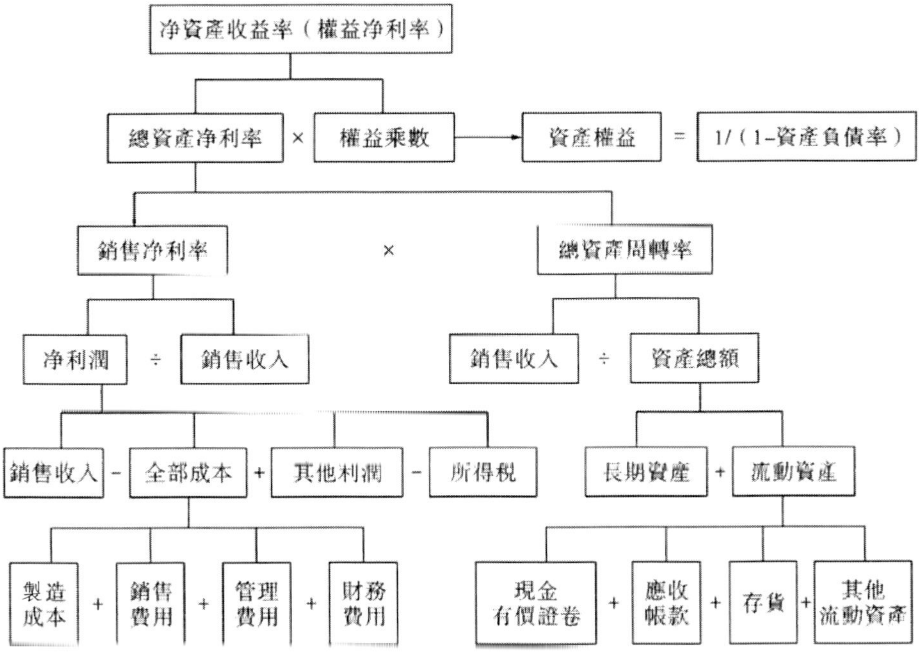

圖 3-1 杜邦財務分析法

註：圖中有關資產、負債與權益指標一般用平均值計算。

運用杜邦財務分析法需要抓住以下幾點：

1. 淨資產收益率是杜邦財務分析法的起點

淨資產收益率是一個綜合性極強的財務指標，是杜邦財務分析法的起點。財務管理的目標之一是實現股東財富最大化，淨資產收益率反應了股東投入資金的盈利能力，說明了企業籌資、投資、資產營運等各項財務及其管理活動的效率，而不斷提高淨資產收益率是使所有者權益最大化的基本保證。淨資產收益率高低的決定因素主要有三個，即銷售淨利率、總資產週轉率和權益乘數。將淨資產收益率指標變化的原因具體化，較單個綜合性指標更能說明問題。

2. 銷售淨利率取決於銷售收入與成本總額

銷售淨利率反應了企業淨利潤與銷售收入的關係，它的高低取決於銷售收入與成本總額的高低。提高銷售淨利率的途徑主要有：①擴大銷售收入。擴大銷售收入既有利於提高銷售淨利率，又有利於提高總資產週轉率。②降低成本費用。基於杜邦財務分析法可以判斷成本費用的基本結構是否合理，從而找出降低成本費用的途徑和加強成本費用控製的辦法。③提高其他利潤。提高銷售淨利率的另一途徑是提高其他利潤。

3. 資產總額是影響總資產週轉率的重要因素

資產總額由流動資產與非流動資產組成，它們的結構合理與否將直接影響資產的週轉速度。一般來說，流動資產直接體現企業的償債能力和變現能力，而非流動資產則反應企業的經營規模和發展潛力。兩者之間應該保持合理的比例關係。如果發現某項資產比重過大，影響資金週轉，就應深入分析其原因，例如企業持有的貨幣資金超過業務需要，就會影響企業的盈利能力；如果企業佔有過多的存貨和應收帳款，則既會影響獲利能力，又會影響償債能力。

4. 權益乘數主要受資產負債率的影響

權益乘數主要受資產負債率指標的影響。資產負債率越高，權益乘數就越高，說明企業的負債程度比較高，給企業帶來了較多的槓桿利益，同時，也帶來了較大的風險。

【例 3-28】錦蓉公司 2015—2016 年度有關財務數據如表 3-1 所示。運用杜邦財務分析法分析該企業淨資產收益率變化的原因（見表 3-2）。

表 3-1　**錦蓉公司基本財務數據**　單位：萬元

年度	淨利潤	銷售收入	總資產平均餘額	淨資產平均餘額	全部成本	製造成本	銷售費用	管理費用	財務費用
2015	605, 822	2, 101, 149	4, 526, 919	3, 972, 733	1, 278, 574	577, 203	430, 890	204, 703	65, 778
2016	641, 048	2, 165, 929	4, 947, 775	4, 233, 912	1, 310, 093	667, 196	356, 806	212, 880	73, 211

表 3-2　**錦蓉公司財務比率**

年度	2016	2015
淨資產收益率	15. 14%	15. 25%
權益乘數	1. 17	1. 14
總資產淨利率	12. 96%	13. 38%

年度	2016	2015
銷售淨利率	29.60%	28.83%
總資產週轉率（次）	0.44	0.46

（1）對淨資產收益率的分析。該企業的淨資產收益率從 2015 年的 15.25%降至 2016 年的 15.14%。企業的投資者在很大程度上依據這個指標來判斷是否投資或是否轉讓股份，也能夠為考察經營者業績和決定股利分配政策提供依據。

淨資產收益率 = 權益乘數×總資產淨利率

2015 年　15.25% = 1.14 × 13.38%

2016 年　15.14% = 1.17 × 12.96%

通過分解可以明顯地看出，該企業淨資產收益率的變動在於資本結構（權益乘數）變動和資產利用效果（總資產淨利率）變動兩方面共同作用的結果，而該企業的總資產淨利率降低，表明資產利用效果下降。

（2）對總資產淨利率的分析

總資產淨利率 = 銷售淨利率×總資產週轉率

2015 年　13.38% = 28.83% × 0.46

2016 年　12.96% = 29.60% × 0.44

通過分解可以看出，2016 年銷售淨利率水平較上一年有所提升，盈利狀況有所提升。然而，2016 年該企業的總資產週轉率略有下降，說明資產的利用未得到較好的控製，暴露出比前一年較差的效果，表明該企業利用其總資產獲得銷售收入的效率在降低。

（3）對銷售淨利率的分析

銷售淨利率 = 淨利潤 ÷ 銷售收入

2015 年　28.83% = 605,822 ÷ 2,101,149

2016 年　29.60% = 641,048 ÷ 2,165,929

該企業 2016 年銷售收入和淨利潤水平都增加了，同時，淨利潤的增長率高於銷售收入增長率，導致銷售淨利率水平增加。分析其原因可能是成本費用控製得較好，從表 3-1 可知：全部成本從 2015 年的 1,278,574 萬元增加到 2016 年的 1,310,093 萬元，增長率僅為 2.47%，低於銷售收入增長率。

（4）對全部成本的分析

全部成本 = 製造成本+銷售費用+管理費用+財務費用

2015 年　1,278,574 = 577,203+430,890+204,703+65,778

2016 年　1,310,093 = 667,196+356,806+212,880+73,211

與 2015 年相比，2016 年該企業的製造成本、管理費用和財務費用有所增加，但銷售費用控製得非常好，使得 2016 年全部成本增長率水平低於銷售收入增長率水平。

（5）對權益乘數的分析

權益乘數 = 資產總額 ÷ 股東權益

2015 年　1.14 = 4,526,919 ÷ 3,972,733

2016 年　1.17 = 4,947,775 ÷ 4,233,912

該企業 2016 年的權益乘數較 2015 年有所增加，說明企業的資本結構在 2015—2016 年間發生了變動。權益乘數越高，企業負債程度越高，償還債務能力越弱，財務風險提高。這個指標同時也反應了財務槓桿對利潤水平的影響。管理者應該準確把握企業所處的環境，準確預測利潤，合理控製負債帶來的風險。

(6) 結論

對於該企業，最為重要的就是要努力提高總資產週轉率，增強營運效率，從而促進淨資產收益率水平提高。

二、沃爾評分法

亞歷山大·沃爾在21世紀初出版的《信用晴雨表研究》和《財務報表比率分析》中提出了信用能力指數的概念，他把若干個財務比率用線性關係結合起來，以此來評價企業的信用水平，被稱為沃爾評分法。此後，這種方法不斷發展，並成為財務綜合分析的重要方法之一。

沃爾評分法的基本步驟如下：

(1) 選擇評價指標並分配指標權重。首先從盈利能力、償債能力和成長能力三個方面選擇能反應企業財務狀況的代表性指標。沃爾選擇的財務比率有七種，分別是：流動比率、產權比率、固定資產比率、存貨週轉率、應收帳款週轉率、固定資產週轉率、股權資本週轉率。其次按重要程度確定各項比率指標的權重，權重之和應為100。

(2) 確定各項比率指標的標準值，即各指標在企業現時條件下的最優值。規定財務比率評分值的上、下限，以減少個別指標異常對總分的不合理影響。

(3) 計算企業在一定時期各項比率指標的實際值。

(4) 計算相對比率，即企業實際比率與標準值的比值。

(5) 形成綜合得分，即相對比率與指標權重的加權平均值。如果綜合得分等於或接近100分，表明企業的財務狀況是良好的；如果綜合評分遠低於100分，則說明企業的財務狀況較差，需要立即採取措施改善現狀；如果綜合評分遠高於100分，則說明企業的財務狀況很理想。

【例3-29】 錦蓉公司是一家白酒生產企業，2016年財務狀況評分結果如表3-3所示。

表3-3 **錦蓉公司沃爾綜合評分表**

財務比率	比重 ①	標準比率 ②	實際比率 ③	相對比率 ④=③÷②	綜合得分 ⑤=①×④
盈利能力：					
總資產報酬率（%）	20	14.8	12.96	0.88	17.51
成本費用利潤率（%）	10	19	63.26	3.33	33.29
淨資產收益率（%）	20	16.1	15.14	0.94	18.81
償債能力：					
資產負債率（%）	10	50	15.61	0.31	3.12
速動比率（%）	10	161.2	451	2.80	27.98
存貨週轉率（次）	10	3.3	0.79	0.24	2.39

表3-3(續)

財務比率	比重 ①	標準比率 ②[1]	實際比率 ③	相對比率 ④=③÷②	綜合得分 ⑤=①×④
成長能力：					
銷售增長率（%）	6.67	19.7	3.08	0.16	1.04
利潤增長率（%）	6.67	16.9	3.39	0.20	1.34
總資產增長率（%）	6.67	15.6	13.23	0.85	5.66
合計：	100				111.15

註1：標準比率採用經濟科學出版社出版的《企業績效評價標準值2015》中「白酒製造業」的數據。

從表3-3可知，錦蓉公司的綜合得分為111.15，高於100分，表明該企業的總體財務狀況較好。

然而，沃爾評分法也存在著一定的缺陷。一方面，財務比率的選擇和財務指標權重的指定缺乏說服力；另一方面，如果被評價企業的某一財務指標嚴重異常時，會對最終的綜合評分產生重大影響，使評分結果可信度下降。

本章小結

• 財務分析是以企業財務報告及其他相關資料為基礎，運用一系列專門的財務分析技術和方法，對企業財務活動的效率進行分析和評價，為財務分析主體的經營決策、管理控製和監督管理提供有用信息的過程。

• 財務分析的方法主要有比率分析法和比較分析法。比率分析法的實質是將同一時期財務報表中影響財務狀況的相關項目進行對比，通過計算一系列財務比率，揭示企業的財務狀況。比較分析方法是將同一企業不同時期或不同企業同一時期的財務狀況進行對比，反應企業財務狀況變化和差異。

• 償債能力是指企業償還各類到期債務的能力，反應企業償還到期債務的承受能力或保證程度。根據企業負債的償還期的長短，償債能力分析可分為短期償債能力和長期償債能力。衡量短期償債能力的指標主要有流動比率、速動比率、現金比率和現金流量比率；衡量長期償債能力的指標主要有資產負債率、權益乘數、產權比率、償債保障比率、權益乘數、利息保障倍數和現金利息保障倍數等。影響償債能力的其他因素主要包括可動用的銀行授信額度、或有負債和經營租賃等。

• 營運能力主要指資產應用、循環效率的高低，反應企業的營業狀況和經營管理水平。企業營運能力主要包括三個方面：流動資產營運能力、固定資產營運能力和總資產營運能力。反應流動資產營運能力的主要指標有應收帳款週轉率、存貨週轉率和流動資產週轉率。

• 盈利能力是指企業賺取利潤，實現資金增值的能力，是企業生存和發展的物質基礎。反應企業盈利能力的主要指標有銷售毛利率、銷售淨利率、總資產報酬率和淨資產收益率。

- 發展能力是指企業在經營活動中所表現出的增長能力，反應企業未來發展前景與發展速度。評價企業發展能力的主要指標有：總資產增長率、淨資產增長率、銷售收入增長率、利潤增長率。
- 反應上市公司財務狀況的指標主要有每股收益、每股股利、每股淨資產、每股現金淨流量、市盈率和市淨率等。
- 企業財務綜合分析的方法主要有杜邦財務分析法和沃爾評分法。杜邦財務分析法是利用各主要財務比率指標間的內在聯繫，對企業財務狀況及經濟效益進行綜合系統分析評價的方法。沃爾評分法是把若干個財務比率用線性關係結合起來，以此來評價企業的信用水平和財務狀況的方法。

案例分析

家電企業的財務指標分析[1]

一、案例資料

受中國宏觀經濟環境及家電行業低迷等綜合因素的影響，中國國內消費市場不活躍，家用電器內銷市場依然呈現低迷狀態；受全球經濟下行及匯率波動的影響，中國家電出口市場持續走低。自 2015 年以來，中國的家電行業市場整體增長乏力，主要產品銷量增速放緩，部分家電產品甚至陷入負增長困境。

然而，在互聯網浪潮和跨界競爭的衝擊下，家電行業內部圍繞產品形態、商業模式、競爭格局、產業生態出現明顯變化，消費升級態勢較好。家電企業將產品創新升級作為突破口，創新產品大量湧現；家電產品結構持續優化，中高端產品的市場份額增長；市場份額向優勢品牌集中，重視節能減排和環境保護，行業節能環保水平明顯提升；轉變行銷模式，銷售渠道電商化特徵明顯。

在機遇與挑戰並存的經濟環境下，中國家電行業的發展狀況究竟如何？在此以青島海信電器股份有限公司（以下簡稱海信電器）和四川長虹電器股份有限公司（以下簡稱四川長虹）為例，就 2015 年中國家電企業的財務指標進行分析，以瞭解家電行業的財務運行情況。

（一）公司簡介

1. 海信電器簡介

海信電器總部設在山東省青島市，是國有獨資企業海信集團股份有限公司控股的子公司。海信電器的前身是海信集團有限公司所屬的青島海信電器公司。1996 年 12 月，青島海信電器公司獲批作為發起人，採用募集方式，組建股份有限公司，並於 1997 年在上海證券交易所上市。海信電器是中國著名的家電生產廠商，主要從事電視機的研發、生產和銷售業務，經營業務涉及電子計算機、通訊產品、信息技術產品、家用商用電器和電子產品的製造、銷售和服務、非標準設備加工、安裝售後服務，並

[1] 資料來源：四川長虹電器股份有限公司 2015 年年度報告、青島海信電器股份有限公司 2015 年年度報告及其他公開資料，由筆者整理改編。

自營進出口業務，擁有中國最先進數字電視機生產線之一。海信電器的電視市場佔有率連續 13 年位居國內市場第一，並躋身全球三強。

2. 四川長虹簡介

四川長虹總部設在四川省綿陽市，是國有企業四川長虹電子集團控股的子公司，其前身是國營長虹機器廠。四川長虹是一家具有全球影響力的信息家電企業，擁有完整的家用和商用的電器、電子設備的研發、製造、銷售產業體系。公司在美洲、澳洲、東南亞、歐洲等地區設立了子公司。

(二) 財務指標分析

財務指標分析是基於企業的財務報表等信息，計算相關財務指標，進而評價企業的財務狀況和經營成果。財務指標分析主要包括盈利能力、償債能力、營運能力和發展能力四個方面。這部分將以 2015 年為報告期、2014 年為基期對海信電器和四川長虹展開財務指標分析。

1. 盈利能力分析

表 3-4　　海信電器和四川長虹 2015 年盈利能力指標

公司	指標	2015 年	2014 年	增長水平	增長率 (%)
海信電器	銷售淨利率 (%)	4.93	4.83	0.1	2.07
	總資產報酬率 (%)	7.15	6.88	0.27	3.92
	基本每股收益 (元)	1.138	1.07	0.068	6.36
	扣除後每股收益 (元)	1.023	1.009	0.014	1.39
	每股淨資產 (元)	9.082,4	8.269,5	0.812,9	9.83
	淨資產收益率 (%)	13.11	13.52	-0.41	-3.03
四川長虹	銷售淨利率 (%)	-3.05	0.1	-3.15	-3,150
	總資產報酬率 (%)	-3.41	0.1	-3.51	-3,510
	基本每股收益 (元)	-0.428	0.012,8	-0.440,8	-3,443.75
	扣除後每股收益 (元)	-0.363,7	-0.103,9	-0.259,8	-250.05
	每股淨資產 (元)	2.622,7	3.044,1	-0.421,4	-13.84
	淨資產收益率 (%)	-15.100,8	0.418,5	-15.519,3	-3,708.32

表 3-4 顯示，海信電器和四川長虹的盈利能力存在明顯差異。2015 年海信集團的盈利指標均為正，表明該企業處於盈利狀態；同期四川長虹的盈利指標除每股淨資產外均為負，意味著該企業 2015 年基本處於虧損狀態。

同 2014 年相比，2015 年海信電器盈利能力表現出如下特徵：①海信電器的銷售淨利率增加了 0.1%，增長率為 2.07%，表明銷售收入轉化為利潤的能力有所增強，盈利水平提高。②總資產報酬率是息稅前利潤與總資產間的比率關係，海信電器總資產報酬率增加了 0.27%，增長率為 3.92%，表明總資產的總體利用效率較上一年有所提高。③海信電器的基本每股收益增加了 0.068 元，增長率為 6.36%，反應出海信電器發行在外的普通股每股獲利能力進一步增強。④扣除後的每股收益是基於每股股票收益扣除非經常性損益後的淨值計算的，能夠更好地體現出持續、穩定的主營業務收益狀況，扣除後的每股收益增加了 0.014 元，增長率為 1.39%，再一次證實了海信電器較穩定的盈利能力。⑤每股淨資產增加了 0.812,9 元，增長率為 9.83%，表明海信電器發行在外的單位普通股股份所能分配的企業帳面淨資產出現較高的增長率。⑥淨資產收益率下降了 0.41%，變動率為 -3.03%，基於該指標反應出的企業股東獲得報酬的能力有所下降；但是海信電器 2015 年淨資產增長率和淨利潤增長率分別為 9.90%和 6.49%，可以看出海信電器的淨利潤水平是上升的，由於淨資產增長率高於淨利潤增長導致淨資產收益率下降，海信電器的淨資產大幅上漲也意味著海信電器對負債的依賴性降低了。

同 2014 年相比，2015 年四川長虹盈利能力表現出如下特徵：①四川長虹的淨利潤率下降了 3.15%，變動率為 -3,150%，表明盈利能力大幅下降。②四川長虹總資產報酬率下降了 3.51%，變動率為 -3,510%，表明總資產的總體利用效率大幅下降。③2015 年四川長虹每股收益為負，較 2014 年下降了 0.440,8 元，降低了 3,443.75%，意味著四川長虹發行在外的普通股每股獲利能力大幅下降。④扣除後的每股收益下降 0.259,8 元，降低了 250.05%，表明四川長虹的普通股股東從主營業務獲得的每股報酬降低。⑤每股淨資產降低了 0.421,4 元，下降了 13.84%，反應出四川長虹發行在外的單位普通股股份所能分配的企業帳面淨資產降低了。⑥2015 年淨資產收益率為負，較 2014 年下降了 15.519,3%，變動率為 -3,708.32%，再一次證實了該企業的盈利能力有所下降。

綜上所述，2015 年海信電器的盈利能力明顯高於四川長虹；並且，四川長虹的盈利狀況很不樂觀，基本處於虧損狀況，且較上一年有所惡化。

2. 償債能力分析

表 3-5 **海信電器和四川長虹 2015 年償債能力指標**

公司	指標	2015 年	2014 年	增長額	增長率
海信電器	流動比率（倍）	2.14	1.91	0.23	12.04
	速動比率（倍）	1.81	1.55	0.26	16.77
	資產負債率（%）	41.56	46.27	-4.71	-10.18
四川長虹	流動比率（倍）	1.19	1.29	-0.1	-7.75
	速動比率（倍）	0.84	0.97	-0.13	-13.40
	資產負債率（%）	67.99	67.7	0.29	0.43

表 3-5 顯示，海信電器與四川長虹的償債能力差距十分明顯。與四川長虹相比，2015 年海信電器的流動比率、速動比率較高，資產負債率較低，表明海信電器的短期償債能力和長期償債能力都表現良好，相比而言，四川長虹的流動比率、速動比率明顯低於 2 和 1 的標準值，資產負債率水平也處於較高水平，反應出四川長虹的償債能力不樂觀。

同 2014 年相比，2015 年海信電器的償債能力表現出如下特徵：①海信電器的流動比率增加了 0.23，增長了 12.04%，表明海信電器的短期償債能力所有增強，並且維持在2附近，較合適；②速動比率增加了0.26，增加了16.77%，反應出海信電器的短期償債能力增強了，但是速動比率水平有些偏高；③資產負債率降低了4.71%，下降了10.18%，長期償債能力提高了。

同2014年相比，2015年四川長虹的償債能力表現出如下特徵：①四川長虹的流動比率下降了0.1，降低了7.75%，表明四川長虹的短期償債能力減弱了，並且明顯低於2，短期償債風險較大；②速動比率降低了0.13，下降了13.40%，再一次證實了四川長虹的短期償債能力降低了；③資產負債率增加了0.29%，上升了0.43%，長期償債能力進一步削弱。

綜上所述，海信電器和四川長虹的短期和長期償債能力存在明顯差距，海信電器的償債能力較強、償債風險較低，四川長虹的償債能力較弱、償債風險較高；但是，海信電器的速動比率有些偏高，企業應重視短期資產的盈利性。

3. 營運能力分析

表3-6　　海信電器和四川長虹2015年營運能力指標

公司	指標	2015年	2014年	增長額	增長率
海信電器	存貨週轉率（次）	8	7.38	0.62	8.40
	應收帳款週轉率（次）	15.75	18.52	-2.77	-14.96
	固定資產週轉率（次）	21.52	20.35	1.17	5.75
	總資產週轉率（次）	1.45	1.43	0.02	1.40
四川長虹	存貨週轉率（次）	4.76	4.16	0.6	14.42
	應收帳款週轉率（次）	7.86	7.15	0.71	9.93
	固定資產週轉率（次）	11.15	8.51	2.64	31.02
	總資產週轉率（次）	1.12	1	0.12	12.00

表3-6顯示，海信電器與四川長虹的營運能力差異明顯。與四川長虹相比，2015年海信電器的存貨週轉率和應收帳款週轉率明顯處於較高水平，有利於提高短期資產週轉速度；此外，固定資產週轉率和總資產週轉率較高，表明海信電器的固定資產週轉較快、總資產週轉速度較高。

與2014年相比，2015年海信電器的營運能力特徵如下：①海信電器的存貨週轉率增加了0.62，提高了8.4%，表明海信電器存貨類短期資產的週轉速度提高了；②應收帳款週轉率下降了2.77，降低了14.96%，反應出海信電器的應收帳款週轉速度有所下降；③固定資產週轉率上升了1.17，提高了5.57%，表明固定資產的週轉效率增強了；④總資產週轉率上升了0.02，提高了1.4%，即海信電器總資產的週轉速度提高了。

與2014年相比，2015年四川長虹的營運能力特徵如下：①四川長虹的存貨週轉率增加了0.6，提高了14.42%，表明四川長虹存貨類資產的週轉速度提高了；②應收帳款週轉率上升了0.71，增長了9.93%，反應出四川長虹的應收帳款週轉速度提高了；③固定資產週轉率上升了2.64，提高了31.02%，表明固定資產的週轉效率增強了；④總資產週轉率上升了0.12，提高了12%，反應出四川長虹的總資產的營運能力增強了。

綜上所述，2015 年海信電器的營運能力高於四川長虹；海信電器的應收帳款週轉率略有下調，但是週轉率水平還是較高的，企業應關注導致應收帳款週轉率下降的原因；除海信電器的應收帳款週轉率略有下降外，海信電器和四川長虹的營運能力普遍增強了。

4. 發展能力分析

表 3-7　　海信電器和四川長虹 2015 年發展能力指標

公司	指標	2015 年	2014 年
海信電器	總資產增長率（%）	1.05	3.50
	淨資產增長率（%）	9.90	9.40
	淨利潤增長率（%）	6.49	-11.12
	營業利潤增長率（%）	4.26	-20.50
四川長虹	總資產增長率（%）	-7.65	2.36
	淨資產增長率（%）	-8.49	0.25
	淨利潤增長率（%）	-744.68	-64.67
	營業利潤增長率（%）	-1,035.83	-76.93

表 3-7 顯示，海信電器與四川長虹的發展能力存在顯著不同。2015 年海信電器總資產增長率、淨資產增長率、淨利潤增長率和營業利潤增長率均為正，表明海信電器的未來發展能力較強。具體而言，2015 年海信電器的發展能力特徵如下：①海信電器的總資產增長率為 1.05%，表明海信電器總資產規模進一步擴大了；②淨資產增長率為 9.9%，反應出海信電器的企業資本的累積能力進一步增強，企業的發展潛力較大；③淨利潤增長率為 6.49%，改變了 2014 年淨利潤增長率為負的狀況，意味著淨利潤水平出現明顯提高；④營業利潤增長率為 4.26%，改變了 2014 年營業利潤較上一年下降的現狀，表明主營業務盈利能力改善了，發展能力增強了。

相對比而言，四川長虹的總資產增長率、淨資產增長率、淨利潤增長率和營業利潤增長率為負，在一定程度上表明四川長虹的發展能力不容樂觀。具體而言，2015 年四川長虹的發展能力特徵如下：①四川長虹的總資產增長率為 -7.65%，同 2014 年總資產規模上漲了 2.36% 相比，2015 年四川長虹總資產規模下降幅度明顯；②淨資產增長率為 -8.49%，反應出四川長虹的企業資本的累積能力再一次下降了；③淨利潤增長率為 -744.68%，持續了 2014 年淨利潤下降的狀態，進一步出現更大幅度下降；④營業利潤增長率為 -1,035.83%，在 2014 年營業利潤下降的基礎上進一步大幅下調。

綜上所述，海信電器的發展能力較強，四川長虹的發展能力卻較悲觀。特別是四川長虹的淨利潤增長率和營業利潤增長率持續上一年下降態勢，出現巨幅下降。

（三）小結

國內外的宏觀經濟運行放緩，導致消費者的消費需求緊縮，這無疑對中國家電行業的發展造成負面影響。面對家電行業整體形勢，不同企業的財務狀況也各不相同。

海信電器和四川長虹是中國知名的家電行業，且控股股東均為國有企業。基於財務指標分析法，對兩家企業 2015 年的盈利能力、償債能力、營運能力和發展能力進行分析，結果顯示，兩家企業的財務狀況存在明顯差異。與四川長虹相比，2015 年海信電器的盈利能力、償債能力、營運能力和發展能力都表現出明顯的優勢；四川長虹基本處於虧損狀況、償債風險較高、資產使用效率較低、發展能力較悲觀，應當引起財務管理人員足夠的重視；同時，雖然海信電器財務狀況總體良好，但是其速動比率有些偏高、應收帳款週轉率略有下調，需要企業及時探尋內在原因。

二、問題提出

1. 財務分析有什麼作用？

2. 本案例中使用的財務分析方法有哪些？

3. 本案例從哪些方面反應企業的財務狀況？具體的衡量指標有哪些？

思考與練習

一、單項選擇題

1. 下列財務指標中，反應企業短期償債能力的是（　　）。

A. 現金流量比率　　B. 資產負債率

C. 償債保障比率　　D. 利息保障倍數

2. 下列財務比率中，反應企業營運能力的是（　　）。

A. 產權比率　　B. 流動比率

C. 存貨週轉率　　D. 總資產利潤率

3. 企業大量增加速動資產可能導致（　　）。

A. 減少資金的機會成本　　B. 增加資金的機會成本

C. 增加財務風險　　D. 提高流動資產的報酬率

4. 下列關於市淨率的說法中，正確的是（　　）。

A. 市淨率反應了公司市場價值與盈利能力之間的關係

B. 如果公司股票的市淨率小於 1，說明該公司股價低於每股淨資產

C. 公司的前景越好，風險越小，其股票的市淨率也會越低

D. 市淨率越高的股票，其投資風險越小

二、判斷題

1. 通過財務分析，可以全面評價企業在一定時期內的各種財務能力。（　　）

2. 總資產淨利率是杜邦財務分析體系的起點。（　　）

3. 或有負債不是企業現時的負債，因此不會影響企業的償債能力。（　　）

4. 每股收益等於企業的利潤總額除以發行在外的普通股平均股數。（　　）

5. 權益乘數的高低取決於企業的資本結構，資產負債率越高，權益乘數越高，財務風險越大。（　　）

三、計算分析題

1. 錦達公司 2015 年和 2016 年有關資料如表 3-8 所示。

表 3-8　錦達公司財務資料

項目	2015 年	2016 年
淨利潤（萬元）	20,000	25,000
優先股股息（萬元）	2,500	2,500
普通股股利（萬元）	15,000	20,000
普通股權益額（萬元）	120,000	180,000
發行在外的普通股平均股數（萬股）	160,000	180,000
年末每股市價（元）	4	4.5

要求：根據所給資料計算該公司 2015 年和 2016 年的每股收益、每股股利、每股淨資產和市盈率指標。

2. 錦昌公司 2016 年銷售收入為 20 萬元，賒銷比例為 80%，銷售淨利率為 16%，存貨週轉率為 5 次，期初存貨餘額為 2 萬元，期初應收帳款餘額為 4.8 萬元，期末應收帳款餘額為 1.6 萬元，期初總資產為 30 萬元，期末總資產為 50 萬元。

要求：計算該公司的應收帳款週轉率、總資產週轉率和總資產淨利率。

實務篇

第四章　長期籌資

學習目標

- 理解長期籌資的概念與類型，掌握資金需要量的預測。
- 掌握以普通股為代表的股權籌資方式。
- 掌握以長期借款、債券、融資租賃等為代表的債務籌資方式。
- 掌握以優先股、可轉換債券等為代表的混合籌資方式。

引導案例

新三板首只優先股成功發行[①]

2016年3月23日，新三板掛牌公司海南中視文化傳播股份有限公司（簡稱中視文化，股票代碼430508）發行優先股完成備案審查，優先股證券簡稱為「中視優1」，證券代碼為820002。據悉，這是自2015年9月22日《全國中小企業股份轉讓系統優先股業務指引（試行）》及相關業務指南發布後首家完成優先股發行的新三板公司。

中視文化本次非公開發行的優先股的種類為可累積、非參與、設回售及贖回條款、不可轉換的優先股，在會計處理上計入金融負債。本次的發行規模為人民幣1,000萬元，票面股息率為4%，目的是用於儋州中視國際影城（夏日店）建設及補充流動資金。發行對象海南聯合股權投資基金管理有限公司是由海南聯合資產管理公司及海南扶貧工業開發區總公司雙方出資設立的國有獨資股權基金管理公司。

中視文化於2014年1月24日在全國股轉系統掛牌，註冊資本6,500萬元，主營業務包括廣告傳媒、演藝娛樂、院線營運、內容投資等，是海南省文化產業領軍企業。中視文化的財務報告顯示，其2015年主營業務收入為2.07億元，淨利潤為2,284萬元。

思考與討論

1. 什麼是優先股？它與普通股有什麼區別？
2. 發行優先股籌資有什麼優勢？
3. 什麼樣的公司適合發行優先股籌資？

---

① 資料來源：筆者根據公開資料整理。

第一節　長期籌資概述

籌資活動是企業資金運動的起點，企業在創立和發展過程中都不可避免地需要籌資。企業籌資是指企業作為籌資主體，為滿足日常經營活動、投資活動、資本結構調整以及其他需要，運用一定的籌資方式、通過一定的籌資渠道，籌措和獲取資金的一種財務行為。

按照籌資期限的不同，企業籌資可以分為短期籌資和長期籌資。短期籌資通常採用商業信用、短期借款等形式，所籌集的資金可使用期限一般不超過一年。長期籌資通常採用吸收直接投資、發行股票、發行債券、長期借款、融資租賃等方式，所籌集的資金可供企業長期（一般為一年以上）使用。長期籌資是企業籌資的主要方面，也是財務管理研究的主要內容。本章主要討論長期籌資，而短期籌資的相關知識將在「第七章 營運資金管理」中進行討論。

一、長期籌資的動機

企業籌資的基本目的是為了自身的生存和發展。但在具體的籌資活動中，其籌資行為往往受到特定動機的驅使。這些籌資動機有時是單一的，有時是複合的，歸納起來可以分為以下四種基本類型：

（一）創立性籌資動機

創立性籌資動機是指在企業新建時，為了取得資本金並形成開展經營活動的基本條件而產生的籌資動機。如《中華人民共和國公司法》規定，有限責任公司和股份有限公司在設立時應達到不同的註冊資本最低限額。要滿足法律規定的最低資本金要求，並獲得正常生產經營活動所需的鋪底資金，企業就需要籌措註冊資本和資本公積等股權性資金。

（二）支付性籌資動機

支付性籌資動機是指企業為了滿足經營業務活動的正常波動所形成的支付需要而產生的籌資動機。企業在營運過程中，除了維持正常生產經營活動所需的資金，還經常會出現季節性、臨時性的支付需要，如原材料購買的大額支付、員工工資的集中發放、銀行借款的提前償還等。這些情況就需要通過臨時性的籌資來維持企業的支付能力。

（三）擴張性籌資動機

擴張性籌資動機是指企業為了滿足擴大經營規模或對外投資的需要而產生的籌資動機。擴張性籌資動機是企業最主要的籌資動機，尤其是具有良好發展前景、處於成長期的企業，往往都需要大量追加籌資，因而會產生擴張性的籌資動機。擴張性籌資通常會導致企業資產總額的增加和資本結構的變化。

(四) 調整性籌資動機

調整性籌資動機是指企業為了滿足調整現有資本結構的需要而產生的籌資動機。資本結構是指企業各種資本的構成及其比例關係，如股權資本與債務資本之比、長期資本和短期資本之比。同一個企業，在不同的時期，由於籌資方式的組合不同，會形成不同的資本結構。企業調整資本結構的目的在於降低資本成本，控製財務風險，提升企業價值。

二、籌資管道與籌資方式

企業的長期籌資活動需要通過一定的渠道、採用一定的方式來完成。其中，籌資渠道解決的是資金從哪裡來的問題，籌資方式則解決資金以什麼方式來的問題。同一籌資方式可能適用於不同的籌資渠道，同一渠道的資金也可能採用不同的籌資方式取得。企業在長期籌資時，應實現兩者的合理配合。

(一) 籌資管道

籌資渠道是指企業籌集資金的來源方向與通道，它反應了資金的源泉和流量。籌資渠道屬於客觀範疇，主要與一國的經濟發展水平、金融市場完善程度和制度安排等有關。

中國企業目前的籌資渠道主要有國家財政資金、銀行信貸資金、非銀行金融機構資金、其他企業資金、民間資金、企業自留資金、外商資金等。

(二) 籌資方式

籌資方式是指企業籌集資金所採取的具體手段和形式，主要包括吸收直接投資、發行股票、發行債券、金融機構借款、融資租賃、留存收益、商業信用等。

1. 吸收直接投資

吸收直接投資是指企業以投資合同、協議等形式定向地吸收國家、法人、自然人等投入資金的籌資方式。這種籌資方式不以股票為媒介，主要適用於非股份制公司籌集股權資本。

2. 發行股票

發行股票是指企業以發售股票的方式取得資金的籌資方式。股票是股份有限公司簽發的證明股東所持股份的憑證，代表著股東對公司的所有權。股票的發售對象，可以是社會公眾，也可以是特定的投資主體。發行股票是股權籌資的重要方式，只適用於股份有限公司。

3. 發行債券

發行債券是指企業以發售債券的方式取得資金的籌資方式。債券是公司依照法定程序發行、約定在一定期限還本付息的有價證券。

4. 金融機構借款

金融機構借款是指企業根據借款合同從銀行或非銀行金融機構取得資金的籌資方式。企業借入的款項，使用期限超過一年的稱為長期借款，一年以內的稱為短期借款。

這種籌資方式具有靈活、方便的特點，廣泛適用於各類企業。

5. 融資租賃

融資租賃又稱財務租賃或資本租賃，是指企業與出租方簽訂租賃合同，向出租方支付租金以取得租賃物資產，通過對租賃物的佔有和使用取得資金的籌資方式。融資租賃並不直接取得貨幣性資金，而是直接取得實物資產。

6. 留存收益

留存收益包括盈餘公積和未分配利潤。利用留存收益，是企業將當年利潤轉化為股東對企業追加投資的過程。

7. 商業信用

商業信用是指企業之間在商品或勞務交易中，由於延期付款或延期交貨所形成的借貸信用關係。商業信用是由業務供銷活動而形成的，它是企業短期資金的一種重要來源。

三、長期籌資的類型

按照不同的分類標準，企業的長期籌資可以區分為不同的類型。

（一）直接籌資與間接籌資

按籌資活動是否借助於金融機構為媒介，長期籌資可分為直接籌資和間接籌資兩種類型。

1. 直接籌資

直接籌資是指企業不通過金融機構，直接與資金供應者協商來籌措資金。直接籌資方式主要有發行股票、發行債券、吸收直接投資等。通過直接籌資既可以籌集股權資金，也可以籌集債務資金。這種籌資方式的籌資手續比較複雜，籌資費用較高，但籌資範圍更廣闊，能夠最大限度地利用社會資金，有利於提高企業的知名度、改善企業的資本結構。

2. 間接籌資

間接籌資是指企業借助於銀行等金融機構來籌措資金。在間接籌資方式下，銀行等金融機構發揮仲介作用，預先集聚資金，然後提供給企業。間接籌資的基本方式是銀行借款和融資租賃。間接籌資手續相對簡便，籌資效率高，籌資費用較低，但籌資渠道和方式較為單一。

（二）內部籌資與外部籌資

按資金的來源範圍不同，長期籌資可分為內部籌資和外部籌資兩種類型。

1. 內部籌資

內部籌資是指企業在內部通過利潤留存而形成的籌資來源。其數額大小主要取決於企業可分配利潤的規模和利潤分配政策。

2. 外部籌資

外部籌資是指企業向外部籌措資金而形成的籌資來源。處於初創期的企業，內部籌資的可能性是有限的；處於成長期的企業，內部籌資也往往難以滿足需要。因此，這就需要企業廣泛地開展外部籌資，如發行股票、發行債券、長期借款等。

內部籌資一般無需花費籌資費用，而外部籌資大多需要一定的籌資費用，因此，企業應在充分利用內部籌資後，再考慮外部籌資問題。

（三）股權籌資、債務籌資及混合籌資

按資本屬性不同，長期籌資可分為股權籌資、債務籌資及混合籌資三種類型。

1. 股權籌資

股權籌資形成企業的股權資本，是企業依法長期擁有、能夠自主調配運用的資本，故也稱為自有資本、主權資本或權益資本。股權資本是企業從事生產經營活動和償還債務的基本保證，是代表企業基本資信狀況的一個主要指標。企業的股權資本項目包括實收資本（股本）、資本公積、盈餘公積和未分配利潤等，一般通過吸收直接投資、發行股票、留存收益等方式取得。股權資本一旦投入，在企業持續經營期間投資者不得抽回，因而被視為企業的「永久性資本」，財務風險小，但付出的資本成本相對較高。

2. 債務籌資

債務籌資形成企業的債務資本，是企業按合同取得的，在規定期限內需要清償的債務。債務資本一般通過長期借款、發行債券、融資租賃等方式取得。由於債務籌資都是臨時性來源，由此形成的資金需要承擔到期還本付息的義務，因而債務資本的財務風險較大，但付出的資本成本相對較低。

3. 混合籌資

混合籌資兼具股權籌資與債權籌資雙重性質，主要包括發行可轉換債券、發行優先股和發行認股權證籌資。

四、資金需要量的預測

科學合理地預測資金需要量是企業開展籌資活動的基本前提。在財務管理實踐中，資金需要量的預測主要有定性和定量兩種方法，下面著重介紹幾種定量預測方法。

（一）因素分析法

1. 因素分析法的原理

因素分析法又稱分析調整法，是以有關項目基期年度的平均資金需要量為基礎，根據預測年度的生產經營任務和資金週轉加速的要求，進行分析調整，來預測資金需要量的一種方法。其基本公式如下：

資金需要量=（基期資金平均占用額-不合理資金占用額）×（1±預測期銷售增減額）×（1±預測期資金週轉速度變動率）

2. 因素分析法的運用

【例 4-1】錦達公司上年度資金平均占用額為 4,000 萬元，經分析，其中不合理部分為 500 萬元，預計本年度銷售增長 8%，資金週轉加速 5%。請預測該公司本年度的資金需要量。

根據因素分析法的基本公式，錦達公司本年度的資金需要量為：

本年度資金需要量 = (4,000 −500) × (1+ 8%) × (1 − 5%) = 3,591（萬元）

因素分析法計算簡單，容易掌握，但預測結果不太精確。因此通常用於匡算企業全部資本的需要額，或者用於品種繁多、規格複雜、資金用量小的項目。在實際運用中，應注意科學合理地分析和判斷影響資金需要量的各種因素，以及這些因素與資金需要量的關係，以提高預測的準確性。

（二）迴歸分析法

1. 迴歸分析法的原理

迴歸分析法假定企業的資金需要量與產銷量（或業務量）之間存在線性關係，建立數學模型，然後根據企業的歷史資料，利用最小二乘法原理，用迴歸直線方程確定相關參數，再結合預計的銷售量進行資金需要量預測。其基本公式如下：

$$Y = a + bX$$

式中：

Y——資金需要量；

a——不變資金；

b——單位產銷量所需變動資金；

X——產銷量。

公式中參數 a 和 b 的數值通過建立迴歸直線的聯立方程組可求得：

$$\begin{cases} \sum Y = na + b\sum X \\ \sum XY = a\sum X + b\sum X^2 \end{cases}$$

迴歸分析法就其本質而言是一種資金習性預測法，即按照資金習性來預測未來資金需要量。

所謂資金習性，是指資金的變動同產銷量變動之間的依存關係。按照資金習性可以把資金分為不變資金、變動資金和半變動資金。其中，不變資金是指在一定的產銷量範圍內，不受產銷量變動的影響而保持固定不變的那部分資金。其主要包括為維持經營而占用的最低數額的現金、原材料的保險儲備、必要的成品儲備以及固定資產占用的資金。變動資金是指隨產銷量的變動而同比例變動的那部分資金。其主要包括直接材料、外購件等占用的資金，另外，存貨、應收帳款等也具有變動資金的性質。半變動資金是指雖然受產銷量變動的影響，但不成同比例變動的資金。其主要包括一些輔助材料、燃料等占用的資金。半變動資金可以採用一定的方法劃分為不變資金和變動資金兩部分。

2. 迴歸分析法的運用

【例 4-2】 錦達公司近年來產銷量和資金變化情況如表 4-1 所示，預計其 2017 年的銷售量為 560 萬臺，請預測該公司 2017 年的資金需求量。

表 4-1　　產銷量與資金占用歷史資料表

年度	產銷量（X_i萬臺）	資金占用（Y_i萬元）
2011	240	500
2012	320	580
2013	325	630
2014	390	690
2015	480	720
2016	500	750

根據上述相關資料，編制資金需要量預測表，見表 4-2。

表 4-2　　資金需要量預測表

年度	產銷量（X_i萬臺）	資金占用（Y_i萬元）	X_iY_i	X_i^2
2011	240	500	120, 000	57, 600
2012	320	580	185, 600	102, 400
2013	325	630	204, 750	105, 625
2014	390	690	269, 100	152, 100
2015	480	720	345, 600	230, 400
2016	500	750	375, 000	250, 000
$N=6$	$\sum X_i = 2,255$	$\sum Y_i = 3,870$	$\sum X_iY_i = 1,500,050$	$\sum X_i^2 = 898,125$

將表 4-2 中的數據代入聯立方程組，可得：

$$\begin{cases} 3,870 = 6a + 2,255b \\ 1,500,050 = 2,255a + 898,125b \end{cases}$$

解得：$a = 306.63$，$b = 0.90$

將 a，b 代入 $Y = a + bX$，得到資本需要量預測模型：

$Y = 306.63 + 0.90X$

將 2017 年預計銷售量 560 萬臺代入上式，得出 2017 年預計資金需要量為：

$Y = 306.63 + 0.90 \times 560 = 810.63$（萬元）

運用迴歸分析法需要注意兩個問題：其一，迴歸分析法假設資金需要量與產銷量之間存在線性關係，這一假定應該符合企業實際，並且在未來可以持續；其二，在確定參數 a 和 b 的數值時，應利用連續若干年的歷史資料，至少要有 3~5 年的資料，否則會產生較大的誤差，影響預測質量。

（三）銷售百分比法

1. 銷售百分比法的原理

銷售百分比法假設銷售收入與某些資產負債表項目和利潤表項目之間存在穩定的百分比關係，並據此預測資金需要量。例如，某企業上年度銷售量為 5,000 件，銷售收入為 100,000 萬元，如果今年銷售收入增加 10%，則可以合理地預期，銷售成本等利潤表項目和存貨等資產負債表項目也很有可能同比增加 10%。

銷售百分比法是預測資金需要量的一種基本方法，這種方法將反應生產經營規模的銷售因素與反應資金占用的資產因素連接起來，根據銷售收入與資產的比例關係預計資產額，根據資產額預計相應的負債和所有者權益，再根據會計等式，確定外部籌資額。

2. 銷售百分比法的運用

運用銷售百分比法的基本步驟如下：

（1）確定隨銷售收入變動而變動的敏感資產和敏感負債項目

隨著企業銷售規模的擴大，一些資產項目將占用更多的資金，相應地短期負債也會增加。如銷售擴張會帶來存貨增加，存貨增加又會導致應付帳款增加，可以為企業提供暫時性資金來源。在資產負債表中，有些項目與銷售收入之間存在著穩定的百分比關係，而另一些項目與銷售收入之間不存在直接的關係。我們把前者稱為敏感項目，後者稱為非敏感項目。對於不同的企業而言，敏感項目和非敏感項目往往也是不同的，需要根據企業的具體情況進行分析。

敏感項目包括敏感資產項目和敏感負債項目。敏感資產項目一般包括貨幣資金、應收帳款、存貨等；敏感負債項目一般包括應付帳款、應付費用等。

短期借款、短期融資券、長期負債等籌資性負債和固定資產、長期股權投資、遞延資產等長期資產通常屬於非敏感項目，在短期內不與銷售收入同比例變動。

（2）確定敏感資產項目和敏感負債項目與銷售收入的比例關係

根據企業若干年的歷史資料，並參考同行業情況，在剔除不合理的資金占用後，確定敏感資產項目和敏感負債項目與銷售收入之間的穩定百分比關係。

$$某敏感項目的銷售百分比 = 該敏感項目金額 \div 銷售收入 \times 100\%$$

（3）計算預測期各敏感項目的預計數

$$某敏感項目的預計數 = 預計銷售收入 \times 該項目的銷售百分比$$

（4）預測留存收益的增加額

預測期企業銷售收入的增加最終會形成企業利潤及稅後利潤的增加，並在扣除一定的股利支付後形成企業的留存收益。留存收益作為企業內部的資金來源，可以滿足或部分滿足企業的資金需要。

$$預計留存收益增加額 = 預計銷售收入 \times 銷售淨利率 \times 留存比率$$

其中：留存比率 = 1 − 股利支付率

（5）預測企業資金需要總額和外部籌資額

根據會計恒等式的原理，由於銷售增長而需要的資金需求增長額，一部分是由增加的負債提供，另外一部分是由增加的留存收益提供，在扣除這兩部分後即為所需要的外部籌資額。因此，採用增加額法，有以下等式：

$$外部籌資額 = 預計資產增加額 - 預計負債增加額 - 留存收益增加額$$

或採用總額法，有以下等式：

$$外部籌資額 = 預計資產總額 - 預計負債總額 - 預計所有者權益總額$$

【例 4-3】錦達公司上年度的銷售收入為 20,000 萬元，上年末的資產負債表（簡表）如表 4-3 所示。公司市場部預測本年度銷售收入將比上年增長 20%，且公司有足夠的生產能力，無需為此增加固定資產投資。該公司銷售淨利率為 10%，股利支付率為 70%。另據歷年財務數據分析，錦達公司的流動資產與流動負債將隨銷售收入同比率增減。請預測該公司本年度的外部籌資額。

表 4-3 **錦達公司上年末資產負債表（簡表）** 單位：萬元

資產	期末餘額	負債與所有者權益	期末餘額
貨幣資金	1,500	應付帳款	1,000
應收帳款	3,000	應付票據	2,000
存貨	6,000	長期借款	9,000
固定資產	7,000	實收資本	4,000
無形資產	1,000	留存收益	2,500
資產總計	18,500	**負債與所有者權益總計**	18,500

①確定敏感資產和敏感負債項目

根據錦達公司的資產負債表，確定表 4-3 中貨幣現金、應收帳款、存貨為敏感資產項目，應付帳款、應付票據為敏感負債項目，也即銷售收入的變化將引起這些項目的同比例變化。其他資產負債表項目為非敏感項目，不會隨銷售收入的變化而變化。

②確定敏感資產項目和敏感負債項目與銷售收入的比例關係

根據錦達公司的歷史資料，計算各敏感項目的銷售百分比，見表 4-4。

③計算預測期各敏感項目的預計數

根據預測期銷售收入，計算各敏感項目的預計數，見表 4-4。

表 4-4 **錦達公司本年預計資產負債表（簡表）** 單位：萬元

項目	上年期末餘額	銷售百分比	預計本年期末餘額
貨幣資金	1,500	7.5%	1,800
應收帳款	3,000	15%	3,600
存貨	6,000	30%	7,200
固定資產	7,000	N	7,000
無形資產	1,000	N	1,000
資產總計	18,500	-	20,600
應付帳款	1,000	5%	1,200
應付票據	2,000	10%	2,400
長期借款	9,000	N	9,000
負債合計	12,000	-	12,600
實收資本	4,000	N	4,000
留存收益	2,500	N	3,220
所有者權益合計	6,500	-	7,220
負債與所有者權益總計	18,500	-	19,820

註：表中的 N 表示該項目為非敏感項目，不隨銷售收入的變化而變化。

④預測留存收益的增加額

預計留存收益增加額＝20,000×（1+20%）×10%×（1－70%）＝720（萬元）

⑤預測本年度外部籌資額

外部籌資額＝預計資產增加額－預計負債增加額－留存收益增加額

＝2,100－600－720＝780（萬元）

或：

外部籌資額＝預計資產總額－預計負債總額－預計所有者權益總額

＝20,600－12,600－7,220＝780（萬元）

第二節　股權籌資

企業在經營過程中使用的全部資金有兩個來源：股東提供的股權資本和債權人提供的債務資本。其中，股權資本一旦投入就成為企業的永久性資金來源，在企業持續經營期間無需還本，是企業最重要的資金來源。

企業的股權資本通過股權籌資形成，具體包括吸收直接投資、發行普通股、留存收益等幾種方式。其中，吸收直接投資和發行普通股屬於外部籌資，留存收益屬於內部籌資。股權籌資是企業最基本的籌資方式。

一、吸收直接投資

吸收直接投資是指企業按照「共同投資、共同經營、共擔風險、共享收益」的原則，以協議等形式直接吸收國家、法人、個人和外商投入資金的一種籌資方式。吸收直接投資是非股份制企業籌集資本金的基本方式。

（一）吸收直接投資的種類

1. 吸收國家投資

吸收國家投資是國有企業籌集自有資金的主要方式。國家投資是指有權代表國家投資的政府部門或者機構，以國有資產投入企業，由此形成國家資本金。吸收國家投資時其產權歸屬於國家，一般資本數額較大，同時資金的運用和處置受國家約束也較大。

2. 吸收法人投資

吸收法人投資是指其他法人單位以其依法可以支配的資產投入企業，由此形成法人資本金。吸收法人投資廣泛發生在法人單位之間，其出資方式靈活多樣，多以參與公司利潤分配或獲取控制權為目的。

3. 吸收社會公眾投資

吸收社會公眾投資是指社會個人或企業內部職工以個人合法財產投入企業，由此形成個人資本金。其主要特點是參加投資的人數較多，但投資的金額相對較少，一般以參與公司利潤分配為目的。

4. 吸收外商直接投資

吸收外商直接投資是指企業通過合資經營或合作經營的方式，吸收外國投資者以及中國香港、澳門、臺灣地區投資者投入的資金，由此形成外商資本金。

(二) 吸收直接投資的出資方式

1. 以貨幣資金出資

以貨幣資金出資是吸收直接投資中最重要也是最常見的出資方式。企業有了貨幣資金就可以迅速購置各種物質資源，形成企業的生產能力；還可用於支付各種費用，滿足企業資金週轉的需要。

2. 以實物資產出資

以實物資產出資是指投資者以房屋、建築物、設備等固定資產和原材料、產品等流動資產作價投資。這些實物性資產是企業進行生產經營不可或缺的基礎，能盡快形成企業的生產能力。在吸收實物資產投資時，應重點關注實物資產的實用性問題和實物資產估價的問題。

3. 以無形資產出資

以無形資產出資是指投資者以專有技術、商標權、專利權、非專利技術、土地使用權等無形資產作價投資。無形資產雖然不具有實物形態，但也能給企業帶來經濟效益。由於無形資產的價值具有很大的不確定性，企業在吸收無形資產投資時應遵循謹慎性原則，進行詳細的分析和論證，公平合理地估算無形資產的價值。

(三) 吸收直接投資的籌資特點

1. 吸收直接投資的優點

(1) 有利於增強企業實力。吸收直接投資所籌集的資金屬於企業的自有資金，與借入資金相比，能增強企業的信譽和舉債能力，有利於擴大企業經營規模、壯大企業實力。

(2) 能盡快形成生產能力。吸收直接投資不僅可以籌措貨幣現金，而且能夠直接獲得所需的先進設備和技術，從而縮短研發時間，有利於企業盡快形成生產經營能力、搶占市場。

(3) 降低財務風險。吸收直接投資所籌集的資金一般不需要償還，也沒有固定的利息費用，減小了企業的財務壓力。同時，吸收直接投資增加了企業的所有者權益，降低了資產負債率，從而降低了企業的財務風險。

2. 吸收直接投資的缺點

(1) 資本成本較高。一般而言，採用吸收直接投資方式籌集資金所需負擔的資本成本較高，特別是在企業經營狀況較好、盈利能力較強時更是如此。這是因為企業向投資者支付的報酬是按其出資數額與企業實現利潤的比率來計算的，屬於企業稅後淨利潤的一部分，不具有抵稅效應。

(2) 不利於公司治理。採用吸收直接投資方式籌集資金，投資者一般都要求獲得與投資數額相應的經營管理權，這是接受外來投資的代價之一。如果某個外部投資者的投資金額較大，則該投資者就會有相當大的控製權，容易損害其他投資者的利益。

(3) 不利於產權流動。吸收直接投資由於沒有證券作為媒介，產權關係有時不清晰，難以進行產權轉讓，不利於產權交易。

二、普通股籌資

股票是一種有價證券，它是股份有限公司簽發的證明股東所持股份的憑證。《中華人民共和國公司法》規定，股票採用紙面形式或國務院證券監督管理機構規定的其他形式。只有股份有限公司才能發行股票，發行股票是股份有限公司籌措自有資本的基本方式。

(一) 股票的類型

1. 按股東權利和義務，股票分為普通股股票和優先股股票

(1) 普通股股票

普通股股票簡稱普通股，是公司發行的代表著股東享有平等的權利、義務，不加特別限制的，股利不固定的股票。普通股股票是標準的股票，也是最基本、最常見的股票類型。其特點是股利隨公司盈利的高低而變動，並在公司利潤和剩餘財產的分配上處於債權人和優先股股東之後。

(2) 優先股股票

優先股股票簡稱優先股，是公司發行的相對於普通股具有一定優先權的股票。優先股股票是一種特殊股票，在其股東權利上附加了某些特別條件。優先股股東優先於普通股股東分配公司利潤和剩餘財產，但參與公司決策管理等權利受到限制。

《中華人民共和國公司法》規定，股份的發行，實行公平、公正的原則，同種類的每一股份應當具有同等權利。同次發行的同種類股票，每股的發行條件和價格應當相同。

2. 按票面是否記名，股票分為記名股票和無記名股票

(1) 記名股票

記名股票是指在股票票面和股份公司的股東名冊上記載股東姓名的股票。記名股票的特點：①股東權利歸屬於記名股東；②可以一次或分次繳納出資；③轉讓相對複雜或受限制；④便於掛失，相對安全。

(2) 無記名股票

無記名股票是指在股票票面和股份公司的股東名冊上均不記載股東姓名，公司只記載股票數量、編號及發行日期的股票。無記名股票與記名股票的差別不是在股東權利等方面，而是在股票的記載方式上。無記名股票的特點：①股東權利歸屬股票的持有人；②認購股票時要求一次繳納出資；③轉讓相對簡便；④安全性較差。

《中華人民共和國公司法》規定，公司向發起人、法人發行的股票，應當為記名股票；向社會公眾發行的股票，可以為記名股票，也可以為無記名股票。公司發行記名股票的，應當置備股東名冊。

3. 按票面是否標明金額，股票分為有面額股票和無面額股票

(1) 有面額股票

有面額股票是指在股票票面上記載一定金額的股票。這一標明的金額也稱為「票

面金額」「票面價值」「股票面值」。有面額股票的特點：①可以明確表示每一股所代表的股權比例；②為股票發行價格的確定提供依據。

(2) 無面額股票

無面額股票又稱為比例股票或份額股票，是指在股票票面上不記載股票面額，只註明它在公司總股本中所占比例的股票。有面額股票的特點：①發行或轉讓價格較靈活；②便於股票分割。

目前世界上很多國家不允許發行無面額股票。《中華人民共和國公司法》規定，股份有限公司的資本劃分為股份，每一股的金額相等。股票發行價格可以按票面金額，也可以超過票面金額，但不得低於票面金額。

4. 按發行對象和上市地點，股票分為人民幣普通股、境內上市外資股、境外上市外資股

(1) 人民幣普通股

人民幣普通股即 A 股，由中國境內公司發行，在境內滬深交易所上市交易，以人民幣標明股票面值並以人民幣認購和交易。

(2) 境內上市外資股

境內上市外資股即 B 股，又稱人民幣特種股票，由中國境內公司發行，在境內上市交易，以人民幣標明股票面值但以外幣認購和交易。

(3) 境外上市外資股

境外上市外資股由中國境內公司面向外國和港、澳、臺地區投資者發行，在境外證券市場上市的股票。其主要由 H 股、N 股、S 股等構成。其中，H 股在中國香港上市，N 股在紐約上市，S 股在新加坡上市。

(二) 普通股的發行與上市

1. 股份有限公司的設立

《中華人民共和國公司法》規定，設立股份有限公司，應當有兩人以上兩百人以下為發起人，其中須有半數以上的發起人在中國境內有住所。股份有限公司的設立，可以採取發起設立或者募集設立的方式。發起設立是指由發起人認購公司應發行的全部股份而設立公司。募集設立是指由發起人認購公司應發行股份的一部分，其餘股份向社會公開募集或者向特定對象募集而設立公司。

以發起設立方式設立股份有限公司的，發起人應當書面認足公司章程規定其認購的股份，並按照公司章程規定繳納出資。在發起人認購的股份繳足前，不得向他人募集股份。

以募集設立方式設立股份有限公司的，發起人認購的股份不得少於公司股份總數的 35%；法律、行政法規另有規定的，從其規定。

股份有限公司的發起人應當承擔下列責任：①公司不能成立時，對設立行為所產生的債務和費用負連帶責任；②公司不能成立時，對認股人已繳納的股款，負返還股款並加算銀行同期存款利息的連帶責任；③在公司設立過程中，由於發起人的過失致使公司利益受到損害的，應當對公司承擔賠償責任。

2. 普通股的發行方式

（1）公開發行股票

公開發行股票是指發行人通過仲介機構向不特定的社會公眾廣泛發行股票。這種發行方式的發行範圍廣、發行對象多、易於足額籌集資本，並且發行的股票流動性好、易於變現，同時還有利於提高公司的知名度和影響力。但是，公開發行股票的審批手續較為複雜和嚴格，發行成本高。

《中華人民共和國證券法》規定，公開發行證券，必須符合法律、行政法規規定的條件，並依法報經國務院證券監督管理機構或者國務院授權的部門核准；未經依法核准，任何單位和個人不得公開發行證券。同時還規定，發行人向不特定對象發行的證券，法律、行政法規規定應當由證券公司承銷的，發行人應當同證券公司簽訂承銷協議。證券承銷業務採取代銷或者包銷方式。

公開發行股票又分為首次公開發行股票和上市公開發行股票兩種情況。首次公開發行股票簡稱 IPO（Initial Public Offering），是指公司首次對社會公眾公開招股，從而由私人公司轉變為公眾公司。一般來說，首次公開發行股票完成後，這家公司就可以申請到證券交易所或證券交易報價系統掛牌交易，成為上市公司。

上市公開發行股票是指股份有限公司已經上市後，通過證券交易所在證券市場上向社會公眾公開發行股票。上市公開發行股票，包括增發和配股兩種方式。其中，增發是指上市公司向不特定對象公開募集股份的再融資方式。配股是指上市公司向原股東按持股數量的一定比例配售股份的再融資方式。

（2）非公開發行股票

非公開發行股票是指上市公司採用非公開方式，向特定對象發行股票的行為，也叫定向募集增發。定向增發的對象可以是老股東，也可以是新投資者。這種發行方式成本低、彈性較大，企業能控製股票的發行過程。但發行範圍窄，不易及時足額籌集資本，且發行後股票的流動性差、不易變現。對上市公司而言，定向增發的目的主要是為了引入特定的機構投資者（如戰略投資者），有時也作為一種併購手段。

3. 普通股的發行程序

股票的發行有嚴格的法律規定。根據中國《上市公司證券發行管理辦法》，上市公司申請發行股票和可轉換債券，除了要滿足相應的發行條件，還應遵循規定的發行程序：

（1）董事會依法作出決議，包括本次證券發行的方案、本次募集資金使用的可行性報告、前次募集資金使用的報告及其他必須明確的事項等，並提請股東大會批准。

（2）股東大會就發行股票作出決定，至少應當包括本次發行證券的種類和數量；發行方式、發行對象及向原股東配售的安排；定價方式或價格區間；募集資金用途；決議的有效期；對董事會辦理本次發行具體事宜的授權；其他必須明確的事項。上述決議必須經出席會議的股東所持表決權的三分之二以上通過。

（3）上市公司申請公開發行股票或者非公開發行新股，應當由保薦人保薦，並向中國證監會申報。保薦人應當按照中國證監會的有關規定編制和報送發行申請文件。

（4）中國證監會依照下列程序審核發行股票的申請：①收到申請文件後，5 個工作日內決定是否受理；②受理後，對申請文件進行初審；③發行審核委員會審核申請文件；④作出核准或者不予核准的決定。

（5）自中國證監會核准發行之日起，上市公司應在6個月內發行股票；超過6個月未發行的，核准文件失效，須重新經中國證監會核准後方可發行。

（6）上市公司發行股票前發生重大事項的，應暫緩發行，並及時報告中國證監會。該事項對本次發行條件構成重大影響的，發行股票的申請應重新經過中國證監會核准。

（7）發行申請未獲核准的上市公司，自中國證監會作出不予核准的決定之日起6個月後，可再次提出股票發行申請。

4. 普通股的上市交易

（1）股票上市的目的

股份有限公司申請股票上市，其目的在於：①分散風險。上市公司擁有眾多的股東，公司資本社會化，意味著能在更大範圍內分散風險。②便於籌措新的資本。公司上市後，不僅可以吸引證券市場上眾多的社會投資者，還可以通過增發、配股、發行可轉換債券等方式進行再融資。③促進股權流通和轉讓。股票上市後可以在公開市場上交易，便於投資者購買，提高了股票的流動性和變現力。④提高公司知名度。與非上市公司相比，上市公司的有關信息會引起更多媒體和社會投資者的關注，從而擴大社會影響，提高知名度。⑤便於確定公司價值。對於上市公司來說，即時的股票交易行情，就是對公司價值的市場評價。同時，市場行情也能夠為公司併購等資本運作提供詢價基礎。

（2）股票上市的條件

公司公開發行的股票進入證券交易所交易，要受到嚴格的條件限制。《中華人民共和國證券法》規定，股份有限公司申請股票上市，應當符合下列條件：①股票經國務院證券監督管理機構核准已公開發行。②公司股本總額不少於人民幣3,000萬元。③公開發行的股份達到公司股份總數的25%以上；公司股本總額超過人民幣4億元的，公開發行股份的比例為10%以上。④公司最近3年無重大違法行為，財務會計報告無虛假記載。

當上市公司出現經營情況惡化、不按規定公開財務狀況、存在重大違法行為或其他原因導致不符合上市條件時，就可能被暫停或終止上市。

（三）上市公司發行股票的條件

針對不同的發行類型，相關法律法規對上市公司發行股票的條件作出了不同的要求和規定。

1. 首次公開發行股票的條件

《中華人民共和國證券法》規定，公司公開發行新股，應當具備健全且運行良好的組織機構；具有持續盈利能力，財務狀況良好；最近3年財務會計文件無虛假記載，無其他重大違法行為以及經國務院批准的國務院證券監督管理機構規定的其他條件。

為規範首次公開發行股票並上市的行為，保護投資者的合法權益和社會公共利益，中國證監會制定並發布了《首次公開發行股票並上市管理辦法》，對首次公開發行股票並上市公司的主體資格、規範運行、財務與會計作出規定。[①]

《首次公開發行股票並上市管理辦法》中明確規定：①在主體資格方面，首次公開發行的發行人應當是依法設立並合法存續的股份有限公司；持續經營時間應當在 3 年以上（經國務院批准的除外）；註冊資本已足額繳納，主要資產不存在重大權屬糾紛；生產經營合法；最近 3 年內主營業務和董事、高級管理人員沒有發生重大變化，實際控製人沒有發生變更；股權清晰。②發行人應規範運行。③在財務與會計方面，發行人資產質量良好，資產負債結構合理，盈利能力較強，現金流量正常。其財務指標應滿足以下要求：最近 3 個會計年度淨利潤均為正數且累計超過人民幣 3,000 萬元，淨利潤以扣除非經常性損益後較低者為計算依據；最近 3 個會計年度經營活動產生的現金流量淨額累計超過人民幣 5,000 萬元，或者最近 3 個會計年度營業收入累計超過人民幣 3 億元；發行前股本總額不少於人民幣 3,000 萬元；最近一期期末無形資產（扣除土地使用權、水面養殖權和採礦權等後）占淨資產的比例不高於 20%；最近一期期末不存在未彌補虧損。

2. 增發和配股的條件

（1）增發和配股的一般條件

根據《上市公司證券發行管理辦法》，上市公司在境內公開發行股票、可轉換債券等，必須具備一定的條件：組織機構健全、運行良好；盈利能力具有可持續性；財務狀況良好；最近 36 個月內財務會計文件無虛假記載、不存在重大違法行為；募集資金的數額和使用符合規定；不存在嚴重損害投資者的合法權益和社會公共利益的違規行為。

（2）增發的特定條件

向不特定對象公開募集股份（即增發），除符合一般規定的條件以外，還應符合以下條件：①最近 3 個會計年度加權平均淨資產收益率平均不低於 6%，扣除非經常性損益後的淨利潤與扣除前的淨利潤相比以低者為計算依據；②除金融類企業外，最近一期期末不存在持有金額較大的交易性金融資產和可供出售的金融資產、借予他人款項、委託理財等財務性投資的情形；③發行價格應不低於公告招股意向書前 20 個交易日公司股票均價或前一交易日的均價。

（3）配股的特定條件

向原股東配售股份（即配股），除符合一般規定的條件以外，還應符合以下條件：①擬配售股份數量不超過本次配售股份前股本總額的 30%；②控股股東應當在股東大會召開前公開承諾認配股份的數量；③採用《中華人民共和國證券法》規定的代銷方式發行。

3. 非公開發行股票的條件

《上市公司證券發行管理辦法》中明確規定，上市公司非公開發行股票應符合以下

---

① 《首次公開發行股票並上市管理辦法》於 2006 年 5 月 17 日經中國證券監督管理委員會第 180 次主席辦公會議審議通過，根據 2015 年 12 月 30 日中國證券監督管理委員會《關於修改〈首次公開發行股票並上市管理辦法〉的決定》修正。

條件：

(1) 非公開發行股票的特定對象符合股東大會決議規定的條件，發行對象不超過十名；發行對象為境外戰略投資者的，應當經國務院相關部門事先批准。

(2) 發行價格不低於定價基準日前 20 個交易日公司股票均價的 90%。

(3) 本次發行的股份自發行結束之日起，12 個月內不得轉讓；控股股東、實際控製人及其控製的企業認購的股份，36 個月內不得轉讓。

(4) 募集資金使用符合規定。

(5) 本次發行將導致上市公司控製權發生變化的，還應當符合中國證監會的其他規定。

(四) 普通股籌資的特點

1. 普通股籌資的優點

(1) 能夠增強公司的社會聲譽，提升公司的舉債能力。普通股籌資使得公司的股東大眾化，由此為公司帶來廣泛的社會影響。同時，利用普通股籌資獲得的主權資本是公司借入資本的基礎，主權資本越多，對債務償還的保證能力越強。因此，普通股籌資有利於提高公司信用價值，為更多地利用債務籌資提供支持。

(2) 籌資風險較低。一方面，普通股籌資沒有固定的到期日，在公司持續經營期間可作為永久性資金來源，不存在到期償付的風險。這對於保證公司最低的資金需求有重要作用。另一方面，普通股籌資沒有固定的利息負擔，在公司盈利較少，或者雖有盈利但資金短缺或存在更好的投資機會時，可以少支付或不支付股利。而債券或借款的利息則無論企業是否盈利及盈利多少，都是必須支付的。

(3) 籌資限制較少。與發行優先股和債券相比，普通股籌資的限制條件較少，資金使用較為靈活。由於普通股的流動性較好，且預期收益大於債券，對投資者的吸引力較大。特別是在通貨膨脹時期，普通股籌資更容易吸收資金。

2. 普通股籌資的缺點

(1) 資本成本較高。通常來說，普通股的籌資成本要高於債務資本。原因在於：其一，股票投資者承擔的風險較大，因而要求較高的收益率作為補償；其二，普通股股利是在稅後淨利潤中支付，不具有抵稅作用；其三，普通股的籌資手續複雜，發行費用一般高於其他證券。

(2) 容易導致公司控製權分散，形成「內部人控製」。當公司發行新股、引進新股東時，就會分散公司的控製權。由於公司的股東眾多，其日常經營管理事務主要由公司的董事會和經理層負責，這種所有權與經營權相分離的情況可能導致經營者控製公司，形成「內部人控製」。

(3) 不易及時形成生產能力。普通股籌資吸收的一般都是貨幣資金，還需要通過購置和建造形成生產經營能力。相對於吸收直接投資而言，普通股籌資不易盡快形成生產能力。

三、留存收益

(一) 留存收益的來源

留存收益是指企業從歷年實現的利潤中提取或留存於企業的內部累積，它來源於企業的生產經營活動所實現的淨利潤，其形成主要有兩個渠道：

1. 提取盈餘公積金

盈餘公積金是指有指定用途的留存淨利潤。盈餘公積金是從當期企業淨利潤中提取的累積資金，其提取基數是本年度的淨利潤。盈餘公積金主要用於企業未來的經營發展，經投資者審議後也可以用於轉增股本（實收資本）和彌補以前年度經營虧損，但不得用於以後年度的對外利潤分配。

2. 未分配利潤

未分配利潤是指未限定用途的留存淨利潤。未分配利潤有兩層含義：第一，這部分淨利潤本年沒有分配給公司的股東投資者；第二，這部分淨利潤未指定用途，可以用於企業未來的經營發展、轉增資本（實收資本）、彌補以前年度的經營虧損及以後年度的利潤分配。

(二) 留存收益的籌資特點

1. 留存收益籌資的優點

(1) 無需籌資費用。留存收益是一種內部籌資方式，與銀行借款、普通股籌資等外部籌資方式相比較，留存收益籌資不需要發生籌資費用，資本成本較低。

(2) 不會影響公司的控製權分佈。利用留存收益籌資，不用對外發行新股或吸收新投資者，由此增加的權益資本不會改變公司的股權結構，不會稀釋原有股東的控製權。

2. 留存收益籌資的缺點

(1) 籌資數額和籌資時間受限。留存收益的最大數額是企業當期的淨利潤和以前年度未分配利潤之和，這個金額是有限的，不像外部籌資可以一次性籌集大量資金。另外，企業必須經過一定時期的累積才能擁有一定數量的留存收益，從而在籌資時間上受到限制。

(2) 需要考慮與股利政策的權衡。股東和投資者通常都希望公司每年發放一定的股利，保持一定的利潤分配比例。如果留存收益過高，而現金股利發放過少，則可能影響企業的形象，並增加今後進一步籌資的困難。因此，利用留存收益籌資需要考慮與公司股利政策的權衡，不能隨意變動。

第三節　債務籌資

企業的債務資本通過債權籌資形成。企業籌措長期債務資本的方式主要有長期借款、債券籌資和融資租賃三種基本形式。

一、長期借款

長期借款是指企業向銀行或其他金融機構借入的償還期限在一年以上的款項。長期借款是各類企業普遍採用的一種債務籌資方式。

(一) 長期借款的種類

1. 按提供貸款的機構，長期借款分為政策性銀行貸款、商業銀行貸款和其他金融機構貸款

(1) 政策性銀行貸款

政策性銀行貸款是指執行國家政策性貸款業務的銀行（即政策性銀行）向企業發放的貸款。這類貸款通常為長期貸款，並在貸款規模、期限、利率等方面提供優惠。如國家開發銀行貸款，主要滿足企業承建國家重點建設項目的資金需要；中國進出口信貸銀行貸款，主要為大型設備的進出口提供買方信貸或賣方信貸；中國農業發展銀行貸款，主要為「三農」領域提供信貸服務，保證糧棉油政策性收購資金的供應等。

(2) 商業銀行貸款

商業銀行貸款是指各類商業銀行出於盈利目的提供的貸款，用以滿足企業生產經營的資金需要。

(3) 其他金融機構貸款

其他金融機構貸款是指除商業銀行以外的其他可從事信貸業務的金融機構所提供的貸款。如企業從信託投資公司、保險公司、企業集團財務公司等機構取得的貸款。其他金融機構貸款的期限一般比商業銀行貸款的期限更長、要求的利率更高，對借款企業的信用和擔保的選擇也比較嚴格。

2. 按有無擔保要求，長期借款分為信用貸款和擔保貸款

(1) 信用貸款

信用貸款是指借款人不提供任何擔保品，而是以借款人的信譽或其保證人的信用為依據而獲得的貸款。信用貸款一般只貸給那些資信良好的企業。對於這種貸款，由於風險較高，銀行通常要收取較高的利息，並附加一定的限制條件。

(2) 擔保貸款

擔保貸款是指由借款人或第三方依法提供擔保而獲得的貸款。按擔保方式的不同，擔保貸款包括保證貸款、抵押貸款和質押貸款三種基本類型。

保證貸款是指按《中華人民共和國擔保法》規定的保證方式，以第三人作為保證人承諾在借款人不能償還借款時，按約定承擔一定保證責任或連帶責任而取得的貸款。具有代為清償債務能力的法人、其他組織或者公民，可以作保證人。但國家機關、公益性事業單位和社會團體、企業法人的分支機構和職能部門一般不得為保證人。

抵押貸款是指按《中華人民共和國擔保法》規定的抵押方式，以借款人或第三人的財產作為抵押物而取得的貸款。抵押是指債務人或第三人不轉移財產的佔有，將該財產作為債權的擔保，債務人不履行債務時，債權人有權將該財產折價或者以拍賣、變賣的價款優先受償。作為貸款擔保的抵押品，可以是不動產、機器設備、交通運輸

工具等實物資產，可以是依法有權處分的土地使用權，也可以是股票、債券等有價證券，它們必須是能夠變現的資產。

質押貸款是指按《中華人民共和國擔保法》規定的質押方式，以借款人或第三人的動產或財產權利作為質押物而取得的貸款。質押是指債務人或第三人將其動產或財產權利移交給債權人佔有，將該動產或財務權利作為債權的擔保，債務人不履行債務時，債權人有權以該動產或財產權利折價或者以拍賣、變賣的價款優先受償。作為貸款擔保的質押品，可以是匯票、支票、本票、債券、存款單、倉單、提單等信用憑證，可以是依法轉讓的股份、股票等有價證券，也可以是依法轉讓的商標專用權、專利權、著作權中的財產權等。

(二) 長期借款合同的內容

1. 基本條款

根據《中華人民共和國合同法》，借款合同一般應包括借款種類、幣種、用途、數額、利率、期限和還款方式等條款。

(1) 借款種類。借款種類主要是按借款方的行業屬性、借款用途以及資金來源和運用方式等進行劃分。針對不同種類的借款，國家信貸政策在貸款的限額、利率等方面有不同的規定。因此，借款合同一定要寫明借款種類，它是借款合同必不可少的主要條款。

(2) 借款幣種。借款合同的標的是作為特殊商品的貨幣，在不同情況下，可以是人民幣，也可以是外幣，如美元、日元、歐元等。不同的貨幣種類借款利率有所不同，借款合同應對貨幣種類明確規定。

(3) 借款用途。借款用途是指借款人使用借款的特定範圍，這是借款合同的最主要內容，出借方可以據此監督借款方的資金使用方向。規定資金的使用方向有利於保證貸款的安全性。

(4) 借款數額。借款數額是指借款合同的標的數額，它是根據借款方的申請，經金融機構核准的借款金額。借款人可以按約定一次性提取借款，也可以分期分批地使用，但不得超額。借款方需增加借款數額的，必須另行辦理申請和核准手續，簽訂新的借款合同。

(5) 借款利率。利率是一定時期借款利息與借款本金的比率。利率的高低對確定借貸雙方當事人的權利和義務至關重要。中國現行的利率管理體制實行存貸款基準利率由中國人民銀行統一規定和管理。各金融機構可以在中國人民銀行規定的浮動幅度內，以法定利率為基礎自行確定各類、各檔次的借款利率。

(6) 借款期限。借款期限是指借款合同中約定的使用借款的時間。當事人一般根據借款的種類、用途、借款人的還款能力和出借人的資金供給能力等因素約定借款期限。

(7) 還款方式。貸款實行「有借有還、誰借誰還」的原則。在借款合同中，應明確還款的具體時間以及具體金額，是一次性償還借款，還是分期償還借款，是本息一次性償還，還是本息分別償還。

2. 保護性條款

由於長期借款金額高、期限長、風險大，除借款合同的基本條款之外，債權人通常還在借款合同中附加各種保護性條款，以確保企業按要求使用借款和按時足額償還借款。保護性條款一般有以下三類：

（1）例行性保護條款

例行性保護條款作為例行常規，在大多數借款合同中都會出現。其主要包括：定期向金融機構提交財務報表、如期清償應繳納稅金和其他到期債務、保持企業正常的生產經營能力、不準以資產作其他承諾的擔保或抵押、不準貼現應收票據或出售應收帳款等。

（2）一般性保護條款

一般性保護條款是對企業資產的流動性及償債能力等方面提出要求的條款，通常應用於大多數借款合同。其主要包括：保持企業的資產流動性、限制企業非經營性支出、限制企業的資本支出規模、限制企業再舉債規模、限制企業的長期投資等。

（3）特殊性保護條款

特殊性保護條款是針對某些特殊情況而出現在部分借款合同中的條款。其主要包括：要求企業的主要領導人購買人身保險、借款的用途不得改變等。

（三）長期借款的籌資特點

1. 長期借款籌資的優點

（1）籌資速度快。與債券籌資、融資租賃相比，長期借款的程序相對簡單，從提出申請到取得貸款所花時間較短，企業可以迅速獲得所需資金。

（2）資本成本較低。根據稅法規定，長期借款的利息在稅前支付，具有抵稅效應，因此長期借款的籌資成本要低於股票籌資。與發行債券和融資租賃等其他債務籌資方式相比，長期借款的利率通常低於債券利率，並且無須支付證券發行費、租賃手續費等，因此籌資成本較低。

（3）籌資彈性較大。在借款之前，企業可以根據自己的資金需求與金融機構自行商定借款的各種條件。在用款期間，企業還可以根據自身財務狀況的變化與金融機構協商，變更借款期限、還款方式等。可見，長期借款籌資對企業具有較大的靈活性。

（4）具有財務槓桿效應。依據財務槓桿原理，當企業的資本利潤率高於借款利率時，企業可以通過舉債增加普通股股東的回報，獲取槓桿收益。

2. 長期借款籌資的缺點

（1）財務風險較高。長期借款通常有固定的利息費用和固定的償付期限，當企業經營不善、財務困難時，可能無法償付到期債務，給企業帶來財務風險。

（2）限制條件較多。借款合同中的保護性條款，對企業的資本支出額度、再籌資、股利支付等行為有嚴格的約束，限制了企業對借入資本的靈活使用，並在一定程度上影響到企業的生產經營活動和財務決策。

（3）籌資數額有限。長期借款的數額往往受到貸款機構資本實力的制約，很難像發行公司債券、股票那樣一次性籌集大量資本，無法滿足公司大規模籌資的需要。

二、債券籌資

債券是一種有價證券，是社會各類經濟主體為籌集資金而向債券投資者出具的、承諾按一定利率定期支付利息並到期償還本金的債權債務憑證。債券具有償還性、流動性、安全性、收益性等特點，發行債券是企業籌集債務資本的重要方式。

按發行主體的不同，債券可以分為政府債券、金融債券和公司債券。公司債券是指公司依照法定程序發行、約定在一定期限還本付息的有價證券。公司債券的發行主體是股份制企業，《中華人民共和國公司法》規定，股份有限公司和有限責任公司具有發行公司債券的資格。但也有些國家允許非股份制企業發行債券，如中國的《企業債券管理條例》規定境內具有法人資格的企業（主要是一些大型國有企業）可以發行企業債券。一般歸類時，公司債券和企業債券通常合在一起，稱為「公司（企業）債券」。但需要注意的是，中國的公司債券和企業債券在發行條件、發行程序、定價方式等方面都存在差異，以下主要討論公司債券籌資的相關問題。

（一）債券的類型

1. 按是否記名，債券分為記名債券和無記名債券

（1）記名債券

記名債券是指在債券券面上記有債券持有人姓名或名稱的債券。對於這種債券，公司只對記名人償還本金，持券人憑印鑑支取利息。記名債券由債券持有人以背書方式或者法律、行政法規規定的其他方式轉讓；轉讓後由公司將受讓人的姓名或者名稱及住所記載於公司債券存根簿。

（2）無記名債券

無記名債券是指在債券券面上不記載債券持有人姓名或名稱的債券。這種債券的還本付息以債券為憑，一般實行剪票付息。無記名債券的轉讓，由債券持有人將該債券交付給受讓人後即發生轉讓的效力。

2. 按有無特定財產擔保，債券分為擔保債券和信用債券

（1）擔保債券

擔保債券是指以特定財產為擔保品發行的債券。按擔保品不同，擔保債券又可分為抵押債券、質押債券和保證債券。抵押債券以土地、房屋等不動產作擔保品，又稱不動產抵押債券。質押債券以動產或權利，如發行人持有的股票、債券或其他證券作擔保。保證債券以第三人作為擔保。

（2）信用債券

信用債券又稱無擔保債券，是僅憑公司自身信用發行的、不提供任何抵押品或擔保人的債券。在公司清算時，信用債券的持有人因無特定的資產作擔保品，只能作為一般債權人參與剩餘財產的分配。這種債券的發行人通常是信譽良好的公司，利率略高於擔保債券。

3. 按是否可轉換為普通股，債券分為可轉換債券和不可轉換債券

（1）可轉換債券

可轉換債券是指發行公司依法發行、在一定期間內依據約定的條件可以轉換成公

司股票的債券。這種債券在發行時，對債券轉換為股票的價格和比率等都作了詳細規定。可轉換債券兼有股權和債權雙重性質，在沒有轉換前屬於債務籌資，轉換後則成為股權籌資，是混合籌資的主要類型。目前，中國允許上市公司和股票公開轉讓的非上市公眾公司發行可轉換公司債券。

(2) 不可轉換債券

不可轉換債券是指不能轉換為發債公司股票的債券，大多數公司債券屬於這種類型。

此外，還可按債券票面利率是否變動分為固定利率債券（在償還期內債券利率固定不變）和浮動利率債券（票面利率隨市場利率變動調整）；按是否可提前償還分為可提前償還債券（債券發行人可在債券到期前的某一時間以約定價格提前贖回）和不可提前償還債券（債券發行人不能在債券到期前提前贖回），等等。

(二) 債券的發行與上市

1. 公司債券的發行條件

按照國際慣例，發行債券必須符合一定的條件。根據《中華人民共和國證券法》，公開發行公司債券，應當符合下列條件：

(1) 股份有限公司的淨資產不低於人民幣 3,000 萬元，有限責任公司的淨資產不低於人民幣 6,000 萬元；

(2) 累計債券餘額不超過公司淨資產的 40%；

(3) 最近三年平均可分配利潤足以支付公司債券一年的利息；

(4) 籌集的資金投向符合國家產業政策；

(5) 債券的利率不超過國務院限定的利率水平；

(6) 國務院規定的其他條件。

此外，公開發行公司債券籌集的資金，必須用於核准的用途，不得用於彌補虧損和非生產性支出。

發行公司有下列情形之一的，不得再次公開發行公司債券：①前一次公開發行的公司債券尚未募足；②對已公開發行的公司債券或者其他債務有違約或者延遲支付本息的事實，仍處於繼續狀態；③違反法律規定，改變公開發行公司債券所募資金的用途。

2. 公司債券的發行程序

發行公司債券需要遵循一定的基本程序：

(1) 作出發債決議。發行人應當依照《中華人民共和國公司法》或者公司章程相關規定對以下事項作出決議，包括：發行債券的數量；發行方式；債券期限；募集資金的用途；決議的有效期；其他按照法律法規及公司章程規定需要明確的事項。

(2) 提出發債申請。根據《中華人民共和國證券法》，申請公開發行公司債券，應當向國務院授權的部門或者國務院證券監督管理機構提出申請，並報送下列文件：公司營業執照；公司章程；公司債券募集辦法；資產評估報告和驗資報告；國務院授權的部門或者國務院證券監督管理機構規定的其他文件。

（3）公告募集辦法。根據《中華人民共和國公司法》，發行公司債券的申請經國務院授權的部門核准後，應當公告公司債券募集辦法。公司債券募集辦法中應當載明下列主要事項：公司名稱；債券募集資金的用途；債券總額和債券的票面金額；債券利率的確定方式；還本付息的期限和方式；債券擔保情況；債券的發行價格、發行的起止日期；公司淨資產額；已發行的尚未到期的公司債券總額；公司債券的承銷機構。

（4）委託證券機構發售。按照《公司債券發行與交易管理辦法》規定，發行公司債券應當由具有證券承銷業務資格的證券公司承銷。承銷機構承銷公司債券，應當依照《中華人民共和國證券法》相關規定採用包銷或者代銷方式。代銷是指證券公司代發行人發售債券，在承銷期結束時，將未售出的債券全部退還給發行人。採用這種承銷方式，承銷機構不承擔發行風險。包銷是指證券公司將發行人的債券按照協議全部購入，或者在承銷期結束時將售後剩餘債券全部自行購入。採用這種承銷方式，如果約定期限內未能全部售出，餘額要由承銷團負責認購。

（5）交付債券，收繳債券款，登記債券存根簿。債券購買人向債券承銷機構付款購買債券，承銷機構向購買人交付債券。然後，債券發行公司向承銷機構收繳債券款，登記債券存根簿，並結算發行代理費及預付款項。

3. 公司債券的上市交易

根據《中華人民共和國證券法》，公司申請公司債券上市交易，應當符合下列條件：

（1）公司債券的期限為一年以上；

（2）公司債券實際發行額不少於人民幣五千萬元；

（3）公司申請債券上市時仍符合法定的公司債券發行條件。

申請公司債券上市交易，應當向證券交易所報送下列文件：①上市報告書；②申請公司債券上市的董事會決議；③公司章程；④公司營業執照；⑤公司債券募集辦法；⑥公司債券的實際發行數額；⑦證券交易所上市規則規定的其他文件。

公司債券上市交易申請經證券交易所審核同意後，簽訂上市協議的公司應當在規定的期限內公告公司債券上市文件及有關文件，並將其申請文件置備於指定場所供公眾查閱。此外，公司還應定期向國務院證券監督管理機構和證券交易所報送中期報告和年度報告，並予公告。

（三）債券的信用評級

1. 債券信用評級的意義

債券投資面臨一系列風險，如果債券發行人因自身經營不善等原因到期無法支付本金或利息，投資者就會蒙受損失，這種風險稱為信用風險。由於市場上發行的債券品種繁多，投資者自身難以作出準確的判斷，迫切需要專門的評級機構提供幫助。

債券信用評級對於投資者、發行公司和證券監管機構都具有重要意義。

（1）有助於降低投資者面臨的信用風險，便於投資者決策。信用評級機構利用自身的專業優勢對債券還本付息的可靠程度進行客觀、公正和權威的評定，能夠揭示債券發行人的信用風險，減小投資者與發行人之間的信息不對稱，降低投資者的信息搜尋成本，幫助投資者更好地進行投資決策。

（2）有助於降低信譽高的發行人的融資成本，促進債券的合理發行。信用評級是影響債券價格的關鍵因素之一，債券評級的結果對於發行債券的公司起著決定性的影響。資信等級越高的債券，越容易得到投資者的信任和金融機構的支持，能夠以較低的利率發行，降低融資成本；而資信等級較低的債券，因風險較大，只能以較高的利率發行。

（3）有助於證券監管機構的管理。客觀、公正的評級，可以在一定程度上防止債券發行和交易中的壟斷、假冒、詐欺行為，有利於形成公平、穩定、有序的市場秩序。由於信用評級建立了一個債券的市場淘汰機制，間接地起到監管和促進的作用。因此，有效的信用評級是債券市場發展的基礎與保障，各國的證券監管機構都很重視建立和完善信用評級體系。

中國《公司債券發行與交易管理辦法》規定，公開發行公司債券，應當委託具有從事證券服務業務資格的資信評級機構進行信用評級。

2. 債券的信用評級體系

債券的信用評級是以企業或經濟主體發行的有價債券為對象進行的信用評級。目前國際上公認的最具權威性的信用評級機構有三家，分別是標準普爾公司（Standard & Poor's）、穆迪投資者服務公司（Moody's Investors Service）和惠譽國際信用評級有限公司（Fitch Ratings）。

債券的信用等級反應其還本付息能力的強弱和投資風險的高低。美國標準普爾採用的長期債務評級體系如表 4-5 所示。

表 4-5　**標準普爾長期債務評級體系**

級別	風險	說明
AAA	最小	最高級，償付債務能力極強。
AA	溫和	高級，償付債務能力很強，與最高級差別很小。
A	中等	上中級，償還債務能力較強，但其償債能力較易受外在環境及經濟狀況變動的不利因素的影響。
BBB	可接受	中級，目前有足夠償債能力，但若在惡劣的經濟條件或外在環境下其償債能力可能較脆弱。
BB	可接受但予以關注	中下級，相對於其他投機級評級，違約的可能性最低。但持續的重大不穩定情況或惡劣的商業、金融、經濟條件可能令發債人沒有足夠能力償還債務。
B	管理性關注	投機級，發債人目前仍有能力償還債務，但惡劣的商業、金融或經濟情況可能削弱發債人償還債務的能力和意願。
CCC	特別關注	完全投機級，目前有可能違約，只有依賴商業、金融或經濟條件的有利變化才有能力償還債務。如果商業、金融、經濟條件惡化，發債人可能會違約。
CC	未達標準	最大投機級，目前違約的可能性較高。
C	可疑	債務人已進入破產訴訟或類似程序，但債務償付還未停止。
SD/D	損失	違約，發債人未能按期償還債務。當發債人有選擇地對某些或某類債務違約時，標準普爾會給予「SD」評級（選擇性違約）。

在表4-5中，前四個級別的債券履約風險小，屬於「投資級」債券；從第五級（即BB級）開始，債券履約風險增大，屬於「投機級」債券。此外，從AA至CCC級，標準普爾還通過對每個級別添加加號和減號來顯示其在同一個信用級別中的相對質量。例如，在AA序列中，信用級別由高到低依次為AA+、AA、AA-。

（四）債券籌資的特點

1. 債券籌資的優點

（1）能一次籌集大量資金。與長期借款、融資租賃等債權籌資方式相比，發行債券能夠一次性地籌集更大數額的資金，滿足公司大規模籌資的需要。

（2）資本成本低於普通股籌資。與發行普通股相比，債券的利息允許在稅前支付，可以享受所得稅抵減的好處，因而實際負擔的資本成本較低。此外，在預計市場利率持續上升的情況下，發行公司債券還能鎖定資本成本。

（3）具有財務槓桿效應。由於債券持有人一般只收取固定利息，不能參加剩餘利潤的分配，當公司的長期資本報酬率高於債券利率時，債券籌資可以增加普通股股東的收益，提高股東權益報酬率，產生槓桿效應。

（4）不會分散股東的控製權。與普通股股東不同，債券持有人無權參與公司的經營管理，因此不會改變和分散原有股東對企業的控製權。

2. 債券籌資的缺點

（1）財務風險較高。債券有固定的到期日，且利息必須按期支付，即使公司經營不景氣，也需要向投資者支付本金和利息。這可能給公司帶來較大的財務風險，使公司陷入財務困境，甚至破產。

（2）限制條件較多。發行債券的限制條件往往比長期借款、融資租賃的限制條件更多而且更嚴格，從而限制了公司資金使用的靈活性，有時還會影響公司未來的籌資能力。

三、融資租賃

（一）融資租賃的概念和特點

1. 融資租賃的概念

《企業會計準則第21號——租賃》明確指出：「租賃是指在約定的期間內，出租人將資產使用權讓與承租人，以獲取租金的協議。」租賃是一種契約行為，涉及四個基本要素：出租人、承租人、租賃資產以及租金。現代租賃有多種形式，通常按性質劃分為經營租賃和融資租賃兩大類。

經營租賃又稱服務租賃或臨時租賃，是由出租人向承租人在短期內提供租賃資產，並提供設備維修、保養、人員培訓等的一種服務性業務。承租人在租賃期滿後必須將租賃資產退返回出租人。經營租賃適用於租用技術過時較快的生產設備。

融資租賃又稱資本租賃或財務租賃，是由出租人按承租人要求出資購買設備，並在契約或合同規定的較長期限內提供給承租人使用的一種融資信用業務。融資租賃以融通資金為主要目的，是現代租賃的主要類型，也是承租企業籌集長期借入資金的一種特殊方式。

2. 融資租賃的特點

(1) 一般由承租人向出租人提出正式申請，由出租人融資購進設備，再出租給承租人使用。

(2) 租賃期間出租人不負責租賃資產的維修、保養等，由承租企業負責。

(3) 期限較長。融資租賃的租賃期占租賃資產使用壽命的大部分。

(4) 合約穩定。租賃合同一經簽訂，在合約有效期內，除非經過雙方同意，任何一方不得中途解約。這有利於維護雙方的權益，特別是滿足承租企業持續經營的需要。

(5) 租賃期滿時，按事先約定的辦法處置租賃資產，常見的有退租（由出租人收回）、續租（延長租期）和留購（將設備折價轉讓給承租人）三種方式，通常由承租企業留購的較多。

（二）融資租賃的形式

按業務特點的不同，融資租賃可以再細分為以下三種基本形式：

1. 直接租賃

直接租賃是指出租人直接將資產出租給承租人，簽訂租賃合同並收取租金的一種方式。這種租賃方式只涉及出租人和承租人兩個當事人。直接租賃是融資租賃業務中採用最多的形式，通常所說的融資租賃，在不作特別說明的情況下，即指直接租賃形式。融資租賃的其他形式都是在此基礎上派生出來的。

2. 售後回租

售後回租是指由承租人將自己所有的資產賣給出租人，然後再以支付租金為代價，按約定的條件從買方租回所售資產的使用權。採用這種租賃方式，對承租企業而言，既可以迅速獲得資金、改善企業財務狀況，又可以保留原有設備的使用權。同時，承租人對原設備的操作、維修和技術都很熟悉，可以節省時間和培訓費用。

3. 槓桿租賃

槓桿租賃是指涉及承租人、出租人和資金出借人三方的融資租賃業務，是融資租賃的一種高級形式。在槓桿租賃中，出租人自己只投入部分資金（一般為資產價值的20%~40%），其餘資金則通過將該資產抵押擔保的方式向金融機構申請貸款解決。但該資產的所有權仍屬於出租人。在這種情況下，出租人既是債權人也是債務人，既要收取租金又要償還貸款，如果出租人到期不能按期償還借款，資產的所有權就轉移給資金出借人。這種融資租賃形式由於租賃收益一般大於借款成本支出，出租人可獲得財務槓桿收益，故稱為槓桿租賃。

槓桿租賃適用於價值在幾百萬美元以上、有效壽命在10年以上的高度資本密集型設備的長期租賃業務，如飛機、船舶、海上石油鑽井平臺、通訊衛星設備等。

（三）租金的確定

1. 決定租金的因素

確定融資租賃每期支付租金的多少，主要取決於以下幾項因素：

(1) 租賃設備的購置成本，包括設備買價、運輸費、安裝調試費、保險費等，這是構成租金的最主要因素。

（2）租賃設備的預計殘值，即租賃期滿後，出售該設備可得的收入。

（3）利息，即出租人為承租企業購置設備墊付資金所應支付的利息。

（4）租賃手續費，包括出租人承辦租賃設備所發生的業務費用（不包括維修保養費用）和必要的利潤。

（5）租借期限，租賃期限的長短不僅影響租金總額，也影響每期租金的數額。

（6）租金的支付方式，租金的支付次數越多，則每次支付金額越小。支付租金的方式很多，按支付間隔期長短，分為年付、半年付、季付和月付；按在期初和期末支付，分為先付和後付；按每次支付額，分為等額支付和不等額支付。實務中大多採用後付等額年金。

2. 租金的計算

國際上計算租金的方法有平均分攤法、等額年金法、附加利率法、浮動利率法等。中國融資租賃實務中較多採用等額年金法。等額年金法是運用年金現值原理來計算每期應付租金的方法。在這種方法下，通常要綜合考慮利率和手續費率來確定一個租賃費率，作為計算年金的貼現率。

（四）融資租賃籌資的特點

1. 融資租賃籌資的優點

（1）能迅速獲得所需資產。融資租賃集「融資」與「融物」於一身，比借款購買設備更迅速，使企業在資金短缺的情況下引進設備成為可能。特別是對中小企業、新創企業而言，融資租賃能夠使企業盡快形成生產經營能力。

（2）限制條件較少。企業運用股票、債券、長期借款等籌資方式，都受到相當多的資格條件的限制，相比之下，融資租賃的限制條件很少，為公司經營提供了更大靈活性。

（3）避免設備陳舊過時的風險。科學技術的進步使設備的更新週期不斷縮短，導致設備提前報廢，利用融資租賃能夠將此種風險轉嫁給出租人承擔，減少承租人的損失。

（4）財務優勢明顯。第一，融資租賃能夠避免一次性支付帶來的財務負擔；第二，租金在未來分期支付，不用到期償還大量本金，並且租金可以通過項目本身產生的收益來支付，即「借鷄生蛋、賣蛋還錢」；第三，租金允許在所得稅前支付，具有抵稅效應，能減輕承租人的稅收負擔。

2. 融資租賃籌資的缺點

（1）資本成本較高。融資租賃的租金通常比長期借款或發行債券所負擔的利息高得多，租金總額通常要高於設備價值的30%。

（2）存在固定的財務負擔。儘管融資租賃能夠避免到期一次性集中償還的財務壓力，但固定的租金支出對處於財務困境中的承租人來說也是一種沉重的負擔。

第四節　混合籌資

混合籌資籌集的是混合性資金，即兼具股權和債務特徵的資金。企業取得混合性資金的主要方式是發行優先股、發行可轉換債券和認股權證。

一、優先股籌資

優先股是一種介於普通股與債券之間的混合性證券，是在一般規定的普通種類股份之外，另行規定的其他種類股份，其股份持有人優先於普通股股東分配公司利潤和剩餘財產，但參與公司決策管理等權利受到限制。

中國《優先股試點管理辦法》規定，上市公司可以發行優先股，非上市公眾公司可以非公開發行優先股。[①]

（一）優先股的類型

按照優先股股東所享有的權利不同，優先股可以分為以下不同的類型：

1. 累積優先股和非累積優先股

累積優先股是指任何一個年度未支付的股息可以累積起來，遞延到以後年度一起發放的優先股。當公司在某一時期經營狀況不佳，導致當年可分配利潤不足以支付優先股股息時，可將應付股息累積到次年或以後年度，待公司經營狀況好轉時一併發放。

非累積優先股是指股利當年結清、不予累積支付的優先股。當公司本年利潤不足以支付優先股的全部股息時，對差額部分，優先股股東不能要求公司在以後年度補發。顯然，非累積優先股的風險大於累積優先股，對投資者缺乏吸引力，因而在實際中運用較少。

中國《優先股試點管理辦法》規定，上市公司公開發行優先股，未向優先股股東足額派發股息的差額部分應當累積到下一會計年度。

2. 參與優先股和非參與優先股

參與優先股是指持有人不僅能按規定的股息率獲得股息，還能與普通股股東一起參加公司剩餘利潤分配的優先股。這種優先股又分為全部參與優先股和部分參與優先股。全部參與優先股股東有權與普通股股東等額分享公司剩餘利潤，部分參與優先股股東只能在規定限額內參與公司剩餘利潤的分配。

非參與優先股是指持有人只能獲取確定的股息，但不能參加公司剩餘利潤分配的優先股。

---

① 目前，優先股制度在中國還處於試點階段。中國在20世紀80年代股份制改革中曾引入過優先股制度，20世紀90年代初出抬的《股份有限公司規範意見》對優先股制度進行了規範。但伴隨著股份制改革的結束，優先股制度也逐漸淡出人們的視線。2013年11月30日，國務院發佈《國務院關於開展優先股試點的指導意見》（國發［2013］46號），為穩妥有序發展優先股提供了指引。2014年3月21日，中國證監會出抬《優先股試點管理辦法》（證監會［第97號令］），對優先股發行的條件、程序等做出了具體規定。

中國《優先股試點管理辦法》規定，上市公司公開發行優先股，優先股股東按照約定的股息率分配股息後，不再同普通股股東一起參加剩餘利潤分配。

3. 可轉換優先股和不可轉換優先股

可轉換優先股是指在發行時規定，持有人有權在一定時間內按照一定的轉換比率把優先股轉換成公司普通股。轉換比率是事先確定的，當普通股價格上升，優先股股東能夠通過轉換獲利時，將行使轉換權；否則，優先股股東可放棄行權，繼續持有優先股。

不可轉換優先股是指優先股發行後，其持有人只能獲得約定的股息，不能轉換為普通股。

中國《優先股試點管理辦法》明確規定，除商業銀行在某些特定情況之外，上市公司不得發行可轉換為普通股的優先股。

4. 可回購優先股和不可回購優先股

可回購優先股是指在發行時附有回購條款，允許發行人按事先約定的價格和方式回購的優先股。發行人回購優先股包括發行人要求贖回優先股和投資者要求回售優先股兩種情況。發行人通常在認為可以用較低股息率發行新的優先股時，就可用此方法回購已發行的優先股股票。

不可回購優先股是指在發行時未附回購條款的優先股。

5. 固定股息率優先股和浮動股息率優先股

固定股息率優先股是指在存續期內股息率不作調整的優先股。採用固定股息率的優先股，可以在存續期內採取相同的固定股息率，或明確每年的固定股息率，各年度的股息率可以不同。

浮動股息率優先股是指在發行後股息率按照約定的計算方法定期或不定期地進行調整的優先股。採用浮動股息率的，應當在公司章程中明確優先股存續期內票面股息率的計算方法。

中國《優先股試點管理辦法》規定，上市公司公開發行優先股應採取固定股息率。

(二) 優先股籌資的特點

1. 優先股籌資的優點

(1) 優先股的股利支付雖然是固定的，但又有一定的彈性。與發行債券相比，債券籌資有固定的還本付息義務，而優先股的股利支付並不構成公司的法定義務。如果公司的經營狀況不佳，可以暫時不支付優先股股利，也不會因此導致公司破產。

(2) 有利於保障普通股股東對公司的控製權。優先股一般沒有投票權或只有有限的投票權，優先股股東一般不參與公司的日常經營管理，因此，發行優先股不會稀釋股東權益，不會影響原有普通股股東的控製權。

(3) 優先股一般沒有固定的到期日，不用償還本金，可以視為一種永久性資本。對於可回購優先股，只有在對公司有利時，公司才會提前收回，從而增強了資金使用的靈活性，也有利於資本結構的調整。

2. 優先股籌資的缺點

(1) 優先股的籌資成本一般高於債券。原因是優先股股利要從稅後利潤中支付，不能稅前扣除。

(2) 可能增加公司的財務風險。雖然優先股的股利支付沒有法律約束，但是經濟上的約束使公司仍傾向於按時支付。只要條件允許，公司都會盡量支付優先股股利。因此，優先股的股利通常被視為固定成本，當公司經營狀況不好時，會成為一項較重的財務負擔，加大公司的財務風險並進而增加普通股的成本。

二、可轉換債券籌資

可轉換債券是指發行人依照法定程序發行，在一定期間內依據約定的條件可以轉換成普通股的公司債券。可轉換債券是一種混合型證券，是公司普通債券與股票期權的組合體，兼具股權籌資與債務籌資雙重屬性。

按照轉股權是否與可轉換債券分離，可轉換債券可以分為兩類：一類是一般可轉換債券，其轉股權與債券不可分離，持有者直接按照債券面額和約定的轉股價格，在約定的期限內將債券轉換為股票；另一類是可分離交易的可轉換債券，這類債券在發行時附有認股權證，發行上市後公司債券和認股權證各自獨立流通、交易。

(一) 可轉換債券的基本要素

可轉換債券的基本要素是指構成可轉換債券基本特徵的必要因素，它們代表了可轉換債券與普通債券的區別。

1. 標的股票

可轉換債券實質上是一種未來的買入期權，這個轉換期權的標的物，就是可轉換成的公司股票。標的股票一般是發行公司自己的普通股票，但也可以是其他公司的股票，如該公司的上市子公司的股票。

2. 票面利率

可轉換債券的票面利率一般會低於普通債券的票面利率，有時甚至還低於同期銀行存款利率。這是因為可轉換債券的投資收益中，除了債券的利息收益外，還附加了股票買入期權的收益部分。

3. 轉換價格

轉換價格是指可轉換債券轉換為每股普通股所支付的價格，這一價格通常於發行可轉換債券時在募集說明書中事先約定。中國《上市公司證券發行管理辦法》規定，轉股價格應不低於募集說明書公告日前二十個交易日該公司股票交易均價和前一交易日的均價。

4. 轉換比率

轉換比率是指每一份可轉換債券在既定的轉換價格下能轉換為普通股股票的數量。其計算公式為：

$$轉換比率 = 債券面值 / 轉換價格$$

例如，錦達公司發行面值為 100 元的可轉換債券，約定轉換價格為每股 20 元，則轉換比率為5，即每張可轉換債券可以轉換為5股普通股。

5. 轉換期限

轉換期限是指可轉換債券持有人能夠行使轉換權的有效期限。可轉換債券的轉換期通常由公司根據債券的存續期限及公司財務狀況確定，可以與債券的期限相同，也可以短於債券的期限。

6. 贖回條款

贖回條款是指發行人有權按事先約定的條件和價格買回尚未轉股的可轉換公司債券的規定。這一條款能使發行人避免在市場利率下降後，繼續向債券持有人支付較高的債券利息。設置贖回條款最主要的功能是強制債券持有者積極行使轉股權，因此又被稱為加速條款。

7. 回售條款

回售條款是指債券持有人有權按事前約定的條件和價格將所持債券賣回給發行人的規定。回售一般發生在公司股票價格在一段時期內連續低於轉股價格達到某一幅度時。回售對於投資者而言實際上是一種賣權，有利於降低投資者的持券風險。

8. 強制性轉換調整條款

強制性轉換調整條款是指在某些條件具備之後，債券持有人必須將可轉換債券轉換為股票，無權要求償還債權本金的規定。設置強制性轉換調整條款的目的是保證可轉換債券順利地轉換成股票，預防投資者到期集中擠兌引發公司破產。

（二）可轉換債券的發行

根據《上市公司證券發行管理辦法》規定，上市公司公開發行可轉換債券，除了應當符合公開發行證券的一般條件之外，還應當符合以下條件：

（1）最近三個會計年度加權平均淨資產收益率平均不低於6%。扣除非經常性損益後的淨利潤與扣除前的淨利潤相比，以低者作為加權平均淨資產收益率的計算依據。

（2）本次發行後累計公司債券餘額不超過最近一期期末淨資產額的40%。

（3）最近三個會計年度實現的年均可分配利潤不少於公司債券一年的利息。

發行認股權和債券分離交易的可轉換公司債券，除符合公開發行證券的一般條件外，還應當符合下列條件：

（1）公司最近一期期末經審計的淨資產不低於人民幣15億元。

（2）最近三個會計年度實現的年均可分配利潤不少於公司債券一年的利息。

（3）最近三個會計年度經營活動產生的現金流量淨額平均不少於公司債券一年的利息，或最近三個會計年度加權平均淨資產收益率平均不低於6%。

（4）本次發行後累計公司債券餘額不超過最近一期期末淨資產額的40%，預計所附認股權全部行權後募集的資金總量不超過擬發行公司債券金額。

（三）可轉換債券籌資的特點

1. 可轉換債券籌資的優點

（1）籌資成本較低。同等條件下，可轉換債券的利率通常低於普通債券，降低了公司的籌資成本。在可轉換債券轉換為普通股時，公司無需另外支付籌資費用，又可節約股票的發行成本。

(2) 籌資具有靈活性。可轉換債券將傳統的債務籌資功能和股票籌資功能結合起來，在行使轉換權之前屬於公司的債務資本，行使轉換權之後則成為公司的股權資本，籌資性質具有靈活性。

(3) 便於籌集更多資金。一方面，對投資者而言，持有可轉換債券既有穩定的利息收益，又可獲得轉股的選擇權，因而具有一定的吸引力。另一方面，對發行人而言，可轉換債券提供了一種以高於當期股價發行新股的可能。由於可轉換債券在發行時規定的轉換價格高於當期股價，在轉股後，相當於以高於發行時股票市價的價格發行了新股，以較少的股份為代價籌集了更多的股權資金。因此，公司在發行新股或配股的時機不佳時，可以先發行可轉換債券，未來再通過轉換實現較高的籌資。

2. 可轉換債券籌資的缺點

(1) 存在不轉換的財務壓力。如果在轉換期內公司股價一直處於低位，持有人到期不會轉股，會造成公司因集中償還債券本金而帶來的財務壓力，增大公司的財務風險。

(2) 可能出現籌資損失。如果在轉換期內公司股票價格大幅度上揚，但公司只能以事先約定的較低轉換價格換出股票，就會減少公司的股權籌資額，產生籌資損失。

(3) 控製權可能旁落。如果可轉換債券持有者不是公司原有股東，在可轉換債券轉股後，公司的控製權可能會有變化。

(4) 低息優勢可能喪失。可轉換債券轉換成普通股後，其原有的低利息優勢不復存在，公司將要承擔較高的普通股成本。

三、認股權證籌資

認股權證是一種由股份有限公司發行的證明文件，持有人有權在一定時間內以約定價格認購該公司發行的一定數量的股票。

認股權證本質上是一種股票買入期權，其持有者在認購股份之前不能參加公司的股利分配，也沒有普通股相應的投票權。但是，投資者可以通過購買認股權證獲得市場價與認購價之間的股票差價收益，因此它是一種具有內在價值的投資工具。

(一) 認股權證的類型

1. 按行權時間，認股權證分為美式認股權證和歐式認股權證

美式認股權證是指權證持有人在到期日前，可以隨時提出履約要求，買進約定數量的標的股票。

歐式認股權證是指權證持有人只能於到期日當天，才可提出買進標的股票的履約要求。

無論歐式認股權證或美式認股權證，投資者均可在到期日之前在市場上出售其持有的認股權證。

2. 按認股期限，認股權證分為長期認股權證和短期認股權證

短期認股權證的認股期限較短，一般在 90 天以內。

長期認股權證的認股期限通常在90天以上，更有長達數年甚至永久性的。

3. 按發行方式，認股權證分為單獨發行認股權證和附帶發行認股權證

附帶發行認股權證是指依附於公司債券、優先股、普通股或短期票據發行的認股權證。

單獨發行認股權證是指不依附於其他證券而獨立發行的認股權證。

（二）認股權證籌資的特點

1. 認股權證籌資的優點

（1）有利於吸引投資者，降低籌資成本。認股權證是一種融資促進工具，公司在發行債券或優先股時，附帶發行認股權證，可以提高對投資者的吸引力，從而順利實現融資目的。同時，發行附有認股權證的債券，還可以降低相應債券的利率。

（2）有利於改善上市公司的治理結構。在認股權證有效期間，如果上市公司管理層及其大股東有任何有損公司價值的行為，都可能降低上市公司的股價，從而降低投資者執行認股權證的可能性。因此，認股權證能有效約束上市公司的敗德行為，激勵管理層和大股東努力提升上市公司的市場價值。

（3）有利於建立股權激勵機制。認股權證是一種常用的股權激勵工具，通過給予管理層和重要員工一定的認股權證，可以把管理層和員工的利益與公司利益緊密聯繫在一起，形成利益共同體，從而減少代理成本，充分發揮管理層和員工的積極性、主動性和創造性，實現公司的價值成長和長遠發展。

2. 認股權證籌資的缺點

（1）可能分散公司的控製權。行使認股權後，公司股東數量增加，新股東的加入可能會分散原有股東對公司的控製權。

（2）稀釋普通股收益。由於認股權證執行時提供給投資者的股票是新發行的股票，增大了公司的普通股數量，使每股收益下降。

本章小結

• 企業籌資是指企業作為籌資主體，為滿足日常經營活動、投資活動、資本結構調整以及其他需要，運用一定的籌資方式、通過一定的籌資渠道，籌措和獲取資金的一種財務行為。按照籌資期限的不同，企業籌資可以分為短期籌資和長期籌資。短期籌資所籌集的資金可使用期限一般不超過一年。長期籌資籌集的資金可供企業長期使用。

• 企業長期籌資動機包括創立性籌資動機、支付性籌資動機、擴張性籌資動機和調整性籌資動機四種類型。企業的長期籌資活動需要通過一定的渠道、採用一定的方式來完成。

• 長期籌資可以按照不同的標準進行分類。按籌資活動是否借助於金融機構為媒介，分為直接籌資和間接籌資；按資金的來源範圍不同，分為內部籌資和外部籌資；按資本屬性不同，分為股權籌資、債務籌資及混合籌資。

• 科學合理地預測資金需要量是企業開展籌資活動的基本前提。資金需要量的預測可採用因素分析法、迴歸分析法、銷售百分比法等。

• 企業使用的資金有兩個來源：股東提供的股權資本和債權人提供的債務資本。其中，股權資本是企業最重要的資金來源，通過吸收直接投資、發行普通股、留存收益等幾種方式形成。債務資本通過債權籌資形成，主要有長期借款、發行債券和融資租貸三種基本形式。此外，企業還可以通過發行優先股、發行可轉換債券和認股權證的方式取得兼具股權和債務特徵的混合性資金。

案例分析

華能國際的多元化籌資①

一、案例資料

華能國際電力股份有限公司（以下簡稱「華能國際」，股票代碼 600011）成立於 1994 年 6 月 30 日，是中國最大的上市發電公司之一。公司及其附屬公司在全國範圍內開發、建設和經營管理大型發電廠。

截至 2016 年年末，華能國際總資產規模達 3,094.18 億元，其中負債總額 2,126.52 億元（資產負債比率為 68.73%），股東權益總額 967.66 億元，股份總數達 1,520,038.34 萬股（其中已上市流通 A 股 1,050,000 萬股，境外上市流通股 470,038.34 萬股）。

回顧華能國際的籌資之路，其先後採用了境外存托股份上市、H 股上市、國內 A 股上市、定向增發、銀行貸款、公司債券、可轉換債券、短期融資券、中期票據和非公開定向債務融資工具（即私募債券）等種類豐富的籌資方式。這些多元化的籌資方式和籌資渠道為華能國際募集了大量的資金，支撐了華能國際經營規模的不斷壯大和公司的持續成長。

（一）公司簡介

華能國際是經原國家經濟體制改革委員會批准，由華能國際電力開發公司與河北省建設投資公司、福建投資開發總公司、江蘇省投資公司、遼寧能源總公司、大連市建設投資公司、南通市建設投資公司以及汕頭市電力開發公司共同作為發起人，以發起設立方式於 1994 年 6 月 30 日在北京註冊成立的股份有限公司。

公司的主營業務是利用現代化設備和技術及國內外資金，從事全國範圍內大型火力發電廠的開發、建設和營運，通過電廠所在地電力和電網公司向用戶提供穩定可靠的電力供應。截至 2016 年 12 月 31 日，公司擁有權益發電裝機容量 76,618 兆瓦，可控發電裝機容量 83,878 兆瓦，下屬的境內電廠廣泛分佈在中國 22 個省、市和自治區；並在新加坡全資擁有一家營運電力公司。公司的技術經濟指標、全員勞動生產率在國內電力行業保持先進水平，是國內第一家實現在紐約、中國香港、上海三地上市的電力

---

① 參考華能國際電力股份有限公司各年年報及其他公開資料、華能國際和華能集團官方網站相關信息，由筆者整理編寫。

公司。

華能國際的控股股東是中國華能集團公司（以下簡稱「華能集團」），華能集團與旗下的華能國際電力開發公司、中國華能集團香港有限公司合計（直接及間接）持有華能國際 47.13%的股權。華能集團是國有重要骨干企業，於 1988 年 8 月經國務院批准成立，由國務院國資委管理。因此，華能國際的實際控製人是國務院國資委。

（二）華能國際的籌資背景

作為一家國有大型發電企業，華能國際的發展道路與中國電力體制改革緊密相關。

1997 年，為了實現政企分開，國務院決定組建國家電力公司。

2002 年 2 月，國務院下發《國務院關於印發電力體制改革方案的通知》（國發〔2002〕5 號文件），決定對電力工業實施以「廠網分開、競價上網、打破壟斷、引入競爭」為主要內容的新一輪電力體制改革。這標誌著中國電力工業全面進入了市場化改革的新時期。

2002 年 12 月，原國家電力公司按「廠網分開」原則進行拆分和重組，組建了兩大電網公司（國家電網公司和南方電網公司）、五大發電集團公司和四大電力輔業集團。五大發電集團公司即華能集團、華電集團、國電集團、中電投集團和大唐集團。

國家電力體制改革方案確定後，華能集團公司根據國民經濟發展規劃、國家產業政策以及市場需求，確定了在 21 世紀前 20 年的發展奮鬥目標，即到 2010 年實現可控裝機容量超過 6,000 萬千瓦，占全國發電裝機容量的 10%以上，銷售收入超過 100 億美元，爭取進入世界 500 強；到 2020 年實現可控裝機容量達到 1.2 億千瓦，占全國發電裝機容量的 12%以上，銷售收入超過 200 億美元，技術、裝備和管理水平更加提高，實力進一步增強，國際競爭力進一步提升。並且制定了「開發和收購並重、新建和擴建並重」的戰略。

按照華能集團公司擬訂的上述發展規劃，達到 2 億千瓦的裝機容量需要總投資 6,800 億元，按照 20%資本金估算，需投入資本金 1,360 億元，貸款 5,440 億元。顯然，如此巨大的資金需求，按照常規的經營管理模式已不能滿足公司高速發展的需要，走資本營運之路勢在必行。

（三）華能國際的股權籌資

截至 2016 年 12 月 31 日，華能國際的前十大股東持股情況如表 4-6 所示。

表 4-6　　華能國際前十大股東持股情況

股東名稱	持股數量（股）	持股比例（%）	股東性質	股本性質
華能國際電力開發公司	5,066,662,118	33.33%	國有法人	流通 A 股
香港中央結算（代理人）有限公司	3,935,332,060	25.89%	境外法人	流通 H 股
中國華能集團公司	1,555,124,549	10.23%	國有法人	流通 A 股
河北建設投資集團有限責任公司	603,000,000	3.97%	國有法人	流通 A 股
中國華能集團香港有限公司	472,000,000	3.11%	境外法人	流通 H 股
江蘇省投資管理有限責任公司	416,500,000	2.74%	國有法人	流通 A 股

表4-6(續)

股東名稱	持股數量(股)	持股比例(%)	股東性質	股本性質
遼寧能源投資(集團)有限責任公司	388, 619, 936	2.56%	國有法人	流通A股
中國證券金融股份有限公司	373, 260, 261	2.46%	國有法人	流通A股
福建省投資開發集團有限責任公司	365, 818, 238	2.41%	國有法人	流通A股
大連市建設投資集團有限公司	301, 500, 000	1.98%	國有法人	流通A股

資料來源：華能國際（600011）2016年年度報告。

從表4-6可見，華能國際的股權結構較為複雜，既有A股，又有H股，股東也廣泛分佈於境內外，而這正是華能國際頻繁運用股權籌資方式、在多地同時上市的結果。

表4-7顯示了華能國際自成立以來進行股權籌資的概況。其中，最有代表性的當屬1994年在美國發行存托股，1998年在香港上市並發行H股，以及2001年迴歸A股上市。

表4-7 **華能國際股權籌資情況表**

時間	上市地點	籌資方式	發行數量	發行價	籌資金額
1994.10.6	美國紐約	發行美國存托股（ADS）	3, 125萬股	20美元	6.25億美元
1998.1.21	中國香港	介紹上市	–		–
1998.2.24	中國香港	增發（H股）	2.5億股	4.4港元	1.39億美元
2001.12.6	中國上海	IPO（A股）	3.5億股	7.95元	27.83億元
2010.12.23	中國上海	定向增發（A股）	15億股	5.57元	83.55億元
2010.12.28	中國香港	定向增發（H股）	5億股	4.73港元	23.65億港元
2014.11.13	中國香港	定向增發（H股）	3.65億股	8.6港元	31.39億港元
2015.11.20	中國香港	定向增發（H股）	7.8億股	7.32港元	57.1億港元

資料來源：筆者根據華能國際電力股份有限公司上市公告書、華能國際各年年報、華能集團官方網站的相關信息整理。

1. 1994年在美國發行存托股

1994年6月30日，華能國際在北京註冊成立，當時總股本為37.5億元。為了壯大資本實力，獲得可持續發展的資金，華能國際於同年10月在全球首次公開發行了外資股12.5億股，並以3, 125萬股美國存托股份（ADS）形式在美國紐約證券交易所上市。此舉提升了華能國際的知名度和股權價值，同時也為該公司後續在國內收購電廠等資本運作行為奠定了堅實的基礎。

2. 1998年在香港上市並發行H股

1998年1月，根據《香港聯合交易所有限公司證券上市規則》，華能國際以介紹方式將外資股在香港聯交所上市。同年2月，華能國際成功發售了2.5億股新H股（相當於625萬股美國存托股），發行價為22.73美元/ADS或每股4.40港元。並向母公司華能國電定向配售4億股內資股。本次赴港上市既拓展了華能國際的籌資渠道，又增進了境外供應商和客戶對公司的瞭解，有利於公司的國際化發展。

3. 2001 年迴歸 A 股上市

2001 年 11 月 15 日和 16 日，華能國際採取網上、網下累計投標詢價的方式成功發行了人民幣普通股 2.5 億股，同時向華能國電定向配售 1 億股，每股發行價格為 7.95 元。向社會公眾公開發行的 2.5 億股於 2001 年 12 月 6 日在上海證券交易所掛牌交易，股票簡稱「華能國際」，股票代碼「600011」。華能國際選擇迴歸 A 股上市，一方面是因為「9.11」事件後美國經濟步入衰退、股市泡沫破滅，導致美國資本市場的籌資功能受到嚴重影響；而同期中國的宏觀經濟保持著較快的增長速度，國內證券市場的籌資功能日趨強大，市盈率一直處於較高水平。另一方面則得益於 2000 年 4 月底中國證監會頒布的《上市公司向社會公開募集資金股份暫行辦法》為境外上市企業在國內融資掃清了法律和政策障礙。

（四）華能國際的債務籌資

華能國際籌集債務資本的方式主要有銀行借款、發行公司債券、中期票據①和短期融資券②等。

1. 銀行借款

從表 4-8 可見，銀行借款是華能國際債務籌資的主要方式，歷年銀行借款金額均占到了負債總額的 50%以上。從借款期限來看，華能國際的銀行借款以長期借款為主，但長期借款的比例呈逐年下降趨勢。

表 4-8　　華能國際 2007—2016 年銀行借款情況表　　金額單位：元

時間	短期借款	長期借款	負債合計	長期借款占負債比例	銀行借款占負債比例
2007	11,670,400,123	33,438,647,481	71,373,606,719	46.85%	63.20%
2008	28,945,487,670	62,570,054,223	128,735,008,740	48.60%	71.09%
2009	24,729,816,119	71,266,754,880	145,280,245,331	49.05%	66.08%
2010	44,047,183,998	65,184,902,502	163,093,531,777	39.97%	66.98%
2011	43,979,199,571	79,844,871,588	196,205,531,181	40.69%	63.11%
2012	27,442,076,377	72,564,823,743	191,943,629,092	37.81%	52.10%
2013	37,937,046,246	60,513,671,227	186,230,234,532	32.49%	52.87%
2014	46,626,004,262	70,660,512,132	210,419,332,642	33.58%	55.74%
2015	49,883,489,272	66,028,023,341	203,789,865,600	32.40%	56.88%
2016	57,668,874,146	64,990,360,618	212,651,598,210	30.56%	57.68%

資料來源：華能國際各年年度報告，經筆者整理。

2. 發行債券

除了利用銀行借款籌集資金，華能國際還充分發揮自身資本實力雄厚、信用狀況

① 中期票據是指具有法人資格的非金融企業在銀行間債券市場按照計劃分期發行的、約定在一定期限還本付息的債務融資工具，募集資金主要為滿足企業長期資金需求。

② 短期融資券是指具有法人資格的非金融企業在銀行間債券市場發行的、約定在 1 年內還本付息的債務融資工具，募集資金主要為補充企業流動資金所用。

良好、連續多年主體信用等級為 AAA 級[①]的優勢，綜合運用多種債務融資工具如公司債券、中期票據等進行籌資。

從表 4-9 可見，華能國際通過靈活運用債務融資工具，不僅滿足了公司大規模籌資的需要，而且降低了公司的融資成本。

表 4-9　　　　華能國際 2007—2016 年債券籌資情況表

債券名稱	發行金額（億元）	發行日期	票面利率	實際利率	債券期限	同期銀行貸款基準利率（3~5 年）	同期銀行貸款基準利率（5 年以上）	擔保情況
2007 年第一期公司債券（5 年期）	10	2007.12	5.67%	6.13%	5 年	7.74%	7.83%	由中國銀行和建設銀行提供擔保
2007 年第一期公司債券（7 年期）	17	2007.12	5.75%	6.10%	7 年	7.74%	7.83%	由中國銀行和建設銀行提供擔保
2007 年第一期公司債券（10 年期）	33	2007.12	5.90%	6.17%	10 年	7.74%	7.83%	由中國銀行和建設銀行提供擔保
2008 年公司債券（第一期）	40	2008.5	5.20%	5.42%	10 年	7.74%	7.83%	由華能開發公司提供擔保
2009 年度第一期中期票據	40	2009.5	3.72%	4.06%	5 年	5.76%	5.94%	無擔保
2011 年第一期非公開定向債務融資工具	50	2011.11	5.74%	6.04%	5 年	6.90%	7.05%	無擔保
2012 年第一期非公開定向債務融資工具	50	2012.1	5.24%	5.54%	3 年	6.90%	7.05%	無擔保
2013 年境外上市人民幣債券	15	2013.2	3.85%	3.96%	3 年	6.40%	6.55%	無擔保，在香港發行
2013 年第一期非公開定向債務融資工具	50	2013.6	4.82%	5.12%	3 年	6.40%	6.55%	無擔保
2014 年第一期中期票據	40	2014.7	5.30%	5.37%	5 年	6.40%	6.55%	無擔保
2016 年第一期公司債（5 年期）	30	2016.6	3.48%	3.48%	5 年	4.75%	4.90%	無擔保
2016 年第一期公司債（10 年期）	12	2016.6	3.98%	3.98%	10 年	4.75%	4.90%	無擔保

資料來源：華能國際各年年度報告，經筆者整理。

（五）華能國際的混合籌資

1997 年 5 月 21 日和 6 月 11 日，華能國際在紐約股票交易所及盧森堡股票交易所共發行了面值為 2.3 億美元、票面利率 1.75%、期限為七年的可轉換債券。債券持有

① 評級機構為中誠信證券評估有限公司。

人有權在 1997 年 8 月 21 日至 2004 年 5 月 21 日（即債券到期日）之間任何時間按 29.20 美元的初步換股價（在若干情況下可予調整）把該等債券轉換為每份代表 40 股境外上市外資股的美國存托股。該等可轉換債券發行後，債券持有人於 2002 年贖回了價值 20,968.5 萬美元的可轉換債券，其餘分別於 2002 年、2003 年、2004 年轉換為境外上市外資股 273,960 股、27,397,240 股、41,040 股。

二、問題提出

1. 請分析華能國際的籌資動機。

2. 華能國際的股權籌資有什麼特點？產生了什麼效果？

3. 華能國際的債務籌資有什麼特點？產生了什麼效果？

思考與練習

一、單項選擇題

1. 採用銷售百分比法預測資金需求量時，下列各項中，屬於非敏感項目的是（　　）。

A. 現金　　B. 存貨　　C. 長期借款　　D. 應付帳款

2. 某企業本年度資金平均占用額為 3,500 萬元，經分析，其中不合理部分為 500 萬元。預計下年度銷售增長 5%，資金週轉加速 2%，則該企業下年度資金需要量預計為（　　）萬元。

A. 3,000　　B. 3,087　　C. 3,150　　D. 3,213

3. 下列各項中，不屬於普通股股東權利的是（　　）。

A. 優先認股權　　B. 利潤分配優先權

C. 投票表決權　　D. 剩餘財產要求權

4. 與發行公司債券相比，吸收直接投資的優點是（　　）。

A. 資本成本較低　　B. 產權流動性較強

C. 能夠提升企業市場形象　　D. 易於盡快形成生產能力

5. 下列各種籌資方式中，籌資限制條件相對最少的是（　　）。

A. 融資租賃　　B. 發行股票　　C. 發行債券　　D. 銀行借款

6. 按照是否可轉換為普通股，可將債券分為（　　）。

A. 記名債券和無記名債券

B. 可轉換債券和不可轉換債券

C. 信用債券和擔保債券

D. 不動產抵押債券和證券信託抵押債券

二、判斷題

1. 調整性籌資動機是指企業因調整公司業務所產生的籌資動機。（　　）

2. 企業在初創期通常採用外部籌資，而在成長期通常採用內部籌資。（　　）

3. 留存收益籌資不會發生籌資費用，因此沒有資本成本。（　　）

4. 從投資者的角度來看，優先股投資的風險比債券大。（　　）

5. 持有認股權證的投資者不能取得股利收入，也沒有普通股股票相應的投票權。（ ）

第五章　資本結構決策

學習目標

• 瞭解資本成本的構成、分類和作用，掌握資本成本的計算。

• 理解經營槓桿、財務槓桿和總槓桿，掌握經營槓桿系數、財務槓桿系數和總槓桿系數的計算。

• 理解資本結構的概念，瞭解資本結構理論，掌握資本結構決策的影響因素和方法。

引導案例

浙江玻璃破產事件[1]

2013 年 3 月，港股市場傳來一則消息，停牌近三年的浙江玻璃股份有限公司（以下簡稱浙江玻璃）發布公告稱，因普通債權組的反對，導致該公司的重組方案未能獲得通過，浙江省紹興市中級人民法院已經裁定終止重組程序，並宣布浙江玻璃正式破產。

浙江玻璃於 2001 年 12 月 10 日在香港聯合交易所掛牌，是首家登陸 H 股市場的內地民企。上市後，曾經一度是基金愛股，先後吸引了國際金融公司 IFC、美國 Scion Capital 基金等機構投資者。那麼，是什麼原因導致這樣一家在玻璃建材行業響當當的企業淪落到如此境地？罪魁禍首正是其過度依賴債務擴張、資產負債率畸高，最終爆發了債務危機。

浙江玻璃在香港上市後，業務規模不斷擴大。2003—2005 年期間，浙江玻璃先後投資成立浙江工程玻璃有限公司、浙江長興玻璃有限公司、浙江平湖玻璃有限公司、浙江紹興陶堰玻璃有限公司等，並於 2005 年進軍純鹼生產等上游業務，投資 16 億元建設青海純鹼工業基地。該公司年報披露，支持浙江玻璃投產純鹼生產線和玻璃生產線的融資大部分來自短期借款。

然而，好景不長，2008 年的國際金融危機，使紹興市不少企業都受到影響，浙江玻璃也受到擔保鏈牽連，被拖入了泥潭。並且，從 2009 年年底開始，受房地產調控影響，玻璃建材行業發展低迷，讓浙江玻璃的處境更加艱難。

① 資料來源：筆者根據公開資料整理。

為了渡過難關，浙江玻璃通過銀行短貸、號召員工捐款、民間借貸甚至非法吸收存款等方式四處籌集資金，以致債臺高築。浙江玻璃公布的最後一份財務報告顯示，截至 2009 年 6 月底，該公司持有現金僅 6,335.7 萬元人民幣，而一年內要償還的借款已達 26.9 億元，總流動負債更是高達 51.71 億元。

思考與討論

1. 與股權籌資相比，債務籌資主要有什麼不足？
2. 浙江玻璃破產事件給企業什麼警示？

第一節　資本成本

資本成本是財務理論中的核心概念之一。資本成本之所以重要，有兩個原因：其一，資本成本是衡量企業資本結構優化程度的標準，是制定籌資決策的基礎。無論企業的財務管理目標是股東財富最大化還是企業價值最大化，都必須使所有的投入成本最小化，其中包括資本成本最小化。其二，資本成本是對投資獲得經濟效益的最低要求，是制定投資決策的基礎。企業所籌得的資本付諸使用以後，只有項目的投資報酬率高於資本成本率，才能取得較好的經濟效益。

一、資本成本概述

(一) 資本成本的概念

資本成本是指企業為籌集和使用資本而付出的代價，如債券和股票的發行費用、向股東支付的股利、向銀行支付的借款利息等。資本成本的產生是資本所有權與資本使用權分離的結果。從投資人的角度看，由於讓渡了資本使用權，必須取得一定的補償，資本成本就是投資人讓渡資本使用權所要求的最低報酬或必要報酬。從籌資企業的角度看，取得資本使用權必須付出一定的代價。在市場經濟條件下，企業可以通過多種籌資渠道、採用各種籌資方式取得資本，但都需要承擔一定的成本。

理解資本成本的概念，需要注意以下問題：

第一，資本成本與貨幣時間價值既有聯繫，又有區別。資本成本的基礎是貨幣時間價值，但兩者在數量上是不一致的。資本成本既包括貨幣的時間價值，又包括投資的風險價值，此外還會受資金供求關係等因素的影響。

第二，資本成本的實質是企業的一種耗費，需要從企業的經營收入中獲得補償。但是，資本成本通常並不直接表現為生產成本。

第三，不同企業的資本成本不同。企業資本成本的高低取決於三個因素：①無風險報酬率，即無風險投資所要求的報酬率；②經營風險溢價，即由於企業未來的前景不確定導致的要求投資報酬率增加的部分。③財務風險溢價，即由於高負債率產生的風險。因為每個企業所經營的業務不同（即經營風險不同），資本結構不同（即財務風險不同)，因此不同企業的資本成本並不相同。

(二) 資本成本的內容

資本成本既可以用絕對數表示，也可以用相對數表示。從絕對量的構成來看，資本成本主要由以下兩部分構成：

1. 籌資費用

籌資費用是指企業在籌集資本過程中為獲取資本而付出的費用，如向銀行借款時支付的手續費，因發行股票和債券而支付的各種發行費用。籌資費用通常是在籌措資本時一次性支付，在用資過程中不再發生，因而屬於固定性的資本成本，在計算資本成本時，可作為對籌資額的減項扣除。

2. 用資費用

用資費用是指企業在生產經營和對外投資活動中因使用資本而付出的費用，如向債權人支付的利息，向股東分配的股利等。用資費用是企業用資過程中經常性發生的，並隨使用資本數量的多少和時期的長短而變動，因而屬於變動性資本成本。用資費用與籌資金額的大小、資金使用時間的長短直接聯繫，它是因為占用了他人資金而必須支付的，是資本成本的主要內容。

在財務管理中，資本成本一般用相對數表示。用相對數表示的資本成本即資本成本率，它是用資費用與籌資淨額的比率，一般所說的資本成本多指資本成本率，其計算公式為：

$$資本成本率=\frac{年用資費用}{籌資總額-籌資費用}$$

由於籌資費用一般以籌資總額的一定百分比計算，因此，上述公式也可表示為：

$$資本成本率=\frac{年用資費用}{籌資總額\times(1\ 籌資費用率)}$$

(三) 資本成本的形式

資本成本有多種形式，按照用途可分為個別資本成本、綜合資本成本和邊際資本成本。

1. 個別資本成本

個別資本成本（Individual Cost of Capital）是指單一融資方式本身的資本成本，如普通股資本成本、留存收益資本成本、公司債券資本成本、長期借款資本成本、融資租賃資本成本、優先股資本成本等。個別資本成本的高低與資本性質密切相關。企業在籌集長期資本時，通常有多種籌資方式可供選擇，比較和評價各種籌資方式就需要使用個別資本成本。

2. 綜合資本成本

綜合資本成本也稱平均資本成本（Weighted Average Cost of Capital，縮寫為WACC)，是指多元化籌資方式下企業全部資本的加權平均成本。如前所述，企業通常有不止一種資本來源，如普通股、債務、優先股等。綜合資本成本是指組成公司資本結構的各種資本來源的成本的組合，也就是個別資本成本的加權平均值。綜合資本成本用於衡量企業資本成本水平，確立企業的目標資本結構。

3. 邊際資本成本

邊際資本成本（Marginal Cost of Capital）是指企業追加籌資時的成本。企業的個別資本成本和綜合資本成本是企業過去籌集的單項資本的成本和目前所使用的全部資本的成本。然而，企業在追加籌資時，不能僅僅考慮目前所使用資本的成本，還要考慮新籌集資金的成本，即邊際資本成本。邊際資本成本是企業比較和選擇追加籌資方案的依據。在目標資本結構確定的情況下，邊際資本成本隨籌資規模的變化而變化。

（四）資本成本的作用

資本成本是財務管理的一個非常重要的概念，對於企業籌資決策、投資決策、經營業績評價都有重要作用。

1. 資本成本是企業籌資決策的重要依據

各種形式的資本成本是企業選擇籌資方式、確定資本結構和比較籌資方案的依據。

（1）個別資本成本是企業選擇籌資方式的依據。雖然企業可以採用的籌資方式有多種，但它們的資本成本是不同的。在評價各種籌資方式時，考慮因素一般包括對企業控製權的影響、對投資者吸引力的大小、融資的難易和風險、資本成本的高低等，其中，資本成本是一項重要因素。在其他條件相同時，企業應選擇資本成本率最低的籌資方式。

（2）綜合資本成本是企業確定資本結構的依據。企業長期資本的籌集有多個籌資組合方案可以選擇，不同籌資組合的綜合資本成本的高低，可以用來比較各個籌資組合的優劣，幫助企業進行資本結構決策。當綜合資本成本最小時，企業價值最大，此時的資本結構就是企業理想的資本結構。

（3）邊際資本成本是企業比較追加籌資方案的依據。企業為了擴大生產經營規模，往往需要追加籌資。追加籌資的金額不同，相應地其邊際資本成本也就不同，企業可以通過比較邊際資本成本和邊際投資收益來選擇合適的追加籌資方案。

2. 資本成本是企業投資決策的重要依據

（1）資本成本是評價投資項目可行性、決定投資項目取舍的經濟標準。任何一個投資項目，只有在預期的投資報酬率高於項目資金的資本成本率時，在經濟上才是可行的，否則該項目將無利可圖，甚至發生虧損。因此，資本成本率是項目要求達到的投資報酬率的最低標準。

（2）資本成本率可作為投資評價分析的折現率。在比較投資方案時，可以將資本成本率作為折現率，用於測算各個投資方案的淨現值和現值指數，進行投資決策。

3. 資本成本是評價企業經營業績的重要依據

一定時期企業資本成本的高低，不僅可以反應企業籌資管理的水平，還可以作為衡量企業經營成果的重要尺度。企業的整體經營業績常用總資產報酬率來衡量，如果總資產報酬率高於平均資本成本率，說明企業賺取的利潤在彌補資本成本後還有剩餘收益，企業的經營成果好；反之，如果總資產報酬率低於平均資本成本率，說明企業業績不佳，需要改善經營管理。

二、資本成本的計算

(一) 個別資本成本的計算

個別資本成本的高低，用相對數即資本成本率表示。需要注意的是，在測算債務資本成本時應考慮所得稅抵免因素，因為銀行借款、公司債券的利息和融資租賃的租金都是允許在稅前支付的；但測算股權資本成本時則不必，因為普通股和優先股的股利都是稅後支付，沒有抵稅作用。此外，為了便於分析比較，個別資本成本通常採用不考慮貨幣時間價值的一般模型計算。但對於金額較大、時間較長（超過一年）的長期資本，採用考慮貨幣時間價值的貼現模式估算更為準確。

1. 長期借款資本成本

長期借款的資本成本主要是借款利息和借款手續費用。由於借款利息計入稅前成本費用，可以起到抵稅的作用，故一般計算稅後資本成本率。

（1）在不考慮貨幣時間價值的情況下，長期借款資本成本的計算公式為：

$$K_L = \frac{I(1-T)}{L(1-f_L)} \times 100\% = \frac{i(1-T)}{1-f_L} \times 100\%$$

式中：

K_L——長期借款資本成本率；

I——借款年利息；

i——借款年利率；

L——借款金額；

f_L——借款籌資費用率；

T——所得稅稅率。

【例 5-1】 錦昌公司從銀行取得一筆 3 年期借款 5,000 萬元，借款年利率為 8%，每年付息一次，到期還本。借款的手續費率為 0.5%，公司的所得稅率為 25%。請計算這筆借款的資本成本。

根據長期借款資本成本的一般模型，這筆長期借款的成本為：

$$\text{長期借款成本 } K_L = \frac{5,000\times 8\% \times (1-25\%)}{5,000\times(1-0.6\%)} = \frac{8\% \times (1-25\%)}{(1-0.5\%)} = 6.03\%$$

由於長期借款的手續費率通常很低，甚至可以忽略，因此上述公式也可以簡化為：

$$K_L = i(1-T) \times 100\%$$

【例 5-2】 接上例，錦昌公司欲從銀行取得年利率為 8%、每年付息一次、到期還本的 3 年期借款 5,000 萬元。假設無借款手續費，公司的所得稅率為 25%，則這筆長期借款的資本成本是：

長期借款成本 $K_L = 8\% \times (1-25\%) = 6\%$

（2）在考慮貨幣時間價值的情況下，長期借款資本成本採用貼現模式計算。其計算公式為：

$$L(1-f_L) = \sum_{t=1}^{n} \frac{I(1-T)}{(1+K_L)^n} + \frac{L}{(1+K_L)^n}$$

式中：

K_L——長期借款資本成本率；

I ——借款年利息；

L ——借款金額；

f_L——借款籌資費率；

n ——借款年限；

T ——所得稅稅率。

在實際運用時，公式中的資本成本率 K_L 可以利用插值法求得。

2. 債券資本成本

公司債券的資本成本包括債券利息和發行費用。由於債券利息和借款利息一樣可以在所得稅前列支，因此同樣要考慮抵稅效應。但是，長期借款的本金是不變的，而債券既可以平價發行，也可以溢價或折價發行，債券的籌資金額應按照發行價格而非債券面值計算。此外，債券的發行費用包括印刷費、律師費、公證費、擔保費、宣傳費、註冊費，等等，籌資費用較高，因此一般不能忽略不計。

（1）不考慮貨幣時間價值時，公司債券資本成本的計算公式為：

$$K_B = \frac{I(1-T)}{B(1-f_B)} \times 100\%$$

式中：

K_B——公司債券資本成本率；

I ——債券年利息；

B ——債券籌資金額（按發行價格計算）；

f_B——債券籌資費用率；

T ——所得稅稅率。

【例5-3】 錦昌公司按面值發行3年期債券8,000萬元，籌資費率為2%，債券票面利率為6%，公司的所得稅率為25%。請計算該債券的資本成本。

根據公司債券資本成本的一般模型，發行這筆債券的成本為：

$$債券成本K_B = \frac{8,000 \times 6\%\ (1-25\%)}{8,000\ (1-2\%)} \times 100\% = 4.59\%$$

【例5-4】 接上例，如果錦昌公司的3年期債券以8,800萬元溢價發行，其他條件不變，則發行這筆債券的資本成本為：

$$債券成本K_B = \frac{8,000 \times 6\%\ (1-25\%)}{8,800\ (1-2\%)} \times 100\% = 4.17\%$$

（2）考慮貨幣時間價值，公司債券的資本成本採用貼現模式計算。其計算公式為：

$$B(1-f_B) = \sum_{t=1}^{n} \frac{I(1-T)}{(1+K_B)^n} + \frac{M}{(1+K_B)^n}$$

式中：

K_B——公司債券資本成本率；

I ——債券年利息；

B——債券籌資金額（按發行價格計算）；

M——債券面值；

f_B——債券籌資費率；

n——債券期限；

T——所得稅稅率。

在實際運用時，公式中的資本成本率 K_B 可以利用插值法求得。

3. 融資租賃資本成本

由於融資租賃各期的租金中包含有本金的每期償還和各期手續費用（即租賃公司的各期利潤），因此其資本成本率只能按貼現模式計算。

【例 5-5】 錦昌公司採用融資租賃方式租入一套設備，該設備市場價格為 100 萬元，租期為 5 年，預計租賃期滿時設備殘值為 5 萬元，歸承租方所有。租賃合同約定每年租金為 255,607 元。請計算融資租賃的資本成本。

採用貼現模式，設融資租賃的資本成本為 K，則有：

$$1,000,000-50,000\times(P/F,K,5)=255,607\times(P/A,K,5)$$

查表可知：

$(P/F,\ 10\%,\ 5)=0.620,9$，$(P/F,\ 9\%,\ 5)=0.649,9$

$(P/A,\ 10\%,\ 5)=3.790,8$，$(P/A,\ 9\%,\ 5)=3.889,7$

可求得融資租賃的資本成本 $K=10\%$。

4. 普通股資本成本

在個別資本成本的計算中，普通股的資本成本較難估算。原因是普通股的資本成本主要是向股東支付的各期股利，而企業未來支付的股利並不是固定的，會受到許多主觀和客觀因素的影響而上下波動。

如前所述，從投資人角度看，資本成本就是投資人要求的最低報酬，因此，普通股的資本成本率實質上是普通股股東要求的必要報酬率。測算普通股資本成本的常用方法一般有三種：股利折現模型、資本資產定價模型和債券報酬率加風險溢價模型。

（1）股利折現模型法

股利折現模型的基本表達式如下：

$$S(1-f_S)=\sum_{t=1}^{\infty}\frac{D_t}{(1+K_S)^t}$$

式中：

K_S——普通股資本成本率（即普通股投資的必要報酬率）；

D_t——普通股第 t 年的股利；

S——普通股籌資金額；

f_S——普通股籌資費率。

在運用股利折現模型估算普通股的資本成本時，還需要對公司未來的股利支付做出預測，假設股利的變化符合一定的規律。一般來說，不同公司的股利政策不同，其普通股資本成本率的估算結果也會不同。

①股利零增長模型

如果公司實行固定股利政策，每年分配固定的股利，股利增長率為零。則根據股利折現模型，可以推導出零增長型普通股資本成本率的計算公式為：

$$K_S = \frac{D}{S(1-f_S)} \times 100\%$$

式中：

K_S——普通股資本成本率；

D——固定支付的普通股股利；

S——普通股籌資金額；

f_S——普通股籌資費率。

【例 5-6】 錦昌公司擬發行一批普通股，發行價格為 9 元/股，發行費率為 8%，預訂每年分派現金股利 0.8 元。請估算錦昌公司發行普通股的資本成本。

根據股利零增長模型，該公司普通股的資本成本率為：

$$K_S = \frac{0.8}{9\times(1-8\%)}\times 100\% = 8.18\%$$

②股利固定增長模型

如果公司實行固定增長股利政策，每年的股利增長率為 g。則根據股利折現模型，可以推導出固定增長型普通股資本成本率的計算公式為：

$$K_S = \frac{D_0\ (1+g)}{S\ (1-f_S)}\times 100\% + g = \frac{D_1}{S\ (1-f_S)}\times 100\% + g$$

式中：

K_S——普通股資本成本率；

D_0——本期支付的普通股股利；

D_1——第一年支付的普通股股利；

g——股利增長率；

S——普通股籌資金額；

f_S——普通股籌資費率。

【例 5-7】 錦蓉公司擬發行一批普通股，每股發行價為 18 元，籌資費用為全部籌資額的 8%，本期發放現金股利 1.2 元，預計今後每年股利增長率為 5%。請估算錦蓉公司發行普通股的資本成本。

根據股利固定增長模型，該公司普通股的資本成本率為：

$$K_S = \frac{1.2\times(1+5\%)}{18\times(1-8\%)}\times 100\% + 5\% = 12.61\%$$

（2）資本資產定價模型法

在估算上市公司的普通股成本時，使用最廣泛的方法是資本資產定價模型。根據本書第二章所介紹的資本資產定價模型的原理，假設市場是有效的，則普通股籌資的資本成本率與普通股投資者要求的必要報酬率相等，均等於無風險報酬率加上風險報酬率，用公式表示為：

$$K_S = R = R_f + \beta(R_m - R_f)$$

式中：

K_S——普通股資本成本率；

R ——普通股投資的必要報酬率；

R_f——無風險報酬率；

R_m——市場組合的平均報酬率；

β ——該普通股的 β 系數（即系統風險系數，代表該普通股的投資報酬率相對於市場組合平均報酬率的變動幅度）。

在具體操作中，無風險報酬率 R_f 常用國債利率來代替；市場組合的平均報酬率 R_m 常用股票價格指數收益率的平均值或所有股票的平均收益率來代替。

【例 5-8】 錦昌公司是一家上市公司，其普通股的 β 值為 1.2，無風險報酬率為 6%，市場組合的平均期望報酬率為 14%。請估算錦昌公司發行普通股的資本成本。

根據資本資產定價模型，該公司普通股的資本成本率為：

$K_S = R - 6\% + 1.2 \times (14\% - 8\%) = 15.6\%$

（3）債券報酬率加風險溢價模型法

投資風險越大，投資者要求的回報就越高。由於普通股投資的風險大於債券投資的風險，市場應給予普通股投資者更多的風險補償，即公司必須給普通股股東提供比債券持有人更高的期望收益率。按照這一理論，普通股投資的必要報酬率可以在長期債券報酬率的基礎上加上普通股投資的風險溢價來計算，用公式表示為：

$$K_S = K_B + RP$$

式中：

K_S——普通股資本成本率；

K_B ——長期債券報酬率；

RP ——風險溢價。

在具體操作中，長期債券報酬率比較容易確定，而風險溢價部分可以根據歷史數據憑藉經驗進行估計。一般認為，某公司股票相對於其自己發行的長期債券而言，風險溢價為 3%~5%，對風險較高的股票用 5%，風險較低的股票用 3%。

此方法以長期債券報酬率為基礎，加上普通股風險溢價作為普通股資本成本的估計值，具有一定的科學性，而且計算比較簡單。

【例 5-9】 錦蓉公司已發行的 5 年期債券的投資報酬率為 8.6%，現公司擬再發行一批普通股，經分析，該普通股高於債券的風險溢價為 4%，請估算錦蓉公司發行普通股的資本成本。

根據債券報酬率加風險溢價模型，該公司普通股的資本成本率為：

$K_S = 8.6\% + 4\% = 12.6\%$

5. 優先股資本成本

優先股的資本成本包括向優先股股東支付的各期股利和發行時的籌資費用。對於固定股息率優先股而言，其股利支付是固定的，這一點與債券類似；但與債券不同的是，優先股股利是稅後支付，不能產生抵稅效應，因而資本成本一般高於債券。

固定股息率優先股的資本成本計算公式為：

$$K_P = \frac{D_P}{P(1-f_P)} \times 100\%$$

式中：

K_P——優先股資本成本率；

D_P——優先股年固定股利；

P ——優先股籌資金額；

f_P——優先股籌資費率。

【例 5-10】 錦昌公司發行一批優先股，面值為 100 元，發行價格為 108 元/股，年固定股息率為 10%，發行費用為 4%，請估算錦昌公司發行優先股的資本成本。

根據固定股息率優先股的資本成本計算公式，該公司優先股的資本成本率為：

$$K_P = \frac{100 \times 10\%}{108 \times (1-4\%)} \times 100\% = 9.65\%$$

6. 留存收益資本成本

留存收益是由企業稅後淨利潤形成的，是一種所有者權益，其實質是所有者向企業的追加投資。企業利用留存收益籌資無需發生籌資費用，因此從表面上看，留存收益似乎並不花費什麼成本。但實際上，股東願意將其留用於公司而不作為股利取出投資於其他獲利項目，是要求獲得與普通股等價的報酬。因此，留存收益也有成本，只不過是一種機會成本。留存收益的資本成本率，表現為股東追加投資要求的報酬率，其測算方法與普通股成本基本相同，只是不考慮籌資費用。

(二) 綜合資本成本的計算

在企業籌資實務中，由於不同籌資方式各有優劣，企業通常不可能依靠單一的籌資方式，而需要通過多種渠道、採用多種方式籌集資金。此時企業的籌資決策目標不再是個別資本成本最低，而是綜合資本成本最低。

綜合資本成本用於反應企業整體資本成本水平的高低，它是以個別資本成本為基礎，以各項個別資本占全部資本的比重為權數，對個別資本成本率進行加權平均而計算出來的，故又稱為平均資本成本或加權平均資本成本。其計算公式如下：

$$K_w = \sum_{j=1}^{n} K_j W_j$$

式中：

K_W——綜合資本成本率（加權平均資本成本）；

K_j——第 j 種個別資本的資本成本率；

W_j——第 j 種個別資本占全部資本的比重。

其中，

$$\sum_{j=1}^{n} W_j = 1$$

在實際測算綜合資本成本時，按什麼權數來確定各項個別資本占全部資本的比重是需要解決的關鍵問題。企業各項個別資本的占比取決於各種資本價值如何確定，而各種資本價值的計量基礎主要有三種選擇：帳面價值、市場價值和目標價值。

1. 帳面價值權數

帳面價值權數即以各項個別資本的會計報表帳面價值為基礎來計算資本權數，確定各項資本占總資本的比重。使用帳面價值的優點在於：資料容易獲得，可以直接從資產負債表中得到；計算簡便，而且計算結果比較穩定。其缺點在於：資本的帳面價值與市場價值可能並不相符，當債券和股票的市價與帳面價值差距較大時，按帳面價值計算出來的資本成本有失客觀，不能反應目前從資本市場上籌資的現時機會成本，不適合評價現時的資本結構，從而不利於綜合資本率的準確測算和籌資決策。

2. 市場價值權數

市場價值權數即以各項個別資本的現行市價為基礎來計算資本權數，確定各類資本占總資本的比重。其優點是能夠反應現時的資本成本水平，有利於進行資本結構決策。其缺點是證券的現行市價處於經常變動之中，不容易取得；而且現行市價反應的只是公司現在和過去的資本結構，未必適用於公司未來的籌資決策。

3. 目標價值權數

目標價值權數即以各項個別資本預計的未來價值為基礎來計算資本權數，確定各類資本占總資本的比重。這裡的未來價值可以選擇未來的市場價值，也可以選擇未來的帳面價值。以目標價值為基礎計算資本權重，其優點是能夠體現管理層期望的目標資本結構要求，適用於未來的籌資決策；其缺點是資本目標價值的確定依賴於財務經理的價值判斷和職業經驗，難免具有主觀性。

【例 5-11】 錦蓉公司本年年末的長期資本帳面總額為 5,000 萬元，其中長期借款為 2,000 萬元，長期債券為 1,500 萬元，普通股為 1,000 萬元（共 400 萬股，每股面值 1 元，現行市價 10 元），留存收益為 500 萬元；各種個別資本成本率分別為 5%、8%、12% 和 9%。請估算錦蓉公司的綜合資本成本。

（1）採用帳面價值權數

長期借款占總資本的比重 = 2,000/ 5,000 = 40%

長期債券占總資本的比重 = 1,500/ 5,000 = 30%

普通股占總資本的比重 = 1,000/ 5,000 = 20%

留存收益占總資本的比重 = 500/ 5,000 = 10%

根據綜合資本成本的計算公式，錦蓉公司的綜合資本成本為：

$K_w = 5\% \times 40\% + 8\% \times 30\% + 12\% \times 20\% + 9\% \times 10\% = 7.7\%$

（2）採用市場價值權數

長期借款占總資本的比重 = 2,000/ 8,000 = 25%

長期債券占總資本的比重 = 1,500/ 8,000 = 18.75%

普通股占總資本的比重 = 4,000/ 8,000 = 50%

留存收益占總資本的比重 = 500/ 8,000 = 6.25%

根據綜合資本成本的計算公式，錦蓉公司的綜合資本成本為：

$K_w = 5\% \times 25\% + 8\% \times 18.75\% + 12\% \times 50\% + 9\% \times 6.25\% = 9.31\%$

(三) 邊際資本成本

一般而言，企業無法以某一固定的資本成本來籌措無限的資金，當企業籌集的資金超過一定的限度時，原來的資本成本就會增加。因此，在企業追加籌資時，需要知道籌資額在什麼數額上便會引起資本成本的變化，這就要用到邊際資本成本的概念。

邊際資本成本是指資本追加一個單位而增加的成本，即企業新增 1 元資本所需負擔的成本。邊際資本成本是企業進行追加籌資的決策依據。

邊際資本成本的計算步驟如下：

1. 確定目標資本結構
2. 計算個別資本成本
3. 計算籌資總額分界點

籌資總額分界點又稱為籌資突破點，是指在現有目標資本結構條件下，保持某一資本成本率不變時可以籌集到的資金總限額，即特定籌資方式下的資本成本變化的分界點。因為花費一定的資本成本率只能籌集到一定限度的資金，如果超過這一限度，就要多花費資本成本，引起資本成本率的變化。在籌資突破點範圍內籌資，原來的資本成本率不會改變；一旦籌資額超過籌資突破點，即使維持現有的資本結構，其資本成本率也會增加。

籌資總額分界點的計算公式為：

$$籌資總額分界點=\frac{可用某一特定成本率籌集到的某種資本的限額}{該種資本在資本結構中所占比重}$$

4. 計算邊際資本成本

根據上一步驟計算出的籌資總額分界點，可得出新的籌資範圍。對新的籌資範圍分別計算其加權平均資本成本，即可得到各種籌資範圍的邊際資本成本率。需要注意的是，在籌資數額較大，或在目標資本結構既定的情況下，企業追加籌資往往通過多種籌資方式的組合來實現，此時計算加權平均資本成本的權數應採用目標價值權數。

【例 5-12】 錦昌公司擁有長期資金 400 萬元，其中長期借款 100 萬元，普通股 300 萬元。因擴大經營規模的需要，公司擬籌集新資金。經分析，公司管理層認為目前的資本結構為公司理想的目標結構。公司財務人員測算了隨籌資額增加各種資本成本的變化情況，如表 5-1 所示。

表 5-1　　不同籌資規模下的資本成本

資本來源	目標資本結構	新增籌資額	資本成本
長期借款	25%	20 萬元以內	4%
		20 萬~40 萬元	6%
		40 萬元以上	8%
普通股	75%	75 萬元以內	10%
		75 萬元以上	12%

請計算各籌資總額分界點及相應各籌資範圍的邊際資本成本。

(1) 確定目標資本結構

長期借款占全部資本的比重= 100/400 = 25%

普通股占全部資本的比重= 300/400 = 75%

(2) 計算籌資總額分界點

根據籌資總額分界點的計算公式，計算各種資本的籌資總額分界點，見表 5-2。

表 5-2　籌資總額分界點計算表

資本來源	新增籌資額	籌資總額分界點	籌資總額規模	資本成本
長期借款	20 萬元以內	20/25% = 80 萬元	80 萬元以內	4%
	20 萬~40 萬元	40/25% = 160 萬元	80 萬~160 萬元	6%
	40 萬元以上		160 萬元以上	8%
普通股	75 萬元以內	75/75% = 100 萬元	100 萬元以內	10%
	75 萬元以上		100 萬元以上	12%

(3) 確定籌資總額範圍，計算邊際資本成本

根據上一步計算出的籌資總額分界點，可以得到四組新的籌資總額範圍：①80 萬元以內；②80 萬~100 萬元；③100 萬~160 萬元；④160 萬元以上。對以上四組籌資總額範圍分別計算加權平均資本成本，計算結果見表 5-3。

表 5-3　各籌資總額範圍內邊際資本成本計算表

籌資總額範圍	資本來源	資本結構	資本成本	邊際資本成本
80 萬元以內	長期借款	25%	4%	25%×4%+75%×10%
	普通股	75%	10%	= 8.5%
80 萬~100 萬元	長期借款	25%	6%	25%×6%+75%×10%
	普通股	75%	10%	= 9%
100 萬~160 萬元	長期借款	25%	6%	25%×6%+75%×12%
	普通股	75%	12%	= 10.5%
160 萬元以上	長期借款	25%	8%	25%×8%+75%×12%
	普通股	75%	12%	= 11%

第二節　槓桿效應

槓桿效應是物理學中的概念，是指人們利用一根槓桿和一個支點，就能用較小的力量移動較重的物體的現象。在財務管理中也存在著這種類似的槓桿效應，表現為：由於特定固定成本或費用的存在，當某一財務變量以較小幅度變動時，另一相關的財務變量會以較大幅度發生變動。財務管理中的槓桿效應，包括經營槓桿、財務槓桿和總槓桿三種效應形式。瞭解這些槓桿的原理，有助於企業合理地規避風險，提高財務管理水平。

一、經營槓桿效應

(一) 經營槓桿概述

1. 經營槓桿的概念

經營槓桿是指由於固定性經營成本的存在，導致企業的息稅前利潤變動率大於產銷量變動率的現象。只要企業存在固定性經營成本，就存在經營槓桿效應的作用，但不同企業或同一企業在不同產量基礎上的經營槓桿的大小是不完全一致的。這種槓桿效應不僅可以放大企業的收益，也可以放大虧損，增大企業的經營風險。

2. 經營槓桿原理

假設企業僅生產和銷售一種產品，企業的生產成本可以分為固定成本和變動成本兩類。在一定的產量範圍內，固定成本總額不受產量的影響；而變動成本與產量成正比例變化。則企業的息稅前利潤可以表示為：

$$EBIT=S-V-F=(P-V_c)Q-F=M-F$$

式中：

$EBIT$ ——息稅前利潤；

S ——銷售額；

V ——變動性經營成本；

F ——固定性經營成本；

Q ——產量（銷量）；

P ——單位產品售價；

V_c——單位變動成本；

M ——邊際貢獻總額。

從上式可見，經營槓桿的產生原因一是固定性經營成本的存在，二是產銷量的變動。由於固定成本在一定的產量範圍內不隨產銷量變動而變動，當產銷量增加時，銷售收入同比例增加，而成本總額中只有變動性經營成本與產銷量同比增加，固定經營成本不變，從而使單位產品分攤的固定成本降低，單位產品利潤提高。這就使息稅前利潤的增長率大於產銷量的增長率，進而產生經營槓桿效應。如果不存在固定性經營成本，所有成本都是變動性經營成本，此時息稅前利潤就等於邊際貢獻總額，息稅前利潤變動率與產銷量的變動率完全一致。

(二) 經營槓桿系數

經營槓桿效應的程度大小，可以用經營槓桿系數來度量。經營槓桿系數（Degree of Operating Leverage，簡稱 DOL）是指產銷量變動所引起的息稅前利潤的變動程度，即息稅前利潤變動率與產銷量變動率的比值，其定義式為：

$$DOL=\frac{息稅前利潤變動率}{產銷量變動率}=\frac{\Delta EBIT/EBIT}{\Delta Q/Q}$$

式中：

DOL——經營槓桿系數；

$\Delta EBIT$ ——息稅前利潤變動額；

$EBIT$ ——變動前息稅前利潤；

ΔQ ——銷售量變動數；

Q ——變動前銷售量。

直接利用定義式來計算經營槓桿系數比較困難，經過一系列推導，上述公式可以化簡為計算公式：

$$DOL = \frac{(P - V_c) \times Q}{(P - V_c) \times Q - F} = \frac{M}{M - F}$$

式中：

DOL——經營槓桿系數；

P ——單位產品售價；

V_c——單位變動成本；

Q ——產銷量；

F ——固定性經營成本；

M ——邊際貢獻總額。

【例 5-13】 錦昌公司生產和銷售 A 產品，該產品的單位售價為 100 元，單位變動成本為 60 元/件，公司的固定成本總額為 150,000 元。假定該公司今年 A 產品銷售量為 10,000 件，預計明年 A 產品的銷售量將增長 10%。請計算錦昌公司的經營槓桿系數，並預測明年該公司息稅前利潤增長率。

根據上述資料，計算如下：

（1）該公司今年的邊際貢獻總額

$M = (P-V_c) \times Q = (100-60) \times 10,000 = 400,000$（元）

（2）該公司的經營槓桿系數

$$DOL = \frac{M}{M-F} = \frac{400,000}{400,000-150,000} = 1.6$$

（3）該公司明年的息稅前利潤增長率

息稅前利潤增長率 $= DOL \times$ 銷量增長率 $= 1.6 \times 10\% = 16\%$

（三）經營槓桿與經營風險

經營風險也稱營業風險，是指由於生產經營上的原因給企業的未來收益或資產報酬（息稅前利潤）帶來的不確定性。引起經營風險的因素有很多，主要有產品需求、產品售價、產品成本、固定成本比重等。

經營槓桿反應了資產報酬的波動性，用以評價企業的經營風險。對企業而言，經營槓桿具有「雙刃劍」的作用：一方面，企業可以利用經營槓桿獲取經營槓桿利益；另一方面，經營槓桿又會放大企業的經營風險。經營槓桿作用越強，表明息稅前利潤受產銷量變動的影響程度越大，企業的經營風險也就越高。

根據經營槓桿系數的化簡公式，有：

$$DOL = \frac{M}{M-F} = \frac{M}{(P-V_c)Q-F} = \frac{M}{EBIT} = \frac{EBIT+F}{EBIT} = 1 + \frac{F}{EBIT}$$

由上式可以分析經營槓桿系數的性質：

（1）經營槓桿系數的大小由固定性經營成本和息稅前利潤共同決定。在企業盈利（$EBIT>0$）狀態下，只要存在固定性經營成本，經營槓桿系數恒大於1，即經營槓桿作用一定存在；但這種作用會隨著息稅前利潤的上升而減弱。

（2）經營槓桿作用因固定性經營成本的存在而存在，固定成本越高，固定成本占的比重越大，則經營槓桿系數越大，經營槓桿作用越強。如果企業不存在固定性經營成本，則不存在經營槓桿作用，此時的 $DOL=1$。

（3）經營槓桿系數是產銷量的函數，不同的產銷量水平具有不同的經營槓桿系數。產銷量的變動與經營槓桿系數的變動方向相反，在固定性經營成本不變的情況下，產銷量越高，經營槓桿系數越低，經營槓桿作用越弱。

（4）經營槓桿系數受產品售價變動的影響，產品售價的變動與經營槓桿系數的變動方向相反，在其他條件不變的前提下，產品售價越高，經營槓桿系數越低，經營槓桿作用越弱。

（5）經營槓桿系數受單位產品變動成本的影響，兩者的變動方向相同，在其他條件不變的前提下，單位產品變動成本越高，經營槓桿系數越高，經營槓桿作用越強。

（6）當企業處於盈虧平衡點（$EBIT=0$）時，經營槓桿系數無窮大，這表明在微利狀態下，經營槓桿作用會很強。

下面我們以【例5 13】中錦昌公司為例對經營槓桿系數的影響因素作進一步分析。

【例5-14】錦昌公司生產和銷售A產品，該產品的單位售價為100元，單位變動成本為60元/件，公司的固定成本總額為150,000元。請計算錦昌公司在以下幾種情況下的經營槓桿系數。

（1）今年A產品銷售量為9,000件。

（2）今年A產品銷售量為10,000件，因市場需求旺盛，將A產品的單位售價提高到110元，銷售量不變。

（3）今年A產品銷售量為10,000件，因成本控製得力，A產品的單位變動成本降低到55元，銷售量不變。

（4）公司擴大經營規模，預計今年A產品銷售量可達到12,000件，為此需要增加投入，固定成本總額將增長10%。

根據上述資料，計算如下：

（1）A產品銷售量為9,000件時：

$$DOL=\frac{M}{M-F}=\frac{(100-60)\times 9,000}{(100-60)\times 9,000-150,000}=1.71$$

（2）A產品單位售價提高到110元時：

$$DOL=\frac{M}{M-F}=\frac{(110-60)\times 10,000}{(110-60)\times 10,000-150,000}=1.43$$

（3）A產品的單位變動成本降低到55元時：

$$DOL=\frac{M}{M-F}=\frac{(100-55)\times 10,000}{(100-55)\times 10,000-150,000}=1.5$$

（4）A 產品銷售量達到 12,000 件時：

$$DOL=\frac{M}{M-F}=\frac{(100-60)\times 12,000}{(100-60)\times 12,000-150,000\times 1.1}=1.52$$

在理解經營槓桿與經營風險的關係時，需要注意，經營槓桿雖然會放大不確定性因素對利潤變動的影響，但它本身並不是經營風險產生的根源。事實上，產品的市場需求和企業的生產成本不可能始終保持不變，因而企業的經營風險（表現為資產報酬的不確定性）無法避免。即使不存在經營槓桿（$DOL=1$），仍然存在經營風險，企業的息稅前利潤也會隨產品需求或成本水平的變化而發生變動，只是不具有放大效應。

二、財務槓桿效應

（一）財務槓桿概述

1. 財務槓桿的概念

財務槓桿又稱籌資槓桿或資本槓桿，是指由於固定性資本成本（如固定利息、固定融資租賃費）的存在，導致企業的普通股收益（或每股收益）變動率大於息稅前利潤變動率的現象。只要企業的籌資方式中存在固定性資本成本，每股收益的變動率就會大於息稅前利潤的變動率，就存在財務槓桿效應。但在不同的息稅前利潤水平上，對應的財務槓桿程度是不同的。

2. 財務槓桿原理

企業的普通股收益（或每股收益）與息稅前利潤之間存在如下關係：

$$TE=(EBIT-I)\times(1-T)-D_p$$

$$EPS=\frac{(EBIT-I)\times(1-T)-D_p}{N}$$

式中：

TE ——普通股收益；

EPS ——普通股每股收益；

$EBIT$ ——息稅前利潤；

I ——債務資本利息；

D_p——優先股股利；

T ——所得稅稅率；

N ——普通股股數。

從以上公式可見，財務槓桿的產生原因一是固定性資本成本的存在，二是息稅前利潤的變動。當企業負債經營時，由於債務資本利息、優先股股利等固定利息費用不隨息稅前利潤變動而變動，當息稅前利潤增加時，每 1 元息稅前利潤分攤的利息費用降低，從而每股收益提高，這就使普通股收益的增長率大於息稅前利潤的增長率，進而產生財務槓桿效應。如果不存在固定性資本成本，普通股收益的變動率將與息稅前利潤的變動率保持一致。

（二）財務槓桿系數

財務槓桿效應的程度大小，可以用財務槓桿系數來度量。財務槓桿系數（Degree of Financial Leverage，簡稱 DFL）是指息稅前利潤變動所引起的普通股每股收益的變動程度，即每股收益變動率與息稅前利潤變動率的比值，其定義式為：

$$DFL=\frac{\text{每股收益變動率}}{\text{息稅前利潤變動率}}=\frac{\Delta EPS/EPS}{\Delta EBIT/EBIT}$$

式中：

DFL——財務槓桿系數；

EPS ——變動前普通股每股收益；

ΔEPS ——每股收益變動額；

$EBIT$ ——變動前的息稅前利潤；

$\Delta EBIT$ ——息稅前利潤變動額。

和經營槓桿系數一樣，直接利用定義式來計算財務槓桿系數比較困難。根據息稅前利潤與每股收益的關係式，可以將上述公式化簡為計算公式（推導過程略）：

$$DFL=\frac{EBIT}{EBIT-I-D/(1-T)}$$

式中：

DFL——財務槓桿系數；

$EBIT$ ——變動前的息稅前利潤；

I ——債務資本利息；

D ——優先股股利；

T ——所得稅稅率。

對於無優先股的企業，上述計算公式可進一步簡化為：

$$DFL=\frac{EBIT}{EBIT-I}$$

【例 5-15】 接例 5-13，假設錦昌公司今年支付的債務利息為 50,000 元，公司未發行優先股。請計算錦昌公司的財務槓桿系數。

根據財務槓桿系數的計算公式，錦昌公司的財務槓桿系數為：

$$DFL=\frac{EBIT}{EBIT-I}=\frac{400,000-150,000}{400,000-150,000-50,000}=1.25$$

（三）財務槓桿與財務風險

財務風險又稱籌資風險，是指由於籌資原因產生的資本成本負擔而給企業的普通股收益帶來的不確定性。引起財務風險的原因主要是資產報酬的不利變化和固定的資本成本負擔。當企業利用財務槓桿舉債經營時，由於要承擔固定的資本成本，如果息稅前利潤下降，會導致普通股收益以更快的速度下降。

財務槓桿反應了股權資本報酬的波動性，用以評價企業的財務風險。對企業而言，財務槓桿既有正效應，又有負效應。財務槓桿的正效應是指企業在適度負債的情況下，由於合理使用財務槓桿產生的節稅作用、降低綜合資本成本作用，使得普通股收益率提高。財務槓桿的負效應是指企業在過度負債的情況下，由於不合理使用財務槓桿，導致債務資本所產生的利潤不足以彌補債務利息，不得不利用權益資本利潤來償債，從而使得權益資本利潤率大幅降低，甚至企業虧損、破產。財務槓桿放大了資產報酬變化對普通股收益的影響，在原有的經營風險的基礎上又疊加了財務風險。財務槓桿系數越高，表明普通股收益的波動程度越大，企業的財務風險也就越高。

根據財務槓桿系數的化簡公式，有：

$$DFL=\frac{EBIT}{EBIT-I}=1+\frac{I}{EBIT-I}=\frac{\text{基期利息}}{\text{基期息稅前利潤}-\text{基期利息}}$$

由上式可以分析財務槓桿系數的性質：

（1）財務槓桿系數的大小由息稅前利潤和固定性資本成本共同決定。在利潤總額>0的狀態下，只要存在固定性資本成本，財務槓桿系數恒大於1，即財務槓桿作用一定存在；但這種作用會隨著利潤總額的上升而減弱。

（2）財務槓桿作用因固定性資本成本的存在而存在，固定性資本成本越高，則財務槓桿系數越大，財務槓桿作用越強。如果企業不存在固定性資本成本，則不存在財務槓桿作用，此時的 $DFL=1$。

（3）財務槓桿系數是息稅前利潤 $EBIT$ 的函數，不同的 $EBIT$ 水平具有不同的財務槓桿系數。$EBIT$ 與財務槓桿系數變動方向相反，在固定性資本成本不變的情況下，$EBIT$ 越高，財務槓桿系數越低，財務槓桿作用越弱，$EBIT=0$ 時，$DFL=0$。

（4）當息稅前利潤=利息時，利潤總額=0，此時財務槓桿系數無窮大，這表明在經營收益剛好抵償債務利息的狀態下，財務槓桿作用會很強。

下面我們以【例 5-15】中錦昌公司為例對財務槓桿系數的影響因素作進一步分析。

【例 5-16】錦昌公司今年支付的債務利息為 50,000 元，公司未發行優先股。請計算錦昌公司在以下幾種情況下的財務槓桿系數。

（1）今年的息稅前利潤提高到 300,000 元；

（2）今年的息稅前利潤降低到 200,000 元；

（3）因發行新債券，今年支付的債務利息新增 50,000 元。

根據上述資料，計算如下：

（1）息稅前利潤提高到 300,000 元時：

$$DFL=\frac{EBIT}{EBIT-I}=\frac{300,000}{300,000-50,000}=1.2$$

（2）息稅前利潤降低到 200,000 元時：

$$DFL=\frac{EBIT}{EBIT-I}=\frac{200,000}{200,000-50,000}=1.33$$

（3）新增 50,000 元債務利息時：

$$DFL=\frac{EBIT}{EBIT-I}=\frac{250,000}{250,000-100,000}=1.67$$

三、總槓桿效應

（一）總槓桿概述

經營槓桿考察產銷量變化對息稅前利潤的影響程度，而財務槓桿則考察息稅前利潤變化對普通股收益的影響程度。在實務中，經營槓桿和財務槓桿既可以單獨發揮作用，也可以聯合發揮作用，總槓桿就是用來反應兩者共同作用結果的。

總槓桿又稱聯合槓桿，是指由於固定性經營成本和固定性資本成本的存在，導致普通股每股收益變動率大於產銷量變動率的現象。如前所述，由於固定性經營成本的存在，產生經營槓桿效應，導致產銷量變動對息稅前利潤變動有放大作用；同樣，由於固定性資本成本的存在，產生財務槓桿效應，導致息稅前利潤變動對普通股收益變動有放大作用。這兩種槓桿共同作用，將導致產銷量的微小變動引起普通股收益較大的變動。

（二）總槓桿系數

總槓桿效應的程度大小，可以用總槓桿系數來度量。總槓桿系數（Degree of Total Leverage，簡稱 DTL）是指產銷量變動所引起的普通股每股收益的變動程度，即每股收益變動率與產銷量變動率的比值，其定義式為：

$$DTL=\frac{\text{每股收益變動率}}{\text{產銷量變動率}}=\frac{\Delta EPS/EPS}{\Delta Q/Q}$$

式中：

DTL——總槓桿系數；

ΔEPS——每股收益變動額；

EPS——變動前普通股每股收益；

ΔQ——銷售量變動數；

Q——變動前銷售量。

依據經營槓桿系數和財務槓桿系數的定義式，總槓桿系數可以進一步表示為經營槓桿系數和財務槓桿系數的乘積，反應企業經營風險和財務風險的組合效果。其公式為：

$$DTL=DOL\times DFL$$

總槓桿系數的定義式經整理後，也可以化簡為計算公式：

$$DTL=\frac{M}{M-F-I-D/(1-T)}=\frac{EBIT+F}{EBIT-I-D/(1-T)}$$

式中：

DTL——總槓桿系數；

M——邊際貢獻總額；

F——固定性經營成本；

$EBIT$——息稅前利潤；

I——債務資本利息；

D ——優先股股利；

T ——所得稅稅率。

假設無優先股，上述計算公式可進一步簡化為：

$$DTL=\frac{M}{M-F-I}=\frac{EBIT+F}{EBIT-I}$$

【例 5-17】根據例 5-13 和例 5-15 的資料，計算錦昌公司的總槓桿系數。

方法一：

根據總槓桿系數與經營槓桿系數、財務槓桿系數的關係，有：

$DTL=DOL\times DFL=1.6\times 1.25=2$

方法二：

根據總槓桿系數的簡化計算公式，有：

$$DTL=\frac{EBIT+F}{EBIT-I}=\frac{250,000+150,000}{250,000-50,000}=2$$

（三）總槓桿與公司風險

公司風險包括企業的經營風險和財務風險。總槓桿系數反應了經營槓桿和財務槓桿之間的關係，用以評價企業的整體風險水平。總槓桿系數越高，企業的整體風險越大。

對企業而言，總槓桿效應的意義在於：首先，揭示了產銷量變動對普通股收益的影響，便於管理層預測未來的每股收益水平；其次，通過經營槓桿與財務槓桿之間的相互關係，揭示了可行的風險管理策略。在總槓桿系數一定的情況下，經營槓桿系數與財務槓桿系數是此消彼長的。因此，管理層可以通過經營槓桿和財務槓桿的不同組合，以獲得理想的總槓桿系數，控製企業整體風險水平。

一般來說，經營風險與財務風險應反向搭配。如固定資產比重較大的重資產企業，經營槓桿系數高，經營風險大，此類企業籌資應主要依靠權益資本，以保持較小的財務槓桿系數和財務風險，從而控製總槓桿系數和整體風險；而變動成本比重較大的輕資產企業，經營槓桿系數低，經營風險小，此類企業籌資可以主要依靠債務資金，適當加大財務槓桿系數和財務風險。

第三節 資本結構

企業的籌資管理，不僅要合理選擇籌資方式，而且要科學安排資本結構。資本結構優化是企業籌資管理的基本目標。

一、資本結構的概念

（一）資本結構的含義

企業利用多種籌資方式進行組合籌資，就會形成一定的資本結構。資本結構

(Capital Structure) 是指企業資本總額中各種資本的構成及其比例關係。這裡的「資本」，是指企業全部的資金來源，包括自有資金和負債。

在財務管理中，資本結構有廣義和狹義之分。廣義的資本結構又稱為財務結構 (Financial Structure)，是指企業全部資本的構成及其比例關係。企業一定時期的資本可以分為債務資本與股權資本、短期資本與長期資本。因此，廣義的資本結構通常包括債務資本與股權資本的結構、短期資本與長期資本的結構，以及債務資本的內部結構、長期資本的內部結構、股權資本的內部結構等。

狹義的資本結構是指企業各種長期資本的構成及其比例關係，不包括短期債務資本。由於短期資本的需要量和籌集是經常變化的，並且在資本總量中所占的比重不穩定，因此，在狹義的資本結構下，短期債務作為營運資金來管理。本書所指的資本結構通常是狹義的資本結構。

(二) 資本結構研究的目的

不同的資本結構意味著不同的資本成本和財務風險，會給企業帶來不同的後果。舉債經營具有雙重作用，既可以發揮財務槓桿效應，也可能帶來財務風險。如何合理地利用債務籌資、科學地安排債務資本的比例，是企業資本結構決策中的核心問題。資本結構研究的主要目的就是優化資本結構，通過對企業資本結構的調整，尋求最佳資本結構。

所謂最佳資本結構，是指在一定條件下使企業綜合資本成本率最低、企業價值最大的資本結構。評價企業是否達到最佳資本結構，我們可以從下列標準來加以判斷：第一，這種資本結構能否最大限度地增加所有者財富、提高企業價值；第二，這種資本結構能否使企業綜合資本成本率最低；第三，這種資本結構能否使資產保持適宜的流動，並且具有適度彈性。

從理論上講，最佳資本結構是存在的，但由於企業內部條件和外部環境的經常性變化，動態地保持最佳資本結構十分困難。

二、資本結構理論

資本結構理論是關於企業資本結構、企業綜合資本成本與企業價值三者之間關係的理論。它是現代財務學的重要研究內容，也是資本結構決策的理論基礎。以美國學者莫迪利安尼與米勒的開創性文獻 (Modigliani & Miller, 1958) 為標誌，資本結構理論的研究大致可以劃分為兩個階段：20 世紀 50 年代之前的「早期資本結構理論」階段和以 MM 定理為起點的「現代資本結構理論」階段。

(一) 早期資本結構理論

1. 淨收益理論

淨收益理論假設企業獲取資金的數量和來源不受限制，並且負債的資本成本與股東權益的資本成本都是固定不變的，不受財務槓桿的影響。由於企業的債務成本一般低於股東權益成本，因此，負債越高，企業的綜合資本成本越低，企業的淨收益越大，從而企業的價值就越大。按照這一理論，企業應盡可能多地利用負債資金，加大財務槓桿，負債比率最大的資本結構就是最佳資本結構。

這是一種極端的觀點，並不符合實際情況。顯然，該理論只考慮了財務槓桿收益而忽視了財務風險。隨著企業負債比率的提高，債務資本成本會上升，不可能保持不變。

2. 淨營業收益理論

淨營業收益理論認為，資本結構與綜合資本成本無關，也與企業價值無關，決定企業價值高低的關鍵要素是企業的淨營業收益。企業利用財務槓桿會帶來風險，當企業負債比率提高時，即使負債成本不會改變，但權益成本也會隨之提高。這樣，總的加權平均資本成本並不會因為負債程度的提高而減少，而是維持不變。不論企業舉債多少，企業價值均固定不變，因而不存在最佳資本結構。

顯然，這也是一種極端的觀點，並不符合實際情況。企業的綜合資本成本率不可能是常數，企業價值也不僅僅取決於淨營業收益。

3. 傳統折衷理論

傳統折衷理論是介於淨收益理論和淨營業收益理論之間的一種理論。該理論認為，企業利用財務槓桿儘管會導致權益資本成本上升，但在一定範圍內並不會明顯增加企業的財務風險，不會完全抵消利用成本較低的債務所帶來的好處，因此會使綜合資本成本下降、企業價值上升。但一旦負債比率超過某一限度，權益資本成本的上升就不再能為債務的低成本所抵消，綜合資本成本又會上升，企業價值就會下降。在綜合資本成本由下降變為上升的轉折點，資本結構達到最優。

（二）現代資本結構理論

1. MM 理論

1958 年，美國學者莫迪利安尼（Franco Modigliani）與米勒（Merton H. Miller）合作發表《資本成本、公司價值與投資理論》一文，提出了著名的 MM 理論，奠定了現代資本結構研究的理論基石。

MM 理論認為，在一系列嚴格假設的基礎上，企業價值與其資本結構與無關。這些假設包括：①沒有稅收；②不存在破產成本；③公司的投資決策不受其資本結構變化的影響；④公司內部人與外部投資者之間不存在信息不對稱；⑤資本市場沒有交易成本和交易限制；⑥投資者可以按照公司同樣的條件進行借貸。

1963 年，莫迪利安尼和米勒在考慮企業所得稅的基礎上，提出了修正的 MM 理論，指出由於所得稅的存在，企業價值會隨財務槓桿系數的提高而增加，企業應該採用高負債率以實現股東價值最大化。

2. 新的資本結構理論

在 MM 理論的基礎上，財務學家們又發展出了一些新的資本結構理論，主要有平衡理論、代理成本理論、不對稱信息理論（如優序融資理論、信號傳遞理論）、控製權市場理論和產品/要素市場理論等。以下擇要進行介紹。

平衡理論認為，企業可通過平衡債務抵稅收益與債務導致的財務危機成本來實現股東價值最大化。當負債程度較低時，由於負債的抵稅作用，企業價值會隨負債水平的上升而增加；當負債達到一定界限時，負債的抵稅作用開始被財務危機成本所抵消。當邊際負債抵稅收益等於邊際財務危機成本時，企業價值最大，資金結構最優。

代理成本理論認為，股權籌資和債務籌資都存在代理成本。債務籌資能夠對管理層形成約束，促使管理層多努力工作，少個人享受，降低由於外部股權籌資而產生的代理成本；但債務籌資又可能導致另一種代理成本，即企業因接受債權人監督而做出次優選擇的成本。因此，債務資本適度的資本結構才能增加企業價值。

優序融資理論認為，在公司內部人與外部投資者之間信息不對稱的情況下，為了降低融資成本，企業應首選內部融資，其次選擇風險相對較小的工具，如銀行借款、發行債券、發行可轉換債券，最後才是發行股票融資。

三、資本結構決策

資本結構決策是企業財務決策的核心內容之一。資本結構決策的任務就是要根據企業的實際情況，分析相關因素的影響，運用一定的方法，在若干可行的資本結構方案中確定最佳資本結構。

（一）影響資本結構決策的因素

基於現代資本結構理論，國內外學者對於資本結構決策的影響因素進行了大量的實證研究[①]，研究結果表明，企業的資本結構主要由以下三個方面的因素共同決定：

1. 企業經營特徵

（1）企業規模

一般認為，規模較大的企業可以更多地利用負債籌資。原因在於：第一，規模較大的企業更傾向於通過多元化經營分散風險、提高效率，經營收益更為穩定。第二，規模較大的企業便於進行內部資金的有效調度，因而相同的負債水平帶來的破產風險較小，預期破產成本較低。第三，規模較大的企業有較強的債務融資能力，更容易進入債務融資市場。

（2）企業盈利能力

盈利能力強的企業，一般有較多的留存收益，內部資金充裕，因而在正常情況下較少採用負債籌資，負債比率較低。保持較低的負債比率不僅能確保企業融資彈性，使企業可以隨時按較低利率發行債券或長期借款；而且能使企業表現出良好的財務狀況，提升企業的信用等級。反之，盈利能力弱的企業，內部留存收益不足，其發展所需資金只能尋求外界支持，通過發行較高利率的債券或銀行貸款等方式籌資，負債比率較高。

（3）企業經營的穩定性和成長性

經營穩定的企業有能力負擔較多的固定財務費用，因而可適當提高負債比率。而

---

① 國外代表性文獻如 Baxter & Cragg（1970），DeAngelo & Masulis（1980），Marsh（1982），Myers（1984），Myers & Majluf（1984），Titman & Wessels（1988），Harris & Raviv（1991），Rajan & Zingales（1995），Booth et al.（2001）等。國內代表性研究如陸正飛和辛宇（1998），洪錫熙和沈藝峰（2000），馮根福等（2000），肖澤忠和鄒宏（2006）等。

收入波動程度大的企業具有較高的經營風險和破產風險，取得貸款的難度和成本也較大，所以應減小負債比率。

企業成長性對其資本結構的影響是雙重的。一方面，高成長性的企業大都屬於一些新興產業，基礎較為薄弱，運作和管理均不太成熟，具有較大的經營風險和破產成本，這會限制企業的負債籌資；另一方面，企業成長性越強，意味著所需投入和籌集的資金越多，即使企業的盈利水平不低，但僅僅依靠留存收益也是不夠的，必須依靠外部籌資，特別是籌資速度較快的負債籌資來滿足其不斷增長的資金需求。並且，在保持產銷量高增長率的前提下，採用高負債的資本結構，可以提升權益資本的報酬。

（4）企業的資產結構和行業特徵

資產結構是指企業總資產中各種資產的構成及比例關係，包括長期資產和短期資產的構成和比例、固定資產和流動資產的構成和比例、有形資產和無形資產的構成和比例，以及這些資產內部的構成和比例等。一般認為，在企業的資產結構中，有形資產（即具有一定實物形態的資產，如存貨、固定資產等）比率越高，說明企業有能力為債務融資提供更多的擔保物，償債能力越強，因而可以提高債務資金比重，發揮財務槓桿作用。

企業的資產結構主要取決於其所屬行業的生產經營特點。資本密集型行業的企業，如公用企業，一般擁有大量固定資產，產品市場穩定，經營風險低，可以較多採用長期負債來融通資金。反之，技術密集型行業的企業，如高新技術企業，無形資產占比較高，產品、技術、市場尚不成熟，經營風險高，應減少負債比率，以股權籌資為主。

（5）企業所處生命週期階段

同一個企業在生命週期的不同階段，資本結構的安排也會不同。一般在企業初創期，由於經營風險高，應控製負債比例；在企業發展成熟期，產銷量穩定增長，經營風險下降，可適度增加債務資金比重，發揮財務槓桿效應；進入衰退期，產品市場佔有率下降，經營風險逐步加大，應逐步降低債務資金比重，減少破產風險。

2. 企業內部治理

（1）企業的控製權結構

從企業所有者的角度看，如果企業的股權相對集中，控股股東通常比較重視控股權問題，為防止控股權稀釋，一般會盡量避免普通股籌資，而是採用優先股或債務籌資。反之，股權相對分散、不存在控股股東和實際控製人的企業則更傾向於採用股權籌資，以分散企業風險。

（2）企業管理層的態度

從企業管理層的角度看，高負債資本結構的財務風險高，一旦經營失敗或出現財務危機，管理層將面臨市場接管的威脅或者被董事會解聘。因此，保守的管理層注重財務穩健，偏好於低負債比例的資本結構，而喜歡冒風險的管理層則傾向於選擇高負債。

（3）企業債權人的態度

債權人從自身安全角度考慮，一般反對企業過度負債。

3. 外部制度環境

（1）稅收因素

由於利息費用在稅前列支，這使得負債具有「稅盾」作用，可以降低企業的融資成本。但是，企業所處的國家不同、地區不同、行業不同，享受的稅收優惠和減免待遇也不同，這意味著企業的實際稅收負擔存在著很大的差異。對不同的企業而言，負債「稅盾」的減稅能力並不一致。一般來說，實際稅負高的企業可能更偏好於債務融資，而股權融資則對實際稅負低的企業更為有利。

此外，固定資產折舊、無形資產攤銷及長期待攤費用攤銷等均可在稅前列支，與利息費用一樣具有抵稅作用，通常將這類雖非負債但同樣具有抵稅作用的因素稱為「非負債稅盾」（Non-Debt Tax Shields）。非負債稅盾對負債稅盾具有替代作用，企業的非負債稅盾越大，負債比率通常越小。

（2）貨幣政策和金融市場環境

資本結構決策在很大程度上受宏觀理財環境，特別是金融環境的制約。企業的籌資方式選擇與一國的經濟市場化程度、資本市場發達程度、貨幣政策取向等緊密相關。例如，當國家執行緊縮的貨幣政策時，資金供給緊張，市場利率提高，債務融資成本增大。此時企業較難獲得銀行借款，發行債券也困難重重，只能選擇低負債比率的資本結構。

（二）資本結構決策方法

資本結構決策分析的方法主要包括：資本成本比較法、每股收益無差別點法和公司價值比較法。

1. 資本成本比較法

資本成本比較法是通過計算和比較各種可能的籌資組合方案的加權平均資本成本，來確定最佳資本結構的方法。這種方法側重於從資本投入的角度對籌資方案和資本結構進行優化分析，以資本成本的高低作為確定最佳資本結構的唯一標準。它的基本步驟如下：

（1）確定不同籌資方式下的個別資本成本；

（2）測算各組合方案中不同籌資方式的籌資額占籌資總額的比重，以此為權數計算各組合方案的加權平均資本成本（綜合資本成本率）；

（3）比較各組合方案的綜合資本成本率，以綜合資本成本率最低為標準選擇最佳資本結構組合。

【例 5-18】 錦蓉公司擬籌集 8,000 萬元資本，現有 A、B、C 三種籌資方案可供選擇（見表 5-4），請做出籌資決策。

表 5-4　　錦蓉公司備選籌資方案　　單位：萬元

籌資方式	方案 A		方案 B		方案 C	
	籌資金額	資本成本	籌資金額	資本成本	籌資金額	資本成本
長期借款	400	5%	700	7%	500	6%
長期債券	1,100	7%	1,800	8%	2,500	9%
優先股	500	10%	500	10%	1,000	12%
普通股	6,000	15%	5,000	14%	4,000	13%
資本合計	8,000		8,000		8,000	

根據表 5-4 中的資料，分別計算三種籌資組合方案的加權平均資本成本：

$$K_W(A)=\sum_{j=1}^{n}K_jW_j=5\%\times\frac{400}{8,000}+7\%\times\frac{1,100}{8,000}+10\%\times\frac{500}{8,000}+15\%\times\frac{6,000}{8,000}=13.02\%$$

$$K_W(B)=\sum_{j=1}^{n}K_jW_j=7\%\times\frac{700}{8,000}+8\%\times\frac{1,800}{8,000}+10\%\times\frac{500}{8,000}+14\%\times\frac{5,000}{8,000}=11.79\%$$

$$K_W(C)=\sum_{j=1}^{n}K_jW_j=6\%\times\frac{500}{8,000}+9\%\times\frac{2,500}{8,000}+12\%\times\frac{1,000}{8,000}+13\%\times\frac{4,000}{8,000}=11.19\%$$

比較可見，C 方案的綜合資本成本率最低。因此，在適度的財務風險條件下，企業應按照 C 方案的各種資本比例籌集資金，由此形成的資本結構為相對最優的資本結構。

資本成本比較法的測算原理通俗易懂，測算過程簡單，是一種比較便捷的常用方法。但這種方法只是比較了各種籌資組合方案的資本成本，而忽略了不同籌資方案之間的財務風險因素差異，並且，在實際計算中，各種籌資方式的個別資本成本受到未來不確定因素的影響，難以準確計量。在實務中，資本成本比較法一般適用於資本規模較小、資本結構較為簡單的企業。

2. 每股收益無差別點法

每股收益無差別點法又稱息稅前利潤–每股收益分析法（EBIT–EPS 分析法），是通過分析資本結構與每股收益之間的關係，計算各種籌資組合方案的每股收益的無差別點，進而確定合理的資本結構的方法。

每股收益無差別點又稱為息稅前利潤平衡點，是指使不同籌資組合方案下的每股收益都相等（無差別）時的息稅前利潤或產銷量水平，這一點是兩種資本結構優劣的分界點。根據每股收益無差別點，可以分析判斷在什麼樣的息稅前利潤水平或產銷量水平情況下，適於採用何種籌資組合方案，從而進行資本結構決策。

每股收益無差別點的測算公式為：

$$\frac{(\overline{EBIT}-I_1)(1-T)-DP_1}{N_1}=\frac{(\overline{EBIT}-I_2)(1-T)-DP_2}{N_2}$$

式中：

$\overline{EBIT}$——息稅前利潤平衡點，即每股收益無差別點；

I_1，I_2——兩種籌資方式下的債務利息；

N_1，N_2——兩種籌資方式下普通股股數；

DP_1，DP_2——兩種籌資方式下的優先股股利；

T——所得稅稅率。

每股收益無差別點法的基本步驟如下：

(1) 計算每股收益無差別點。

(2) 將預期的息稅前利潤（或產銷量水平）與無差別點比較。

(3) 當預期的息稅前利潤（或產銷量水平）大於每股收益無差別點時，應採用負債籌資方案，以獲得較高的每股收益；反之，應採用股權籌資方案。

【例 5-19】 錦昌公司原有資本 7,000 萬元，其中銀行借款 2,000 萬元，年利率為 6%；發行在外普通股 5,000 萬股，每股面值 1 元。現該公司計劃投資一個新項目，需追加籌資 2,000 萬元，預計新項目投產後公司每年息稅前利潤可增加到 1,200 萬元。現有兩個籌資方案可供選擇：方案 A，平價發行債券 2,000 萬元，票面利率為 10%；方案 B，以每股發行價格 5 元增發普通股。已知公司所得稅稅率為 25%。

要求：

(1) 計算兩個方案的每股收益；

(2) 測算兩個方案的每股收益無差別點；

(3) 幫助錦昌公司進行資本結構決策。

根據上述資料，分析計算如下：

(1) 計算錦昌公司兩個籌資方案的每股收益，如表 5-5 所示。

表 5-5 **兩個籌資方案的每股收益** 單位：萬元

項　目	方案 A	方案 B
EBIT	1,200	1,200
目前利息	120	120
新增利息	200	0
稅前利潤	880	1,080
稅後利潤（T=25%）	660	810
普通股數（N）	5,000（萬股）	5,400（萬股）
每股收益（EPS）	0.13（元）	0.15（元）

(2) 測算兩個方案的每股收益無差別點

$$\frac{(\overline{EBIT}-120-200)\times(1-25\%)}{5,000}=\frac{(\overline{EBIT}-120)\times(1-25\%)}{5,400}$$

解得：$\overline{EBIT}$= 2,820（萬元）

在這裡，$\overline{EBIT}$為 2,820 萬元是兩個籌資方案的每股收益無差別點。在此點上，A、

B 兩個方案的每股收益相等，均為 0.375 元。

(3) 由於預期的息稅前利潤為 2,000 萬元，小於每股收益無差別點 2,820 萬元，故錦昌公司應採用方案 B，通過增發新股的方式籌資。

每股收益無差別點法充分考慮了財務槓桿效應對資本結構決策的影響，應用較為簡單，為解決在某一特定盈利水平下應該選擇何種融資方式提供了一種便捷辦法。但這種方法也沒有具體測算財務風險因素，並且其決策目標實際上是股東財富最大化或股票價值最大化，而不是公司價值最大化。在實務中，每股收益無差別點法一般適用於資本規模不大、資本結構不太複雜的股份有限公司。

3. 公司價值比較法

以上兩種方法都是從帳面價值的角度進行資本結構的優化分析，沒有考慮風險因素。公司價值比較法是在考慮公司風險的基礎上，以公司價值大小為標準，確定最佳資本結構。這種方法認為，能夠提升公司價值的資本結構，就是合理的資本結構。同時，在公司價值最大的資本結構下，公司的綜合資本成本率也是最低的。

與資本成本比較法、每股收益無差別點法相比，公司價值比較法充分考慮了公司的財務風險和資本成本等因素的影響，更加符合企業價值最大化的財務管理目標。但這種方法的測算原理和測算過程比較複雜，通常適用於資本規模較大的上市公司。

一般認為，公司的市場價值等於其股票的市場價值加上長期債務的價值，即：

$$V(\text{公司市場總價值}) = B(\text{債務價值}) + S(\text{股票市場價值})$$

為簡化分析，假設長期債務（包含長期借款和長期債券）的現值等於其面值，並且企業未來各期的 $EBIT$ 和股東要求的報酬率（權益資本成本）均保持不變，則股票的市場價值等於其未來的淨收益按照股東要求的報酬率貼現。

$$S = \frac{(EBIT - I)(1 - T) - D_p}{K_s}$$

式中：

$EBIT$——息稅前利潤；

I——年利息額；

T——所得稅稅率；

D_p——優先股年股利；

K_s——普通股資本成本率。

其中，K_s 可以利用資本資產定價模型測算：

$$K_s = R_f + \beta(R_m - R_f)$$

本章小結

- 資本成本是企業為籌集和使用資本而付出的代價。從絕對量的構成來看，資本成本包括籌資費用和用資費用兩部分，其中用資費用是主要內容。

- 資本成本可分為個別資本成本、綜合資本成本和邊際資本成本三種形式。其中，個別資本成本是企業選擇籌資方式的依據；綜合資本成本是企業確定資本結構的依據；邊際資本成本是企業比較追加籌資方案的依據。

• 計算個別資本成本可以採用不考慮貨幣時間價值的一般模式和考慮貨幣時間價值的貼現模式。計算綜合資本成本可以採用帳面價值權數、市場價值權數和目標價值權數。計算邊際資本成本需要先確定籌資總額分界點（籌資突破點）。

• 財務管理中的槓桿效應，包括經營槓桿、財務槓桿和總槓桿三種效應形式。經營槓桿是指由於固定性經營成本的存在，導致企業的息稅前利潤變動率大於產銷量變動率的現象。財務槓桿是指由於固定性資本成本的存在，導致企業的普通股收益變動率大於息稅前利潤變動率的現象。總槓桿用來反應經營槓桿和財務槓桿兩者的共同作用。總槓桿系數等於經營槓桿系數和財務槓桿系數的乘積。

• 企業的籌資管理，不僅要合理選擇籌資方式，而且要科學安排資本結構。資本結構優化是企業籌資管理的基本目標。本書所指的資本結構是狹義的資本結構，即企業各種長期資本的構成及其比例關係。

• 資本結構理論分為早期資本結構理論和現代資本結構理論。前者的代表性觀點如淨收益理論、淨營業收益理論和傳統折衷理論；後者的代表性觀點如 MM 理論、平衡理論、代理成本理論、優序融資理論等。

• 資本結構決策是企業財務決策的核心內容之一，其主要任務是確定最佳資本結構。影響資本結構決策的因素包括企業經營特徵、企業內部治理、外部制度環境等幾個方面。資本結構決策分析的方法主要有資本成本比較法、每股收益無差別點法和公司價值比較法。

案例分析

高負債率：富力地產迴歸 A 股的「隱痛」①

一、案例資料

2015 年 11 月 13 日，廣州富力地產股份有限公司（以下簡稱富力地產）在證監會官網上披露《首次公開發行 A 股股票招股說明書》，宣布再次重啓迴歸 A 股的計劃。

招股說明書顯示，富力地產本次擬公開發行不超過 10.7 億股新股票，約占發行後總股本的 24.93%，募集資金總額不超過 350 億元。本次募集資金項目將投向北京富力新城、天津富力新城、上海虹橋項目、梅州富力城、哈爾濱富力城、北京富力通州運河十號、南京富力尚悅居、無錫富力十號以及佛山富力廣場 9 個項目。富力地產方面表示：「此次 A 股發行將為公司的業務發展提供新的融資渠道，並為所述項目提供財務資源，可以提升公司的持續發展能力和核心競爭力，符合股東的整體利益。」

2015 年是富力地產赴港上市第十年。十年來，這已是富力地產第五次衝刺 A 股市場。業內人士表示，富力地產的迴歸之路面臨諸多挑戰，不僅隨時可能遭遇政策調整，而且高資產負債率始終是其通過 IPO 審查和未來重回一線房企的「絆腳石」。

（一）公司簡介

富力地產成立於 1994 年，註冊資金 8.06 億元人民幣，是一家集房地產設計、開

① 筆者根據《廣州富力地產股份有限公司首次公開發行 A 股股票招股說明書》、富力地產（02777.HK）相關公告及其他公開資料整理編寫。

發、工程監理、銷售、物業管理、房地產仲介等業務為一體的全國性大型房地產公司，公司主營業務包括房地產開發與銷售、商業物業租賃及酒店服務。

在地產界，富力地產曾經與恒大地產、雅居樂、碧桂園和合生創展並稱「華南五虎」，以其敢拼敢闖的風格著稱業界。2002 年，富力地產正式進軍北京，一舉拿下東三環內占地面積超過 41 萬平方米、總建築面積達 150 萬平方米的北京富力城項目。富力地產的全國化佈局由此開啓。2007 年，富力地產以 161 億元銷售額在全國房企中排名第四位，僅次於萬科、綠地和中海，居「華南五虎」之首。

然而，自 2007 年強勢登陸成都開始，富力地產似乎總是踏錯戰略節拍，逐漸被一眾當年的同行超越。當萬科、保利等房地產企業專注於住宅開發、實行高週轉戰略時，富力地產卻加大了現金回流緩慢的商業地產的開發力度，商業與住宅開發比例一度高達 1∶1，從而失去了高速擴張的機會。2015 年的統計數據顯示，富力地產銷售金額 535.7 億元，銷售面積 410 萬平方米，均位居行業第 16 位，被同樣曾為「華南五虎」的恒大地產、碧桂園和雅居樂遠遠地甩在了身後[①]。曾經短暫輝煌的富力地產，早已無奈落入第二梯隊。

（二）艱難的迴歸 A 股之路

回顧富力地產迴歸 A 股之路，可謂一波三折、異常坎坷。

早在 2007 年，富力地產就曾高調宣布迴歸 A 股，然而由於當年資本市場環境的急遽變動，此事最終落空。

2008 年 5 月，富力地產再次啓動迴歸 A 股計劃，卻不料受累於房地產宏觀調控而以失敗告終。

富力地產並未因此放棄。2010 年 5 月，富力地產股東大會通過了將發行 A 股計劃有效期再延長一年的決定，這是其第三次向 A 股發出衝刺，卻還是無功而返。

2012 年，準備充分的富力地產進行了第四次努力，不幸的是國土部門的相關政策如影隨形，富力地產又一次進入了證監會的終止審查名單，迴歸計劃擱淺。

直到 2015 年年中，政策環境的變化讓富力地產重燃了迴歸 A 股的信心。在香港召開的富力地產年中業績發布會上，富力地產董事長李思廉明確表示：「證監會已經明確國內上市房企再融資不再需要國土部門事前審查，H 股公司迴歸 A 股已有可行性，公司正在積極尋求 A 股上市方案，並重新獲得了股東授權。」在李思廉的解釋中，迴歸 A 股是為了讓富力獲得一個更好的估值。比較 H 股與 A 股上市的房企可以發現，A 股市場對房企的估值明顯更高。以萬科、綠地、恒大、碧桂園、保利等幾家千億級房企為例，其在 H 股上市的市盈率普遍在 5~7 倍，而在 A 股上市的同等規模房企市盈率均普遍在 10 倍以上。

（三）負債高企：富力地產的「難言之隱」

長期以來，富力地產較高的負債率飽受質疑。表 5-6 報告了富力地產近幾年的主要償債能力指標，從中可見，截至 2015 年 6 月 30 日，公司合併資產負債率為 73.26%，母公司資產負債率為 79.37%，財務槓桿率較高。並且，公司的利息保障倍數呈逐年下降態勢，2014 年以來還出現了急遽下滑。

① 數據來源：新浪網. 2015 年度中國房地產企業銷售 TOP100. http://bj.leju.com/zhuanti/2015Q4TOP100.

表 5-6　　富力地產的主要償債能力指標

項目	2015 年 1-6 月	2014 年	2013 年	2012 年
流動比率	1.75	1.91	1.80	1.74
速動比率	0.45	0.52	0.67	0.57
資產負債率（合併）	73.26%	69.68%	76.03%	72.66%
資產負債率（母公司）	79.37%	77.22%	81.12%	75.37%
利息保障倍數	0.94	1.69	3.24	3.41

資料來源：《廣州富力地產股份有限公司首次公開發行 A 股股票招股說明書》。

對於公司較高的資產負債率水平，富力地產並不否認。在富力地產看來，這主要是因為公司為了實現高增長而加大銀行借款規模，並積極發行公司債券及境外債券增強資金實力，因此使得公司負債規模有所上升。

截至 2015 年 6 月 30 日，富力地產的長期借款餘額達到 371.32 億元，一年內到期的非流動負債 235.80 億元，應付債券 96.61 億元，短期借款 43.58 億元，其面臨的長期和短期償債壓力可見一斑。

過高的負債水平，不僅成為富力地產迴歸 A 股最大的難點，而且已經開始影響其盈利能力。2014 年，受毛利率下滑以及永續債付息的影響，富力地產扣除非經常性損益後的淨資產收益率從 2013 年的 19.66%快速下滑至 11.87%，這也導致富力上市十年來首次宣布不派息。

不僅如此，較高的財務槓桿比率還導致富力的信用評級降低，增大了其未來的債務融資成本。2015 年 2 月，國際信用評級機構穆迪宣布將富力地產的公司家族評級從 Ba2 下調至 Ba3、富力香港的公司家族評級從 Ba3 下調至 B1。穆迪稱，評級下調還反應了預計未來 1~2 年該公司的負債槓桿率將居高不下，因而會限制其融資靈活性。

二、問題提出

1. 富力地產的資本結構有什麼特點？
2. 請分析富力地產迴歸 A 股的目的。
3. 富力地產的資本結構決策主要受到哪些因素的影響？

思考與練習

一、單項選擇題

1.（　　）是企業比較和選擇追加籌資方案的重要依據。

A. 個別資本成本　　B. 邊際資本成本

C. 加權平均資本成本　　D. 以上都是

2. 錦昌公司以 1,100 元的價格，溢價發行面值為 1,000 元、期限為 5 年、票面利率為 7%的公司債券一批。每年付息一次，到期一次還本，發行費用率 3%，所得稅稅率 25%。如果不考慮貨幣時間價值，則該債券的資本成本率為（　　）。

A. 6.56%　　B. 4.92%　　C. 4.77%　　D. 3.80%

3. 與經營槓桿系數同方向變化的是（ ）。

A. 產品售價　　B. 單位變動成本

C. 銷售量　　D. 利息費用

4. 如果企業的經營槓桿系數為2，總槓桿系數為1.5，息稅前利潤變動率為20%，則普通股每股收益變動率為（ ）。

A. 15%　　B. 26.67%　　C. 30%　　D. 40%

二、判斷題

1. 資本成本包括籌資費用和用資費用兩部分，其中籌資費用是資本成本的主要內容。（ ）

2. 超過籌資突破點籌集資金，只要維持現有的資本結構不變，資本成本率就不會增加。（ ）

3. 假設其他因素不變，企業銷售量水平超過盈虧平衡點之後，銷售量越大則經營槓桿系數越小。（ ）

4. 財務風險之所以存在是因為企業經營中有負債形成。（ ）

5. MM理論認為，在沒有所得稅等一系列嚴格假設下，經營風險相同但資本結構不同的企業，其總價值相等。（ ）

三、計算分析題

1. 錦昌公司現有長期資本帳面總額2,000萬元，其中發行債券1,000萬元（票面年利率為10%），普通股1,000萬元（共300萬股，每股面值1元，現行市價10元，預計今年將發放股利每股1元，以後各年股利預計增長5%）。為擴大經營規模，需增資4,000萬元，其中按面值發行債券1,400萬元，票面年利率為10%，債券發行費率為2%；發行股票2,600萬元（共260萬股，每股面值1元，發行價10元，籌資費率為3%，未來股利政策不變）。公司所得稅率為25%。請計算：

（1）新增資金的個別資本成本；

（2）根據市場價值確定增資後各項資本占總資本的比重；

（3）錦昌公司的綜合資本成本。

2. 錦蓉公司的資本總額為300萬元，今年銷售額為320萬元，固定成本48萬元，變動成本率為60%。該公司負債比率為45%，債務利率為10%。請計算該公司的經營槓桿系數、財務槓桿系數和總槓桿系數。

3. 錦達公司資本總額為8,000萬元，債務資本與股權資本的比例為1∶3。現有債務均為銀行借款，年利率為9%。現該公司準備追加籌資2,000萬元，預計增資後總資產息稅前利潤率可達20%。有兩個籌資方案可供選擇：A方案，按12%的票面利率發行債券；B方案，增發普通股，每股發行價格4元，股票面值仍為1元。公司所得稅稅率為25%。

要求：

（1）計算兩個方案的每股收益；

（2）測算兩個方案的每股收益無差別點；

（3）比較A、B兩個籌資方案。

第六章 投資決策

學習目標

- 理解投資的概念和特點，掌握投資的分類，瞭解投資管理原則。
- 掌握不同投資項目的現金流量構成及現金淨流量的計算。
- 熟練掌握各類投資決策指標及應用。
- 能夠運用各種投資決策方法進行決策分析。
- 掌握股票投資、債券投資的特點，瞭解基金投資的特點、基金的估價和收益率。

引導案例

雅戈爾集團投資案例①

雅戈爾集團股份有限公司（以下簡稱雅戈爾）組建於 1993 年，以定向募集方式設立，當時是一家專門從事襯衫、西服等系列服裝生產的企業。經過 30 多年的發展，雅戈爾已逐步建立了品牌服裝、房地產開發、投資三大產業為主體專業化發展的經營格局，成為擁有 50,000 多名員工的一個大公司。

1998 年 11 月 19 日，雅戈爾股票在上交所正式掛牌，收盤價為 26.0 元/股，比招股價高出 138%，2001 年雅戈爾入選「中證・亞商」中國最具發展潛力上市公司 50 強，列第 29 位，並被《新財富》認為是中國國內被嚴重低估的 29 只藍籌股之一，綜合實力列全國大企業集團 500 強第 144 位，連續多年穩居中國服裝行業銷售和利潤總額雙百強排行榜首位。雅戈爾經過多年的努力成為了中國服裝行業的龍頭企業。

1998 年雅戈爾上市後募集的資金數額大，加上穩定的服裝業務帶來的營業收入，雅戈爾手握大量資金急需投資。「雅戈爾有 40 多億元淨資產，不可能在一個產業裡再把它無限做大，每個企業都在演進，我們靠服裝掙的錢來投資房地產，沒有什麼不好」，這是雅戈爾集團董事長李如成的「服裝廠蓋房」理論。從公司連續幾年的財務報表可以看出，公司擁有大量的資金閒置，這為該公司的對外投資提供了基本保障。

為了使閒置資金取得收益，雅戈爾於 2007 年成立了兩家全資子公司專門負責投資業務，構建了投資產業專業化平臺，投資方向涉及股權投資、項目投資、投資諮詢等相關業務，並確定以參與定向增發和有利拓展企業服裝業務發展為重點的投資戰略佈

① 資料來源：筆者根據公開資料整理改編。

局。例如經過深度調研與分析探討，在已經公布定向增發預案且較可行的263家公司中，雅戈爾確定其中的98家作為重點跟蹤對象，並最終參與了9家上市公司的定向增發投資。

同時公司從穩健、謹慎、高效原則出發，採取了一系列措施防範投資風險，如增強把握宏觀政策的研發能力，強化微觀操作的投資能力；理順發展思路，落實管理制度，監控投資風險；尋找優質項目，探索未來產業投資業務；建立和完善投資決策機制，提高投資決策的科學性，降低投資風險等。

雅戈爾財務報表顯示，其2015年前三季度服裝板塊營收同比下降2.62%至32.05億元，淨利潤為5.43億元。相比之下，集團投資業務投資收益同比增長32.73%至20.82億元，淨利潤同比暴漲111.1%至19億元。

思考與討論

1. 企業投資的目的是什麼?
2. 雅戈爾集團投資有什麼特點?

第一節 投資決策概述

一、投資的概念及特點

(一) 投資的概念

在現代經濟社會中，投資可說是無處不在，成為普遍而廣泛的社會經濟活動。而且，隨著經濟的發展，投資日趨多樣化，具有了越來越豐富而新穎的內涵。儘管投資對經濟生活的影響至為廣泛且十分突出，但大多數人對「投資」一詞的確切內涵卻未必有清晰的認識。在對公司投資決策的理論與方法展開討論之前，有必要先就投資的一般概念予以說明。

《簡明不列顛百科全書》的定義是：投資是指在一定時期內期望在未來能產生收益而將收入變為資產的過程。

《經濟大辭典（金融卷）》的定義是：投資是指經濟主體以獲得未來收益為目的，預先墊付一定數量的貨幣或實物，以經營某項事業的行為。

我們認為：投資是指經濟主體（包括國家、企業和個人）向一定領域投放資金或實物等貨幣等價物以獲得收益或使資金增值的經濟行為。它可以是以貨幣、實物投入企業，通過生產經營活動取得一定利潤；也可以是以貨幣購買企業發行的股票和公司債券，獲取投資的收益。

隨著經濟體制改革的不斷深化，投資主體呈多元化趨勢，目前中國的投資主體有中央政府、地方政府、企業、個人和境外投資機構等。

需要說明的是，財務管理中涉及的投資主體一般是指企業，本教材正是站在企業角度對投資進行研究分析。

(二) 投資的意義

企業的籌資是為了投資服務，企業在籌資過程中付出了籌集和使用資金的成本，這些成本的耗費只有通過投資及獲得的收益來進行補償。在市場經濟條件下，企業只有把籌集到的資金盡可能地投放到收益大、風險小的項目上去，通過對各種資金的最有效組合獲取最大的投資收益，才能實現資本的增值和保值，能否進行有效的投資對企業的生存和發展有著極其重要的意義。

1. 投資是企業生存和發展的基本需要

企業的目標是生存、發展，而後才是盈利。企業從事正常的生產經營活動時，為了保證生產的持續進行，需要不斷地將現金形態的資金投入使用，這是企業生存的基本條件。同樣，當企業要擴大生產規模時，也需要進一步地投資才能使企業的資產增加。而當企業生產規模擴大後，為了保證正常的生產還需要追加營運資金，而這一切只有投資才能實現。

利潤是企業從事生產經營活動取得的財務成果。企業要獲得利潤，必須將籌集的資金投入使用。例如將資金直接用於企業的生產經營中，或將資金以股權、債權的方式投資到其他企業以獲取報酬。可見，要獲取利潤就必須進行投資。

2. 投資是企業實現財務管理目標的基本前提

財務管理的目標是不斷地創造企業新的、更高的價值，決定企業價值的關鍵不在於企業為購置所需生產要素所付出的代價（如企業資產的帳面價值），而在於企業經營者利用這些生產要素創造現金收益（或現金流量）的能力。創造的現金流量越多越穩定，企業價值就越大；反之，企業價值就越小。而企業創造價值的能力，主要通過投資活動來實現。如果將企業比作一塊蛋糕，進行有效投資的目的就是要讓這塊蛋糕越做越大，從而使與企業有利益關係的各方都能從中受益，增加自身的財富。

3. 投資是企業降低風險的重要方法

在市場經濟條件下，企業的生產經營活動不可避免地存在風險，有來自市場競爭的風險、資金週轉的風險，還有原材料漲價、費用居高等成本的風險。投資是企業風險控製的重要手段，通過投資可以使企業各種生產經營能力配套、平衡，形成更大的綜合生產能力。企業將資金投向多行業、多品種、多角化經營，在一定程度上能增加企業銷售和獲利的穩定性。

4. 投資促進企業發展

企業是國民經濟的細胞，投資對企業而言，不僅是維持簡單再生產的基礎，也是擴大再生產的必要條件。在科學技術、社會經濟迅速發展的今天，要維持簡單再生產的順利進行，就必須及時對所使用的機器設備進行更新，對產品和生產工藝進行改革，不斷提高職工的科學技術水平等；要實現擴大再生產，就必須新建、擴大廠房，增添機器設備，增加職工人數，提高人員素質等。企業只有通過一系列成功的投資活動，才能增強企業實力和競爭力，推動企業不斷發展壯大。

(三) 投資的特點

投資是企業將財力投放於一定的對象，以期望在未來獲得收益的一種行為。它具有以下特點：

1. 屬於企業的戰略性決策

一般來講，企業的投資活動往往涉及企業未來的經營發展方向、生產能力規模等問題，如廠房設備的新建與更新、新產品的研製與開發、對其他企業的股權控製等，它具有一定的前瞻性。同時，企業的投資活動先於經營活動，這些投資活動，往往需要一次性投入大量的資金，並在一段較長的時期內發生作用，對企業經營活動的方向產生重大影響。特別是重大投資往往影響企業的未來走向和願景的實現，這種投資具有戰略性。

2. 屬於企業的非程序化管理

企業的投資活動涉及企業的未來經營發展方向和規模等重大問題，投資活動具有一次性和獨特性的特點，是非經常發生的，投資管理屬於非程序化管理。

3. 投資價值的波動性大

投資項目的價值，是由投資的標的物資產的內在獲利能力決定的。這些標的物資產的形態是不斷轉換的，未來收益的獲得具有較強的不確定性，其價值也具有較強的波動性。同時，各種外部因素，如市場利率、物價等的變化，也時刻對投資產生影響，由此導致投資價值的波動性大。因此，企業在投資管理決策時，要充分考慮投資的時間價值和風險價值。

4. 具有一定的風險性

風險就是未來的不確定性，在投資中一項投資經歷的時段較長，未來的不確定因素較為複雜而且多變，投資總是帶有相當程度的風險性。例如政治風險，如戰爭、國內政治動盪、政策變化等；利率風險，如利率的漲落；市場風險，如市場轉移；經營風險，如企業經營虧損、破產等；購買力風險，如供求、物價相對變化。這些因素的變化都可能導致投資遭到損失。

二、投資的分類

（一）按投資活動與企業生產經營活動的關係，投資分為直接投資和間接投資

1. 直接投資

直接投資是指將資金直接投放於形成生產經營能力的實體性資產上，直接謀取經營利潤。通過直接投資，購買並配置勞動力、勞動資料和勞動對象等具體生產要素，開展生產經營活動，這種投資擁有被投資對象的控製權。

2. 間接投資

間接投資是指將資金投放於債券、股票等金融資產，以獲取股利、利息或者其他投資收入。這種投資方式不直接介入具體生產經營過程，只是通過股票、債券等所約定的收益分配權利，獲取股利或利息收入，分享直接投資的經營利潤。它只涉及貨幣資本的運動，而不涉及生產資本和商品資本的運動，所以具有間接性。

（二）按投資對象，投資分為項目投資和證券投資

1. 項目投資

項目投資是指投資者將資金用於建造、購置固定資產和流動資產，從而直接用於生產經營，並以此獲得未來收益的投資行為。它是通過投資、購買具有實質內涵的經營資產，包括有形資產和無形資產，形成具體的生產經營能力，開展實質性的生產經營活動，謀取企業的盈利。

2. 證券投資

證券投資是指投資者以獲得未來收益為目的，預先墊付一定的資金並獲得金融資產。投資者用自己的貨幣購買有價證券，然後憑有價證券獲取收益，由有價證券的發行者去進行項目投資。

項目投資與證券投資的根本區別在於前者是社會累積的直接實現者，即通過項目投資最終完成和實現社會的累積；而後者只是一種間接的過程，投資者以最終獲得金融資產為目的，至於這些資金怎樣轉化成實物形態則與證券投資者沒有關係。

（三）按投資性質，投資分為股權性投資、債權性投資和混合性投資

1. 股權性投資

股權性投資是指企業通過投資取得受資企業相應份額淨資產的所有權，投資企業與受資企業之間形成所有權關係。股權性投資主要是企業通過購買股票或者根據合同、協議向合資、聯營等企業投入資產取得股權。投資企業有權直接或間接參與受資企業的經營管理，有權參與受資企業的財產分配，獲取較高收益。

2. 債權性投資

債權性投資是指企業通過投資獲得債權，投資企業與受資企業之間形成債權債務關係。債權性投資主要是企業將資產投資於債權性證券，如公司債券、國庫券等，投資企業可按事先約定的利率定期收取本息。債權性投資風險小，收益較低，債權人無權過問發行債券單位的經營管理情況。

3. 混合性投資

混合性投資是指同時具有債權性和股權性雙重性質的投資。這種投資兼有債權性和股權性投資的特點，也便於投資企業轉換投資性質。混合性投資主要是企業通過購買優先股股票，或者購買可轉換公司債券進行。

（四）按投資時間長短，投資分為短期投資和長期投資

1. 短期投資

短期投資是指各種能夠隨時變現、持有時間不超過一年的投資。它是企業利用暫時閒置的資金，冒最低限度的風險，謀取一定收益的投資，具有時間短、變現能力強、流動性大等特點。

2. 長期投資

長期投資是指不準備在一年內變現的投資，如固定資產投資、長期證券投資等。企業的長期投資對企業的長期發展和長期盈利能力起著非常重要的影響，因為這類投

資耗資巨大、回收期長，未來風險難以預測。因而，一旦投資決策失誤，改變決策或消除不良決策所造成的後果的成本較高。

(五) 按資金投出方向，投資分為對內投資和對外投資

1. 對內投資

對內投資又稱為內部投資，是指企業把資金投放在企業內部，購置生產經營所需各種資產的投資活動。

對內投資又可分為維持性投資和擴張性投資兩大類。前者如設備的更新和大修，這類投資一般不擴大企業現有的生產規模，也不改變企業現有的生產經營方向。後者是企業為了今後的生存和發展而進行的投資，如增加固定資產、新產品的研製開發等，這類投資或擴大企業的生產經營規模，或改變企業的生產經營方向，對企業的前途會產生較大的影響。擴張性投資一般數額較大，週期較長，風險也較高，因而決策時應審慎行事。

2. 對外投資

對外投資是指企業投資於其他單位，它可以是間接投資，也可以是直接投資。企業或者以現金、實物或無形資產等出資形式直接投放於其他經濟實體，並參與其經營活動；或者以購買股票、債券等有價證券的方式向其他單位投放資金。

(六) 按投資的風險程度，投資可分為確定型投資和風險型投資

1. 確定型投資

確定型投資是指未來情況可以較為準確預測的投資，例如未來的現金流量較為穩定沒有波動。該類投資由於風險小，未來收益較為確定，因而企業在進行此類投資決策時，可以不考慮風險問題。

2. 風險型投資

風險型投資是指未來情況不確定，難以準確預測的投資。企業在進行此類決策時，應充分考慮到投資的風險問題，採用科學的分析方法，以作出正確的投資決策，企業的大多數戰略性投資均屬於風險投資。

三、投資管理原則

在市場經濟條件下，企業投資效果的好壞直接關係著企業的生存和發展。企業投資的根本目的是為了獲取投資收益、增加企業價值，為此，企業在投資管理中應堅持以下原則：

(一) 預見性原則

捕捉投資機會是企業投資活動的起點，也是企業投資決策的關鍵。在商品經濟條件下，投資機會不是固定不變的，而是不斷變化的，它要受到諸多因素的影響，特別是宏觀經濟、市場需求變化的影響。企業在投資之前，必須認真進行市場調查和市場分析，尋找最有利的投資機會。

(二) 及時性原則

及時性原則要求及時足額地籌集資金，保證投資項目的資金供應。例如大型投資項目，建設工期長，所需資金多，一旦開工，就必須有足夠的資金供應；否則，就會使工程建設中途下馬，造成很大的損失。因此，在投資項目上馬之前必須科學預測投資所需資金的數量和時機，採用適當的方法，在恰當的時間籌措資金，既保證投資項目順利完成，同時也避免因籌資時間不當而增加資金的使用成本。

(三) 可控性原則

收益與風險是共存的。一般而言，收益越大，風險也越大，收益的增加是以風險的加大為代價的，而風險的加大將會引起企業價值的下降，不利於財務目標的實現。企業在進行投資時，必須在考慮收益的同時認真考慮風險，只有在收益和風險達到較好的均衡時，才有可能不斷增加投資效益，實現財務管理的目標。

(四) 科學性原則

企業的投資決策都會面臨一定的風險。為了保證投資決策的正確有效，須按科學的投資決策程序認真進行投資的可行性分析。投資可行性分析的主要任務是對投資可行性和經濟上的有效性進行論證，運用各種方法計算出有關指標，以便合理確定不同項目的優劣，選擇最佳投資方案。

第二節　現金流量分析

一、現金流量及分類

現金流量（Cash Flow）是指投資項目在其計算期內因資金循環而引起的現金流入量和現金流出量的通稱，它是由一項長期投資方案所引起的在未來一定期間所發生的現金收支所形成的。這裡的「現金」概念是廣義的，包括各種貨幣資金及與投資項目有關的非貨幣資產的變現價值。

在投資決策中，現金流量常按以下方式分類：

(一) 按現金流向分類

1. 現金流出量

現金流出量是指由該投資方案所引起的企業現金支出的增加額。如購置生產線的價款、墊支的營運資金等。它主要由在建設期發生的建設投資、流動資金投資、付現成本（經營成本）、各種稅金等構成，簡稱現金流出。

(1) 建設投資（含更新改造項目投資）

建設投資是建設期發生的主要現金流出量，主要由固定資產投資（固定資產的購置成本或建造成本，運輸成本、安裝成本等）、無形資產投資等構成，如果是更新項目還包括原有固定資產的變現涉及的所得稅支付等。

(2) 墊支的流動資金

墊支的流動資金是指投資項目建成投產後為開展正常經營活動而投放在流動資產(存貨、應收帳款等) 上的營運資金。這種投資的性質屬於「墊支」，在企業的經營期內已投入的流動資金可以循環週轉使用，而在終結點時應作為回收而形成流入構成內容。

因此，經營期內某年所需投資的流動資金，只是該年流動資金需用額超過截至上年已投入流動資金額的增量部分，確定投資項目中流動資金的基本公式如下：

某年流動資金需用額=該年流動資產需用額-該年流動負債需用額

某年流動資金投資額(墊支額)=本年流動資金需用額-截至上年的流動資金投資額

=本年流動資金需用額-上年流動資金需用額

流動資金投資額=∑各年墊支的流動資金投資額

【例6-1】某工業投資項目預計第一年流動資產需用額為60萬元，流動負債需用額為40萬元，第二年流動資產需用額為120萬元，流動負債需用額為60萬元。根據上述資料，該項目流動資金相關指標計算如下：

第一年流動資金需用額=該年流動資產需用額-該年流動負債需用額

=60-40=20（萬元）

第一年流動資金投資額=本年流動資金需用額-截至上年的流動資金投資額

=20-0=20（萬元）

第二年流動資金需用額=該年流動資產需用額-該年流動負債需用額

=120-60=60（萬元）

第二年流動資金投資額=本年流動資金需用額-截至上年的流動資金投資額

=60-20=40（萬元）

流動資金投資額=∑各年墊支的流動資金投資額

=20+40=60（萬元）

(3) 付現成本（或經營成本）

付現成本是指在經營期內為滿足正常生產經營而需用現金支付的成本，它是生產經營期內最主要的現金流出量。而非付現成本主要是固定資產年折舊費用、長期資產攤銷費用等，無需當期用現金支付。因此付現成本的計算公式如下：

付現成本=總成本-非付現成本（折舊、攤銷等)

(4) 所得稅額

所得稅額是指投資項目建成投產後，因應納稅所得額增加而增加的所得稅。

(5) 其他現金流出量

其他現金流出量是指不包括在以上內容中的現金流出項目。

2. 現金流入量

現金流入量是指投資項目實施後在項目計算期內所引起的企業現金收入的增加額，簡稱現金流入。它包括：

(1) 營業收入

營業收入構成經營期主要的現金流入量項目，它是項目投產後每年實現的全部營業收入，計算公式如下：

營業收入（產銷平衡）＝該年產品不含稅單價×該年產品的產銷量

（2）固定資產的餘值

固定資產的餘值是指投資項目的固定資產在終結報廢清理時的殘值收入，或中途轉讓時的變價收入。假定主要固定資產的折舊年限等於經營期，則終結點回收的固定資產餘值計算公式如下：

固定資產餘值＝固定資產的原值×法定淨殘值率

或按事先確定的淨殘值估算。

（3）回收流動資金

回收流動資金是指投資項目在項目計算期結束時，收回原來投放在各種流動資產上的營運資金。在假定經營期內不存在因加速週轉而提前回收流動資金的前提下，終結點一次回收的流動資金必然等於各年墊支的流動資金投資額的合計數。

（4）原有固定資產的變現涉及的所得稅減免或支付（這項內容主要針對更新項目）

原有固定資產的變現涉及的所得稅減免或支付主要是指固定資產更新時原有固定資產的變價損益對所得稅的影響，如果是變價損失，會抵減所得稅，視為一項現金流入，如果是變價淨收益，則會增加所得稅支付，視為一項現金流出。實踐中以變價損失造成所得稅抵減的情況為多見。

（5）補貼收入

補貼收入根據按政策退還的增值稅、按銷量或工作量分期計算的定額補貼和財政補貼等予以估算。

（6）其他現金流入量

其他現金流入量是指以上指標以外的現金流入量項目。

3. 現金淨流量

現金淨流量是指一定時間內投資項目在項目計算期內現金流入量和現金流出量的淨額，由於投資項目的計算期超過一年，且資金在不同的時間具有不同的價值，所以本章所述的現金淨流量是以年為單位的。

現金淨流量的一般計算公式為：

現金淨流量（NCF）＝當年現金流入量－當年現金流出量

當流入量大於流出量時，淨流量為正值；反之，淨流量為負值。

（二）按發生時間分類

1. 初始（建設期）現金流量

初始現金流量是指從項目投資開始到項目建成投產為止發生的有關現金流量，即項目在建設期的投資支出。初始現金流量計算的特點如下：

（1）在建設期企業主要以形成生產能力的投資為主，尚未形成生產規模和能力，沒有產品生產和銷售，也就沒有產品收入，因此在不考慮更新項目的情況下，無法形成現金流入量。

（2）現金流出一般由以下幾部分構成：固定資產投資（包括固定資產的購置或建

造成本、運輸成本和安裝成本等)、流動資金投資、無形資產投資以及其他投資費用(如職工培訓費、開辦費)等,一般不會發生所得稅的流出和付現成本。

可見,初始現金流量以現金流出為主。因而在不考慮更新項目的情況下,建設期現金淨流量的計算公式如下:

現金淨流量(NCF)=-該年原始投資額

由於在建設期沒有現金流入量,所以建設期的現金淨流量總為負值。若投資額是在建設期一次全部投入的,上述公式中的該年投資額即為原始投資[①]。

2. 營業現金流量

營業現金流量是指從項目投入使用開始到項目報廢清理為止的整個經營期內發生的有關現金流量。營業現金流量計算的特點是:在整個經營期,企業的投入全部結束,形成了生產能力,企業的經營活動會產生現金流入量和現金流出量。營業現金流量一般按年度計算。各年現金流入量與現金流出量的差額即為經營期淨現金流量。

(1)不考慮所得稅時,計算公式如下:

經營期某年淨現金流量=營業收入-經營成本(或付現成本)
=營業收入-(營業成本-非付現成本)
=營業利潤+非付現成本(折舊、攤銷等)

(2)考慮所得稅時,計算公式如下:

經營期某年淨現金流量=營業收入-經營成本(或付現成本)-所得稅
=營業收入-(營業成本-非付現成本)-所得稅
=營業利潤×(1-所得稅率)+非付現成本(折舊、攤銷等)
=淨利潤+非付現成本(折舊、攤銷等)

上述公式也可以推導後直接得出下列計算公式:

經營期某年現金淨流量=營業收入×(1-所得稅率)-付現成本×(1-所得稅率)+非付現成本(折舊、攤銷)×所得稅率
=稅後收入-稅後成本+非付現成本(折舊、攤銷等)抵稅額

3. 終結現金流量

終結現金流量是指投資項目終結時發生的各種現金流量。終結現金流量一般會在正常的現金流量基礎上再加上殘值收入、墊支營運資金等的回收額[②]。

終結期現金淨流量計算公式如下:

終結期現金淨流量=終結期營業現金淨流量+回收額

二、現金流量分析的前提假設

(一)有關項目計算期

項目計算期是指投資項目從投資建設開始到最終清理結束整個過程的全部時間,

① 建設投資與墊支的流動資金合稱為項目的原始投資。

② 終結點回收的固定資產餘值和流動資金統稱為回收額。

即該項目的有效持續期間（記作 N）。

完整的項目計算期包括建設期、生產經營期。其中，建設期（記作 S，S≥0）的第一年年初（記作第 0 年）稱為建設起點，建設期的最後一年（第 S 年）年末稱為投產日；項目計算期的最後一年（第 N 年）年末稱為終結點，從投產日到終結點之間的時間間隔稱為生產經營期（記作 P）。項目計算期及其構成示意圖見圖 6-1。項目計算期公式如下：

$$項目計算期(N)=建設期(S)+經營期(P)$$

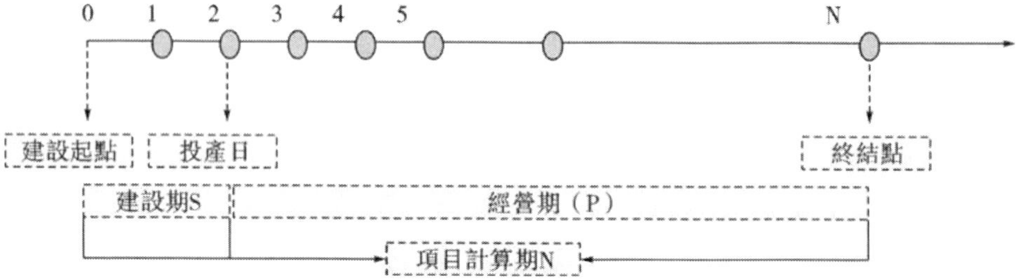

圖 6-1　項目計算期及其構成示意圖

（二）確定現金流量的假設

為了便於確定現金流量的具體內容，簡化現金流量的計算過程，作如下假設：

1. 投資項目的類型假設

假設投資項目的類型只包括新建項目（含單純固定資產投資項目、完整工業投資項目）和更新改造項目。

2. 建設期投入全部資金假設

不論項目的原始投資是一次投入還是分次投入，均假設在建設期內全部投入，並在經營期不再追加投資。

3. 經營期與折舊年限一致假設

假設項目主要固定資產的折舊年限或使用年限與經營期相同。

4. 時點指標假設

假設現金流入和流出均發生在特定時點，一般約定：

（1）假設原始投資都在建設期內有關年度的年初或者年末發生。

（2）在有建設期時，除非特別說明，均假設墊付流動資金在建設期末發生；在無建設期時，則假設墊付流動資金發生在建設起點。

（3）經營期內與現金流量計算有關的各年收入、成本、折舊、攤銷、利潤、稅金等項目的確認均假設在年末發生。

（4）假設項目最終報廢或清理均發生在終結點，即經營期的最後一期期末（但更新改造項目除外）。

（三）投資額的計算口徑

1. 建設投資

建設投資是指在建設期內按一定生產經營規模和建設內容進行的投資，包括固定資產投資、無形資產投資、其他資產投資等。

2. 流動資金投資

流動資金投資是指項目投產前後分次或一次投放於營運資金項目的投資增加額，又稱墊支流動資金或營運資金投資。

3. 原始投資

原始投資是指為使項目完全達到設計生產能力、開展正常經營而投入的全部現實資金，包括建設投資和流動資金投資兩項內容。

4. 建設期資本化利息

利息資本化必須同時滿足兩個條件：一是存在建設期；二是建設期為了購建固定資產借入款項而存在負債籌資（即有利息發生）。

5. 項目總投資

項目總投資是反應項目投資總體規模的價值指標。它的計算公式如下：

項目總投資=原始投資+建設期資本化利息

三者之間關係見圖 6-2。

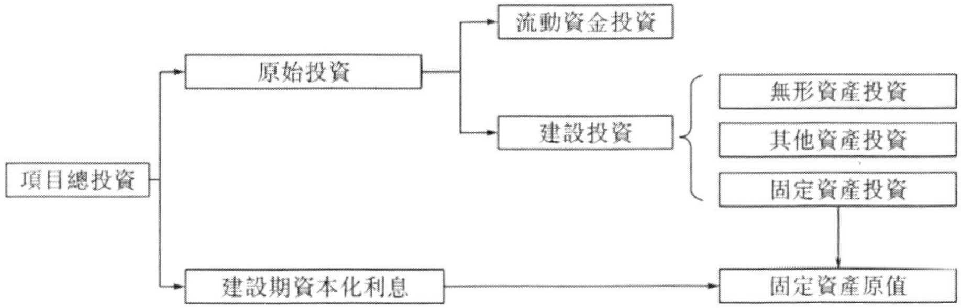

圖 6-2 項目總投資、原始投資、建設投資的相互關係

二、現金流量的估算

（一）單純固定資產投資項目現金淨流量的估算

單純固定資產投資項目的特點是：在投資中只涉及為取得固定資產而發生的資本投入，不涉及其他長期投資和流動資金投資。

【例 6-2】 2016 年錦蓉公司擬新建一投資項目，在建設起點進行固定資產投資 12,000 元，設備壽命 5 年，按直線法提取折舊，5 年末殘值 2,000 元。建成後公司產品每年收入 8,000 元，第一年付現成本為 3,000 元，以後逐年遞增 400 元，公司所得稅率為 25%，資金成本為 10%，該項目無建設期。

要求：根據上述資料計算該方案每年現金淨流量。

解：

$NCF_0=-12,000$（元）

年折舊=（12,000-2,000）/5=2,000（元）

非付現成本抵稅=2,000×25% = 500（元）

稅後營業收入=8,000×（1-25%）= 6,000（元）

第1年稅後付現成本=3,000×（1-25%）= 2,250（元）

NCF_1 經營現金流量=稅後營業收入-稅後付現成本+非付現成本抵稅

=6,000 - 2,250+500=4,250（元）

第1年後，每年的付現成本逐年遞增400元，因此第2~5年現金淨流量計算結果如下：

NCF_2=6,000-（3,000+400）×(1- 25%）+500=3,950（元）

NCF_3=6,000-（3,400+400）×(1- 25%）+500=3,650（元）

NCF_4=6,000-（3,800+400）×(1- 25%）+500=3,350（元）

NCF_5=6,000-（4,200+400）×(1- 25%）+500+2,000(殘值收入)= 5,050（元）

（二）完整工業投資項目現金流量的估算

完整工業投資項目的特點是：投資內容不僅包括固定資產投資，而且包括流動資金投資，甚至可能涉及無形資產等其他長期資產投資。

【例6-3】錦蓉公司為擴大生產規模，擬在2017年投資建設乙項目，需要在建設起點一次投入固定資產投資200萬元，無形資產投資25萬元。該項目建設期2年，經營期5年，預計固定資產殘值8萬元，無形資產自投產年份起5年攤銷完畢，在建設期末還需投入流動資金30萬元。

該項目投產後，預計每年營業收入210萬元，每年預計外購原材料、燃料、動力費50萬元，工資福利費20萬元，其他費用10萬元，該企業按直線法折舊，全部流動資金於終結點一次回收，所得稅稅率為25%。

要求：

（1）計算該項目的項目計算期、折舊、原始投資額；

（2）計算投產後各年的經營成本；

（3）計算各期的 NCF。

解：

（1）計算項目計算期、折舊、原始投資額

項目計算期=建設期+經營期 = 2+5=7（年）

$$折舊=\frac{200-8}{5}=38.4（萬元）$$

原始投資 = 建設投資+流動資金投資=200+25+30=255（萬元）

（2）計算投產後各年的經營成本

經營成本=50+20+10=80（萬元）

（3）計算各期的 NCF

NCF_0=-200-25=-225（萬元）

$NCF_1=0$

$NCF_2=-30$（萬元）

由於有無形資產的攤銷，所以經營期的 1~4 年 NCF 如下：

①第一種方法，利用以下公式計算：

經營期現金淨流量=稅後收入-稅後成本+非付現成本抵稅額

$NCF_{3-6}=210\times(1-25\%)-80\times(1-25\%)+(38.4+5)\times25\%=108.35$（萬元）

②第二種方法，利用以下公式計算：

經營期現金淨流量=淨利潤+非付現成本（折舊、攤銷等）

$NCF_{3-6}=(210-80-38.4-5)\times(1-25\%)+(38.4+5)=108.35$（萬元）

經營期的第 5 年，有固定資產的殘值以及回收的流動資金兩個部分的回收額，因此：

$NCF_7=108.35+8+30=146.35$（萬元）

（三）更新改造項目現金淨流量的估算

更新改造項目的特點是：需要考慮在建設期內舊設備可能發生的變價淨損失（或淨收入），以及由此引起的對所得稅的抵減或支付。

故此，更新改造項目現金淨流量的估算較新建項目更為複雜。同時，由於以舊換新決策相當於在使用新設備投資和繼續使用舊設備兩個原始投資不同的備選方案中作出比較與選擇，因此，所估算出來的是增量現金淨流量（$\triangle NCF$）。

四、估算現金流量應注意的問題

（一）只關注增量現金流量

現金流量是指「增量」現金流量。所謂增量現金流量，是指由於接受或放棄某個投資項目所引起的現金變動部分。由於採納某個投資方案引起的現金流入增加額，才是該方案的現金流入；同理，某個投資方案引起的現金流出增加額，才是該方案的現金流出。在確定項目投資的現金流量時，應遵循的基本原則是：只有增量現金流量才是與投資項目相關的現金流量。

（二）區分相關成本與非相關成本

相關成本是指與特定決策有關的、在分析評價時必須加以考慮的成本。例如差額成本、未來成本、重置成本、機會成本等都屬於相關成本。與此相反，與特定決策無關的、在分析評價時不必加以考慮的成本是非相關成本。例如沉沒成本、過去成本、帳面成本等往往屬於非相關成本。

例如，某公司在 2014 年曾經打算上馬一條生產線，並請一家諮詢公司做過可行性分析，並支付了 6 萬元的諮詢費。但後來公司有了更好的投資機會，該項目被擱置下來，該筆諮詢費作為費用已經入帳。兩年之後舊事重提，在進行投資分析時，該筆諮詢費是否應加以考慮？答案是否定的。因為這筆支出是沉沒成本，與公司未來的總現金流量無關。

如果將非相關成本納入投資方案的總成本，則一個有利的方案可能因此變得不利，一個較好的方案可能變為較差的方案，從而造成決策失誤。

（三）不應忽視機會成本

機會成本是指由於某個項目使用某項資產而失去了其他方式使用該資產所喪失的潛在收入。機會成本不是我們通常意義上的成本，它不是實際發生的支出或費用，而是一種潛在的放棄的收益。例如，一筆現金用來購買股票就不能存入銀行，那麼存入銀行的利息收入就是股票投資的機會成本。如果某企業有一閒置的倉庫，準備用來改建職工活動中心，但將倉庫出租每年可得租金收入 2 萬元，則租金收入就是改建活動中心的機會成本。

在投資決策過程中考慮機會成本，有利於全面分析評價各種投資方案，並選擇經濟上最為有利的投資項目。雖然機會成本不會直接發生現金支出，但卻會影響現金流量的變化，當考慮機會成本時，一些看上去有利可圖的項目實際上無利可圖甚至虧損。

五、項目投資使用現金流量的原因

財務會計上按權責發生制確認企業的收入和成本，並以兩者的差額——利潤作為收益，來評價企業的經營效益。項目投資決策則以現金流入作為項目的收入，以現金流出作為項目的支出，以淨現金流量作為項目淨收益，並在此基礎上評價投資項目的經濟效益。之所以要以按收付實現制計算的現金流量作為評價項目經濟效益的基礎，主要有以下兩方面的原團；

（一）採用現金流量有利於科學地考慮時間價值因素

項目投資決策必須考慮時間價值因素，這就要求決策時弄清每一筆預期收入和支出款項的具休時間，因為不同時間的資金具有不同的價值。而利潤的計算是以權責發生制為基礎，並不考慮資金的收付時間。利潤與現金流量的差異主要表現在四個方面：

（1）購置固定資產時付出大量現金時不計入成本；

（2）計提固定資產折舊或無形資產攤銷時計入成本，但卻不需要支付現金；

（3）計算利潤時不考慮流動資金墊支的數量及其回收的時間；

（4）只要銷售行為確定，就計算為當期的收入，儘管其中有一部分可能並未收取現金。

可見，出於考慮時間價值的原因，項目投資決策就不能以利潤為衡量的標誌，必須採用現金流量。

（二）採用現金流量才能使投資決策更符合客觀實際情況

現金流量信息揭示了項目在未來期間現實的貨幣資金收支情況，可以序時動態地反應項目投資的流向與回收之間的投入產出關係，便於更完整、準確、全面地評價具體投資項目的經濟效益。而利潤則明顯存在不科學、不客觀的成分，具體表現為：

（1）利潤的計算沒有統一標準，一定程度上受存貨估價、費用攤銷和折舊計提方法的影響，因而比現金流量的計算有更大的主觀隨意性，作為決策的主要依據不可靠。

利潤在各年的分佈可能受折舊方法等人為因素的影響，而現金流量的分佈不受這些人為因素的影響，從而可以保證評價的客觀性。

（2）利潤反應的是一定會計期間「應計」的現金流量，而不是實際的現金流量，以此為收益容易高估投資項目的經濟效益，具有較大風險。

（3）在企業經營活動中，現金流量狀況比盈虧狀況更具重要性。企業需要以現金流量的變化來估計企業資金需求狀況，從而及時調整投資和籌資策略。

第三節　項目投資決策指標

一、投資決策指標及分類

投資決策評價指標是指用於衡量和比較項目財務效益大小、評價項目財務可行性，以便據以進行方案決策的定量化標準與尺度。投資決策評價指標很多，本書主要介紹投資利潤率、投資回收期、淨現值、淨現值率、現值指數、淨現值率和內含報酬率等指標。

上述評價指標可以按以下標準進行分類：

（一）按是否考慮貨幣時間價值劃分

1. 非貼現評價指標

非貼現評價指標是指在計算過程中不考慮貨幣時間價值因素的指標，又稱為靜態指標，包括投資利潤率和靜態投資回收期。

2. 貼現評價指標

貼現評價指標是指在計算過程中充分考慮和利用貨幣時間價值因素的指標，又稱為動態指標。例如淨現值、淨現值率、內含報酬率等都是考慮時間價值因素的指標。財務管理中的核心理念之一是時間價值，因而貼現評價指標是財務管理中常使用的評價指標。

（二）按指標性質不同劃分

1. 正向指標

正向指標是指在一定範圍內指標值越大越好的指標，例如淨現值指標，在選擇時應首先考慮淨現值更大的方案。正向指標構成評價指標的主要內容，例如投資利潤率、現值指數、淨現值率和內含報酬率等都是屬於正向指標。

2. 反向指標

反向指標是指在一定範圍內指標值越小越好的指標，例如靜態投資回收期，在比較時應先選回收期更短的方案。

（三）按指標在決策中的重要性劃分

1. 主要指標

主要指標是指在決策時應首先予以考慮的重要指標，例如淨現值、內部收益率等。

2. 次要指標

次要指標是指在決策時用以參考的輔助性指標，例如靜態投資回收期等。

二、非貼現評價指標

（一）投資利潤率（Rate of Investment，簡稱 ROI）

投資利潤率又稱投資報酬率，是指項目投資方案的年平均利潤額占投資總額的百分比。

投資利潤率的決策標準是：投資項目的投資利潤率越高越好，低於無風險收益率的方案為不可行方案。

投資利潤率的計算公式為：

$$投資利潤率（ROI）=\frac{年平均利潤}{投資總額}\times 100\%$$

上式公式中分子是平均利潤，不是現金淨流量，不包括折舊等；分母為項目總投資，一般不考慮固定資產的殘值。

【例 6-4】 錦昌公司目前有甲、乙兩個投資方案，投資總額均為 100 萬元，全部用於購置新的設備，折舊採用直線法，使用期均為 5 年，無殘值，其他有關資料如表 6-1 所示。

表 6-1　**甲乙方案的利潤及現金淨流量**　單位：元

項目計算期	甲方案		乙方案	
	利潤	現金淨流量（NCF）	利潤	現金淨流量（NCF）
0		(1,000,000)		(1,000,000)
1	150,000	350,000	100,000	300,000
2	150,000	350,000	140,000	340,000
3	150,000	350,000	180,000	380,000
4	150,000	350,000	220,000	420,000
5	150,000	350,000	260,000	460,000
合計	750,000	1,750,000	900,000	1,900,000

要求：計算甲、乙兩方案的投資利潤率。

解：

$$甲方案投資利潤率（ROI）=\frac{150,000}{1,000,000}\times 100\%=15\%$$

$$乙方案投資利潤率（ROI）=\frac{900,000/5}{1,000,000}\times 100\%=18\%$$

從計算結果來看，乙方案的投資利潤率比甲方案的投資利潤率高 3%，應選擇乙方案。

靜態指標的計算簡單、明了、容易掌握。但是這類指標的計算均沒有考慮資金的時間價值。另外，投資利潤率也沒有考慮折舊的因素，即沒有完整反應現金淨流量，無法直接利用現金淨流量的信息。

（二）靜態投資回收期（Payback Period，簡稱 PP）

投資回收期即通過未來的現金淨流量來收回原始投資額所需要的時間，一般以年為單位。投資者都希望能盡快收回投入的資本，以降低投資風險，因此，在評價投資方案優劣時，投資回收期越短越好。

投資回收期可分為不考慮貨幣時間價值的靜態回收期和考慮貨幣時間價值的動態回收期，其中靜態回收期是非貼現投資決策指標。

靜態投資回收期是指以投資項目經營淨現金流量抵償原始投資所需要的全部時間。它的計算形式包括經營期年現金淨流量相等和經營期年現金淨流量不相等兩種基本情況，每種情況下又有「包括建設期的投資回收期（記作 PP）」和「不包括建設期的投資回收期（記作 PP'）」兩種形式。

1. 經營期年現金淨流量相等

如果經營期內每年現金淨流量相等，其計算公式為：

$$\text{不包括建設期的投資回收期}(PP') = \frac{\text{原始投資}}{\text{每年現金淨流量}}$$

$$\text{包括建設期的投資回收期 } PP = PP' + S\ (\text{建設期})$$

【例 6-5】 錦蓉公司 A 投資項目的淨現金流量如下：NCF_0 為 -1,100 萬元，NCF_1 為 -100 萬元，NCF_{2-11} 為 200 萬元，據此列表編制的現金淨流量表如表 6-2 所示。

表 6-2　　**錦蓉公司 A 投資項目現金淨流量表**　　單位：萬元

項目計算期	建設期		經營期								合計
	0	1	2	3	4	5	6	7	…	10	11	
現金淨流量	-1,100	-100	200	200	200	200	200	200	…	200	200	800
累計現金淨流量	-1,100	-1,200	-1,000	-800	-600	-400	-200	0	…	+600	+800	800

要求：計算 A 投資項目的回收期。

解：

$$\text{不包括建設期的投資回收期}(PP') = \frac{1,200}{200} = 6\ (\text{年})$$

$$\text{包括建設期的投資回收期}(PP) = 6+1 = 7\ (\text{年})$$

2. 經營期年現金淨流量不相等

$$\text{包括建設期的投資回收期}(PP) = (\text{累計淨現金流量出現正值的年數}-1) + \frac{\text{最後一項為負值的累計淨現金流量絕對值}}{\text{下一年度淨現金流量}}$$

【例 6-6】 錦蓉公司 B 投資項目的現金淨流量如下：NCF_0 為 -1,000 萬元，NCF_1 為 -100 萬元，NCF_{2-8} 見表 6-3 中數據，據此數據編制的現金流量表如表 6-3 所示。

表 6-3　　*B* 投資項目現金流量表　　單位：萬元

項目計算期	建設期		經營期						
	0	1	2	3	4	5	6	7	8
淨現金流量	-1,000	-100	200	300	400	500	600	700	800
累計淨現金流量	-1,000	-1,100	-900	-600	-200	+300	+900	+1,600	+2,400

要求：計算投資項目的回收期。

解：

從表 6-3 可以看出，第 4 年的累計所得現金淨流量小於零，而第 5 年的累計現金淨流量變為正值，大於零。

包括建設期的投資回收期（PP）＝（5-1）$+\frac{200}{500}=4.4$（年）

不包括建設期的投資回收期（PP'）$=4.4-1=3.4$（年）

使用該指標進行決策的依據是：只有靜態投資回收期指標小於或等於基準投資回收期的投資項目才具有財務可行性。

靜態投資回收期的優點：能夠直觀地反應原始投資的返本期限，便於理解；指標計算簡單、明了、容易掌握，可以直接利用回收期之前的淨現金流量信息。

靜態投資回收期的缺點：指標的計算均沒有考慮資金的時間價值，也沒有考慮回收期之後的現金淨流量對投資收益的貢獻，也就是說，沒有考慮投資方案的全部現金淨流量，所以有較大局限性。

因此該類指標一般只適用於方案的初選，或者投資後各項目間經濟效益的比較。

三、貼現評價指標

貼現評價指標也稱為動態指標，即考慮貨幣時間價值因素的指標。其主要包括動態投資回收期、淨現值、淨現值率、現值指數、內含報酬率等指標。

（一）動態投資回收期

動態投資回收期是把投資項目各年的淨現金流量按基準收益率折成現值之後，再來推算投資回收期。這是它與靜態投資回收期的根本區別。動態投資回收期又稱為折現回收期，它需要將投資引起的未來現金淨流量進行貼現，以未來現金淨流量的現值等於原始投資額現值時所經歷的時間為回收期。

1. 未來每年現金淨流量相等

未來每年現金淨流量相等時實際就是一種年金形式，可利用時間價值計算中已知現值（原始投資）、年金（每年現金淨流量）和貼現率求年份的公式進行計算。

假定經歷幾年所取得的未來現金淨流量的年金現值系數為（P/A，i，n），根據：

$$原始投資額現值=(P/A,\ i,\ n)\times 每年現金淨流量$$

可以得出

$$(P/A,\ i,\ n)=\frac{原始投資額現值}{每年現金淨流量\ (NCF)}$$

利用插值法求出 n，即可得動態的投資回收期。

【例 6-7】錦蓉公司準備投資 C 項目，該項目的原始投資為 45,000 元，無建設期，項目使用後預計經營期為 10 年，投入使用後每年現金淨流量為 8,000 元，資本成本率為 10%，求 C 項目的動態投資回收期。

計算如下：

$$(P/A,\ 10\%,\ n) = \frac{45,000}{8,000} = 5.625$$

查表得知：(P/A，10%，8) = 5.334,9，(P/A，10%，9) = 5.759

由此可以確定 C 項目的動態回收期在 8~9 年，利用插值法計算可得，動態投資回收期為 8.7 年。

$$n = 8 + \frac{5.625 - 5.334,9}{5.759 - 5.334,9} \times (9-8) = 8.7\ (\text{年})$$

2. 未來每年現金淨流量不相等

在這種情況下，應把每年的現金淨流量逐一貼現並加以匯總，根據累計現金流量現值來確定回收期。

$$\text{包括建設期的投資回收期}(PP) = (\text{累計淨現金流量折現值出現正值的年數}-1) + \frac{\text{上年累計淨現金流量折現值的絕對值}}{\text{出現正值年份淨現金流量的折現值}}$$

【例 6-8】錦蓉公司有一投資 D 項目，在建設起點需一次性投資 15,000 元，使用年限為 5 年，資本成本率為 5%，每年的現金流量不相等，具體有關資料如表 6-4 所示。

要求：計算該投資項目的動態回收期。

表 6-4　**D 項目每年的現金流量**　單位：元

年序	現金淨流量	累計現金淨流量	貼現率 5%		累計現值
			現值系數	現金淨流量現值	
0	-15,000	-15,000	1	-15,000	-15,000
1	3,000	-12,000	0.952,4	2,857.2	-12,142.8
2	3,500	-8,500	0.907,0	3,174.5	-8,968.3
3	6,000	-2,500	0.863,8	5,182.8	-3,785.5
4	5,000	2,500	0.822,7	4,113.5	328
5	4,000	6,500	0.783,5	3,134	3,462

解：

考慮時間價值的動態回收期可以按如下公式計算.

$$\text{回收期} = (4-1) + \frac{3,785.5}{4,113.5} = 3.9\ (\text{年})$$

$$\text{不考慮時間價值的靜態投資回收期}\ (PP) = (4-1) + \frac{2,500}{5,000} = 3.5\ (\text{年})$$

由此可見，動態投資回收期要比靜態投資回收期長，原因是動態投資回收期的計算考慮了資金的時間價值，這正是動態投資回收期的優點。但考慮時間價值後計算比較複雜。

(二) 淨現值 (Net Present Value，簡稱 NPV)

淨現值是指在項目計算期內，按一定貼現率計算的各年現金淨流量現值的代數和減去原始投資額的現值。

淨現值計算中，關鍵的一點是折現率的確定，一般來說折現率可以是企業的資本成本，也可以是企業所要求的最低報酬率水平。

1. 經營期內各年現金淨流量相等

淨現值的計算公式為：

$$NPV = \text{經營期每年相等的現金淨流量} \times \text{年金現值系數} - \text{原始投資現值}$$

【例 6-9】 錦蓉公司 2016 年購入甲設備一臺，價值為 30,000 元，按直線法計提折舊，使用壽命 5 年，期末無殘值。預計投產後每年可獲得銷售收入為 15,000 元，每年發生的經營成本為 5,000 元，假定貼現率為 10%，所得稅稅率為 25%。

要求：計算該項目的現金流量並用 *NPV* 進行決策。

解：根據題意列表計算見表 6-5。

表 6-5 錦蓉公司購入甲設備方案現金淨流量計算表 單位：元

年份	0	1	2	3	4	5
固定資產投資	-30,000					
銷售收入(1)		15,000	15,000	15,000	15,000	15,000
付現成本(2)		5,000	5,000	5,000	5,000	5,000
折舊(3)		6,000	6,000	6,000	6,000	6,000
稅前利潤(4)=(1)-(2)-(3)		4,000	4,000	4,000	4,000	4,000
所得稅(5)=(4)×25%		1,000	1,000	1,000	1,000	1,000
稅後利潤(6)=(4)-(5)		3,000	3,000	3,000	3,000	3,000
現金淨流量合計(7)=(3)+(6)	-30,000	9,000	9,000	9,000	9,000	9,000

由於每年的現金流量為等額，錦蓉公司該方案的淨現值為：

$$NPV = 9,000 \times (P/A,\ 10\%,\ 5) - 30,000$$
$$= 9,000 \times 3.791 - 30,000 = 34,119 - 30,000 = 4,119\ (\text{元}) > 0$$

由於淨現值大於零，該方案為可行方案。

2. 經營期內各年現金淨流量不相等

經營期內各年現金淨流量不相等，則不能採用年金計算方法，而是將每年的現金淨流量分別按各自的年限進行折現計算。淨現值的計算公式為：

$$\text{淨現值} = \sum(\text{經營期各年的現金淨流量} \times \text{各年的現值系數}) - \text{原始投資現值}$$

【例 6-10】 錦蓉公司 2016 年擬購入乙設備一臺，價值為 36,000 元，按直線法計提折舊，使用壽命 5 年，期末預計殘值為 6,000 元。該項目無建設期，並在建設起點墊支流動資金 2,000 元，墊支流動資金及固定資產殘值在第 5 年年末收回。

預計投產後每年可獲得銷售收入為 17,000 元，經營期第一年發生的經營成本為 6,000 元，以後每年在上一年基礎上增加 300 元，假定貼現率為 10%，所得稅稅率為 25%。計算該項目的現金流量並用 *NPV* 進行決策。

根據題意，列表計算見表 6-6。

表 6-6　**錦蓉公司購入乙設備方案現金淨流量計算表**　單位：元

年份	0	1	2	3	4	5
固定資產投資	-36,000					
流動資金墊支	-2,000					
銷售收入(1)		17,000	17,000	17,000	17,000	17,000
付現成本(2)		6,000	6,300	6,600	6,900	7,200
折舊(3)		6,000	6,000	6,000	6,000	6,000
稅前利潤(4)=(1)-(2)-(3)		5,000	4,700	4,400	4,100	3,800
所得稅(5)=(4)×25%		1,250	1,175	1,100	1,025	950
稅後利潤(6)=(4)-(5)		3,750	3,525	3,300	3,075	2,850
營業現金流入(7)=(3)+(6)		9,750	9,525	9,300	9,075	8,850
固定資產殘值						6,000
流動資金收回						2,000
現金淨流量合計	-38,000	9,750	9,525	9,300	9,075	16,850

該方案淨現值

$$NPV=9,750\times(P/F,10\%,1)+9,525\times(P/F,10\%,2)+9,300\times(P/F,10\%,3)+9,075\times(P/F,10\%,4)+16,850\times(P/F,10\%,5)-38,000$$
$$=9,750\times0.909,1+9,525\times0.826,4+9,300\times0.751,3+9,075\times0.683,0+16,850\times0.620,9-38,000$$
$$=40,215.99-38,000=2,215.99\text{（元）}$$

該方案的淨現值大於零，為可行方案。

3. 淨現值指標的決策標準

(1) 如果投資方案的淨現值大於或等零，該方案為可行方案；

(2) 如果投資方案的淨現值小於零，該方案為不可行方案；

(3) 如果幾個方案的投資額相同，項目計算期相等且淨現值均大於零，那麼淨現值最大的方案為最優方案。

所以，淨現值大於或等於零是項目可行的必要條件。

4. 淨現值評價指標的優缺點

淨現值評價指標是一個貼現的絕對值正向指標，其優點在於：一是綜合考慮了貨幣時間價值，較合理地反應了投資項目的真正經濟價值；二是考慮了項目計算期的全部現金淨流量，體現了流動性與收益性的統一；三是有效地考慮了投資風險，因為貼現率的大小與風險大小有關，風險越大，貼現率就越高。

但是該指標的缺點也是明顯的，即無法直接反應投資項目的實際投資收益率水平；當各項目投資額不同時，難以確定最優的投資項目。

（三）淨現值率（Net Present Value Rate，簡稱 NPVR）

上述的淨現值是一個絕對數指標，與其相對應的相對數指標是淨現值率，淨現值率是指投資項目的淨現值與原始投資現值合計的比值。其計算公式為：

$$淨現值率（NPVR）=\frac{淨現值}{原始投資現值}\times 100\%$$

【例 6-11】接【例 6-9】和【例 6-10】，分別計算項目投資的 $NPVR$。

解：在【例 6-9】中

$$方案淨現值率（NPVR）=\frac{4,119}{30,000}\times 100\%=13.73\%$$

在【例 6-10】中

$$方案淨現值率（NPVR）=\frac{2,215.99}{38,000}\times 100\%=5.83\%$$

（四）現值指數（PresentValueIndex，簡稱 PVI）

現值指數又稱獲利指數，是指項目投產後按一定貼現率計算的在經營期內各年現金淨流量的現值總和與原始投資現值的比值。其計算公式為：

$$現值指數（PVI）=\frac{\sum 經營期各年現金淨流量現值}{原始投資現值}$$

【例 6-12】接【例 6-9】和【例 6-10】，分別計算項目投資的的 PVI。

解：在【例 6-9】中

$$現值指數（PVI）=\frac{\sum 經營期各年現金淨流量現值}{原始投資現值}$$

$$=\frac{9,000\times（P/A，10\%，5）}{30,000}=\frac{34,119}{30,000}=1.137,3$$

在【例 6-10】中

$$現值指數（PVI）=\frac{\sum 經營期各年現金淨流量現值}{原始投資現值}=\frac{40,215.99}{38,000}=1.058,3$$

在【例 6-9】中，方案的現值指數大於 1，為可行方案。

在【例 6-10】中，方案現值指數大於 1，同樣為可行方案。

淨現值率與現值指數有如下關係：

$$現值指數（PVI）=淨現值率（NPVR）+1$$

例如在【例 6-9】中：

$現值指數（PVI）=淨現值率（NPVR）+1=0.137,3+1=1.137,3$

在【例 6-10】中：

$現值指數（PVI）=淨現值率（NPVR）+1=0.058,3+1=1.058,3$

利用淨現值率與現值指數進行決策的依據是：

（1）淨現值率大於零，現值指數大於 1，表明項目的報酬率高於貼現率，存在額外收益；

(2) 淨現值率等於零，現值指數等於1，表明項目的報酬率等於貼現率，收益只能抵補資本成本；

(3) 淨現值率小於零，現值指數小於1，表明項目的報酬率小於貼現率，收益不能抵補資本成本。

所以，對於單一方案的項目來說，淨現值率大於或等於零，現值指數大於或等於1是項目可行的必要條件。當有多個投資項目可供選擇時，由於淨現值率或現值指數越大，企業的投資報酬水平就越高，所以應採用淨現值率或現值指數最大者。

(五) 內含報酬率 (Internal Rate ofReturn，簡稱 IRR)

內含報酬率又稱內部收益率，是指使投資項目未來各年的現金淨流量現值總和等於原始投資現值的貼現率，即使投資項目的淨現值等於零時的貼現率。內含報酬率反應了項目本身的真實報酬率。

內含報酬率法的基本原理是：在計算方案的淨現值時，以預期投資報酬率作為貼現率計算，淨現值的結果往往是大於零或小於零，這就說明方案實際可能達到的投資報酬率大於或小於預期投資報酬率；而當淨現值為零時，說明兩種報酬率相等。根據這個原理，內含報酬率法就是要計算出使淨現值等於零時的貼現率，這個貼現率就是投資方案的實際可能達到的投資報酬率。

用內含報酬率評價項目可行的必要條件是：內含報酬率大於或等於基準折現率。

1. 經營期內各年現金淨流量相等

如果投資方案的各年現金淨流量相等，且全部投資均於建設起點一次投入，建設期為零。在符合上述條件情況下，內含報酬率具體的計算步驟如下：

(1) 根據內含報酬率的定義，有

$$\text{經營期每年相等的現金淨流量}(NCF)\times(P/A,IRR,n)-\text{原始投資額}=0$$

將上式移項後得出：

$$(P/A,IRR,n)=\frac{\text{原始投資額}}{\text{每年現金淨流量}(NCR)}$$

求解滿足上式的貼現率 i，也就是 IRR。

(2) 根據計算出來的年金現值系數與已知的年限 n，查年金現值系數表，確定內含報酬率的範圍。

(3) 用插值法求出內含報酬率。

【例 6-13】 根據【例 6-9】資料，計算該方案的內含報酬率。

解：

在【例 6-9】方案每年現金流入量相等，可利用「年金現值系數」計算：

$$\text{原始投資額}=\text{每年現金淨流量}\times\text{年金現值系數}$$

$9,000\times(P/A,\ IRR,\ 5)-30,000=0$

$(P/A,\ IRR,\ 5)=\dfrac{30,000}{9,000}=3.333$

查5年的年金現值系數表，與3.333最接近的現值系數3.352,2和3.274,3分別指向 15%和 16%，採用插值法確定購入甲設備方案的內含報酬率為：

$$IRR = 15\% + \frac{5.625-5.334,9}{5.759-5.334,9} \times (16\%-15\%) = 15.24\%$$

錦蓉公司購入甲設備方案的內含報酬率大於企業的資金成本 10%，為可行方案。

2. 經營期內各年現金淨流量不相等

若投資項目在經營期內各年現金淨流量不相等；或建設期不為零，投資額是在建設期內分次投入的情況下，無法應用上述的簡便方法，必須按定義採用「逐次測試逼近」的方法，計算能使淨現值等於零的貼現率，即內含報酬率。其計算步驟如下：

（1）估計一個貼現率，用它來計算淨現值。如果淨現值為正數，說明方案的實際內含報酬率大於預計的貼現率，應提高貼現率再進一步測試；如果淨現值為負數，說明方案本身的報酬率小於估計的貼現率，應降低貼現率再進行測算。如此反覆測試，尋找出使淨現值由正到負或由負到正且接近零的兩個貼現率。

（2）根據上述相鄰的兩個貼現率再用插值法求出該方案的內含報酬率。由於逐步測試法是一種近似方法，因此相鄰的兩個貼現率不能相差太大，否則誤差會很大。

【例 6-14】 根據【例 6-10】錦蓉公司資料，計算該方案的內含報酬率。

解：

①先按 16%的估計貼現率進行測試，其結果淨現值 NPV=-3,520.94 元，應調低貼現率。

②再按 14%的估計貼現率進行測試，其結果淨現值 NPV=-1,715.11 元，但更接近零，應再次調低貼現率。

③再按 12%的估計貼現率進行測試，其結果淨現值 NPV= 246.7 元，出現正值，由此再用插值法求解，該項目的報酬率應為 12%~14%。

採用「逐次測試逼近」計算見表 6-7：

表 6-7　　**錦蓉公司購入乙設備方案「逐次測試逼近」計算表**　　單位：元

年份	現金淨流量（NCF）	貼現率=16%		貼現率=14%		貼現率=12%	
		現值系數	現值	現值系數	現值	現值系數	現值
0	(38,000)	1	(38,000)	1	(38,000)	1	(38,000)
1	9,750	0.862,1	8,405.48	0.877,2	8,552.70	0.892,9	8,705.78
2	9,525	0.743,2	7,078.98	0.769,5	7,329.49	0.797,2	7,593.33
3	9,300	0.640,7	5,958.51	0.675,0	6,277.50	0.711,8	6,619.74
4	9,075	0.552,3	5,012.12	0.592,1	5,373.31	0.635,5	5,767.16
5	16,850	0.476,2	8,023.97	0.519,4	8,751.89	0.567,4	9,560.69
$\sum NCF$			34,479.06		36,284.89		38,246.70
NPV			-3,520.94		-1,715.11		246.7

再採用插值法計算購入乙設備方案的內含報酬率為：

$$IRR = 12\% + \frac{246.7-0}{246.7-(-1,715.11)} \times (14\%-12\%) = 12.25\%$$

錦蓉公司購入乙設備方案的內含報酬率為 12.25%，大於資金成本 10%，為可行方案。

內含報酬率是動態相對量正指標，它既考慮了貨幣時間價值，又能從動態的角度直接反應投資項目的實際報酬率，且不受貼現率高低的影響，比較客觀，但該指標的計算過程比較複雜。

四、財務可行性評價

財務可行性評價就是評價某個具體的投資項目是否具有財務可行性，在投資決策的實踐中，具體判別標準如下：

(一) 判斷方案完全具備財務可行性的條件

如果某一投資方案的所有評價指標均處於可行區間，即同時滿足以下條件時，則可以斷定該投資方案無論從哪個方面看都具備財務可行性，或完全具備可行性。這些條件是：

(1) 淨現值 $NPV \geqslant 0$；

(2) 淨現值率 $NPVR \geqslant 0$；

(3) 內部收益率 $IRR \geqslant$ 基準折現率 i_c。

(4) 包括建設期的靜態投資回收期 $PP \leqslant \frac{n}{2}$（即項目計算期的一半）

(5) 不包括建設期的靜態投資回收期 $PP' \leqslant \frac{P}{2}$（即經營期的一半）

(二) 判斷方案是否完全不具備財務可行性的條件

如果某一投資項目的評價指標均處於不可行區間，即同時滿足以下條件時，則可以斷定該投資項目無論從哪個方面看都不具備財務可行性，或完全不具備可行性，應當徹底放棄該投資方案。這些條件是：

(1) $NPV<0$；

(2) $NPVR<0$；

(3) $IRR<i_c$（基準折現率）；

(4) $PP>\frac{n}{2}$（即項目計算期的一半）；

(5) $PP'>\frac{P}{2}$（即經營期的一半）。

(三) 判斷方案是否基本具備財務可行性的條件

如果在評價過程中發現某項目的主要指標處於可行區間（$NPV \geqslant 0$、$NPVR \geqslant 0$、$IRR \geqslant i_c$），但輔助指標處於不可行區間（$PP>\frac{n}{2}$、$PP'>\frac{P}{2}$），則可以斷定該項目基本上具有財務可行性。

(四) 其他應當注意的問題

在對投資方案進行財務可行性評價過程中，除了要熟練掌握和運用上述判定條件外，還必須明確以下兩點：

1. 主要評價指標在評價財務可行性的過程中起主導作用

在對獨立項目進行財務可行性評價和投資決策的過程中，當靜態投資回收期或投資利潤率等次要指標的評價結論與淨現值等主要指標的評價結論發生矛盾時，應當以主要指標的結論為準。

2. 利用動態指標對同一個投資項目進行評價，會得出完全相同的結論

在對同一個投資項目進行財務可行性評價時，淨現值、淨現值率、現值指數和內部報酬率指標的評價結論應該是一致的。

【例 6-15】 錦蓉公司投資項目只有一個備選方案，計算出來的財務可行性評價指標如下：*ROI* 為 10%，*PP* 為 6 年，*PP'* 為 5 年，*NPV* 為 162.65 萬元，*NPVR* 為 0.170,4，*PVI* 為 1.170,4，*IRR* 為 12.73%。項目計算期為 11 年（其中生產經營期為 10 年），基準折現率為 10%。請評價該項目的財務可行性。

根據上述資料，評價該項目財務可行性如下：

$NPV = 162.65$ 萬元>0

$NPVR = 17.04\% > 0$

$PVI = 1.170,4 > 1$

$IRR = 12.73\% > i_c = 10\%$

$PP = 6 > \frac{11}{2}$，$PP' = 5 = \frac{10}{2} = 5$

因此，該方案基本上具有財務可行性。

第四節　項目投資決策方法

一、獨立方案投資決策

所謂獨立方案，是指一組相互獨立、互不排斥的方案或者單一的方案，獨立方案的決策可以不考慮其他投資方案是否得到採納和實施，只需評價各方案本身在財務上是否可行。

【例 6-16】 錦蓉公司 2016 年擬引進一條流水線，投資額 110 萬元，分兩年投入。第一年年初投入 70 萬元，第二年年初投入 40 萬元，建設期為 2 年，淨殘值 10 萬元，折舊採用直線法。在投產初期投入流動資金 10 萬元，項目使用期滿仍可全部回收。該項目可使用 10 年，每年銷售收入為 80 萬元，總成本為 45 萬元。假定企業期望的投資報酬率為 10%，不考慮所得稅。

要求：計算該項目的淨現值和內含報酬率，並判斷該項目是否可行。

解:

$NCF_0=-70$（萬元）

$NCF_1=-40$（萬元）

$NCF_2=-10$（萬元）

年折舊額=（110-10）/10=10（萬元）

$NCF_{3-11}=80-45+10=45$（萬元）

$NCF_{12}=80-45+10+10=55$（萬元）

$$NPV=45\times[(P/A,10\%,11)-(P/A,10\%,2)]+55\times(P/F,10\%,12)-[70+40\times(P/F,10\%,1)+10\times(P/F,10\%,2)]$$

$$=45\times(6.495,1-1.735,5)+55\times0.318,6-(70+40\times0.909,1+10\times0.826,4)$$

$$=117.08\text{（萬元）}$$

利用逐次測試逼近法和插值法原理，可以求得該項目的 IRR= 22.85%。

計算表明：該項目的淨現值為 117.08 萬元，大於零；內含報酬率為 22.85%，大於貼現率 10%，所以該項目在財務上是可行的。

一般來說，用淨現值和內含報酬率對獨立方案進行評價，不會出現相互矛盾的結論。

二、互斥方案投資決策

互斥方案是指一組互相排斥、不能並存的方案，採納其中某一個方案，就意味著放棄其他方案。也就是說，互斥方案具有排他性。例如，某企業擬投資增加一條生產線（購置設備），既可以自行生產製造，也可以向國內其他廠家訂購，還可以向某外商訂貨，這一組設備購置方案即為互斥方案，因為在這三個方案中，只能選擇其中一個方案。

互斥方案決策的實質在於選擇最優方案，屬於選擇決策。互斥方案決策過程就是在每一個入選方案已具備項目可行性的前提下，運用具體決策方法比較各個方案的優劣，利用評價指標從各個備選方案中最終選出一個最優方案的過程。由於各個備選方案的投資額、項目計算期不相一致，因而要根據各個方案的使用期、投資額相等與否，採用不同的方法作出選擇。主要方法包括淨現值法、淨現值率法、差額內部收益率法、年金淨流量法和計算期統一法等具體方法。

（一）淨現值法

所謂淨現值法，是指通過比較所有已具備財務可行性投資方案的淨現值指標的大小來選擇最優方案的方法。該方法適用於原始投資相同且項目計算期相等的多個互斥方案比較決策。在此方法下，淨現值最大的方案為優。

【例 6-17】 錦蓉公司現有資金 100 萬元可用於固定資產項目投資，有 A、B、C、D 四個互相排斥的備選方案可供選擇，這四個方案投資總額均為 100 萬元，項目計算期都為 6 年，基準貼現率為 10%，現經計算見表 6-8。

表 6-8　　錦蓉公司 A、B、C、D 四個方案的決策指標比較　　單位：萬元

	A 方案	B 方案	C 方案	D 方案
NPV	$NPV_A=8.225$	$NPV_B=12.35$	$NPV_C=-2.12$	$NPV_D=10.46$
IRR	$IRR_A=13.3\%$	$IRR_B=16.87\%$	$IRR_C=8.96\%$	$IRR_D=15.02\%$
$NPVR$	$NPVR_A=8.23\%$	$NPVR_B=12.35\%$	$NPVR_C=-2.12\%$	$NPVR_D=10.46\%$

要求：採用淨現值法進行投資方案決策。

解：

因為 C 方案淨現值為-2.12 萬元，小於零，內含報酬率為 8.96%，小於基準貼現率，不符合財務可行的必要條件，應舍去。

因為 A、B、D 三個備選方案的淨現值均大於零，且內含報酬率均大於基準貼現率 10%。所以 A、B、D 三個方案均符合財務可行的必要條件。

又因為：

$NPV_B=12.35$（萬元）$>NPV_D=10.46$（萬元）$>NPV_A=8.225$（萬元）

$IRR_B=16.87\%>IRR_D=15.02\%>IRR_A=13.3\%$

所以 B 方案為最優，D 方案其次，最差為 A 方案，應採用 B 方案。

（二）淨現值率法

所謂淨現值率法，是指通過比較所有已具備財務可行性投資方案的淨現值率指標的大小來選擇最優方案的方法。該方法適用於項目計算期相等的多個互斥方案的比較決策。在此方法下，淨現值率最大的方案為優。

【例 6-18】 基本資料同【例 6-17】，請採用淨現值法進行投資方案決策。

依據上例資料可以得出：

$NPVR_B=12.35\%>NPVR_D=10.46\%>NPVR_A=8.23\%$

所以 B 方案為最優，D 方案其次，最差為 A 方案，應採用 B 方案。

在投資額相同的互斥方案比較決策中，採用淨現值率法會與淨現值法得到完全相同的結論；但投資額不相同時，情況就可能不同。

（三）差額內部收益率法

所謂差額內部收益率法，是指在兩個原始投資額不同方案的差量淨現金流量（記作 ΔNCF）的基礎上，計算出差額內部收益率（記作 ΔIRR），並與基準折現率進行比較，進而判斷方案孰優孰劣的方法。該方法適用於原始投資不相同而項目計算期相同的多個互斥方案比較決策，但不能用於項目計算期不同的方案的比較決策。

在此方法下，一般以原始投資額大的方案減原始投資額小的方案，當差額內部收益率指標大於或等於設定的基準折現率（收益率）時，即 $\triangle IRR \geqslant i_c$ 或 $\triangle NPV \geqslant 0$ 時，投資額大的方案較優；反之，則投資額小的方案為優。

差額內部收益率法的原理如下：

假定有 A 和 B 兩個項目計算期相同的投資方案，A 方案的投資額大，B 方案的投

資額小。我們可以把 A 方案看成兩個方案之和。第一個方案是 B 方案，即把 A 方案的投資用於 B 方案；第二個方案是 C 方案，用於 C 方案投資的是 A 方案投資額與 B 方案投資額之差。因為把 A 方案的投資用於 B 方案會因此節約一定的投資，可以作為 C 方案的投資資金來源。

C 方案的淨現金流量等於 A 方案的淨現金流量減去 B 方案的淨現金流量而形成的差量淨現金流量 ΔNCF。根據 ΔNCF 計算出來的差額內部收益率 ΔIRR，其實質就是C 方案的內部收益率。

在這種情況下，A 方案等於 B 方案與 C 方案之和；A 方案與 B 方案的比較，相當於 B 與 C 兩方案之和與 B 方案的比較，如果差額內部收益率 ΔIRR 小於基準折現率，則 C 方案不具有財務可行性，這就意味著 B 方案優於 A 方案。

差額內部收益率 ΔIRR 的計算過程和計算技巧同內部收益率 IRR 完全一樣，只是所依據的是 ΔNCF。

【例 6-19】 錦蓉公司 2016 年準備進行投資，現有 A、B 兩個投資方案可供選擇，其具體數據如下：

A 方案的投資額為 110,000 元，每年現金淨流量均為 30,000 元，可使用 5 年；

B 方案的投資額為 80,000 元，每年現金淨流量分別為 10,000 元、15,000 元、20,000 元、25,000 元、30,000 元，使用年限也為 5 年。

A、B 兩方案建設期均為零年。假設折現率為 10%。

要求：對 A、B 方案作出選擇。

解：

因為兩方案的項目計算期相同，但投資額不相等，所以可採用差額法來評判。

$\triangle NCF_0 = -110,000-(-80,000) = -30,000$（元）

$\triangle NCF_1 = 30,000-10,000 = 20,000$（元）

$\triangle NCF_2 = 30,000-15,000 = 15,000$（元）

$\triangle NCF_3 = 30,000-20,000 = 10,000$（元）

$\triangle NCF_4 = 30,000-25,000 = 5,000$（元）

$\triangle NCF_5 = 30,000-30,000 = 0$

A、B 方案的差額淨現值

$$\begin{aligned}\triangle NPV &= 20,000\times(P/F,10\%,1)+15,000\times(P/F,10\%,2)+10,000\times(P/F,10\%,3)\\ &\quad +5,000\times(P/F,10\%,4)-30,000\\ &= 20,000\times 0.909,1+15,000\times 0.826,4+10,000\times 0.751,3+5,000\times 0.683,0\\ &\quad -30,000\\ &= 41,506-30,000 = 11,506\text{（元）}>0\end{aligned}$$

A、B 方案的差額內部收益率 $\triangle IRR$ 可以利用逐次測試逼近法和插值法原理計算如下：

（1）用 $i=28\%$ 測算

$$\begin{aligned}\triangle NPV &= 20,000\times(P/F,28\%,1)+15,000\times(P/F,28\%,2)+10,000\times(P/F,28\%,3)\\ &\quad +5,000\times(P/F,28\%,4)-30,000\\ &= 20,000\times 0.781,3+15,000\times 0.610,4+10,000\times 0.476,8+5,000\times 0.372,5\end{aligned}$$

$-30,000$

$=1,412.5$（元）>0

（2）再用 $i=32\%$ 測算

$$\triangle NPV=20,000\times(P/F,32\%,1)+15,000\times(P/F,32\%,2)+10,000\times(P/F,32\%,3)+5,000\times(P/F,32\%,4)-30,000$$

$$=20,000\times0.7576+15,000\times0.5739+10,000\times0.4348+5,000\times0.3294-30,000$$

$=-244.5$（元）<0

（3）用插值法計算 $\triangle IRR$

$$\triangle IRR=28\%+\frac{1,412.5-0}{1,412.5-(-244.5)}\times(32\%-28\%)=31.41\%>\text{貼現率 }10\%$$

計算表明，A、B 方案的差額淨現值為 11,506 元，大於零；差額內含報酬率為 31.41%，大於貼現率 10%，故應選擇原始投資額大的 A 方案。

（四）年金淨流量法

年金淨流量法又稱為年等額淨回收額法，是指通過比較所有投資方案的年金淨流量（年等額淨回收額）指標的大小來選擇最優方案的決策方法。該方法適用於原始投資不相同，特別是項目計算期不同的多個互斥方案比較決策。

所謂年金淨流量（Annual NCF，簡稱 ANCF），是指按預計的項目計算期和設定的折現率，將投資項目未來全部現金淨流量總額的淨現值折算為等額年金的平均現金淨流量，實際上是淨現值的年金形式。其計算公式為：

$$\text{年金淨流量 } ANCF=\frac{\text{淨現值}}{\text{年金現值系數}}=\frac{NPV}{(P/A,\ i,\ n)}$$

在此方法下，年金淨流量大於零，則方案可行；年金淨流量最大的方案為最優方案。

年金淨流量法的基本步驟如下：

（1）計算各方案的淨現值 NPV；

（2）計算各方案的年金淨流量 $ANCF$；

（3）比較各方案的年金淨流量大小，以年金淨流量最大的方案為優。

【例 6-20】 錦蓉公司 2,016 擬投資建設一個新項目，行業基準折現率為 10%，現有三個方案可供選擇：

A 方案的原始投資為 12,500 萬元，項目計算期為 11 年，淨現值為 9,587 萬元；

B 方案的原始投資為 11,000 萬元，項目計算期為 10 年，淨現值為 9,200 萬元；

C 方案的淨現值為-112 萬元。

要求：請採用年金淨流量法作出最終投資決策。

解：

①判斷各方案的財務可行性

因為 A 方案和 B 方案的淨現值大於零，所以這兩個方案具有財務可行性；而 C 方案的淨現值小於零，所以該方案不具有財務可行性。

②計算各個具有財務可行性方案的年金淨流量

$$A\text{ 方案的年金淨流量}=\frac{9,587}{(P/A,\ 10\%,\ 11)}=\frac{9,587}{6.495,1}=1,476.04\ (\text{萬元})$$

$$B\text{ 方案的年金淨流量}=\frac{9,200}{(P/A,\ 10\%,\ 10)}=\frac{9,200}{6.144,6}=1,497.25\ (\text{萬元})$$

③比較各方案的年年金淨流量，作出決策

由於 B 方案年金淨流量 = 1,497.25（萬元）>A 方案年金淨流量 = 1,476.04（萬元），故 B 方案優於 A 方案。

（五）計算期統一法

計算期統一法是指通過對計算期不相等的多個互斥方案選定一個共同的計算分析期，以滿足時間可比性的要求，進而根據調整後的評價指標來選擇最優方案。計算期統一法適用於項目計算期不相同的多個互斥方案的比較決策。

以下介紹計算期統一法中常用的最小公倍壽命法。

最小公倍壽命法又稱為方案重複法，是將各方案計算期的最小公倍數作為比較方案的計算期，進而調整有關指標，並據此進行多方案比較決策的一種方法。在兩個壽命期不等的互斥投資項目比較時，需要將兩項目轉化成同樣的投資期限，才具有可比性。因為按照持續經營假設，壽命期短的項目，收回的投資將重新進行投資。針對各項目壽命期不等的情況，可以找出各項目壽命期的最小公倍期數，作為共同的有效壽命期。

【例 6-21】 錦蓉公司 2016 年準備購置機床，現有甲、乙兩種方案，所要求的最低投資報酬率為 10%，甲機床投資額為 10,000 元，可用 2 年，無殘值，每年產生 7,000 元現金淨流量；乙機床投資額為 20,000 元，可用 3 年，無殘值，每年產生 9,000 元現金淨流量。

要求：在甲、乙方案中作出選擇。

解：

由於兩個方案的計算期和原始投資額都不同，無法直接進行比較，因此需將兩個方案的期限調整為最小公倍年數 6 年，即甲機床 6 年內週轉 3 次，乙機床 6 年內週轉 2 次。按最小公倍年數測算，甲方案經歷了 3 次投資循環，乙方案經歷了 2 次投資循環，各方案的相關評價指標為：

（1）甲方案的淨現值

$$\begin{aligned}NPV_{\text{甲}}&=7,000\times(P/A,10\%,6)-[10,000\times(P/F,10\%,4)+10,000\times(P/F,10\%,2)\\&\quad+10,000]\\&=7,000\times4.355,3-(10,000\times0.683,0+10,000\times0.826,4+10,000)\\&=30,487.1-6,830-8,264-10,000\\&=5,393.1\ (\text{元})\end{aligned}$$

（2）乙方案的淨現值

$$NPV_{乙}=9,000\times(P/A,10\%,6)-[20,000\times(P/F,10\%,3)+20,000]$$
$$=9,000\times4.3553-(20,000\times0.7513+20,000)$$
$$=39,197.7-15,026-20,000$$
$$=4,171.7\text{（元）}$$

上述計算說明，按最小公倍數6年延長壽命期後，兩個方案投資期限相等，甲方案淨現值5,393.1元高於乙方案淨現值4,171.7元，故甲方案優於乙方案。

三、固定資產更新決策

固定資產反應了企業的生產經營能力，固定資產更新決策是項目投資決策的重要組成部分。從決策性質上看，固定資產更新決策屬於互斥投資方案的決策類型。因此，固定資產更新決策常採用的決策方法是淨現值法和年金淨流量法，一般不採用內含報酬率法。

（一）使用壽命相同的設備重置決策

一般來說，用新設備來替換舊設備如果不改變企業的生產能力，就不會增加企業的營業收入，即使有少量的殘值變價收入，也不是實質性收入增加。因此，大部分以舊換新進行的設備重置都屬於替換重置。在替換重置方案中，所發生的現金流量主要是現金流出量。如果購入的新設備性能提高，擴大了企業的生產能力，這種設備重置屬於擴建重置。

【例6-22】錦蓉公司5年前購置一設備，價值78萬元，購置時預期使用壽命為15年，殘值為3萬元。折舊採用直線法，目前已提折舊25萬元，帳面淨值為53萬元。利用這一設備，企業每年產生營業收入為90萬元，付現成本為60萬元。如果現在將舊設備出售，估計售價為10萬元。

現在市場上推出一種新設備，價值120萬元，購入後即可投入使用，使用壽命10年，預計10年後殘值為20萬元。該設備由於技術先進，效率較高，預期每年的營業收入為100萬元，付現成本為41.67萬元。

若該企業的資本成本為10%，所得稅率為25%。

要求：分析該企業是否應用新設備替換舊設備。

解：

因為舊設備還可使用10年，新設備的項目計算期也為10年，所以新舊設備項目計算期相同，可採用差額法來進行評價。

$$\text{新設備年折舊額}=\frac{120-20}{10}=10\text{（萬元）}$$

$$\text{舊設備年折舊額}=\frac{53-3}{10}=5\text{（萬元）}$$

（1）若繼續使用舊設備，第1~9年的NCF為：

$$NCF_{1-9}=90\times(1-25\%)-60\times(1-25\%)+5\times25\%=23.75\text{（萬元）}$$

使用舊設備第 10 年的 NCF 為：

$NCF_{10}=23.75+3=26.75$（萬元）

（2）若使用新設備，第 1~9 年的 NCF 為：

$NCF_{1\sim9}=100\times(1-25\%)-41.67\times(1-25\%)+10\times25\%=46.25$（萬元）

使用新設備第 10 年的 NCF 為：

$NCF_{10}=46.25+20=66.25$（萬元）

（3）計算設備變價淨損失及對所得稅的影響

舊設備的帳面淨值 = 78 － 25 ＝ 53（萬元）

舊設備出售淨損失 = 53－10 = 43（萬元）

變價淨損失可抵減所得稅 = 43×25% ＝ 10.75（萬元）

購買新設備比繼續使用舊設備增加的投資額 = 120－10 = 110（萬元）

（4）根據上述資料整理計算 $\triangle NCF$

$\triangle NCF_0=-(120-10)$（其中 10 萬元為舊設備變價收入）$=-110$（萬元）

$\triangle NCF_1=46.25-23.75+(53-10)\times25\%$（變價淨損失抵減所得稅）$=33.25$（萬元）

$\triangle NCF_{2\sim9}=46.25-23.75=22.5$（萬元）

$\triangle NCF_{10}=66.25-26.75=39.5$（萬元）

（5）計算差額淨現值

$$\triangle NPV=33.25\times(P/F,10\%,1)+22.5\times(P/A,10\%,8)\times(P/F,10\%,1)+39.5\times(P/F,10\%,10)-110$$

$$=33.25\times0.9091+22.5\times5.3349\times0.9091+39.5\times0.3855-110=154.58-110$$

$$=44.58\text{（萬元）}>0$$

更換新設備與繼續使用舊設備的差額淨現值大於零，所以企業應該考慮更新設備。

（二）使用壽命期不同的設備重置決策

壽命期不同的設備重置方案，用淨現值指標可能無法得出正確決策結果，應當採用年金淨流量法決策。使用壽命期不同的設備重置方案，在決策時有如下特點：

第一，擴建重置的設備更新後會引起營業現金流入與流出的變動，應考慮年金淨流量最大的方案。替換重置的設備更新一般不改變生產能力，營業現金流入不會增加，只需比較各方案的年金流出量即可，年金流出量最小的方案最優。

第二，如果不考慮各方案的營業現金流入量變動，只比較各方案的現金流出量，我們把按年金淨流量原理計算的等額年金流出量稱為年金成本。替換重置方案的決策標準，是要求年金成本最低。擴建重置方案所增加或減少的營業現金流入也可以作為現金流出量的抵減，並據此比較各方案的年金成本。

其計算公式如下：

$$\text{年金成本}=\frac{\sum\text{各項目現金淨流出現值}}{(P/A,\ i,\ n)}$$

$$=\frac{\text{原始投資額}-\text{殘值收入}\times\text{複利現值系數}+\sum\text{年營運成本現值}}{(P/A,\ i,\ n)}$$

【例6-23】錦蓉公司有一舊設備，該企業的工程技術人員提出更新要求，其有關數據資料見表6-9，更新設備的生產能力與原設備生產能力相同。

表 6-9　　錦蓉公司新舊設備的生產能力資料　　單位：元

數據項目	舊設備	新設備
原值	2, 200	2, 400
預計使用年限（年）	10	10
已經使用年限（年）	4	0
最終殘值	200	300
變現價值	600	2, 400
年運行成本	800	400

假設該企業要求的最低報酬率為 15%。

要求：錦蓉公司是繼續使用舊設備還是進行設備更新？

解：

因為新、舊設備生產能力相同，所以取得的營業收入也相同，又因為新、舊設備的項目計算期不相同，所以應採用年金成本比較法。

通常，在收入相同時，認為成本較低的方案是好方案，但舊設備只可以使用 6 年，而新設備還可以使用 10 年，兩個方案取得的「產出」並不相同。所以應該比較其一年的平均成本，即比較其獲得一年的生產能力所付出的代價，並據此來判斷方案的優劣。

$$\text{繼續使用舊設備年金成本}=\frac{\sum \text{各項目現金淨流出現值}}{(P/A,i,n)}$$

$$=\frac{\text{原始投資額}-\text{殘值收入}\times\text{複利現值系數}+\sum\text{年營運成本現值}}{(P/A,i,n)}$$

$$=\frac{600-200\times(P/F,15\%,6)+800\times(P/A,15\%,6)}{(P/A,15\%,6)}$$

$$=\frac{600-200\times0.432,3+800\times3.784,5}{3.784,5}=935.70\ (\text{元})$$

$$\text{使用新設備年金成本}=\frac{\sum \text{各項目現金淨流出現值}}{(P/A,i,n)}$$

$$=\frac{\text{原始投資額}-\text{殘值收入}\times\text{複利現值系數}+\sum\text{年營運成本現值}}{(P/A,i,n)}$$

$$=\frac{2,400-300\times(P/F,15\%,10)+400\times(P/A,15\%,10)}{(P/A,15\%,10)}$$

$$=\frac{2,400-300\times0.247,2+400\times5.018,8}{5.018,8}=863.43\ (\text{元})$$

由於更新設備的年金成本 863. 43 元小於繼續使用舊設備的年金成本 935. 70 元，因此企業應該更新設備。

四、資本限額決策

資本限額是指企業在某一特定時期內的資本支出總量必須在預算約束之內，不能超過預算上限，因此不能投資於所有具備財務可行性的項目。

資本限額情況下，項目比選的基本思想是：在資本限額允許的範圍內尋找「令人滿意的」或「足夠好」的投資組合項目，即選擇淨現值最大的投資組合。資本限額下投資項目選擇的方法有項目組合法、線性規劃法等，本教材介紹項目組合法。

項目組合法是將所有待選項目組合成相互排斥的項目組，並依次找出滿足約束條件的一個最好項目組，它的基本步驟如下：

（1）將所有項目組合成相互排斥的項目組，對於相互獨立的 N 個項目，共有 2^{n-1} 個互斥項目組合。

（2）按初始投資從小到大的次序，把第一步得到的項目組排列起來。

（3）按資本約束大小，把凡是小於或者等於投資總額的項目取出，找出淨現值合計數或者加權平均現值指數最大的項目組，即最優的項目組合。

【例 6-24】 錦蓉公司可以投資的資本總量為 10,000 元，資本成本為 10%。現有三個可供選擇的獨立投資項目 A、B、C，有關數據如表 6-10 所示。

表 6-10　**錦蓉公司獨立投資項目資料**　單位：元

項目	時間（年末）	0	1	2	現金流入現值	*NPV*	*PVI*
	折現系數（10%）	1	0.909,1	0.826,4			
A	現金流量	-10,000	9,000	5,000			
	現值	-10,000	8,182	4,132	12,314	2,314	1.23
B	現金流量	-5,000	5,060	2,000			
	現值	-5,000	4,600	1,653	6,253	1,253	1.25
C	現金流量	-5,000	5,000	1,882			
	現值	-5,000	4,546	1,555	6,100	1,101	1.22

要求：請根據資料確定項目組合。

解：

（1）該投資中相互獨立的 3 個項目，因而共有 $2^3-1=7$ 個項目組合。

（2）在 7 種組合中 AB、AC、ABC 所需的投資額超出資本限額（10,000 元）規定，故 7 種組合中只有 A、B、C、BC 四種符合條件，因此資本限額決策就是在這四種組合中作出選擇。

（3）在資本限額內優先安排現值指數高的項目，即優先安排 B 項目，用掉 5,000 元；下一個應當是 A 項目，但是資金剩餘 5,000 元，A 項目投資是 10,000 元，無法安排；接下來安排 C 項目，全部資本使用完畢。因此，應當選擇 B 和 C 項目，放棄 A 項目。

進一步分析，如果將 10,000 元全部投入 A 項目，其淨現值為 2,314 元，而將 10,000 元投資到 B 和 C 兩個項目，兩者的淨現值合計數為 2,353 元，大於單純投入到 A 項目中，所以應選擇 B 和 C 項目。

第五節　證券投資決策

一、證券投資概述

(一) 證券的概念及特徵

證券是指各類記載並代表一定權利的法律憑證，用以證明證券持有人有權依其所持憑證記載的內容而取得應有的權益。它具有以下特徵：

1. 收益性

證券的收益性是指持有證券本身可以獲得一定數額的收益，這是投資者轉讓資本所有權或使用權的回報。證券代表的是對一定數額的某種特定資產的所有權或債權，投資者持有證券也就同時擁有取得這部分資產增值收益的權利，因而證券本身具有收益性。

2. 流動性

證券的流動性是指證券變現的難易程度。證券的流動性可通過到期兌付、承兌、貼現、轉讓等方式實現，不同證券的流動性是不同的。

3. 風險性

證券的風險性是指實際收益與預期收益的背離，即收益的不確定性。從整體上說，證券的風險與其收益正相關。通常情況下，風險越大的證券，投資者要求的預期收益越高；風險越小的證券，預期收益越低。證券資產是一種虛擬資產，受到公司風險和市場風險的雙重影響，不僅發行證券資產的公司業績影響著證券投資的報酬率，資本市場的平均報酬率變化也會給證券投資帶來直接的市場風險。

4. 期限性

債券一般有明確的還本付息期限，以滿足不同籌資者和投資者對融資期限以及與此相關的收益率的需求。債券的期限具有法律約束力，是對融資雙方權益的保護。股票沒有期限，可以視為無期證券。

(二) 證券投資的目的

證券投資是指企業為獲取利息、股息等投資收益或出於特定經營目的而買賣有價證券的一種投資行為。

不同企業進行證券投資的目的各有不同，但總的來說有以下幾個方面：

1. 充分利用閒置資金，獲取投資收益

企業正常經營過程中有時會有一些暫時多餘的資金閒置，為了充分有效地利用這些資金，可購入一些有價證券，在價位較高時拋售，以獲取較高的投資收益。

2. 為控製相關企業，增強企業競爭能力

企業有時從經營戰略上考慮需要控製某些相關企業，可通過大量購買該企業股票的方式取得對被投資企業的控製權，以增強企業的競爭能力。

3. 分散資金投向，降低投資風險

投資分散化，即將資金投資於多個相關程度較低的項目，實行多元化經營，能有效地分散投資風險。當某個項目經營不景氣而利潤下降甚至導致虧損時，其他項目可能會獲取較高的收益。與對內投資相比，對外證券投資不受地域、經營範圍的限制，投資選擇非常廣，投資資金的退出和收回也比較容易，是多元化投資的主要方式。

4. 提高資產的流動性，滿足季節性經營對現金的需求

資產流動性強弱是影響企業財務安全性的主要因素。除現金等貨幣資產外，有價證券投資是企業流動性最強的資產，是企業速動資產的主要構成部分。企業經營過程中在某些月份資金有餘，而有些月份則會出現短缺，可在資金剩餘時購入有價證券，短缺時則售出，從而保證企業的現金需求得到滿足。

5. 其他目的

企業投資於證券，有時是出於其他目的，比如，企業可能會為了履行某種義務而購買政府發行的債券，或表示對某些非營利性機構的友好與支持，購買其發行的債券。

(三) 證券投資的風險

證券投資風險是指投資者在證券投資過程中遭受損失或達不到預期收益率的可能性。從風險與收益的關係來看，證券投資風險可分為系統性風險和非系統性風險兩類。

1. 系統性風險

系統性風險又稱為市場風險，是指由於外部環境因素變化引起整個資本市場不確定性加大，從而對所有證券都產生影響的共同性風險。系統性風險影響到資本市場的所有證券，無法通過投資多元化的組合而予以消除。系統性風險的構成主要包括以下四類：

(1) 宏觀經濟風險

由於中國宏觀經濟形勢的變化以及周邊國家、地區宏觀經濟環境和證券市場的變化，可能會引起國內證券市場的波動，使投資者存在虧損的可能，投資者將不得不承擔由此造成的損失。

(2) 政策風險

有關證券市場的法律、法規及相關政策、規則發生變化，可能引起證券市場價格波動，使投資者存在虧損的可能，投資者將不得不承擔由此造成的損失。政府的經濟政策和管理措施可能會造成證券收益的損失，這在新興股市表現得尤為突出。經濟、產業政策的變化、稅率的改變，可以影響到公司利潤、債券收益的變化；證券交易政策的變化，可以直接影響到證券的價格。因此，每一項經濟政策、法規出抬或調整，對證券市場都會有一定的影響，從而引起市場整體的波動。

(3) 利率風險

流入證券市場的資金，在收益率方面往往有一定的標準和預期。一般而言，資金是有成本的，同期銀行利率往往是參照標的，當利率提升時，在證券市場中尋求回報的資金要求獲得高過銀行利率的收益率水平，如果難以達到，資金將會流出，轉向收益率更高的領域，這種反向變動的趨勢在債券市場上尤為突出。

(4) 購買力風險

在現實生活中，由於物價的上漲，同樣金額的資金未必能買到過去同樣的商品。這種物價的變化導致了資金實際購買力的不確定性，稱為購買力風險，或通貨膨脹風險。在證券市場上，由於投資證券的回報是以貨幣的形式來支付的，在通貨膨脹時期，貨幣的購買力下降，也就是投資的實際收益下降，將給投資者帶來損失的可能。

2. 非系統性風險

非系統性風險是指由於特定經營環境或特定事件變化引起的不確定性，從而對個別證券資產產生影響的特有性風險。非系統性風險源於每個公司自身特有的營業活動和財務活動，與某個具體的證券資產相關聯，同整個證券資產市場無關。這種風險主要影響某一種證券，投資者可以通過分散投資的方法來抵消該種風險，因此也稱為可分散風險。非系統性風險主要包括以下幾類：

(1) 違約風險

違約風險是指證券資產發行者無法按時兌付證券資產利息和償還本金的可能性。有價證券資產本身就是一種契約性權利資產，經濟合同的任何一方違約都會給另一方造成損失。

(2) 經營風險

由於上市公司所處行業整體經營形勢的變化、上市公司經營管理等方面的因素，如經營決策重大失誤、高級管理人員變更、重大訴訟等都可能引起該公司證券價格的波動。由於上市公司經營不善甚至於會導致該公司被停牌、摘牌，這些都使投資者存在虧損的可能。

(3) 道德風險

道德風險主要是指上市公司管理者的敗德行為。上市公司的股東和管理者是一種委託—代理關係。由於管理者和股東追求的目標不同，尤其在雙方信息不對稱的情況下，管理者的行為可能會造成對股東利益的損害。

(4) 財務風險

財務風險是指公司因籌措資金而產生的風險，即公司可能喪失償債能力的風險，公司財務結構的不合理，往往會給公司造成財務風險。

二、債券投資

(一) 債券投資的特點

債券投資是企業通過在證券市場上購買各種債券（國債、金融債券、公司債務）進行的投資。與股票投資相比，債券投資的主要特點有：

1. 債券投資是債權性投資

債券體現債權債務關係，債務持有人作為發行公司的債權人，定期獲得利息並在到期獲得本金，但無權參與發行公司的經營管理；股票體現所有權關係，其持有人作為公司股東有權參與公司的經營管理。

2. 債券投資風險較小

債券規定了還本付息日，在企業破產時，對企業剩餘資產的索取權位於股東之前。因此，債券投資一般能收回全部或部分本金，其風險較小，特別是政府債券，通常被認為是無風險債券。

3. 債券投資收益較穩定

債券投資的收益包括按票面利率和票面價值計算的利息和債券轉讓的價差，前者一般是固定的，與企業績效沒有直接聯繫，後者的市場波動也較小，因此，債券投資回報比較穩定。

4. 債券投資流動性較強

債券規定了期限，在到期日前一般不得兌付，但如果債務人信譽高（如政府債券），或者市場較為發達，則債券持有者能將債券迅速變現，也可將其抵押給銀行等金融機構申請貸款。

（二）債券投資的風險

一般而言，債券投資的主要風險有系統性風險（如利率風險、購買力風險）和非系統性風險（如違約風險、流動性風險）。

1. 系統性風險

（1）利率風險

由於市場利率的變動而引起債券價格波動，投資人遭受損失的風險稱為利率風險。一般而言，市場利率下降，則債券價格上升；市場利率上升，則債券價格下跌。不同期限的債券，利率風險不一樣，期限越長則利率風險越大。

（2）購買力風險

由於通貨膨脹而使債券到期或出售時所獲得的貨幣資金的購買力降低的風險稱為購買力風險。在通貨膨脹時期，購買力風險對投資者有重要影響。一般而言，隨著通貨膨脹的發生，變動收益證券比固定收益證券要好。因此，公司債券和其他有固定收入的證券被認為比普通股票有更大的購買力風險。

2. 非系統性風險

（1）違約風險

債券發行人無法按期支付利息或償還本金的風險稱為違約風險。一般而言，政府債券違約風險小，金融債券次之，公司債券的風險較大。

造成公司債券違約的原因，有以下幾個方面：一是政治經濟形勢發生重大變動；二是發生自然災害，如水災、火災；三是企業經營管理不善、成本高、浪費大；四是企業在市場競爭中失敗，主要顧客流失；五是企業財務管理失誤，不能及時清償到期債務。

（2）流動性風險

投資人想出售有價證券獲取現金而不能立即出售的風險稱為流動性風險。如果一種資產能在較短期內按市價大量出售，這種資產是流動性較高的資產，流動性風險較小；反之，如果一種資產不能在短時間內按市價大量出售，則屬於流動性較低的資產，這種資產的流動性風險較大。例如，購買小公司的債券，想立即出售比較困難，因而流動性風險較大；但若購買國庫券，幾乎可以立即出售，流動性風險較小。

（三）債券投資的優缺點

1. 債券投資的優點

（1）本金安全性高

與股票相比，債券投資風險比較小。政府發行的債券由國家信用做後盾，其本金的安全性非常高，通常視為無風險證券。企業債券的持有者有優先求償權，即當企業破產時，優先於股東分得企業剩餘財產，因此其本金損失的可能性小。

（2）收入穩定性強

債券票面一般都標有固定利息率，債券的發行人有按時支付利息的法律義務。因此在正常情況下，投資於債券都能獲得比較穩定的收入。

（3）市場流動性好

許多債券都具有較好的流動性。政府及大企業發行的債券一般都可以在金融市場上迅速出售，流動性很好。

2. 債券投資的缺點

（1）購買力風險較大

債券的面值和利息率在發行時就已確定，如果投資期間的通貨膨脹率比較高，則本金和利息的購買力將不同程度地受到侵蝕，在通貨膨脹率非常高時，投資者雖然名義上有收益，但實際上卻有損失。

（2）沒有經營管理權

投資於債券只是獲得收益的一種手段，無權對債券發行單位施以影響和控製。

三、股票投資

（一）股票投資的特點

股票投資相對於債券投資而言，具有以下特點：

1. 股票投資是股權性投資

股票體現所有權關係，其持有人作為公司股東，有權參與公司的經營管理。債券體現債權債務關係，債券持有人作為發行公司的債權人，無權參與公司的經營管理。

2. 股票投資具有非返還性

股票是一種無期限的有價證券。投資者購入股票後，不能要求發行公司退還其投資入股的本金，只能在股票市場上交易實現其變現。

3. 股票投資收益較高但不穩定

股票持有者有權按公司章程從公司領取股息和紅利，獲取投資收益。其收益大小取決於公司的盈利水平，一般情況下要高於銀行儲蓄的利息收入，也高於債券的利息收入。股票持有者還可以獲得轉讓的價差收益和實現貨幣保值。但是，由於股票投資與企業績效有直接聯繫，市價波動風險比較大，因此其收益的穩定性較差。

4. 股票投資的流動性較強

流動性是股票的基本特徵之一，股票投資有較完善的交易市場，持有股票類似於持有貨幣，隨時可以在二級市場變現，股票的流動性促進了社會資金的有效利用和資金的合理配置。

5. 股票投資風險較大

股票投資的風險性表現在其收益是很不確定的。它隨公司的經營狀況和盈利水平而波動，也受到股票市場行情的影響。公司經營得好，股票持有者獲得的股息和紅利就多；否則，能分得的盈利就會減少，甚至無利可分，這樣股票市場價格就會下跌，股票持有者也會因股票貶值而遭受損失。此外，如果公司破產，則財產要首先清償所欠債務，剩餘財產才能分配給股東，往往無法償還本金，甚至可能一無所有。由此可見，股票投資的風險是比較大的。

（二）股票投資的優缺點

1. 股票投資的優點

股票投資是一種具有挑戰性的投資，其收益和風險都比較高，股票投資的優點主要有：

（1）投資收益高

普通股票的價格雖然變動頻繁，但從長期看，優質股票的價格總是上漲的居多，只要選擇得當，都能取得優厚的投資收益。

（2）購買力風險低

普通股的股利不固定，在通貨膨脹率比較高時，由於物價普遍上漲，股份公司盈利增加，股利的支付也隨之增加。因此，與固定收益證券相比，普通股能有效地降低購買力風險。

（3）擁有經營控製權

普通股股東屬於股份公司所有者，有權監督和控製企業的生產經營狀況，因此，欲控製一家企業，最好是收購這家企業的股票。

2. 股票投資的缺點

股票投資的缺點主要是風險大，表現在：

（1）索償權居後

普通股對企業資產和盈利的索償權均居於最後。企業破產時，股東原來的投資可能得不到全額補償，甚至一無所有。

（2）價格的波動

普通股的價格受眾多因素影響，很不穩定。政治因素、經濟因素、投資人心理因素、企業的盈利狀況、風險情況都會影響股票價格，這也使得股票價格具有較大的波動性。

（3）收益的不確定

普通股股利的多少，視企業經營狀況和財務狀況而定，其有無多寡均無法律上的保證，其收入的風險也遠遠大於固定收益證券。

四、基金投資

(一) 基金投資的特點

基金投資在美國稱為共同基金，在英國稱為信託單位，它是一種利益共享、風險共擔的集合證券投資方式。由基金發起人發行收益證券形式，匯集一定數量的具有共同投資目的的投資者的資金，委託由投資專家組成的專門投資機構從事股票、債券等投資組合，投資者按出資的比例分享投資收益，並共同承擔投資風險。

基金投資作為一種集合投資制度，它的創立和運行主要涉及四個方面：投資人、發起人、管理人和託管人。投資人是出資人，也是受益人，它可以是自然人或者法人，大的投資人往往也是發起人。發起人根據政府主管部門批准的基金章程或基金證券發行辦法籌集資金而設立投資基金，將基金委託給管理人管理和經營，委託給託管人保管和進行財務核算。發起人與管理人、託管人之間的權利與義務通過信託契約來規定。

投資基金作為一種有價證券，與債券和股票投資相比具有下列的特點：

1. 反應的經濟關係不同

股票反應的是一種所有權關係，是一種所有權憑證，投資者購買股票後就成為公司的股東；債券反應的是債權債務關係，是一種債權憑證，投資者購買債券後就成為公司的債權人；基金反應的是一種信託關係，是一種受益憑證，投資者購買基金後就成為基金的受益人。

2. 所籌資金的投向不同

股票和債券是直接投資工具，籌集的資金主要投向實業領域；基金是一種間接投資工具，所籌集的資金主要投向有價證券等金融工具或產品。

3. 投資收益與風險不同

通常情況下，股票價格的波動性較大，是一種高風險、高收益的投資品種；債券可以給投資者帶來較為確定的利息收入，波動性也較股票要小，是一種低風險、低收益的投資品種；基金投資於眾多金融工具或產品，能有效分散風險，是一種風險相對適中、收益相對穩健的投資品種。

(二) 投資基金的種類

1. 按組織形式不同，投資基金分為契約型基金和公司型基金

(1) 契約型基金

契約型基金又稱為單位信託基金，是指投資者、管理人、託管人三者作為基金的當事人，通過簽訂基金契約的形式發行受益憑證而設立的一種基金。它是基於契約原理而組織起來的代理投資行為，沒有基金章程，也沒有公司董事會，而是通過基金企業來規範三方當事人的行為。基金管理人負責基金的管理操作。基金託管人作為基金資產的名義持有人，負責基金資產的保管和處置，對基金管理人的運作實行監督。

(2) 公司型基金

公司型基金是按照公司法以公司形態組成的，它以發行股份的方式籌集資金，一般投資者購買該公司的股份即為認購基金，也就成為該公司的股東，享有管理權、收

益分配權和剩餘財產索償權。基金公司設有董事會，代表投資者的利益行使職權。公司型基金在形式上類似於一般股份公司，不同之處在於，它委託基金管理公司作為專業的財務顧問或管理公司，來經營與管理基金資產。

2. 按照運作方式不同，投資基金分為封閉式基金和開放式基金

（1）封閉式基金

封閉式基金是指基金的發起人在設立基金時，限定了基金單位的發行總額，籌集到這個總額後，基金即宣告成立，並進行封閉，在一定時期內不再接受新的投資。基金單位的流通採取在交易所上市的辦法，通過二級市場來進行競價交易。

（2）開放式基金

開放式基金是指基金發起人在設立基金時，基金單位的總數是不固定的，可視經營策略和發展需要追加發行。投資者也可以根據市場狀況和各自的投資決策，或者要求發行機構按限期淨資產值扣除手續費後贖回股份或收益憑證，或者再買入股份或受益憑證，增加基金單位份額的持有比例。

3. 按照投資對象不同，投資基金分為國債基金、股票基金、貨幣市場基金和衍生證券投資基金

（1）國債基金

國債基金是一種以國債為主要投資對象的證券投資基金。由於國債的年利率固定，因而這類基金的風險較低，適合於穩健型投資者。

（2）股票基金

股票基金是指以上市股票為主要投資對象的證券投資基金。股票基金的投資目標側重於追求資本利得和長期資本增值。基金管理人擬定投資組合，將資金投放到一個或幾個國家、甚至全球的股票市場，以達到分散投資、降低風險的目的。

（3）貨幣市場基金

貨幣市場基金是以貨幣市場工具為投資對象的一種基金，其投資對象期限在一年以內，包括銀行短期存款、國庫券、公司債券、銀行承兌票據及商業票據等貨幣市場工具。貨幣市場基金的優點是資本安全性高、購買限額低、流動性強、收益較高、管理費用低，有些還不收取贖回費用。因此，貨幣市場基金通常被認為是低風險的投資工具。

（4）衍生證券投資基金

衍生證券投資基金是以期權、期貨等衍生證券為投資對象的證券投資基金。這種基金的風險較大，因為衍生證券一般是高風險的投資品種。

4. 根據投資目標不同，投資基金分為成長型基金、收入型基金和平衡型基金

（1）成長型基金

成長型基金以追求資本增值為基本目標，較少考慮當期收入的基金，主要以具有良好增長潛力的股票為投資對象。成長型基金是基金中最常見的一種，該類基金追求資產的長期增值。為了達到這一目標，基金管理人通常將基金資產投資於信譽度較高的、有長期成長前景或長期盈餘的公司的股票。

（2）收入型基金

收入型基金是指以追求平穩的經常性收入為基本目標的基金，該類型基金主要以大盤藍籌股、公司債券、政府債券等高收益證券為投資對象。收入型基金主要投資於可帶來現金收入的有價證券，以獲取當期的最大收入為目的。收入型基金資產成長的潛力較小，損失本金的風險相對也較低，一般可分為固定收入型基金和權益收入型基金。

（3）平衡型基金

平衡型基金是既注重資本增值又注重當期收入的一類基金。

一般而言，成長型基金的風險大，收益高；收入型基金的風險小，收益也較低；平衡型基金的風險和收益介於成長型基金與收益型基金之間。

5. 按募集對象不同，投資基金分為公募基金和私募基金

（1）公募基金

公募基金是指受中國政府主管部門監管的，向不特定投資者公開發行受益憑證的證券投資基金。例如目前國內證券市場上的封閉式基金屬於公募基金。

（2）私募基金

私募基金是指非公開宣傳的，私下向特定投資者募集資金進行的一種集合投資。

（三）投資基金的估價和收益率

1. 投資基金的估價

基金投資的估價是對基金的內在價值進行評估，有利於反應基金的經營業績，有利於投資者對基金投資作出正確決定，它涉及三個基本概念：基金價值、基金單位淨值、基金報價。

對投資基金進行財務評估的目的是衡量其經營業績，以便在不同基金之間進行選擇，評價所依據的信息來源主要是公開的基金財務報告信息。

（1）基金價值

基金也是一種證券，與其他證券一樣，其內在價值也是指在基金投資上所能帶來的現金淨流量，但基金內在價值的確定依據與股票、債券有很大的不同。

債券的價值取決於債券投資所帶來的利息收入和所收回的本金，股票的價值取決於股份公司淨利潤的穩定性和增長性。這些利息或股利都是未來收取，也就是說，未來的而不是現在的現金流量決定著債券和股票的內在價值。而基金的未來收益是不可預測的。投資基金不斷變換投資組合對象，再加上資本利得是基金收益的主要來源，變幻莫測的證券價格波動，使得預測基金的未來收益不大現實。既然未來不可預測，投資者能夠把握的就是「現在」。因此，基金的價值取決於目前能給投資者帶來的現金流量，這種目前的現金流量，就是基金淨資產的現有市場價值。

（2）基金單位淨值

基金單位淨值也稱為單位淨資產，基金的價值取決於基金淨資產的現在價值。因此，基金單位淨值是評價基金業績最基本和最直觀的指標，也是開放式基金申購價格、贖回價格以及封閉式基金上市交易價格確定的重要依據。

基金單位淨值是在某一時點每一基金單位所具有的市場價值，其計算公式為：

$$基金單位淨值=\frac{(總資產-總負債)}{基金單位總份額}=\frac{基金淨資產價值總額}{基金單位總份額}$$

式中：基金淨資產價值總額=資產總值-負債

其中，總資產是指基金擁有的所有資產（包括股票、債券、銀行存款和其他有價證券等）按照公允價格計算的資產總額。

總負債是指基金運作及融資時所形成的負債，包括應付給他人的各項費用、應付資金利息等。

基金單位總份額是指當時發行在外的基金單位的總量。

注意，這裡基金總資產的價值並不是指資產總額的帳面價值，而是指資產總額的市場價值。

基金估值是計算單位基金資產淨值的關鍵。基金往往分散投資於證券市場的各種投資工具，如股票、債券等，由於這些資產的市場價格是不斷變動的，因此，只有每日對單位基金資產淨值重新計算，才能及時反應基金的投資價值。基金資產的估值原則如下：

①上市股票和債券按照計算日的收市價計算，該日無交易的，按照最近一個交易日的收市價計算。

②未上市的股票以其成本價計算。

③未上市國債及未到期定期存款，以本金加計至估值日的應計利息額計算。

④如遇特殊情況而無法或不宜以上述規定確定資產價值時，基金管理人依照國家有關規定辦理。

（3）基金報價

理論上說，基金的價值決定了基金的交易價格，即基金的交易價格是以基金單位淨值為基礎的，基金單位淨值越高，其交易價格也越高。封閉型基金在二級市場上競價交易，其交易價格由供求關係和基金業績決定，圍繞基金單位淨值上下波動。開放式基金的櫃臺交易價格則完全以基金單位淨值為基礎，通常採用兩種報價形式：認購價（賣出價）和贖回價（買入價）。

基金認購價（賣出價）= 基金單位淨值+首次認購費

基金贖回價（買入價）= 基金單位淨值-基金贖回費

基金認購價是基金公司的賣出價，首次認購費是支付給基金公司的發行佣金。基金贖回價是基金公司的買入價，贖回時一般要收取贖回費，並以此提高贖回成本，防止投資者的贖回，保持基金資產的穩定性。

封閉式基金二級市場上的交易價格與股票和債券的市場價格一樣，受基金公司經營業績及市場供求關係變化的影響。

2. 基金收益率

基金收益率用以反應基金增值的情況，一般通過基金淨資產的價值變化來衡量。通常以年增值率來表示。其公式為：

$$基金收益率=\frac{年末基金單位淨值\times基金持有份額-年初基金單位淨值\times基金持有份額}{年初基金單位淨值\times基金持有份額}\times100\%$$

式中，如果年末和年初基金持有份額數相同，基金收益率就簡化為基金單位淨值在年內的變化幅度。

（四）基金投資的優缺點

1. 基金投資的優點

（1）專業化優勢

基金管理公司配備的投資專家，一般都具有深厚的投資分析理論功底和豐富的實踐經驗，用科學的方法進行組合投資，規避風險。同時投資基金的管理人一般擁有專業投資研究人員對證券市場實行動態跟蹤與分析，使普通投資者也能夠享受到專業化的投資管理服務，從而降低投資風險、提高投資收益。

（2）集合投資的優勢

和資金有限的單個投資者相比，基金有利於發揮資金的規模優勢，以降低投資成本，使中小投資者也能夠享受到與機構投資者類似的規模效益。

（3）組合投資、分散風險

基金通過匯集眾多中小投資者的資金，形成雄厚的實力，可以同時分散投資於股票、債券、現金等多種金融產品，分散了對個股集中投資的風險。

（4）嚴格監管與透明性

為切實保護投資者的利益，增強投資者對基金投資的信心，各國基金監管部門都對基金業實行嚴格的監管，對各種有損投資者利益的行為進行嚴厲的打擊，並強制基金進行較為充分的信息披露。

（5）獨立託管，保障安全

證券投資基金的管理人只負責基金的投資操作，本身並不經手基金財產的保管，基金財產的保管由獨立於基金管理人的基金託管人負責，這種相互制約、相互監督的制衡機制從另一方面對投資者的利益提供了重要的保護。

2. 基金投資的缺點

（1）無法獲得很高的投資收益。根據風險報酬對等原則，投資基金在投資組合過程中，在降低風險的同時，也喪失了獲得巨大收益的機會。

（2）在大盤整體大幅度下跌的情況下，進行基金投資也可能會損失較多，投資人將承擔較大風險。

本章小結

- 投資是指經濟主體向一定領域投放資金或實物等貨幣等價物以獲得收益或使資金增值的經濟行為。為了便於管理，可以按照不同的標準對投資進行分類。

- 投資項目的現金流量按流向分為現金流出量、現金流入量和現金淨流量；按時間分為初始現金流量、營業現金流量和終結現金流量。項目投資決策採用現金流量而非利潤作為評價經濟效益的基礎，是為了科學地考慮時間價值因素，使投資決策更符合客觀實際情況。

● 項目投資決策的指標通常按是否考慮貨幣時間價值分為非貼現評價指標和貼現評價指標兩類。前者又稱靜態投資指標，主要包括投資利潤率和靜態投資回收期；後者又稱動態投資指標，主要包括動態投資回收期、淨現值、淨現值率、現值指數、內含報酬率。

● 項目投資決策方法分為：獨立方案的對比與選優、互斥方案的對比與選優、固定資產更新決策和資本限額決策等。

● 證券投資是指企業為獲取利息、股息等投資收益或出於特定經營目的而買賣有價證券的投資行為，它是企業對外投資的重要組成部分。證券投資的對象包括：股票投資、債券投資和基金投資等。股票投資的風險大，預期的收益高；債券投資的風險相對較小，但收益也低；基金投資的收益和風險介於股票和債券之間。

案例分析

蓉匯集團項目投資決策[①]

一、案例資料

(一) 引言

在蓉匯集團200×年11月3日的執行委員會大會上，董事長兼總裁江寧要求由行銷部副總韓輝和投資部副總李彥負責，認真調查一下市場目前和潛在的需求情況，準備投資開發新的項目，挖掘集團新的利潤增長點。

散會後韓輝和李彥與辦公室主任王明一起討論怎麼辦，最後他們決定成立一個項目團隊來進行這一工作，團隊由來自研發部、市場部、投資部、財務部的成員組成，並由李嘉負責。李嘉已在公司工作了3年，以前在市場部，現在在投資部，對市場和公司情況有深入的瞭解。韓輝和李彥對此人都很有信心。

(二) 公司背景及產品介紹

蓉匯集團有限公司是一個以高科技產品為龍頭，多種產業並存發展，集科、工、貿、房地產、教育、文化、服務、運輸等為一體的多元化跨國企業集團。集團組建於1994年，總部設在北京，生產基地坐落於天津市經濟技術開發區，占地面積27萬平方米，建築面積13萬平方米，資產規模超過10億元人民幣。集團的前身是天津蓉匯經濟發展總公司（1990年創建）和天津生物工程公司（1991年創建）。

蓉匯集團以尖端的生物技術為依託，吸收中醫學精華，開發具有降低血脂、延緩衰老、抗腫瘤、潤腸通便等功能的高品質系列保健品，並從國外引進先進的生產設備和工藝，建立了嚴格的品質管理體系，公司已通過了國際化標準的ISO9,002質量體系認證。為保證公司長遠有序的發展，蓉匯集團已在十幾個國家辦理了商標註冊。在美國、加拿大、俄羅斯、韓國、泰國、越南、南非等國家的分公司已相繼開業，還有二十多個國家的分公司正在籌備之中，將於近期開業。

---

① 筆者根據公開資料整理。

為了確保產品品質，滿足市場需求，蓉匯集團不斷進行技術改造和設備更新，投入巨資興建現代化生產基地，從義大利、荷蘭、英國等國家引進具有國際先進水平的生產設備。至今已生產出包括營養補鈣為主的系列保健食品、普通食品、醫療器械和生活用品四大系列100多種產品，並在全球十幾個國家獲得了市場准入資格，部分產品通過了美國FDA檢測，而且產品的範圍正在不斷擴大。

（三）市場調研

項目團隊組成並明確任務後，首先對市場進行了認真深入的調查。以下是項目團隊提供的一份市場調查報告的一部分：「蓉匯集團在努力擴大保健品市場份額的同時，不應忽視一個問題，即目前在鈣、核酸產品淡出視線，腦白金市場日漸衰落的情況下，中國醫藥保健品行業出現了市場熱點的空缺，而從歷史經驗來看，新的熱點應該很快就會填補這個空缺。」

項目團隊對有可能產生的市場熱點進行了分析和預測，對骨關節炎市場很是看好。通過收集的資料發現，中國的骨關節炎患者超過一億人，而且近年來國際上對骨關節炎的重視程度越來越高，1999年世界衛生組織將骨關節炎與心血管疾病及癌症列為威脅人類健康的「三大殺手」，並把2000—2010年定為「骨關節十年」。然而，對骨關節炎的治療手段不盡如人意，目前通常採用的消炎鎮痛類藥物，不能從根本上進行治療。氨基酸葡萄糖硫酸鹽作為軟骨組織的營養補充劑，被認為是唯一能夠根本緩解骨關節炎病症的特異性產品，但早期開發的產品因含有20%以上的鈉離子、鉀離子、氯離子等雜質，對心血管病及腎病患者有一定影響，因此效果不夠理想。由於沒有出現真正對其構成威脅的競爭產品，因此這個市場一直是消炎鎮痛類藥物的天下。

如今，這種局面正面臨著被打破的可能，已有兩家醫藥企業開發出氨基酸葡萄糖類的特異產品，利用選擇性離子過濾技術，有效的剔除了生產過程中的雜質，生物的利用程度得到大幅度提高，顯著地緩解了骨關節炎的病症。然而，不容忽視的一個問題是，長期以來無論是醫生還是患者接觸的主要是消炎鎮痛類產品，要說服他們使用新的特異性產品尚需一段時日，因此，疾病教育問題對這個市場來說可能是最棘手的。

可喜的是，蓉匯集團是以生產壯骨粉起家的，在新產品的研發方面具有一定的技術優勢。所以，項目團隊認為應該搶抓機遇，進軍骨關節炎市場。

（四）固定資產投資分析

200×年12月22日，韓輝將李嘉提供的前期市場調研和項目的可行性研究結果向董事長江寧匯報。項目團隊的投資建議得到認可。並且為了確保骨關節炎項目的實施，蓉匯集團打算進行一系列的固定資產投資，以便為進軍骨關節炎市場做好前期準備。蓉匯集團的財務人員根據公司的實際情況，提供了甲、乙兩種可供選擇的方案：

1. 甲方案

（1）原始投資共有1,000萬元（全部來源於自有資金），其中包括：固定資產投資750萬元，流動資金投資200萬元，無形資產投資50萬元。

（2）該項目的建設期為2年，經營期為10年。固定資產和無形資產投資分兩年平均投入，流動資金投資在項目完工時（第二年年末）投入。

（3）固定資產的壽命期限為10年（考慮預計的淨殘值）。無形資產投資從經營年份起分10年攤銷完畢，流動資產於終結點一次收回。

(4) 預計項目投產後，每年發生的相關營業收入（不含增值稅）和經營成本分別為600萬元和200萬元，所得稅稅率為25%，該項目不享受減免所得稅的待遇。

(5) 該行業的基準折現率為14%。

2. 乙方案

比甲方案多加80萬元的固定資產投資，建設期為1年，固定資產和無形資產在項目開始時一次投入，流動資金在建設期末投放，經營期不變，經營期各年的現金流量為300萬元，其他條件不變。

目前，蓉匯集團的固定資產已占總資產的15%左右，集團已經形成了企業自己的一套固定資產的管理方法：公司的固定資產折舊方法按平均年限法，淨殘值率按原值的10%確定。折舊年限分為：房屋建築物為20年；機器設備、機械和其他生產設備為10年；電子設備、運輸工具以及與生產經營有關的器具、工具、家具為5年。

二、問題提出

1. 如蓉匯集團有能力打入骨關節炎市場，請計算甲、乙兩個固定資產投資方案的PP、NPV、PVI、IRR等投資決策指標。

2. 根據計算結果分析蓉匯集團應選擇哪種投資方案？

思考與練習

一、單項選擇題

1. 已知某投資項目預計投產第一年的流動資產需用額為100萬元，流動負債可用額為40萬元；投產第二年的流動資產需用額為190萬元，流動負債可用額為100萬元。則投產第二年新增的流動資金額應為（　　）萬元。

A. 150　　B. 90　　C. 60　　D. 30

2. 已知某投資項目的固定資產投資為2,000萬元，無形資產為200萬元。預計投產後第3年的總成本為1,000萬元，同年的折舊額為200萬元、無形資產攤銷額為40萬元，則投產後第3年用於計算淨現金流量的經營成本為（　　）萬元。

A. 1,300　　B. 760　　C. 700　　D. 300

3. 某投資項目各年的預計淨現金流量分別為：$NCF_0=-200$萬元，$NCF_1=-50$萬元，$NCF_{2-3}=100$萬元，$NCF_{4-11}=250$萬元，$NCF_{12}=150$萬元，則該項目包括建設期的靜態投資回收期為（　　）。

A. 2.0年　　B. 2.5年　　C. 3.2年　　D. 4.0年

4. 某公司擬進行一項固定資產投資決策，設定折現率為10%，有四個方案可供選擇。其中甲方案的淨現值率為-12%；乙方案的內部收益率為9%；丙方案的項目計算期為10年，淨現值為960萬元；丁方案的項目計算期為11年，年等額淨回收額為136.23萬元。已知（P/A，10%，10）= 6.144,6，最優的投資方案是（　　）。

A. 甲方案　　B. 乙方案

C. 丙方案　　D. 丁方案

5. 在下列方法中，不能直接用於項目計算期不相同的多個互斥方案比較決策的方法是（　　）。

A. 淨現值法　　　　B. 方案重複法

C. 年等額淨回收額法　　　　D. 最短計算期法

二、判斷題

1. 在項目投資決策中，淨現金流量是指經營期內每年現金流入量與同年現金流出量之間的差額所形成的序列指標。（　　）

2. 某單純固定資產投資項目需固定資產投資 30,000 元，建設期為 2 年，投產後每年的淨現金流量均為 10,500 元，則包括建設期的靜態投資回收期為 5.05 年。（　　）

3. 對某一投資項目分別計算投資利潤率與淨現值，發現投資利潤率小於行業基準折現率，但淨現值大於零，則可以斷定該方案不具備財務可行性，應拒絕。（　　）

4. 投資項目的經營成本不應包括經營期內固定資產折舊費、無形資產攤銷。

（　　）

5. 某投資項目的投資總額為 200 萬元，達產後預計經營期內每年的利潤為 24 萬元，適用的企業所得稅稅率為 25%，則該項目的投資利潤率為 14%。（　　）

三、計算分析題

1. 企業擬投資於 A 項目，需一次投入固定資產 1,000 萬元，當年投產，投產時需一次性投入配套資金 200 萬元（在項目報廢時全額收回）。從第一年年末開始，每年取得銷售收入 400 萬元，付現成本 180 萬元，該項目的經營期為 5 年，到期報廢時收回殘值 50 萬元。該項目按直線法計提折舊，企業的所得稅稅率為 25%，企業要求的投資收益率（或資金成本率）為 10%。

要求：

（1）計算各年的現金淨流量 *NCF*；

（2）計算該項目淨現值。

2. 已知甲項目建設期投入全部原始投資，其累計各年稅後淨現金流量如表 6-11 所示。

表 6-11

時間（年）	0	1	2	3	4	5	6	7	8	9	10
NCF（萬元）	-800	-600	-100	300	400	400	200	500	300	600	700
累計 *NCF*											
折現系數（%）	1	0. 909, 1	0. 826, 4	0. 751, 3	0. 683	0. 620, 9	0. 564, 5	0. 513, 2	0. 466, 5	0. 424, 1	0. 385, 5
折現的 *NCF*											

要求：

（1）填寫表 6-11 中甲項目各年累計的 *NCF* 和折現的 *NCF*；

（2）計算包括建設期的靜態投資回收期；

（3）計算不包括建設期的靜態投資回收期；

(4) 確定項目計算期;

(5) 確定項目建設期;

(6) 計算甲項目的淨現值。

3. 某企業準備變賣一臺尚可使用 5 年的舊設備，另外購置一套新設備來更換它。舊設備帳面的淨值為90,000元，目前變價收入80,000元。新設備的投資額為200,000元，預計使用年限為5年，到第五年年末新設備與繼續使用舊設備的與預計淨殘值相同。新設備投入使用後，每年為企業增加營業收入70,000元，增加付現成本35,000元。設備使用直線法提取折舊，企業所得稅稅率為25%，預期投資收益率為10%。

要求：經過計算分析是否可以用新設備替換舊設備。

4. 某企業準備投資一個完整工業建設項目，所在的行業基準折現率（資金成本率）為10%，分別有 A、B、C 三個方案可供選擇。

(1) A 方案的有關資料如表 6-12 所示。

表 6-12　　金額單位：元

計算期	0	1	2	3	4	5	6	合計
淨現金流	－60,000	0	30,000	30,000	20,000	20,000	30,000	—
折現的淨現金流量	－60,000	0	24,792	22,539	13,660	12,418	16,935	30,344

已知 A 方案的投資於建設期起點一次投入，建設期為 1 年，該方案年等額淨回收額為6,967元。

(2) B 方案的項目計算期為 8 年，包括建設期的靜態投資回收期為 3.5 年，淨現值為50,000元，年等額淨回收額為9,370元。

(3) C 方案的項目計算期為12年，包括建設期的靜態投資回收期為 7 年，淨現值為70,000元。

要求：

(1) 計算或確定 A 方案的下列指標：

①包括建設期的靜態投資回收期；②淨現值。

(2) 評價 A、B、C 三個方案的財務可行性。

(3) 計算 C 方案的年金淨流量。

5. 某公司有 A、B、C、D 四個投資項目可供選擇，有關資料如表 6-13 所示。

表 6-13　　單位：元

投資項目	原始投資	淨現值	現值指數
A	130,000	77,000	1.59
B	140,000	63,500	1.45
C	310,000	131,000	1.42
D	160,000	65,000	1.41

要求：當投資總額限定為450,000元時，作出投資組合決策。

第七章　營運資金管理

學習目標

- 瞭解營運資金的概念和特點，掌握營運資金管理策略。
- 掌握現金的持有動機，熟悉現金管理的內容，掌握最佳現金持有量的決策方法。
- 理解應收帳款的成本構成，掌握信用決策的制定，理解應收帳款的日常管理與控製。
- 掌握存貨的成本構成，掌握經濟訂貨批量基本模型和部分拓展模型的應用。
- 瞭解短期籌資的特點，理解各種短期籌資方式。

引導案例

海爾的「零營運資本管理」戰略①

一個科學高效的資金管理體系對企業的持續健康發展起著至關重要的作用。進入21世紀以來，企業的生存環境發生了根本性的變化，傳統的營運資金管理已無法適應企業發展的需要。海爾作為世界家電知名品牌，成功運用了「零營運資本管理」戰略，從而極大地提升了海爾創新資金管理的效率。

海爾的營運資金管理體系是一個包括營運資金戰略、目標、執行、業績評價和激勵整合的管理控製體系。海爾通過推進需求鏈管理、渠道與客戶關係管理、資金集約管理、供應鏈融資以及國際營運資金管理等方面的創新，以及對組織和流程、商業模式、機制等方面進行變革以提供一個有利於營運資金效率提升的平臺支持，構建了一個全面整合、由五大模塊組成的營運資金管理體系。

海爾對營運資金管理提出了「零營運資本」的目標，即在滿足企業對流動資產基本需求的前提下，通過對流動資產，尤其是應收帳款和存貨等占用的管理和控製使營運資金趨於最小。海爾率先在中國市場實行「現款現貨」政策。在「現款現貨」政策的基礎上，海爾又提出防止「兩多兩少」策略：防止庫存多、應收帳款多、利潤少、現金少。具體措施就是探索「零庫存下的即需即供」，取消倉庫，推進按訂單生產，避免庫存。

海爾的零營運資本管理不是一種孤立的財務管理策略，而是一種建立在全業務流

① 筆者根據相關公開資料整理改編。

程上，全方位、多角度、突破企業邊界的系統管理。構建「一流三網」(一流指訂單信息流；三網指全球供應鏈資源網、全球客戶資源網、計算機信息網) 是海爾零營運資金目標實現的基礎，通過業務流程再造，實施信息化，加速物流、信息流以實現資金流高效運轉，減少營運資金占用。

在傳統商業模式下，由於不知道市場和用戶在哪裡，企業只能按庫存生產，由此產生了較多的應收帳款和庫存，導致折價損失。針對這些嚴重的弊端，海爾提出了零庫存下的即需即供模式。對客戶來講，就是第一時間滿足客戶的需求，不斷貨；對企業來講，就是按訂單生產，不壓貨。海爾和大部分其他企業的不同就在於，海爾是先有訂單後生產，將商品銷售到終端用戶手裡。

海爾從「現款現貨」政策到「取消倉庫」政策，從業務流程再造到「零庫存下的即需即供」，從國內營運資金管理到全球營運資金管理，從單個企業的營運資金管理到整個供應鏈的營運資金管理等，體現了海爾根據不同的戰略發展階段、不同的市場環境採取不同的營運資金管理策略，其營運資金管理體系隨外部環境與內部環境的變化不斷權變和演進。

思考與討論

1. 營運資金管理在財務管理中的重要性表現。

2. 海爾集團的「零營運資本管理」有什麼樣的啟示?

第一節　營運資金概述

一、營運資金的概念和特點

營運資金是企業用以維持正常經營所需要的資金，是企業生產經營活動中占用流動資產上的資金。營運資金一般有廣義和狹義之分，廣義的營運資金是指一個企業流動資產的總額；狹義的營運資金是指流動資產減去流動負債後的餘額。

(一) 營運資金的概念和構成

財務管理主流教材裡一般指的是狹義的營運資金概念，因而營運資金的管理涉及流動資產和流動負債的管理，營運資金的存在表明企業的流動資產占用的資金除了以流動負債籌集外，還能以長期負債或所有者權益籌集。

1. 流動資產

流動資產是指可以在一年內或超過一年的一個營業週期內變現或運用的資產，流動資產在資產負債表上主要包括以下項目：現金、短期投資、應收票據、應收帳款、預付費用和存貨。它具有占用時間短、週轉快、易變現等特點，企業擁有較多的流動資產，可在一定程度上降低財務風險。

流動資產按不同的標準可進行不同的分類，常見分類方式如下：

(1) 按占用形態不同分為現金、債權類、存貨等。

(2) 按在生產經營過程中所處的環節不同分為生產領域、流通領域以及銷售領域的流動資產。

(3) 按流動資產變動與銷售之間的相關關係分為永久性流動資產和波動性流動資產。永久性流動資產是指滿足企業長期最低需求的流動資產，其佔有量通常相對穩定。波動性流動資產或稱臨時性流動資產，是指那些由於季節性或臨時性的原因而形成的流動資產，其占用量隨當時的需求而波動。

2. 流動負債

流動負債是指需要在 1 年或者超過 1 年的一個營業週期內償還的債務，在資產負債表上流動負債主要包括以下項目：短期借款、應付票據、應付帳款、應付工資、應交稅費及未付利潤等，它具有成本低、償還期短的特點。

流動負債按不同標準可作不同的分類，常見的分類方式如下：

(1) 以應付金額是否確定為標準分為應付金額確定的流動負債和應付金額不確定的流動負債

應付金額確定的流動負債是指那些根據合同或法律規定到期必須償付、並有確定金額的流動負債。

應付金額不確定的流動負債是指那些要根據企業生產經營狀況，到一定時期或具備一定條件才能確定的流動負債，或應付金額需要估計的流動負債。

(2) 以流動負債的形成情況為標準分為自然性流動負債和人為性流動負債

自然性流動負債是指不需要正式安排，由於結算程序或有關法律法規的規定等原因而自然形成的流動負債。

人為性流動負債是指根據企業對短期資金的需求情況，通過人為安排所形成的流動負債。

(3) 以是否支付利息為標準分為有息流動負債和無息流動負債

有息流動負債是明確該項負債需要確定支付利息。

無息流動負債是負債發生或者形成時無需支付利息。

(4) 以與生產經營關係為標準分為臨時性負債和自發性負債

臨時性負債又稱為籌資性流動負債，是指為了滿足臨時性流動資金需要所發生的負債。如商業零售企業春節前為滿足節日銷售需要，超量購入貨物而舉借的短期銀行借款，臨時性負債一般只能供企業短期使用。

自發性負債又稱為經營性流動負債，是指直接產生於企業持續經營中的負債。如商業信用籌資和日常營運中產生的其他應付款以及應付職工薪酬、應付利息、應交稅費等，自發性負債可供企業長期使用。

3. 營運資金

營運資金是流動資產減去流動負債（短期負債等）後的餘額。公式表示為：

$$營運資金=流動資產-流動負債$$

營運資金公式表明：

(1) 營運資金越少，收益越高，風險越大。

(2) 營運資金的多少可以反應償還短期債務的能力。

從上述可以看到，營運資金是流動資產與流動負債之差，是個絕對數，如果公司之間規模相差很大，絕對數相比的意義很有限。而流動比率是流動資產和流動負債的比值，是個相對數，排除了公司規模不同的影響，更適合公司間以及本公司不同歷史時期的比較。

(二) 營運資金的特點

為了有效地管理企業的營運資金，必須研究營運資金的特點。營運資金一般具有如下特點：

1. 短期性

企業占用在流動資產上的資金，通常會在1年或一個營業週期內收回。根據這一特點，營運資金可以用商業信用、銀行短期借款等短期籌資方式來加以解決。

2. 變現性

非現金形態的營運資金如存貨、應收帳款、短期有價證券一般具有較強的變現能力，如果遇到意外情況，企業出現資金週轉不靈、現金短缺時，便可迅速變賣這些資產，以獲取現金。這對財務上應付臨時性資金需求具有重要意義。

3. 波動性

流動資產的數量會隨企業內外條件的變化而變化，時高時低，波動很大。季節性企業如此，非季節性企業也如此。隨著流動資產數量的變動，流動負債的數量也會相應發生變動。

4. 多樣性

與籌集長期資金的方式相比，企業籌集營運資金的方式較為靈活多樣，通常可以採用銀行短期借款、短期融資券、商業信用、應交稅金、應交利潤、應付工資、應付費用、預收貨款、票據貼現等多種內外部融資方式。

5. 轉換性

企業營運資金的實物形態是經常變化的，一般按照現金、材料、在產品、產成品、應收帳款、現金的順序轉化。為此，在進行流動資產管理時，必須在各項流動資產上合理配置資金數額，做到結構合理，以促進資金週轉順利進行。

6. 一致性

流動資金的循環與企業的生產週期一致，一般是順次通過採購、生產、銷售又回到下一輪的週轉中，較快地從產品銷售收入中得到補償。即流動資產的實物耗費與價值補償是在一個生產經營週期內同時完成的。

二、營運資金的週轉

(一) 營運資金週轉的概念

營運資金週轉是指企業的營運資金從現金投入生產經營開始，到最終轉化為現金為止的過程。企業要購買原材料，但並不是購買原材料的當天就馬上付款，這一延遲的時間段就是應付帳款週轉期。企業對原材料進行加工最終轉變為產成品並將之賣出，這一時間段被稱之為應收帳款週轉期。

營運資金週轉通常與現金週轉密切相關，而現金週轉期是指介於公司支付現金與收到現金之間的時間段，也就是存貨週轉期與應收帳款週轉期之和減去應付帳款週轉期。

營運資金的週轉過程主要包括以下三個方面：

1. 存貨週轉期

存貨週轉期是指將原材料轉化成產成品並出售所需要的時間。

2. 應收帳款週轉期

應收帳款週轉期是指將應收帳款轉換為現金所需要的時間。

3. 應付帳款週轉期

應付帳款週轉期是指從收到尚未付款的材料開始到現金支出之間所用的時間。

營運資金週轉過程如圖 7-1 所示。

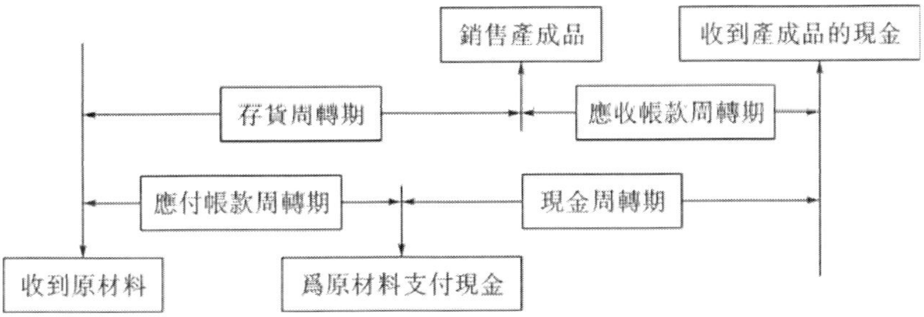

圖 7-1 營運資金週轉期示意圖

從圖 7-1 可以得到以下公式：

$$現金週轉期=存貨週轉期+應收帳款週轉期-應付帳款週轉期$$

其中：

$$存貨週轉期=\frac{平均存貨}{每天的銷貨成本}$$

$$應收帳款週轉期=\frac{平均應收帳款}{每天的銷貨收入}$$

$$應付帳款週轉期=\frac{平均應付帳款}{每天的銷貨成本}$$

（二）營運資金週轉分析

現金週轉期越長，需要的營運資金數額就越大，能夠縮短現金週轉期的措施，均能夠減少營運資金的需要量。我們從圖 7-1 可以看出，影響營運資金數額的因素及規律主要如下：

1. 主要因素

存貨週轉期（同向）、應收帳款週轉期（同向）、應付帳款週轉期（反向）。

2. 其他因素

償債風險、收益要求和成本約束。

由此可見，要減少現金週轉期，可以從以下方面著手：加快製造與銷售產成品來減少存貨週轉期；加速應收帳款的回收來減少應收帳款週轉期；減緩支付應付帳款來延長應付帳款週轉期。

三、營運資金的管理原則

營運資金的管理就是對企業流動資產和流動負債的管理。它既要保證有足夠的資金滿足生產經營的需要，又要保證能按時按量償還各種到期債務。企業營運資金管理的基本要求是：

(一) 確定並控製流動資金的合理需要量

企業流動資金的需要量取決於生產經營規模和流動資金的週轉速度，同時也受市場及供、產、銷情況的影響。企業應綜合考慮各種因素，合理確定流動資金的需要量，既要保證企業經營的需要，又不能因安排過量而浪費。平時也應控製流動資金的占用，使其納入計劃預算的良性範圍內。因此，企業財務人員應認真分析生產經營狀況，綜合考慮各種因素，採用科學的方法預測營運資金的需要數量，以滿足合理的營運資金需求。

(二) 確定流動資金的來源構成

企業的籌資過程中，不同的籌資渠道和方式取得資金的成本不同，而籌資渠道和方式又可以形成有效組合，借此可以力求以最小的代價謀取最大的經濟利益，並使籌資與日後的償債能力等合理配合。

(三) 加快資金週轉，提高資金效益

營運資金週轉是指企業的營運資金從現金投入生產經營開始，到最終轉化為現金的過程。在其他因素不變的情況下，流動資產的週轉速度與流動資金的需要量成反向變化，加速營運資金的週轉，也就相應地提高了資金的利用效率。因此，企業要盡力加速存貨的週轉、縮短應收帳款的收款期，以便利用有限的資金，取得更好的經濟效益。

(四) 節約資金使用成本

在營運資金管理中，必須正確處理保證生產經營需要和節約資金使用成本兩者之間的關係。營運資金具有流動性強的特點，但是流動性越強的資產收益性就越差。如果企業的營運資金持有過多，會降低企業的收益。因此，企業要在保證生產經營需要的前提下控製營運資金的占用，遵守勤儉節約的原則，挖掘資金潛力，科學、合理地使用資金。

(五) 保持足夠的短期償債能力

企業應合理安排流動資產與流動負債的比例關係，保證企業有足夠的短期償債能力。流動資產、流動負債以及兩者之間的關係能較好地反應企業的短期償債能力。流動負債是在短期內需要償還的債務，而流動資產則是在短期內可以轉化為現金的資產。如果一個企業的流動資產比較多，流動負債比較少，說明企業的短期償債能力較強；

反之，則說明短期償債能力較弱。但如果企業的流動資產太多，流動負債太少，也不是正常現象，這可能是因流動資產閒置或流動負債利用不足所致。因此，在營運資金管理中，企業要合理安排好兩者的比例關係，從而既節約使用資金，又保證企業有足夠的償債能力。

四、營運資金管理策略

企業必須建立一個框架用來評估營運資金管理中的風險與收益的平衡，包括營運資金的投資和籌資策略，這些策略反應企業的需要以及對風險承擔的態度。實際上，一個財務管理者必須做兩個決策：一是需要擁有多少營運資金，也即是流動資產的投資策略；二是如何為營運資金籌資，也即是流動資產的籌資策略。

在實踐中，營運資金管理策略也拆分為流動資產的投資策略和流動資產的籌資策略，這些決策一般同時進行，並且相互影響。

（一）流動資產投資策略

流動資產投資策略是指當企業的產銷規模一定時，流動資產投資規模的選擇。流動資產是企業生產經營活動的必要條件，其投資的核心不在於流動資產本身的多寡，而在於流動資產能否在生產經營中有效的發揮作用，即流動資金的週轉與企業的經濟效益能否一致。

流動資產投資策略主要涉及兩個方面的策略，其決策目標是節省流動資金的使用和占用，提高企業利潤水平。

1. 流動資產投資策略的內容

（1）合理的存貨投資策略

存貨的規模組成，應該首先按經營業務的需要安排，並綜合考慮以下情況：連續性的生產經營活動所需的最低限度的存貨量，採購訂貨和生產的經濟規模，為市場特殊需求而生產的庫存產品，提前購買以獲得季節性的折扣，預判價格變化和供應短缺的情況。

存貨在採購、生產和銷售之間起著緩衝器的作用。存貨投資太少，不足以平衡原材料的供應速度、生產速度和銷售速度，會影響企業生產經營活動的連續性；但是，存貨投資太多，說明產品或者原料積壓太多，造成資金大量閒置而不能用作其他用途，從而影響企業的經濟效益。因此，在流動資產投資時，需要有合理的存貨投資。

建立合理的存貨投資辦法之一：逐期預算整體規模。通過對企業生產經營條件的分析和對原料、半成品和成品等不同存貨的形態的特點分析，對每個時期的存貨規模做出預算，並與實際運行的結果進行比較，發揮預算的指導和控製作用。這種方法對於經營有規律的，特別是處於季節性變動的企業，是行之有效的。

建立合理的存貨投資方法之二：預先定出某時期的存貨週轉率。例如，企業可以把存貨週轉率定為每年週轉四次，作為期間目標。週轉標準過低，會使存貨陳舊，增加企業處理滯銷品的壓力。存貨週轉還是外界的信貸分析家們所非常關注的，高速的存貨週轉率是企業良好經營狀況的反應。存貨投資在此情況下可以高些，但是其銷售額更高。從內部管理角度來看，分別對原材料、成品以及不同種類的成品實行不同的週轉率，比整體週轉率更為實用。週轉率往往是按月份來表示的，這可以避免對存貨使用價值的不同意見。該策略的基本目的，是促使存貨管理的經理們採用正確的決策，少犯或者不犯錯誤。

(2) 應收帳款投資策略

應收帳款是企業經營活動中與客戶發生的賒帳，它是一種商業信貸，必然要占用一定的資金。在商業信貸中存在著利潤與風險兩個對立的因素。應收帳款多，增加了資金占用，壞帳風險也增大，但同時可以促進銷售，增加利潤。相反，如果應收帳款較少，雖然減少了資金占用以及資金占用的機會成本損失和壞帳風險，但是同時也會損失一些客戶，降低銷售額，從而減少利潤。因此，合理的應收帳款投資必須取得成本和效益之間的均衡。

2. 流動資產投資策略的類型

流動資產的投資策略受資產的風險和報酬、企業經營規模、市場利率高低等因素影響，企業的流動資產投資策略主要有下列三種：

(1) 保守型（穩健型）投資策略

保守型投資策略從穩健經營的角度出發，在安排流動資產時，除保證正常需要量和必要的保險儲備量外，還安排一部分額外的儲備量，以最大限度地降低企業可能面臨的流動性風險。它可用下列公式表述：

流動資產的投資=正常需要+保險儲備量+額外儲備量

其中：

正常需要量是指為了滿足企業生產經營需要的最低流動資金占用水平。

保險儲備量是指為應付意外情況發生（例如生產的波動）而儲備的資金。

額外的儲備量是指除上述外不可預知的因素導致而進行的額外儲備的資金。

在這種投資策略導引下，企業通常會維持高水平的流動資產與銷售收入比率。採用這種政策，在流動負債不變的情況下，流動資產占全部資產的比例越大，流動負債就越有保障，企業償債能力就越強；但過多的流動資產投資會承擔較大的流動資產持有成本，從而提高企業的資金成本，降低企業的收益水平。

(2) 配合型（適中型）投資策略

配合型投資策略是指在保證流動資產正常需要量的情況下，適當保留一定的保險儲備量以防不測。用公式表述為：

流動資產的投資=正常需要+保險儲備量

(3) 激進型（冒險型）投資策略

激進型投資策略是指企業對流動資產的投資只保證流動資產的正常需要量，不保留或只保留較少的保險儲備量，以便最大限度地減少流動資產占用水平，提高企業的營運效率。用公式表述為：

流動資產的投資=正常需要

該種投資策略意味著：維持較低的流動資產與銷售收入比率，也可能伴隨著更高的風險（即高收益、高風險）。但只要不可預見事件沒有損壞企業的流動性而導致嚴重的問題發生，緊縮的流動資產投資戰略就會提高企業效益。

下面可用圖 7-2 概括三種投資策略：

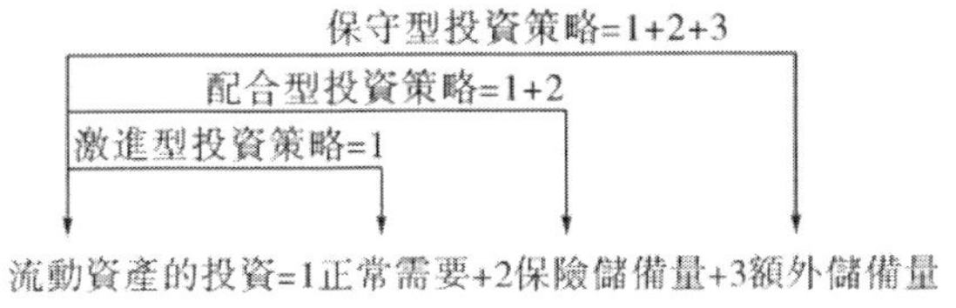

圖 7-2　三種投資策略示意圖

3. 流動資產投資策略的影響因素

（1）公司對風險和收益的權衡。

（2）產業因素。在銷售邊際毛利較高的產業，如果從額外銷售中獲得的利潤超過額外應收帳款所增加的成本，寬鬆的信用政策可能為企業帶來更為可觀的收益。

（3）公司不同的決策者。公司不同部門的決策者所處角度的不同也會影響到投資策略。例如營運經理通常喜歡高水平的原材料存貨或部分產成品，以便滿足生產所需要，銷售經理喜歡高水平的產成品存貨以便滿足顧客的需要，而且喜歡寬鬆的信用政策以便刺激銷售；財務管理者喜歡最小化存貨和應收帳款，以便使流動資產籌資的成本最小化。

（二）流動資產籌資策略

一個企業對流動資產的需求數量，一般會隨著產品銷售的變化而變化。例如，產品銷售季節性很強的企業，當銷售處於旺季時，流動資產的需求一般會更旺盛，可能是平時的幾倍；當銷售處於淡季時，流動資產需求一般會減弱，可能是平時的幾分之一；即使當銷售處於最低水平時，也存在對流動資產最基本的需求。在企業經營狀況不發生大的變化情況下，流動資產的最基本需求具有一定的剛性和相對穩定性，我們可以將其界定為流動資產的永久性水平。當銷售發生季節性變化時，流動資產將會在永久性水平的基礎上增加或減少。因此，流動資產可以被分解為兩部分：永久性部分和波動性部分。劃分各項流動資產變動與銷售之間的相關關係，將有助於我們較準確地估計流動資產的永久性和波動性部分，便於我們進行應對流動資產需求的籌資政策。

從上可見，流動資產的永久性水平具有相對穩定性，是一種長期的資金需求，需要通過長期負債籌資或權益性資金解決；而波動性部分的籌資則相對靈活，最經濟的辦法是通過低成本的短期籌資解決其資金需求，如 1 年期以內的短期借款或發行短期融資券等籌資方式。

1. 流動資產籌資策略的類型

（1）期限匹配流動資產籌資策略

在期限匹配流動資產籌資策略中，短期來源被用來為波動性流動資產籌資，永久性流動資產和非流動資產則由長期資金來源支持，以使資產使用週期和負債的到期日相互配合。這意味著，在給定的時間，企業的籌資數量反應了當時的波動性流動資產的數量。當波動性資產擴張時，信貸額度也會增加以便支持企業的擴張；當資產收縮時，它們的投資將會釋放出資金，這些資金將會用於彌補信貸額度的下降。該策略用公式表示如下：

波動性流動資產=臨時性負債

永久性流動資產+非流動資產=自發性負債+長期負債+股東權益

（2）保守型籌資策略

保守籌資策略意味著公司不但以長期資金來融通長期流動性資產和非流動資產，而且還以長期資金滿足由於季節性或循環性波動而產生的部分或全部臨時性流動資產的資金需求。這種策略通常最小限度地使用短期籌資。因為這種策略在需要時將會使用成本更高的長期負債，所以往往比其他途徑具有較高的籌資成本，同時風險與收益較低。該策略用公式表示如下：

臨時性負債<波動性流動資產

自發性負債+長期負債+股東權益>永久性流動資產+非流動資產

（3）激進型籌資策略

激進型籌資策略又稱進取型籌資策略，是指企業全部臨時性流動資產和一部分永久性流動資產由短期負債籌集，而另一部分永久性流動資產和全部非流動資產則由長期資金籌措，該策略表明了風險與收益都會較高。

三種流動資產籌資策略可以用圖 7-3 進一步表示：

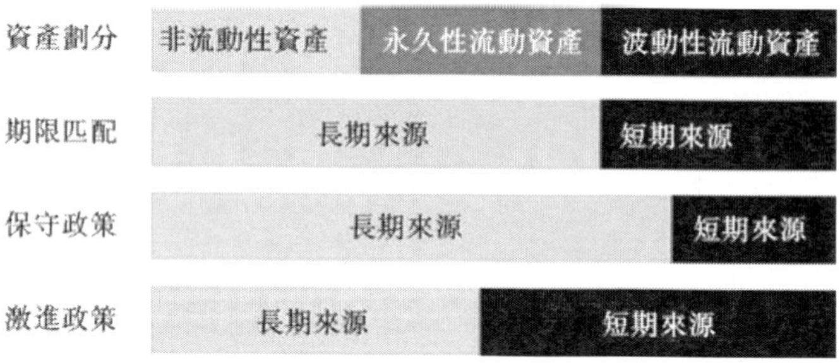

圖 7-3　流動資產籌資策略

2. 流動資產籌資策略的影響因素

（1）主要取決於管理者的風險導向——管理者越保守，越依賴長期資金。

（2）受短期、中期、長期負債的利率差異的影響。財務人員必須知道如下兩種籌資方式的籌資成本哪個更為昂貴：一是連續地從銀行或貨幣市場借款；二是通過獲得一個固定期限貸款或通過資本市場獲得資金，從而將籌資成本鎖定在中期或長期的利率上。

第二節　現金管理

現金有廣義、狹義之分。廣義的現金是指在生產經營過程中以貨幣形態存在的資金，包括庫存現金、銀行存款和其他貨幣資金等。狹義的現金僅指庫存現金。這裡所講的現金是廣義的現金。

在資產中，現金的流動性和變現能力最強，但盈利性最弱，企業基於某些原因需要必須置存現金，但置存數量過大又會帶給企業不利的影響。因而企業必須根據實際情況合理安排現金的持有量，提高現金的使用效率。

一、企業持有現金的動機

保持合理的現金水平是企業現金管理的重要內容。現金是變現能力最強的資產，可以用來滿足生產經營開支的各種需要，也是還本付息和履行納稅義務的保證。擁有足夠的現金對於降低企業的風險，增強企業資產的流動性和債務的可清償性有著重要的意義。

企業置存現金的原因主要是基於下列的目的和動機：

（一）交易性動機

交易性動機是指企業在正常生產經營的日常交易中應當保持一定的現金進行支付。

企業為了組織日常生產經營活動，必須保持一定數額的現金餘額。如購買原材料、支付人工工資、償還債務、交納稅款等。這種需要發生頻繁，金額較大，是企業置存現金的主要原因，一般說來，企業為滿足交易動機所持有的現金餘額主要取決於企業的銷售水平。

（二）預防性動機

預防性動機是指企業為預防性需要而置存現金，即企業為應付緊急情況而需要保持的現金支付能力。

由於市場行情的瞬息萬變和其他各種不可預測因素的存在，企業通常難以對未來現金流入量和現金流出量做出準確的估計和預期。因此，在正常業務活動現金需要量的基礎上，追加一定數量的現金餘額以應付未來現金流入和流出的隨機波動，是企業在確定必要現金持有量時應當考慮的因素。企業為應付意外的、緊急的情況而需要置存現金，如生產事故、自然災害、客戶違約等打破原先的現金收支平衡。

企業為滿足預防動機所持有的現金餘額主要取決於企業願意承擔風險的程度、企業臨時舉債能力的強弱、企業對現金流量預測的可靠程度、企業其他流動資產的變現能力等因素。

（三）投機性動機

投機性動機是指企業為抓住突然出現的獲利機會而需要持有一定量的現金。這種機會往往稍縱即逝，如低價購入有價證券、原材料、商品等，企業若沒有用於投機的現金，就會錯過獲取較大利益的機會。

大多數公司持有現金都是出於以上三方面原因。但是，由於各種條件的變化，每一種動機需要的現金數量是很難確定的，而且往往一筆現金餘額可以服務於多個動機，比如出於預防或投資動機持有的現金就可以在交易需要時用於公司採購。所以公司必須綜合考慮多方面因素，合理分析公司的現金狀況。

二、現金管理的內容

為企業應付日常的業務活動之外，企業還需要擁有足夠的現金償還貸款、把握商機以及防止不時之需。但庫存現金對其持有量不是越多越好，即使是銀行存款，其利率也非常低。因此，現金存量過多，它所提供的流動性邊際效益便會隨之下降，從而使企業的收益水平下降。

現金是變現能力最強的非營利性資產，現金管理的過程就是在現金的流動性與收益性之間進行權衡選擇的過程。通過現金管理，使現金收支不但在數量上，而且在時間上相互銜接，對於保證企業經營活動的現金需要，降低企業閒置的現金數量，提高資金收益率具有重要意義。因此企業必須加強對現金的管理，確定持有合理的現金數額，使其在時間上繼起，在空間上並存。

現金管理所涉及的內容較廣泛，主要包括：

（一）編制現金預算表

現金預算描述預算期內企業所有營業活動所產生全部現金收入和全部現金支出的匯總，它通常包括現金收入、現金支出、現金結餘或短缺、資金的籌集與運用四個組成部分。

通過現金預算，確保企業有充足的資金保證企業生產的正常進行，在預計企業現金多餘時，企業可適當進行投資活動，減少現金持有成本。而現金預計不足時，可提前安排籌資渠道。

企業的現金預算是在業務預算和專門預算提供的資料基礎上編制的，現金預算表主要包括了四大部分，其中現金收入和現金支出又是現金預算表形成的基礎。

1. 現金收入

現金預算表中的現金主要指由經營業務活動所形成的現金收入來源，它不是按權責發生制確定的，而是按收付實現制確認，現金收入主要來自於期初現金餘額和本期產品銷售現金收入兩部分。

2. 現金支出

現金預算表中的現金支出主要來自於業務預算表中直接材料、直接人工、製造費用、銷售及管理費用、應交稅費等數據以及專門預算表的預算數據中現金支出數額匯總而成。

3. 根據現金收支差額決定現金的籌集與運用

現金收支差額是現金收入合計與現金支出合計之間的差額，資金的籌集和運用主要反應了預算期內向銀行借款還款、支付利息以及進行短期投資及投資收回等內容。其關係如下：

期初現金餘額+現金收入=當期可用現金

當期可用現金-現金支出=現金餘缺

差額為正說明現金有多餘，可用於償還過去向銀行取得的借款，或用於購買短期證券；差額為負，說明現金不足要向銀行取得新的借款。

值得注意的是，如果企業有最低庫存現金持有量設定的標準，現金籌集與運用還需考慮最低庫存現金數量。

4. 計算現金期末餘額

根據現金餘缺和相應的現金籌集與運用的數額，計算預算期內的各期及年末現金餘額，其計算方法如下：

現金餘缺+現金籌集與運用=現金期末餘額

在現金管理中，編制現金預算是現金收支動態管理的一種有效方法。它不僅可以揭示出現金過剩或現金短缺的時期，預測未來企業對到期債務的直接償付能力，而且可以幫助人們有效地預計未來現金流量，從而未雨綢繆，對其他財務計劃提出改進建議。

（二）確定最佳現金持有量

最佳現金持有量是指既能使企業在現金存量上花費的代價最低，即機會成本最小，又能夠相對確保企業現金需求的最佳現金持有量。如果企業的現金持有量太大，在銀行利率較低的情況下，企業的利潤率也較低；如果企業的現金持有量太小，難以應對突發情況下的必要開支，就有可能使企業蒙受各種損失。這就要求在現金管理中合理、科學地測定出最佳現金持有量。

（三）加強現金日常控製

1. 加快現金收款

為了提高現金的使用效率，加快現金週轉，企業應盡量加速帳款的收回。縮短現金循環可以為企業帶來巨大的收益，因為現金循環較快的企業其現金持有量可以相對較少。企業可採用銀行業務集中法、電子劃撥系統等措施加快現金回籠。

2. 控製現金付款

與現金的收入管理相反，現金支出管理的主要任務是盡可能延緩現金的支出時間。企業應建立採購與付款業務控製制度，並且根據風險與收益權衡原則選用適當方法延期支付帳款。常用策略有：

（1）合理利用「浮游量」

現金浮遊量是指由於企業提高收款效率和延長付款時間所產生的企業帳戶上的現金餘額和銀行帳戶上所示的企業存款餘額之間的差額，這是由於款項被銀行劃轉的時間比支票簽發時間晚所引發的。充分利用浮遊量是企業廣泛採用的一種提高現金利用效率、節約現金支出的有效手段。

（2）分期付款法

如果企業與客戶是一種長期往來關係，相互間已經建立了一定的信用，那麼在出現現金週轉困難時，可適當地採取「分期付款」的方法，如採用大額分期付款，小額按時足額支付的方法。

（3）以匯票代替支票

匯票分為商業承兌匯票和銀行承兌匯票，與支票不同的是，承兌匯票並不是見票即付。這就推遲了企業調入資金支付匯票的實際所需時間，可以合法地延期付款。這樣企業就只需在銀行中保持較少的現金餘額。

（4）改進員工工資支付模式

企業可以為支付工資專門設立一個工資帳戶，通過銀行向職工支付工資。為了最大限度地減少工資帳戶的存款餘額，企業要合理預測開出支付工資的支票到職工去銀行兌現的具體時間。

3. 爭取現金流出與現金流入同步

企業應盡量使現金流出與流入同步，從而降低交易性現金餘額，同時可以減少現金與有價證券轉換的次數，節約轉換成本。

三、最佳現金持有量的確定

確定最佳現金持有量常見的方法有：

（一）成本分析模型

1. 成本分析模型的構建

成本分析模型是通過分析持有現金的成本，尋找持有成本最低的現金持有量，成本分析模型中企業持有的現金有三種成本：

（1）機會成本

現金作為企業的一項資金占用是有代價的，它的機會成本是企業因持有多餘現金而失去的再投資收益。現金資產的流動性極佳，但營利性極差，持有現金則不能將其投入生產經營活動，失去因此而獲得的收益。

企業為了經營業務，有必要持有一定的現金，以應付意外的現金需要。但現金擁有量過多，機會成本大幅度上升。機會成本隨著現金持有量的增大而增大，一般可按年現金持有量平均值的某一百分比計算，這個百分比是該企業的機會性投資的收益率，一般可用有價證券利率代替。其計算公式為：

$$機會成本=現金平均持有量\times有價證券利率$$

例如：某企業的資本成本為 8%，年均持有現金為 50 萬元，則該企業每年的現金機會成本為 4 萬元（50×8%）。放棄的再投資收益即機會成本屬於變動成本，它與現金持有量的多少密切相關，即現金持有量越大，機會成本越大，反之就越少。

（2）管理成本

企業擁有現金，會發生管理費用，如管理人員工資、安全措施費等。這些費用是現金的管理成本。管理成本是一種固定成本，與現金持有量之間無明顯的比例關係。

(3) 短缺成本

短缺成本是指由於現金持有量不足，不能應付業務開支所需而又無法及時通過有價證券變現加以補充而給企業造成的損失，包括直接損失與間接損失。現金的短缺成本隨現金持有量的增加而下降，隨現金持有量的減少而上升，即與現金持有量負相關。

成本分析模型是通過分析企業置存現金的各種相關成本，測算相關成本之和最小時的現金持有量的一種方法。在成本分析模型下應分析機會成本、管理成本、短缺成本。其計算公式為：

最佳現金持有量=min（管理成本+機會成本+短缺成本）

2. 確定最佳現金持有量的步驟

在上式中，管理成本是固定成本，因而是一項無關成本，按理說在決策中不應予以考慮，但本模式下為匡算總成本的大小，仍把它考慮在內，當然對決策結果是不會造成影響的；機會成本是正相關成本；短缺成本是負相關成本，短缺成本隨著現金持有量的增大而減少，當現金持有量增大到一定量時，短缺成本將不存在。因此，成本分析模型是要找到機會成本、管理成本和短缺成本所組成的總成本曲線中最低點所對應的現金持有量，把它作為最佳現金持有量。

運用成本分析模型確定最佳現金持有量的步驟是：

(1) 根據不同現金持有量測算並確定有關成本數值；

(2) 按照不同現金持有量及其有關成本資料編制最佳現金持有量測算表；

(3) 在測算表中找出總成本最低時的現金持有量，即最佳現金持有量。

在這種模型下，最佳現金持有量，就是持有現金而產生的機會成本與短缺成本之和最小時的現金持有量。

成本分析模型下的最佳現金持有量可用圖解法確定，見圖 7-4：

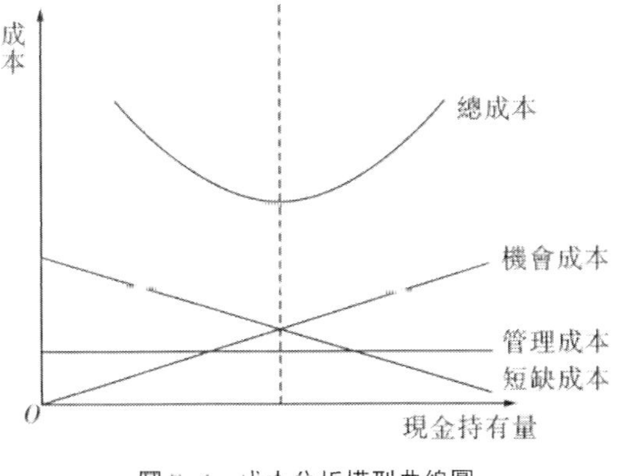

圖 7-4　成本分析模型曲線圖

由成本分析模型可知，在直角坐標平面內，以橫軸表示現金持有量，以縱軸表示成本，畫出各項成本的圖像，從圖 7-4 上可以看出：

機會成本是一條由原點出發向右上方的直線，它是正相關成本。如果增加現金持有量，則增加機會成本。

管理成本是一條水平線，是一種固定成本，它在一定範圍內和現金持有量之間沒有明顯的比例關係。

短缺成本是一條由左上方向右下方的直線，它是負相關成本，如果增加現金持有量則減少短缺成本，並且從圖 7-4 中可以看到，當持有相當大數額的現金時不再存在短缺成本。

總成本線由各項目成本線縱坐標相加後得到，它是一條上凹的曲線，總成本線最低點處對應的橫坐標即為最佳現金持有量。

成本分析模型下的最佳現金持有量也可用編制現金持有成本分析表來確定。

【例 7-1】 錦蓉公司 A、B、C、D 四種現金持有方案，各方案的機會成本、管理成本、短缺成本見表 7-1。

表 7-1　**錦蓉公司四種現金持有方案成本表**　單位：元

方案	現金持有量	機會成本率	管理成本	短缺成本
A	30,000	5%	1,500	4,000
B	40,000	5%	1,500	3,200
C	50,000	5%	1,500	2,000
D	60,000	5%	1,500	1,000

要求：根據表 7-1 的數據，利用成本分析模型確定錦蓉公司最佳現金持有量。

解：

根據成本分析模型計算，見表 7-2：

表 7-2　**錦蓉公司四種現金持有方案成本計算表**　單位：元

方案	現金持有量	機會成本率	管理成本	短缺成本	總成本
A	30,000	1,500	1,500	4,000	7,000
B	40,000	2,000	1,500	3,200	6,700
C	50,000	2,500	1,500	2,000	6,000
D	60,000	3,000	1,500	1,000	5,500

由於所有持有方案中 D 方案總成本最低，所以選擇方案 D 為最佳現金持有額。

(二) 隨機模型 (米勒—奧爾模型)

在實際工作中，企業現金流量往往具有很大的不確定性。米勒 (M. Miller) 和奧爾 (D. Orr) 設計了一個在現金流入、流出不穩定情況下確定現金最優持有量的模型。他們假定每日現金淨流量的分佈接近正態分佈，每日現金流量可能低於也可能高於期望值，其變化是隨機的。由於現金流量波動是隨機的，只能對現金持有量確定一個控制區域，定出上限和下限。當企業現金餘額在上限和下限之間波動時，表明現金持有量處於合理水平；當現餘額達到上限時，則將部分現金轉換為有價證券；當現金餘額下降到下限時，則賣出部分證券。

圖 7-5 顯示了隨機模型，該模型有兩條控製線和一條迴歸線。最低控製線 L 取決於模型之外的因素，其數額一般是由財務經理在綜合考慮短缺現金的風險程度、公司借款能力、公司日常週轉所需資金、銀行要求的補償性餘額等因素的基礎上確定的。

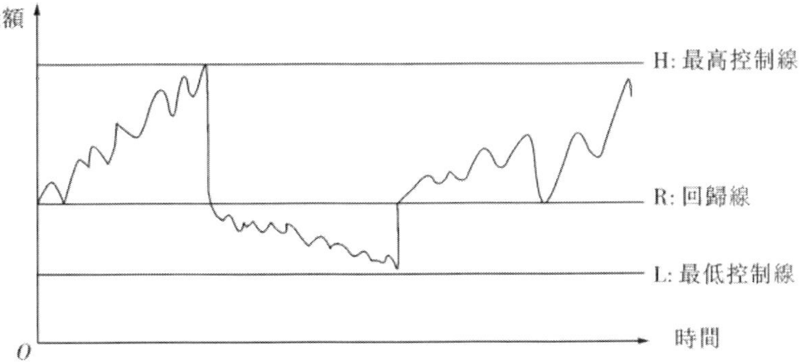

圖 7-5　米勒—奧爾隨機模型

迴歸線 R 可按下列公式計算：

$$R = \left(\frac{3b \times \delta^2}{4i}\right)^{1/3} + L$$

式中：

b ——證券轉換為現金或現金轉換為證券的成本；

δ ——公司每日現金流變動的標準差；

i ——以日為基礎計算的現金機會成本。

最高控製線 H 的計算公式為：

$$H = 3R - 2L$$

【例 7-2】 錦蓉公司持有有價證券的年收益率為 9%，每次固定轉換成本為 50 元，公司認為任何時候其現金餘額不應低於 1,000 元，又根據以往經驗估算出現金餘額波動的標準差為 800 元，請確定公司的最佳現金持有量。

根據隨機模型，計算如下：

$$日現金機會成本\ (i) = \frac{9\%}{360} = 0.000,25$$

$$R = \left(\frac{3 \times 50 \times 800^2}{4 \times 0.000,25}\right)^{\frac{1}{3}} + 1,000 = 5,579\ (元)$$

現金最高控製線 $H = 3R - 2L = 3 \times 5,579 - 2 \times 1,000 = 14,737$（元）

這樣，當錦蓉公司的現金餘額達到 14,737 元時，即應以 9,158 元（14,737－5,579）的現金去投資於有價證券，使現金持有量回落到 5,579 元；當現金餘額降至 1,000 元時，則應轉讓 4,579 元（5,579－1,000）的有價證券，使現金持有量回升至 5,579 元。

運用隨機模型求最佳現金持有量符合隨機思想，即企業現金支出是隨機的，收入是無法預知的，所以，適用於所有企業最佳現金持有量的測算。另外，隨機模型建立在企業的現金未來需求總量和收支不可預測的前提下，因此，計算出來的現金持有量比較保守。

(三) 因素分析法

因素分析法是根據企業上年現金實際占用額以及本年有關因素的變動情況，對不合理的現金占用進行調整，從而確定最佳現金持有量的一種方法。這種方法在實際工作中具有較強的實用性，而且比較簡便易行。

一般說來，現金持有量與企業的業務量呈正比關係，業務量增加，現金需要量也會隨之增加。因此，因素分析法可按以下計算公式表示：

最佳現金持有量=(上年現金平均占用額-不合理占用額)×(1±預計業務量變動百分比)

【例 7-3】 錦蓉公司 2016 年的現金實際平均日占用額為 10 萬元，經分析其中不合理的現金占用為 1 萬元。2017 年預計公司銷售額可比上年增長 20%。請利用因素分析法確定該公司 2017 年的最佳現金持有量。

根據因素分析法的計算公式，該公司 2017 年的最佳現金持有量為：

最佳現金持有量=（10 － 1）×（1+20%）＝ 10.8（萬元）

(四) 存貨模型

存貨模型最早由美國學者威廉・鮑莫爾（William Baumol）提出，因此又稱鮑莫爾模型。

存貨模型是借用存貨的經濟批量公式來確定最佳現金持有量的一種方法，它通過權衡現金持有成本（機會成本）與轉換成本（交易成本），使兩者總成本最低時的現金餘額即為最佳現金持有量。

第三節　應收帳款管理

一、應收帳款管理概述

應收帳款是企業對外賒銷產品、材料，提供勞務及其他原因應向購貨或接受勞務的單位及其他單位收取的款項。當代經濟中，商業信用的使用日趨增多，應收帳款的規模也日趨增大，成為流動資金管理中的重要項目。

(一) 應收帳款的功能

1. 擴大市場佔有率或開拓新市場

企業為了擴大市場佔有率或開拓新的市場領域，一般都會採用較優惠的信用條件推進銷售，以提高競爭力。當企業力圖占領某一市場領域時，就可能把有利的信用條件作為有效手段來增加產品市場份額。

2. 增加銷售

企業銷售產品有現銷和賒銷兩種方式。在銷售順暢無阻的情況下任何企業都樂於採用現銷的方式，這樣能及時收到款項，又能避免壞帳損失。然而在市場經濟條件下，只要產品不是壟斷的，就必然會面臨同行的競爭。企業的競爭除了產品質量、價格、售後服務等競爭外，勢必也有銷售方式的競爭。

賒銷除了向客戶提供產品外，同時提供了商業信用，即向客戶提供了一筆在一定期限內無償使用的資金。客戶的財務實力是參差不齊的，如果企業否定賒銷方式，那麼必然會把一部分暫時缺乏財務支付能力的客戶拒之門外而轉向其他同類企業，這無疑是阻斷企業的產品銷路，縮小產品的市場份額，在同行競爭中處於劣勢；反之，適時靈活地運用賒銷方式能增加銷售，增加企業的市場競爭能力。隨著企業面對的經營環境越來越複雜，為了增加銷售，獲取更多的利潤，企業一般都會採取賒銷的政策，而這就必須對應收帳款進行投入。

3. 削減存貨

企業的資金運動過程往往會滯留在企業的銷售環節而使得資金無法正常週轉，由於賒銷方式能增加銷售，因而也促成庫存產成品存貨的減少，使存貨轉化成應收帳款從而增加企業收回資金的可能性。

4. 加速資金週轉

在產品的銷售淡季，企業的產成品存貨積壓較多，企業持有產成品存貨，要支付管理費、財產稅和保險費等成本費用；相反，企業持有應收帳款則無需支付上述費用。這些企業在淡季一般會採用較優惠的信用條件進行銷售，以便把存貨轉化為應收帳款，降低各種費用的支出。因而減少存貨能降低倉儲、保險等管理費用支出，能減少存貨變質等損失，有利於加速資金週轉。

（二）應收帳款的成本

採取賒銷方式就必然產生應收帳款，因此而產生的主要有三項成本：機會成本、管理成本和壞帳成本。

1. 機會成本

應收帳款的機會成本是指企業的資金被應收帳款占用所喪失的潛在收益，它與應收帳款的數額有關，與應收帳款占用時間有關，也與參照利率有關。參照利率可用兩種思維方法確定，假定資金沒被應收帳款占用，即應收帳款款項已經收訖，那麼：

（1）這些資金可用於投資，取得投資收益，參照利率就是投資收益率，一般可按有價證券利率計算。

（2）這些資金可扣減籌資數額，供企業經營中使用而減少籌資用資的資金成本，參照利率就是企業的平均資金成本率。

因此應收帳款的機會成本，即因資金投放在應收帳款上而喪失其他收入的機會。這一成本的大小通常與企業維持賒銷業務所需要的資金數量（即應收帳款金額）、資金成本率有關。

應收帳款機會成本可通過以下公式計算得出：

（1）應收帳款機會成本＝維持賒銷業務所需資金×資金成本率

（2）維持賒銷業務所需資金＝應收帳款平均餘額×變動成本率

（3）應收帳款平均餘額＝平均每日賒銷額×平均收帳天數

例如公司每天的賒銷額為10萬元，平均收帳天數為10天，則應收帳款的平均餘額就是100萬元；平均收帳天數為20天，應收帳款的平均餘額就是200萬元。

（4）應收帳款平均每日賒銷額 $=\frac{\text{年賒銷額}}{360\text{（天）}}\times$ 平均收帳天數

（5）平均收帳天數一般按客戶各自賒銷額占總賒銷額比重為權數的所有客戶收帳天數的加權平均數計算。

因此應收帳款機會成本可直接用下列公式計算：

$$\text{應收帳款機會成本}=\frac{\text{年賒銷額}}{360\text{（天）}}\times\text{平均收帳天數}\times\text{變動成本率}\times\text{資金成本率}$$

【例7-4】 錦蓉公司2016年度銷售收入淨額為4,500萬元，賒銷比例為80%，應收帳款平均收帳天數為60天，變動成本率為50%，企業的資金成本率為10%。一年按360天計算。

要求：計算下列指標。

① 2016年度賒銷額；

② 2016年度應收帳款的平均餘額；

③ 2016年度維持賒銷業務所需要的資金額；

④ 2016年度應收帳款的機會成本額。

解：

① 2016年度賒銷額

賒銷占收入淨額的比率為80%，所以賒銷額 $=4,500\times80\%=3,600$（萬元）

② 2016年度應收帳款的平均餘額

應收帳款的平均餘額＝日賒銷額×平均收帳天數

$=3,600/360\times60=600$（萬元）

③ 2016年度維持賒銷業務所需要的資金額

維持賒銷業務所需資金＝應收帳款平均餘額×變動成本率

$=600\times50\%=300$（萬元）

④ 2016年度應收帳款的機會成本額

應收帳款機會成本＝維持賒銷業務所需資金×資金成本率

$=300\times10\%=30$（萬元）

2. 管理成本

應收帳款的管理成本是指企業對應收帳款進行管理而發生的開支，它主要包括對客戶的信用調查費用、應收帳款記錄分析費用、委託專業催收公司所支付的費用等。在應收帳款一定數額範圍內管理成本一般為固定成本。

3. 壞帳成本

壞帳成本是指因應收帳款無法收回而給企業帶來的損失。壞帳成本一般與應收帳款的數額大小有關，與應收帳款的拖欠時間有關。壞帳成本與應收帳款數量同方向變動，即應收帳款越多，壞帳成本也越多。基於此，為規避發生壞帳成本給企業生產經營活動的穩定性帶來的不利影響，企業應合理提取壞帳準備。

應收帳款的壞帳成本=賒銷額×預計的壞帳損失率

(三) 應收帳款的管理目標

應收帳款具有雙重性，一方面企業可以通過商業信用擴大銷售規模，增加收入、削減企業存貨、提高企業市場佔有率；另一方面，較高的應收帳款會導致較高的成本發生，同時較高的應收帳款，會導致企業壞帳損失規模的擴大。

因而應收帳款的管理目標就是根據企業的實際情況和客戶的信譽情況制定企業合理的信用政策，並在這種信用政策所增加的銷售盈利和採用這種信用政策預計要擔負的成本間做出權衡，以達到風險盡可能最小化、利益盡可能最大化。

同時，應收帳款管理還包括企業未來銷售前景和市場情況的預測和判斷及對應收帳款安全性的調查。如企業銷售前景良好，應收帳款安全性高，則可進一步放寬其收款信用政策，擴大賒銷量，獲取更大利潤。相反，則應嚴格其信用政策，或對不同客戶的信用程度進行適當調整，確保企業獲取最大收入的情況下，又使可能的損失降到最低。

二、信用政策的制定

信用政策即應收帳款的管理政策，是指企業為應收帳款投資進行規劃與控製而確立的基本原則與行為規範，包括信用標準、信用條件和收帳政策三部分內容。

(一) 信用標準

信用標準是企業用來衡量客戶是否有資格享受商業信用所具備的基本條件。客戶達到了信用標準，則可享受賒銷條件；達不到信用標準，不能享受賒銷，必須要支付現金。

1. 信用標準概述

信用標準是指客戶獲得本企業商業信用所應具備的最低條件，通常以預期的壞帳損失率表示。如客戶達不到信用標準，則企業將不給信用優惠，或只給較低的信用優惠。信用標準定得過高，會使銷售減少並影響企業的市場競爭力；信用標準定得過低，會增加壞帳風險和收帳費用。

制定信用標準的定量依據是估量客戶的信用等級和壞帳損失率，定性依據是客戶的資信程度。

決定客戶資信程度的因素有五個方面（也稱5C標準）：

(1) 品質（Character）

品質是指個人申請人或企業申請人的誠實和正直表現。品質反應了個人或企業在過去的還款中所體現的還款意圖和願望。例如以往是否有故意拖欠帳款和賴帳的行為，有否商業行為不端而受司法判處的前科，與其他供貨企業的關係是否良好等。

(2) 能力（Capacity）

能力反應的是企業或個人在其債務到期時可以用於償債的當前和未來的財務資源。分析客戶的財務報表，資產與負債的比率，資產的變現能力、現金流等以判斷、評價申請人的還款能力和償付能力。

(3) 資本 (Capital)

資本主要觀察、考量客戶的經濟實力和財務狀況，即是如果企業或個人當前的現金流不足以還債，他們在短期和長期內可供使用的財務資源。

(4) 抵押 (Collateral)

抵押是指當企業或個人不能滿足還款條款時，可以用作債務擔保的資產或其他擔保物，這對不知底細或信用狀況有爭議的客戶尤為重要。

(5) 條件 (Condition)

條件是指影響顧客還款能力和還款意願的經濟環境，對申請人的這些條件進行評價以決定是否給其提供信用。這些條件包括對企業的經濟環境、企業發展前景、行業發展趨勢、市場需求變化等進行分析，預測其對企業經營效益的影響。例如在經濟不景氣的條件下或者信用普遍較差的區域，企業的信用標準可以較高以避免發生壞帳損失大的概率。

2. 影響因素

信用標準低有利於擴大銷售、提高市場競爭力和佔有率，但會導致壞帳損失風險加大和收帳費用增加。因此，企業應當在成本與收益比較原則的基礎上，確定適宜的信用標準。確定信用標準的應考慮的基本因素包括：

(1) 同行業競爭對手的情況；

(2) 企業承擔風險的能力；

(3) 客戶的資信程度，通常從信用品質、償付能力、資本、抵押品和經濟狀況五個方面進行評估。

(二) 信用條件

信用條件是銷貨企業要求賒購客戶支付貨款的條件以及可以享受的優惠條件，由信用期間、現金折扣和折扣期間三個要素組成。信用條件經常表示為 (1/10, N/30)，它的含義是：如果客戶在 10 日內付款，可以享受 1%的價格折扣；在 30 日內付款則不享受折扣而按發票全額支付。當我們根據信用標準決定給客戶信用優惠時，就需考慮具體的信用條件。

1. 信用期限

信用期限是指企業允許客戶從購貨到支付貨款的時間間隔。通常，延長信用期限，可以在一定程度上擴大銷售量，從而增加毛利。但不恰當地延長信用期限，會給企業帶來不良後果，它會導致平均收帳期延長，占用在應收帳款上的資金相應增加，引起機會成本增加，同時也會引起壞帳損失和收帳費用的增加。

信用期限過短不足以吸引顧客，不利於擴大銷售；信用期限過長會引起機會成本、管理成本、壞帳成本的增加。因此信用期限優化的要點是：延長信用期限增加的銷售利潤是否超過增加的成本費用。企業是否給客戶延長信用期限，應視延長信用期限增加的邊際收入是否大於增加的邊際成本而定。

【例 7-5】 錦蓉公司 2016 年擬定甲、乙兩種信用方案：

甲方案信用期限為 20 天，賒銷量為 50 萬件，收帳費用為 10 萬元，預計發生的壞帳損失為 4 萬元。

乙方案信用期限延長到 40 天，賒銷量可增加到 60 萬件，但由於延長信用期導致企業收帳費用為 14 萬元，預計發生的壞帳損失為 6 萬元。

假定該企業投資報酬率為 9%，產品單位售價為 4 元，單位變動成本為 1.2 元，固定成本為 20 萬元。

要求：確定該企業應選擇哪一個信用期限？

解：為計算分析方便，將甲、乙方案匯表計算如表 7-3 所示。

表 7-3　　錦蓉公司甲乙信用方案對比計算表　　單位：萬元

信用期	20 天	40 天
銷售額	200	240
銷售成本：		
變動成本	60	72
固定成本	20	20
毛利	120	148
收帳費用	10	14
壞帳損失	4	6

增加銷售利潤 = 148 - 120 = 28（萬元）

註：銷售利潤的增加是指毛利的增加，在固定成本總額不變的情況下也就是邊際貢獻的增加。由於固定成本在一定範圍內固定不變，因此是與信用決策無關的成本，上例也可以這樣計算：

增加銷售利潤 = 168 - 140 = 28（萬元）

增加機會成本 = $\frac{240}{360}\times 40$(天)$\times\frac{72}{240}$(變動成本率)$\times 9\% - \frac{200}{360}\times 20$(天)$\times\frac{60}{200}$(變動成本率)$\times 9\% = 0.42$（萬元）

增加管理成本 = 14 - 10 = 4（萬元）

增加壞帳成本 = 6 - 4 = 2（萬元）

增加淨收益 = 28 -（0.42+4+2）= 21.58（萬元）

結論：應選擇信用期為 40 天的乙方案。

分析本例我們可以發現：延長信用期，會使銷售額增加，產生有利影響；與此同時，應收帳款、收帳費用和壞帳損失增加，會產生不利影響。當前者大於後者時，可以延長信用期，否則不宜延長。

2. 現金折扣

延長信用期限會增加應收帳款的占用額及收帳期，從而增加機會成本、管理成本和壞帳成本。企業為了既能擴大銷售，又能及早收回款項，往往在給客戶以信用期限的同時推出現金折扣條款。

現金折扣是企業給予客戶在規定時期內提前付款能按銷售額的一定比率享受折扣的優惠政策，它包括折扣期限和現金折扣率兩個要素。（2/10，N/30）表示信用期限為

30 天，如客戶能在 10 天內付款，可享受 2%的折扣，超過 10 天，則應在 30 天內足額付款。其中 10 天是折扣期限，2%是現金折扣率。現金折扣本質上是一種籌資行為，因此現金折扣成本是籌資費用而非應收帳款成本。

在信用條件優化選擇中，現金折扣條款能降低機會成本、管理成本和壞帳成本，但同時也需付出一定的代價，即現金折扣成本。現金折扣條款有時也會影響銷售額（比如有的客戶會因享受現金折扣條款來購買本企業產品），造成銷售利潤的改變。

現金折扣成本也是信用決策中的相關成本，在有現金折扣的情況下，信用條件優化的要點是：增加的銷售利潤能否超過增加的機會成本、管理成本、壞帳成本和折扣成本四項之和。因而如果加速收款帶來的機會收益能夠補償現金折扣成本，企業就可以採取現金折扣或進一步改變當前的折扣方針；如果加速收款的機會收益不能補償現金折扣成本的話，現金優惠條件便被認為是不恰當的。

【例 7-6】 根據【例 7-5】資料，錦蓉公司在採用 40 天的信用期限的同時，向客戶提供（1/10，N/40）的現金折扣，預計將有占銷售額 60%的客戶在折扣期內付款，而收帳費用和壞帳損失均比信用期為 40 天的方案下降 10%。

要求：判斷該企業應否向客戶提供現金折扣。

解：

在【例 7-5】中已判明 40 天信用期優於 20 天信用期，因此本例只需在 40 天信用期的前提下將有現金折扣方案和無現金折扣方案進行比較。

由於採用 40 天的信用期限的同時，又向客戶提供（2/10，N/40）的現金折扣，採用現金折扣並沒有提高產品的銷售數量，所以：

增加銷售利潤 = 168 − 168 = 0（萬元）

即提供現金折扣與否沒有增加銷售利潤。

由於提供了現金折扣期，所以收帳時間為加權的收款期，見前面公式。

平均收帳期 = 10×60% + 40×40% = 22（天）

增加機會成本 = $\frac{240}{360}$×22（天）×$\frac{72}{240}$（變動成本率）×9% − $\frac{240}{360}$×40（天）×$\frac{72}{240}$（變動成本率）×9% = −0.324（萬元）

增加管理成本 = 14×（−10%）= −1.4（萬元）

增加壞帳成本 = 6×（−10%）= −0.6（萬元）

增加折扣成本 = 240×60%×1% = 1.44（萬元）

增加淨收益 = 0 −（−0.324 − 1.4 − 0.6 + 1.44）= 0.884（萬元）

由於在 40 天的信用期限中提供了現金折扣，使得企業的信用收益為 0.884 萬元，因而企業可以採用向客戶提供現金折扣的信用政策。

需要強調一點的是，信用條件決策的基本原理就是成本與收益分析。在前例中，沒有涉及固定成本增加的問題，但如果企業的信用條件很寬鬆，導致銷售量（從而生產量）大量增加，突破了固定成本的相關範圍，則需要考慮固定成本的增加問題。即在計算信用成本收益時，應減去增加的固定成本，此時固定成本即成為與決策相關的成本項目。

（三）收帳政策

收帳政策是指企業針對客戶違反信用條件，拖欠甚至拒付帳款所採取的收帳策略與措施。收帳政策有積極型和消極型兩種，積極型收帳政策是指對超過信用期限的客戶通過派人催收等措施加緊收款，必要時行使法律程序；消極型收帳政策是指對超過信用期限的客戶通過發函催收或等待客戶主動償還。

企業一般為了收回款項總會投入一定收帳費用以減少壞帳的發生。一般地說，隨著收帳費用的增加，壞帳損失會逐漸減少，但收帳費用不是越多越好，因為收帳費用增加到一定數額後，壞帳損失不再減少，說明在市場經濟條件下不可能絕對避免壞帳。

企業的收帳政策有偏緊的收帳政策和偏鬆的收帳政策，不同的收帳政策對於有關成本的影響是不同的。偏緊的收帳政策的優點有利於及早收回貨款，減少壞帳損失，減少應收帳款上占用的資金，從而減少機會成本，但會增加收帳費用；偏鬆的收帳政策收帳費用低，但壞帳損失和機會成本高。

制定收帳政策就是要在增加收帳費用與減少壞帳損失、減少應收帳款機會成本之間進行權衡，若前者小於後者，則說明制定的收帳政策是可取的。因此企業確定收帳政策，應考慮下列內容：

（1）影響收帳政策的成本：壞帳損失、機會成本和收帳費用。關於這三項成本，機會成本的計算方法與前面介紹的相同，壞帳損失根據壞帳損失率計算，收帳費用一般是已知條件。

（2）收帳政策決策的原則：收帳總成本（包括機會成本、壞帳損失、年收帳費用）最低。

【例 7-7】 錦蓉公司的年賒銷收入為 7,200 萬元，平均收帳期為 60 天，壞帳損失為賒銷額的 3%，年收帳費用為 90 萬元。該公司認為通過增加收帳人員等措施，年收帳費投入 150 萬元，可以使平均收帳期降為 30 天，壞帳損失下降為賒銷額的 2%。假設公司的資金成本率為 10%，變動成本率為 60%。

問：企業是否應改變收帳政策的方案？

解：根據以上資料，整理計算分析如表 7-4 所示。

表 7-4　　錦蓉公司收帳政策分析評價表　　單位：萬元

項目	現行收帳政策	擬改變的收帳政策
賒銷額	7,200	7,200
應收帳款平均收帳天數	60	30
應收帳款平均餘額	7,200÷360×60＝1,200	7,200÷360×30＝600
應收帳款占用的資金	1,200×60%＝720	600×60%＝360
收帳成本：		
應收帳款機會成本	720×10%＝72	360×10%＝36
壞帳損失	7,200×3%＝216	7,200×2%＝144
年收帳費用	90	150
收帳總成本	378	330
收帳總成本的增加		-48（節約）

增加應收帳款機會成本＝36－72＝－36（萬元）

增加壞帳損失＝144－216＝－72（萬元）

增加年收帳費用＝150－90＝60（萬元）

增加收帳總成本＝(－36－72)＋60＝－48（萬元）

計算結果表明，擬改變的收帳政策總成本低於現行收帳總成本，因此，改變收帳政策的方案是可以接受的。

三、應收帳款的日常管理與控製

應收帳款的管理難度比較大，在確定合理的信用政策之後，還要做好應收帳款的日常管理與控製工作，主要包括對客戶的信用調查和分析評價、應收帳款的監控、應收帳款的催收工作等。

（一）客户的信用調查

信用調查是指收集和整理反應客戶信用狀況的有關資料的工作，這是正確評價客戶信用的前提條件。企業對客戶進行信用調查主要通過兩種方法：

1. 直接調查

直接調查是指調查人員直接與被調查單位接觸，通過當面採訪、詢問、觀看、記錄等方式獲取信用資料的一種方法。直接調查能保證收集資料的準確性和及時性，但若不能得到被調查單位的合作則會使調查資料不完整。

2. 間接調查

間接調查是以被調查單位以及其他單位保存的有關原始記錄和核算資料為基礎，通過加工整理獲得被調查單位信用資料的一種方法。這些資料主要來自以下幾個方面：

（1）財務報表。有關單位的財務報表是信用資料的重要來源，通過對財務報表進行分析，基本上能掌握一個企業的財務狀況和盈利狀況。

（2）信用評估機構。專門的信用評估部門，因為它們的評估方法先進，評估調查細緻，評估程序合理，所以可信度較高。

（3）銀行。銀行是信用資料的一個重要來源，許多銀行都設有信用部，為其顧客服務，並負責對其顧客信用狀況進行記錄、評估。但銀行的資料一般僅願意在內部及同行進行交流，而不願向其他單位提供。

（4）其他途徑。如財稅部門、工商管理部門、消費者協會等機構都可能提供相關的信用狀況資料。

（二）客户的信用評估

收集好信用資料以後，就需要對這些資料進行分析、評估。對客戶的信用評估可以採用信用評分法。它是對客戶的一系列財務比率和信用情況指標進行評分，然後進行加權平均，計算出客戶的綜合信用分數，並據此進行信用評估的方法。

客戶的品質分析表見表 7-5，信用評分法的計算公式如下：

$$Y=a_1x_1+a_2x_2+\cdots+a_nx_n$$

式中：

Y——客戶的信用評分；

a_i——第 i 種財務比率或信用指標的權數；

x_i——代表第 i 種財務比率或信用指標的評分。

表 7-5　　客戶的財務比率和信用品質的分析評價表示例

項　目	信用指標	客戶企業指標	分數	權數
流動比率	2.2	2.0	90	0.20
資產負債率	40%	…	80	0.10
銷售利潤率	20%	…	85	0.10
資產週轉率	2.8	…	90	0.10
信用評估等級	AAA	AA	85	0.20
付款歷史	良好	…	80	0.20
回款率（應收款額）	100%	…	80	0.05
其他因素（不良記錄 違約記錄）	一般	…	70	0.05
合計		…	…	1

在進行信用評分時，分數在 80 分以上的，說明企業信用狀況良好；分數在 60~80 分的，說明信用狀況一般；分數在 60 分以下的，說明信用狀況較差。

客戶信用評價應該動態進行，因為客戶信用是不斷變化的，有的客戶信用在上升，有的則在下降。如果不對客戶信用進行動態評價，並根據評價結果調整銷售政策，就可能由於沒有對信用上升的客戶採取寬鬆的政策而導致不滿，也可能由於沒有發現客戶信用下降而導致貨款回收困難。

（三）應收帳款的監控

1　應收帳款週轉天數

應收帳款週轉天數或平均收帳期是衡量應收帳款管理狀況的一種方法。應收帳款週轉天數提供了一個簡單的指標，將企業當前的應收帳款週轉天數與規定的信用期限、歷史趨勢以及行業正常水平進行比較，可以反應企業整體的收款效率。然而，應收帳款週轉天數可能會被銷售量的變動趨勢和劇烈的銷售季節性所破壞。

【例 7-8】錦蓉公司 2016 年 6 月底應收帳款平均餘額為 280,000 元，信用條件為在 50 天內按全額付清貨款，過去三個月的賒銷情況為：4 月份 80,000 元，5 月份 100,000 元，6 月份 115,000 元。

要求：計算錦蓉公司應收帳款週轉天數，並分析應收帳款平均逾期天數。

解：

$$平均日銷售額=\frac{80,000+100,000+115,000}{90（天）}=3,277.78（元）$$

$$應收帳款週轉天數=\frac{應收帳款餘額}{平均日銷售額}=\frac{280,000}{3,277.78}=85.42（天）$$

應收帳款平均逾期天數=應收帳款週轉天數−平均信用期天數

$$=85.42-50=35.42\ (\text{天})$$

2. 帳齡分析法

帳齡分析表將應收帳款劃分為未到信用期的應收帳款和以 30 天為間隔的逾期應收帳款，這是衡量應收帳款管理狀況的另外一種方法。企業既可以按照應收帳款總額進行帳齡分析，也可以分顧客進行帳齡分析。帳齡分析法可以確定逾期應收帳款，隨著逾期時間的增加，應收帳款收回的可能性變小。假定信用期限為 30 天，表 7-6 中的帳齡分析表反應出 50%的應收帳款為逾期帳款。

表 7-6　應收帳款帳齡分析表

應收帳款帳齡	帳戶數量	金額（萬元）	比重（%）
信用期內	90	95	50
超過信用期 1 月內	20	25	13.16
超過信用期 2 月內	40	30	15.79
超過信用期 3 月內	30	20	10.53
超過信用期半年內	20	10	5.26
超過信用期 1 年內	10	5	2.63
超過信用期 1 年以上	20	5	2.63
合計	230	190	100

從帳齡分析表可以看出企業的應收帳款在信用期內及超過信用期各時間檔次的金額及比重，也即帳齡結構。一般而言，帳款的逾期時間越短，收回的可能性越大，即發生壞帳損失的程度相對越小；反之，收帳的難度及發生壞帳損失的可能性就越大。

通過帳齡結構分析，做好信用記錄，可以研究與制定新的信用政策和收帳政策。企業對應收帳款要落實專人做好備查記錄，通過編制應收帳款帳齡分析表，實施以下分析：

(1) 應收帳款帳齡分析

應收帳款帳齡分析就是考察研究應收帳款的帳齡結構，即各帳齡應收帳款的餘額占應收帳款總計餘額的比重。

(2) 應收帳款追蹤分析

應收帳款一旦為客戶所欠，賒銷企業就必須考慮如何足額收回的問題。要達到這一目的，賒銷企業就有必要在收帳之前，對該項應收帳款的運行過程進行追蹤分析。

3. 應收帳款帳戶餘額模式

帳齡分析表可以用於進一步建立應收帳款帳戶餘額模式，這是重要的現金流預測工具。應收帳款帳戶餘額模式反應一定期間（如一個月）的賒銷額，即在發生賒銷的當月月末及隨後的各月仍未償還的百分比。

企業收款的歷史決定了其正常的應收帳款餘額的模式，企業管理部門通過將當前的模式和過去的模式進行對比來評價應收帳款餘額模式的變化。企業還可以運用應收帳款帳戶餘額模式來計劃應收帳款金額水平，衡量應收帳款的收帳效率以及預測未來的現金流。

【例 7-9】錦蓉公司的應收帳款收款模式如下（為了簡便體現，假設沒有壞帳費用）：

①銷售的當月收回銷售額的 5%。

②銷售後的第一個月收回銷售額的 40%。

③銷售後的第二個月收回銷售額的 35%。

④銷售後的第三個月收回銷售額的 20%。

請計算分析：

（1）錦蓉公司 6 月底未收回應收帳款餘額；

（2）錦蓉公司 7 月份現金流入估計。

解：

（1）根據錦蓉公司應收帳款收款模式編制應收帳款帳齡分析表，見表 7-7。

表 7-7　應收帳款帳齡分析表

月份	銷售額（元）	各月銷售中於 6 月底未收回的百分比	各月銷售中於 6 月底未收回的金額（元）
4 月	25,000	=100% -（5%+40%+35%）= 20%	5,000
5 月	30,000	=100% -（5%+40%）= 55%	16,500
6 月	40,000	=100% - 5% = 95%	38,000
7 月	60,000		

由此計算錦蓉公司 6 月底未收回應收帳款餘額合計為：

∑4-6 月底未收回的應收帳款餘額 = 5,000+16,500+38,000 = 59,500（元）

（2）錦蓉公司 7 月份現金流入估計：

∑7 月份現金流入估計 = 5%×60,000+40%×40,000+35%×30,000+20%×25,000
= 34,500（元）

4. 應收帳款 ABC 分析法

ABC 分析法是現代經濟管理中廣泛應用的管理思路，它源於「八二原則」，即少數的往往是重要的思路，又稱重點管理法。企業的時間資源有限，不能將時間資源平均地分配，企業將有限的時間集中在極少數而又重要的對象上，這就是 ABC 分析法。

應收帳款的 ABC 分析法是將企業的所有欠款客戶按其金額的多少進行分類排隊，然後分別採用不同的收帳策略的一種方法。它一方面能加快應收帳款收回，另一方面能將收帳費用與預期收益聯繫起來。

【例 7-10】錦蓉公司應收帳款逾期金額為 260 萬元，為了及時收回逾期貨款，其採用 ABC 分析法來加強應收帳款回收的監控並編制分析表，具體數據如表 7-8 所示。

表 7-8　　錦蓉公司應收帳款 ABC 分析表

顧客	逾期金額（萬元）	逾期期限	逾期金額所占比（%）	類別
A	72	7 個月	27.69	A
B	59	7 個月	22.7	
C	34	6 個月	13.07	
小計	165		63.46	
D	24	6 個月	9.23	B
E	19	4 個月	7.31	
F	15.5	4 個月	5.96	
G	11.5	3 個月	4.42	
H	10	3 個月	3.85	
小計	80		30.77	
I	6	70 天	2.34	C
J	4	66 天	1.54	
K	3	30 天		
…	…	…	…	
小計	15		5.77	
總計	260		100	

要求：

利用上述資料對錦蓉公司應收帳款進行 ABC 分類管理。

解：利用 ABC 分析法管理應收帳款的步驟和程序如下：

（1）按所有客戶應收帳款逾期金額的多少分類排隊，並累計逾期總額；

（2）計算出每家客戶占總逾期金額的比重；

（3）根據逾期金額占比將客戶分為 A、B、C 三類，分別採取不同的收款策略。

A 類客戶數量少僅有 3 家，但逾期的應收帳款金額占全部金額的 63.46%，因此對 A 類客戶，應加強對其催收管理。可以發出措詞較為嚴厲的信件催收，或派專人催收，或委託收款代理機構處理，甚至可通過法律解決。

B 類客戶有 5 家，其逾期金額占應收帳款逾期金額總數的 30.77%，對 B 類客戶則可以多發幾封信函催收，或打電話催收。

C 類客戶為數較多，但其逾期金額僅占應收帳款逾期金額總數的 5.77%，對 C 類客戶只需要發出通知其付款的信函即可。

（四）應收帳款的催收

加強對應收帳款的催收有利於企業減少壞帳損失和機會成本，企業可以採用定期的對帳制度，每隔三個月或半年就必須同客戶核對一次帳目，對過期的應收帳款應按其拖欠的帳齡及金額進行排隊分析，確定優先收帳的對象。同時應分清債務人拖延還款是否屬故意拖欠，對故意拖欠的應考慮通過法律途徑加以追討。但同時催收會產生一定的成本，企業應在催帳收益和成本之間作出權衡。

第四節 存貨管理

一、存貨管理概述

存貨是指企業在生產經營過程中為銷售或耗用而儲備的物資，它涉及的範圍廣，包括原材料、燃料、低值易耗品、在產品、半成品、產成品等。

(一) 存貨管理的目標

存貨管理是財務管理的一項重要內容。存貨是企業生產和銷售的必要儲備，在企業的流動資產中占據很大比重；但存貨又是一種變現能力較差的流動資產，並且過多的存貨要占用較多資金，增加企業的費用開支。因此，存貨管理的重點在於提高存貨效益和控製存貨成本。存貨管理的目標，就是在保證生產經營或銷售需要的前提下，最大限度地降低存貨成本。具體包括以下幾個方面：

1. 保證生產正常進行

生產過程中需要的原材料和在產品，是生產的物質保證。為保障生產的正常進行，必須儲備一定量的原材料，否則可能會造成生產中斷、停工待料現象。

2. 促進銷售，擴大市場佔有率

一定數量的存貨儲備能夠增加企業銷售上的機動性和適應市場變化的能力。當企業市場需求量增加時，若產品儲備不足就有可能失去銷售良機。同時，客戶為節約採購成本和其他費用一般可能成批採購，企業為了達到運輸上的最優批量也會組織成批發運，所以保持一定量的存貨有利於滿足客戶的需求和提高市場銷售能力。

3. 維持均衡生產，降低產品成本

有些產品屬於季節性產品或者需求波動較大的產品，此時若根據需求狀況組織生產，則可能有時生產能力得不到充分利用，有時又超負荷生產，造成產品成本的上升。為了降低生產成本，實現均衡生產，就要儲備一定的產成品存貨，並相應地保持一定的原材料存貨。

4. 降低存貨取得成本

一般情況下，企業採購時的進貨總成本與採購物資的單價和採購次數有密切關係。而許多供應商為鼓勵客戶多購買其產品，往往在客戶採購量達到一定數量時給予價格折扣。所以企業通過大批量集中進貨，既可以享受價格折扣，降低購置成本，也因減少訂貨次數，降低了訂貨成本，使總的成本降低。

5. 防止突發事件的影響

企業面臨的市場環境瞬息萬變，在採購、運輸、生產和銷售過程中，都可能發生意料之外的事故。因此，企業保持必要的存貨保險儲備以應對可能出現的不利情況，避免和減少因意外事件所致的損失。

(二) 存貨的成本

存貨的成本一般由下列內容構成，在不同的存貨決策中會使用不同的成本構成項目。

1. 購置成本（採購成本）

購置成本是指為購買存貨本身所支出的成本，即存貨本身的價值。在無商業折扣的情況下，購置成本是不隨採購次數等變動而變動的，在基本模型中是存貨決策的一項無關成本。購置成本計算公式為：

$$採購成本 = D \times U$$

式中：

D ——存貨年需要量；

U ——存貨單價。

2. 訂貨成本

訂貨成本亦稱進貨費用，是指從發出訂單到收到存貨整個過程中所付出的成本。如訂單處理成本（包括辦公成本和文書成本）、運輸費、保險費以及裝卸費等。訂貨成本中有一部分與訂貨次數無關，如常設採購機構的基本開支等，稱為訂貨的固定成本；另一部分與訂貨次數有關，如差旅費、郵資等，稱為訂貨的變動成本。訂貨成本的計算公式為：

$$訂貨成本 = F_1 + \frac{D}{Q}K$$

式中：

K ——每次訂貨的變動成本；

F_1——訂貨的固定成本；

D ——存貨年需要量；

Q——每次訂貨批量。

採購成本加上訂貨成本，就等於存貨的取得成本，用 TC_a 表示。

其公式可表達為：

取得成本＝購置成本＋訂貨成本＝購置成本＋訂貨固定成本＋訂貨變動成本

$$TC_a = DU + F_1 + \frac{D}{Q}K$$

3. 儲存成本

儲存成本是指存貨在儲存過程中發生的支出。儲存成本有一部分是固定性的，與存貨數量的多少無關，如倉庫折舊費、倉庫員工的固定工資等，這類成本與存貨決策無關。

儲存成本中另一部分為與存貨儲存數額成正比的變動成本，如存貨資金的應計利息、存貨損失、變質損失、存貨保險費等，這類變動性的儲存成本是決策中的相關成本。

儲存成本的計算公式為：

儲存成本＝儲存固定成本＋儲存變動成本

$$TC_c = F_2 + \frac{Q}{2}K_c$$

式中：

F_2——儲存固定成本；

K_c——單位儲存變動成本；

Q——每次訂貨批量。

4. 缺貨成本

缺貨成本是指由於存貨供應中斷而造成的損失，包括材料供應中斷造成的停工損失、產成品庫存缺貨造成的拖欠發貨損失和喪失銷售機會的損失及商譽損失等。如果生產企業以緊急採購代用材料解決庫存材料中斷之急，那麼缺貨成本表現為緊急額外購入成本。缺貨成本中有些是機會成本，只能作大致的估算。當企業允許缺貨時，缺貨成本隨平均存貨的減少而增加，它是存貨決策中的相關成本。缺貨成本用 TC_s 表示。

如果以 TC 來表示儲備存貨的總成本，它的計算公式為：

$$TC=TC_a+TC_c+TC_s=DU+(F_1+\frac{D}{Q}K)+(F_2+\frac{Q}{2}K_c)+TC_s$$

企業存貨的最優化，就是使企業存貨總成本即上式中 TC 值最小。

二、經濟訂貨批量基本模型

(一) 基本模型的前提假設

經濟訂貨批量模型是所有存貨模型的基礎，它是建立在一系列嚴格假設基礎上的，這些假設包括：

(1) 企業一定時期的存貨需求量可以較為準確地預測；

(2) 存貨集中到貨，而非陸續入庫；

(3) 存貨的價格穩定，且不存在數量折扣；

(4) 倉儲條件及所需現金不受限制；

(5) 不允許出現缺貨，即無缺貨成本；

(6) 所需存貨市場供應充足，不會因買不到所需存貨而影響其他方面；

(7) 企業能夠及時補充存貨，每當存貨量降為零時，下一批存貨均能立即到位。

存貨水平的變化如圖 7-6 所示。

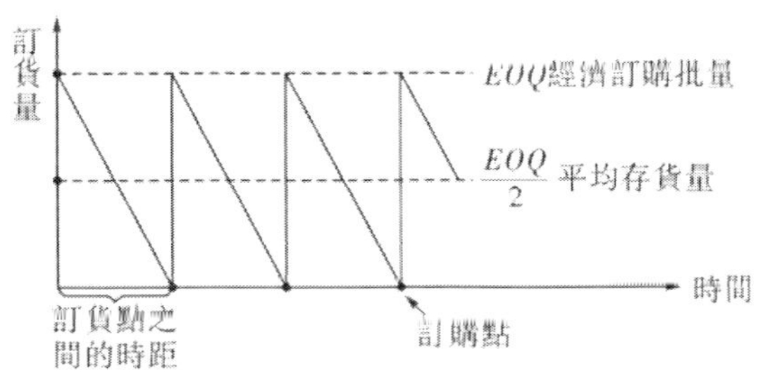

圖 7-6 平均庫存數量示意圖

(二) 經濟批量基本模型

【例 7-11】 錦蓉公司全年需要 A 零件 1,200 件，每次的訂貨成本為 400 元，每件零件年儲存成本為 6 元，請計算分析最佳採購數量的總成本。

為了便於認識最佳經濟批量模型，我們選取了幾個採購點進行分析比較，見表 7-9：

表 7-9　　錦蓉公司採購點分析表

每次訂貨量(件)	1,200	600	400	300	240
年訂貨次數(次)	1	2	3	4	5
年訂貨成本(元)	1×400=400	2×400=800	3×400=1,200	4×400=1,600	5×400=2,000
年庫存成本(元)	600×6=3,600	300×6=1,800	200×6=1,200	150×6=900	120×6=720
總成本(元)	4,000	2,600	2,400	2,500	2,720

通過對幾個採購點（1,200 件、600 件、400 件、300 件、240 件）的採購數量進行測試，可以看到，在採購成本和庫存成本相等的時候，確定的點為最佳採購數量點(400 件)，此時總成本為 2,400 元，為所有點中最低的，因此，根據上述相關資料我們可以確定 400 件為最佳採購數量。

下面我們就最佳採購點利用數學模型進行一般性分析。

在上述嚴苛的前提假設條件下，存貨總成本 TC 是由兩項相關成本構成的：變動性訂貨成本和變動性儲存成本，其他均為與決策無關成本因素。由此例，我們可抽象出經濟訂貨批量模型。存貨的總成本為：

$$TC=\frac{D}{Q}\cdot K+\frac{Q}{2}\cdot K_c$$

式中：

TC ——與訂貨批量有關的每期存貨的總成本；

D ——每期對存貨的總需求；

Q ——每次訂貨批量；

K ——每次訂貨的變動成本；

K_c——每期單位存貨的儲存變動成本。

使 TC 最小的訂貨批量 Q 即為經濟訂貨批量 EOQ。利用數學知識，可推導出：

$$經濟訂貨批量\ EOQ=\sqrt{\frac{2KD}{K_c}}$$

此時，總成本 $TC=\sqrt{2KD\,K_c}$

接上例：

$$經濟訂貨批量\ EOQ=\sqrt{\frac{2KD}{K_c}}=\sqrt{\frac{2\times1,200\times400}{6}}=400\ (件)$$

此時，

總成本 $TC=\sqrt{2KD\ K_c}=\sqrt{2\times400\times1,200\times6}=1,200$（元）

訂貨批量與存貨總成本、訂貨費用、成本的關係如圖 7-7 所示：

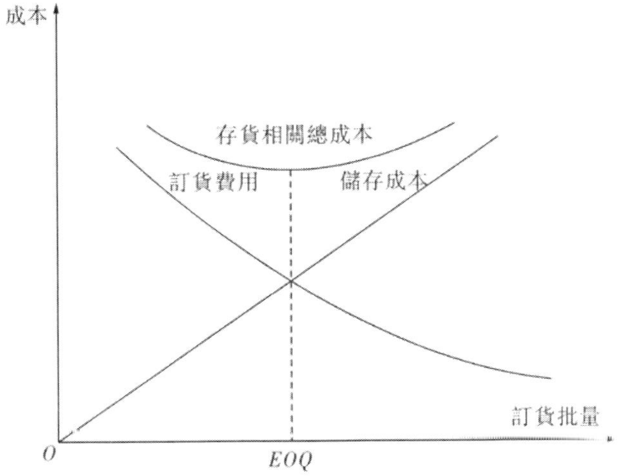

圖 7-7　存貨總成本與訂貨批量的關係

從圖 7-7 可以看出，存貨成本曲線由三部分構成：一條是訂貨成本，另一條是儲存成本，以及由訂貨成本與儲存成本所決定的存貨總成本。每次訂貨數量減少時，則儲存成本降低，但必然導致訂貨次數增多，引起訂貨成本增大；反之，每次訂貨數量增加時，則儲存成本上升，但可使訂貨次數減少，導致訂貨成本降低。可見，每次訂貨量太多或太少對企業控製成本都是不利的。

存貨管理就是要尋求最優的訂貨批量 *EOQ*，使全年存貨相關總成本達到最小值 *TC*。這個 *EOQ* 實際就是訂貨成本和儲存成本相等時所確定的均衡點。

三、經濟訂貨批量基本模型的擴展

立足於經濟訂貨批量基本模型，逐步放寬其假設條件，可以得到適用範圍更廣的其他擴展模型。

（一）再訂貨點（訂貨提前期）

通常，企業的存貨不可能做到隨用隨補，因此需要在庫存降為零之前就發出訂貨需求。再訂貨點就是在提前訂貨的情況下，為確保存貨用完時訂貨剛好入庫，企業再次發出訂貨單時應該持有的庫存量，它的數量等於平均交貨時間和每日平均需要使用量的乘積：

$$ROP=L\times d$$

式中：

ROP ——再訂貨點；

L ——平均交貨時間；

d ——每日平均需用量。

【例 7-12】錦蓉公司採購 A 零部件的最佳經濟批量為 500 件，每天正常耗用 10 件，交貨提前期為 20 天。

要求：請確定錦蓉公司的再訂貨點。

解：

$R=L\times d=10\times20=200$（件）

再訂貨點示意圖見圖 7-8。

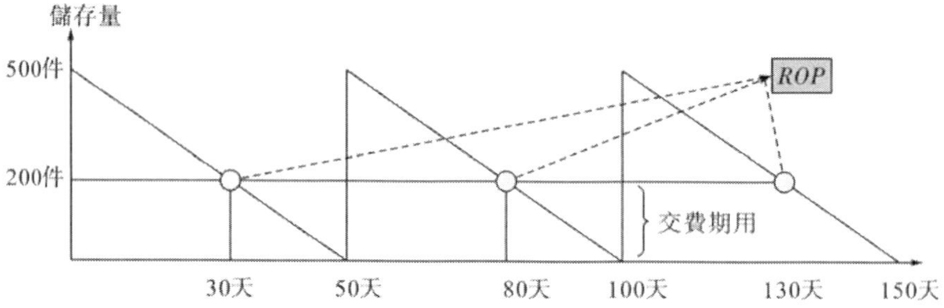

圖 7-8　再訂貨點示意圖

從圖 7-8 可以看出錦蓉公司在存貨存量為 200 件時，就應當再次訂貨，等到下批訂貨到達時（再次發出訂貨單 20 天後），原有庫存剛好用完。可見，訂貨提前期對經濟訂貨量沒有影響，每次訂貨批量、訂貨次數、訂貨間隔時間等與瞬時補充相同。

（二）陸續到貨模型

經濟訂貨批量模型是假設存貨一次全部入庫的。事實上，各批存貨一般都是陸續入庫的，庫存量陸續增加。特別是產成品入庫和在產品轉移，幾乎總是陸續供應和陸續耗用的。在此情況下，就需要對經濟訂貨批量基本模型做一些修正。

假設每批訂貨數為 Q，每日送貨量為 P，則該批貨全部送達所需日數即送貨期為：

$$送貨期=\frac{Q}{P}$$

假設每日耗用量為 d，則送貨期內的全部耗用量為：

$$送貨期耗用量=\frac{Q}{P}\times d$$

由於零件邊送邊用，所以每批送完時，送貨期內平均庫存量為：

$$送貨期內平均庫存量=\frac{1}{2}\left(Q-\frac{Q}{P}\times d\right)$$

假設存貨年需用量為 D，每次訂貨費用為 K，單位存貨儲存變動成本為 K_c，則與存貨批量有關的總成本為：

$$TC(Q)=\frac{D}{Q}K+\frac{1}{2}\times\left(Q-\frac{Q}{P}\times d\right)\times K_c=\frac{D}{Q}K+\frac{Q}{2}\times\left(1-\frac{d}{P}\right)\times K_c$$

在訂貨變動成本與儲存變動成本相等時，$TC(Q)$ 有最小值，故存貨陸續到貨的經濟訂貨量公式為：

$$\frac{D}{Q}\times K=\frac{Q}{2}\times\left(1-\frac{d}{P}\right)\times K_c$$

$$EOQ=\sqrt{\frac{2KD}{K_c}\times\frac{P}{P-d}}$$

將這一公式代入上述 *TC*（*Q*）公式，可得出存貨陸續到貨的經濟訂貨量相關總成本公式為：

$$TC(Q)=\sqrt{2KDK_c\times\left(1-\frac{d}{P}\right)}$$

【例 7-13】 錦蓉公司某配件需用量為 360,000 件，每日送貨量為 200 件，每日耗用量為 100 件，單價為 10 元，一次訂貨成本為 50 元，單位儲存變動成本為 2 元。

要求：計算該配件的經濟訂貨量和相關總成本。

解：將例中數據代入上述公式，解得：

$$EOQ=\sqrt{\frac{2\times50\times360,000}{2}\times\frac{200}{200-100}}=6,000\text{（件）}$$

$$TC(Q)=\sqrt{2\times50\times360,000\times2\times\left(1-\frac{100}{200}\right)}=6,000\text{（元）}$$

（三）折扣點決策

為了鼓勵客戶購買更多的商品，銷售企業通常會給予不同程度的價格優惠，即實行商業折扣或稱價格折扣。此時，進貨企業對經濟訂貨批量的確定，除了考慮訂貨成本與儲存成本外，還應考慮存貨的採購成本。

即在實行數量折扣的條件下，存貨單位進價與進貨數量的大小有直接的聯繫，屬於決策的相關成本。存在數量折扣時的存貨相關總成本可按下式計算：

存貨相關總成本＝採購成本＋相關訂貨成本＋相關存儲成本

實行數量折扣的經濟進貨批量具體確定步驟如下：

（1）按照基本經濟訂貨批量模式確定經濟訂貨批量。

（2）計算按經濟訂貨批量訂貨時的存貨相關總成本。

（3）計算按給予數量折扣的訂貨批量訂貨時的存貨相關總成本。

例如：如果給予數量折扣的訂貨批量是一個範圍，如進貨數量在 1,000～1,999 千克可享受 2%的價格優惠，此時按給予數量折扣的最低訂貨批量，即按 1,000 千克計算存貨相關總成本。因為在給予數量折扣的訂貨批量範圍內，無論訂貨量是多少，存貨單位進價都是相同的，而相關總成本的變動規律是訂貨批量越小，相關總成本就越低。

（4）比較不同訂貨批量的存貨相關總成本，最低存貨相關總成本對應的訂貨批量，就是實行數量折扣時的最佳經濟訂貨批量。

【例 7-14】 錦蓉公司 2016 年甲材料全年需要量為 16,000 千克，每千克標準價為 20 元。供貨企業信鑫公司規定：

①客戶每批購買量不足 1,000 千克的，按照標準價格計算；

②每批購買量 1,000 千克以上，2,000 千克以下的，價格優惠 2%；

③每批購買量 2,000 千克以上的，價格優惠 3%。

已知每批進貨費用 600 元，單位材料的年儲存成本 30 元。

要求：

（1）按照基本模型計算經濟進貨批量及其相關總成本；

（2）計算確定實行數量折扣的經濟進貨批量；

（3）確定錦蓉公司每次最佳的訂貨數量。

解：

存在數量折扣的情況下，企業實際上面臨著三種選擇：不享受折扣，按照計算出的最佳批量採購，但按此數量採購企業無法獲取折扣；如果按照供應商提出 1,000 千克的批量採購則能享受 2%的折扣；如果按照供應商提出 2,000 千克的批量採購則能享受 3%的折扣。因此確定經濟進貨批量，需要比較這三個方案的相關總成本，最低的即為最優批量。

（1）按經濟進貨批量基本模式確定的經濟進貨批量為：

$$經濟訂貨批量\ EOQ = \sqrt{\frac{2KD}{K_c}} = \sqrt{\frac{2\times16,000\times600}{30}} = 800\ (千克)$$

每次進貨 800 千克時的存貨相關總成本為：

$$存貨相關總成本 = 16,000\times20+\frac{16,000}{800}\times600+\frac{800}{2}\times30$$

$$= 320,000+12,000+12,000 = 344,000\ (元)$$

（2）計算每次進貨 1,000 千克時的存貨相關總成本

$$存貨相關總成本 = 16,000\times20\times(1-2\%)+\frac{16,000}{1,000}\times600+\frac{1,000}{2}\times30$$

$$= 313,600+9,600+15,000 = 338,200\ (元)$$

計算每次進貨 2,000 千克時的存貨相關總成本

$$存貨相關總成本 = 16,000\times20\times(1-3\%)+\frac{16,000}{2,000}\times600+\frac{2,000}{2}\times30$$

$$= 310,400+4,800+30,000 = 345,200\ (元)$$

（3）通過比較發現，錦蓉公司每次進貨為 1,000 千克時的存貨相關總成本最低，所以此時最佳經濟進貨批量為 1,000 千克。

四、存貨的日常管理

（一）存貨歸口分級管理

存貨歸口分級管理是指按照使用資金和管理資金相結合、物資管理和資金管理相結合的原則，將存貨資金定額按各職能部門所涉及的業務歸口管理，各職能部門再將資金定額計劃層層分解落實到車間、班組乃至個人，實行分級管理。

(二) ABC 分類管理

當企業存貨品種繁多、單價高低懸殊、存量多寡不一時，使用 ABC 分類法可以分清主次、抓住重點、區別對待，使存貨管理更方便有效。

存貨的 ABC 分類管理是「八二原則」在存貨管理中的應用。這種方法的要點是把企業種類繁多的存貨，依據其重要程度、價值大小或者資金占用等標準分為三大類：

A 類高存貨品種數量約占整個存貨的 10%～15%，但價值約占全部存貨的 50%～70%；B 類存貨品種數量約占整個存貨的 20%～25%，價值約占全部存貨的 15%～20%；C 類存貨品種數量約占整個存貨的 60%～70%，價值約占全部存貨的 10%～35%。

根據上述的劃分，對不同類別的存貨採取不同的管理方法。對 A 類存貨實行重點控製、嚴格管理，對 B 類存貨進行次重點管理，對 C 類存貨只進行一般管理。

【例 7-15】 錦蓉公司有 10 種材料，共占用資金 50 萬元，相關的數據資料見表 7-10。公司按占用資金多少順序排列後，根據上述原則劃分為 A、B、C 三類：

表 7-10　　錦蓉公司存貨分類控製　　單位：元

材料品種（用編號替代）	占用資金數額（元）	類別	各類存貨品種數量（種）	占存貨品種總數的比重（%）	各類存貨占用資金數量（元）	占存貨總資金的比重（%）
1	200,000	A	2	20	380,000	76
2	180,000					
3	50,000	B	3	30	80,000	16
4	20,000					
5	10,000					
6	8,000	C	5	50	40,000	8
7	8,000					
8	8,000					
9	8,000					
10	8,000					
合計	500,000		10	100	500,000	100

對於 A 類物資應經常檢查庫存，嚴格管理，科學地制定其資金定額並按經濟批量模型合理進貨。對於 B 類物資採取比較嚴格的管理，視具體情況部分參照 A 類，部分參照 C 類控製。

(三) 適時制庫存控製系統

適時制庫存控製系統又稱零庫存管理、看板管理系統。它最早是由豐田公司提出並將其應用於實踐，是指製造企業事先與供應商和客戶協調好，只有當製造企業在生產過程中需要原料或零件時，供應商才會將原料或零件送來；而每當產品生產出來就被客戶拉走。這樣，製造企業的庫存水平就可以大大下降。顯然，適時制庫存控製系統需要的是穩定而標準的生產程序以及供應商的誠信；否則，任何一環出現差錯將導致整個生產線的停止。目前，已有越來越多的公司利用適時制庫存控製系統減少甚至消除對庫存的需求——即實行零庫存管理，比如，沃爾瑪、豐田、海爾等。適時制庫存控製系統進一步的發展被應用於企業整個生產管理過程中，集開發、生產、庫存和分銷於一體，大大提高了企業營運管理效率。

第五節　短期籌資

一、短期籌資的特點

短期籌資是指籌集在一年以內或者超過一年的一個營業週期內到期資金的活動。通常是通過短期負債來籌集資金，主要有短期借款、應付票據、商業信用以及短期融資券等，這種籌資的主要特點有：

（一）籌資速度快

由於債權人承擔的風險相對較低，不需要對債務人進行複雜的信用調查，因此，短期負債資金更容易籌集。

（二）籌資彈性好

相對於長期籌資而言，短期籌資的相關限制和約束較少，使得籌資方在資金的使用和配置上更具有靈活性，富有彈性。

（三）籌資成本低

由於債權人承擔的風險較小，因此，債權人要求的報酬率較低，且籌資費用也較小，所以，籌資者的籌資成本較低。

（四）籌資風險大

由於要在較短時期內償還負債，導致籌資者承擔較高的籌資風險。因此要求企業保持較高的資產流動性來償還即將到期的債務，對企業的短期償債能力要求高，否則極易導致企業陷入財務危機。

二、短期借款

（一）短期借款及種類

短期借款是指企業為解決短期資金需求而向銀行或其他金融機構借入的、還款期限在一年以下（含一年）的各種借款。

短期借款主要有經營週轉借款、臨時借款、結算借款、票據貼現借款、賣方信貸、預購定金借款和專項儲備借款等。

（二）短期借款的信用條件

1. 信貸額度

信貸額度亦即貸款限額，是指借款企業與銀行在協議中規定的借款最高限額，信貸額度的有效期限通常為一年。一般情況下，在信貸額度內，企業可以隨時按需要支用借款。但是，銀行並不承擔必須貸款的義務。如果企業信譽惡化，即使在信貸限額內，企業也可能得不到借款。此時，銀行不會承擔法律責任。

2. 週轉信貸協定

週轉信貸協定又稱循環貸款協定，是指銀行具有法律義務承諾提供不超過某一最高限額的貸款協定。在協定的有效期內，只要企業的借款總額未超過最高限額，銀行必須滿足企業任何時候提出的借款要求。同時，企業享用週轉信貸協定，通常要對貸款限額的未使用部分付給銀行一筆承諾費。

【例 7-16】 錦蓉公司與銀行商定的週轉信貸額度為 50,000 萬元，年度內實際使用了 28,000 萬元，承諾費率為 0.5%，企業應向銀行支付的承諾費為：

信貸承諾費 = (50,000−28,000)×0.5% = 110（萬元）

3. 補償性餘額

補償性餘額又稱為最低存款餘額，是指企業向銀行借款時，銀行要求借款企業以低息或者無息形式，在銀行中按貸款限額或實際使用額保持一定百分比的最低存款餘額。最低存款餘額一般占借款額的 10%。

補償性餘額有助於銀行降低貸款風險，補償其可能遭受的損失；對借款企業來說，補償性餘額則提高了借款的實際利率，加重了企業的利息負擔。

【例 7-17】 錦蓉公司向銀行借款 8,000 萬元，利率為 6%，銀行要求保留 10%的補償性餘額，則企業實際可動用的貸款為 7,200 萬元，該貸款的實際利率為：

$$借款實際利率 = \frac{8,000 \times 6\%}{7,200} = \frac{6\%}{1-10\%} = 6.67\%$$

（三）短期借款籌資評價

1. 優點

（1）短期借款籌資方便快捷，無需長期借款或者發行債券那樣嚴格的審批手續，借款時間快。

（2）短期借款籌資具有較好的彈性，可以根據企業對流動資金的需要進行借款。

2. 缺點

（1）資金成本相對於商業信用而言較高。

（2）借款條件有一定限制，例如銀行會較多關注企業短期償債指標，要求企業保持一定的流動資產，對企業的資本性支出有一定的限制。

三、商業信用

商業信用是公司之間由於商品和貨幣在時間上和空間上分離而形成的直接信用行為。其表現形式有應付帳款、應付票據和預收貨款，其中，應付帳款是典型的商業信用的表現形式。

商業信用是短期籌資的最主要方式。由於它的形成與商品交易直接聯繫，手續簡便，因此很容易成為公司短期資金來源。在西方國家，商業信用占短期籌資的比重約為40%，在中國這一比重更高。當然，這與中國特殊的信用環境、企業制度有關。一般來說，當籌資渠道不多、經濟處於緊縮期、市場上資金供應不足時，商業信用的規模會大些，商業信用在短期籌資中的比重會更高些。

商品交易中，購貨方可以利用應付帳款、應付票據等商業信用籌集短期負債性資本，而供貨方可以利用預收帳款商業信用籌集短期負債性資本。

（一）應付帳款

應付帳款是企業因購買材料、商品或接受勞務等經營活動應支付的款項，即賣方允許買方在購貨後一定時期內支付貨款的一種形式。

應付帳款是供應商給企業提供的一個商業信用。由於購買者往往在到貨一段時間後才付款，商業信用就成為企業短期資金來源。如企業規定對所有帳單均見票後若干日付款，商業信用就成為隨生產週轉而變化的一項內在的資金來源。當企業擴大生產規模，其進貨和應付帳款相應增長，商業信用就提供了增產需要的部分資金。

1. 商業信用的條件

（1）有信用期，但無現金折扣。如「N/30」表示30天內按發票金額全數支付。

（2）有信用期和現金折扣，如「2/10，N/30」表示10天內付款享受現金折扣2%，若買方放棄折扣，30天內必須付清款項。

供應商在信用條件中規定有現金折扣，目的主要在於加速資金回收。企業在決定是否享受現金折扣時，應仔細考慮。通常，放棄現金折扣的成本是高昂的。

2. 商業信用的決策

（1）放棄現金折扣的信用成本

倘若買方企業購買貨物後在賣方規定的折扣期內付款，可以獲得免費信用，這種情況下企業沒有因為取得延期付款信用而付出代價。例如，某應付帳款規定付款信用條件為「2/10，N/30」，是指買方在10天內付款，可獲得2%的付款折扣，若在10天至30天內付款，則無折扣；允許買方付款期限最長為30天。

放棄現金折扣的信用成本為：

$$放棄折扣的信用成本率=\frac{折扣\%}{1-折扣\%}\times\frac{360天}{付款期（信用期）-折扣期}$$

公式表明，放棄現金折扣的信用成本率與折扣百分比大小、折扣期長短和付款期長短有關係，與貨款額和折扣額沒有關係。如果企業在放棄折扣的情況下，推遲付款的時間越長，其信用成本便會越小，但展期信用的結果是企業信譽惡化導致信用度的嚴重下降，日後可能招致更加苛刻的信用條件。

【例7-18】 錦蓉公司向恒遠公司購入價值20,000元的原材料，恒遠公司提出了「3/10，N/30」的付款條件。

要求：

①確定錦蓉公司10天內付款的商業信用成本；

②確定錦蓉公司10天後30天內付款的商業信用成本。

解：

①錦蓉公司10天內付款免費獲得19,400元的信用資金，並獲得600元的現金折扣。

②錦蓉公司10天後30天內付款的商業信用成本

$$放棄折扣的信用成本率=\frac{3\%}{1-3\%}\times\frac{360}{30-10}=55.67\%$$

【例7-19】 承上【例7-18】資料，假設錦蓉公司還面臨另一家供應商眾泰公司提供的信用條件「2/20，N/50」，其他條件均相同。

要求：確定錦蓉公司應當選擇的供應商。

解：

首先確定20天內付款的商業信用成本：免費獲得19,600元的信用資金，並獲得400元的現金折扣。

其次確定20天後付款50天內付款的商業信用成本：

$$放棄折扣的信用成本率=\frac{2\%}{1-2\%}\times\frac{360}{50-20}=24.49\%$$

最後比較信用成本決策，根據計算結果，「2/20，N/50」信用條件下的信用成本率更低，因此，應選擇信用條件為「2/20，N/50」的供應商。

（2）放棄現金折扣的信用決策

企業放棄應付帳款現金折扣的原因，可能是企業資金暫時缺乏，也可能是為了將資金用於臨時性短期投資，以獲得更高的投資收益。如果企業將應付帳款額用於短期投資時所獲得的投資報酬率高於放棄折扣的信用成本率，則應當放棄現金折扣。

【例7-20】 錦蓉公司採購一批材料，供應商報價為10,000元，付款條件為3/10、2.5/30、1.8/50、N/90。目前企業用於支付帳款的資金需要在90天時才能週轉回來，如果要在90天內付款，只能通過銀行借款解決。假設銀行利率為13%，請確定錦蓉公司材料採購款的付款時間。

解：

根據放棄折扣的信用成本率計算公式：

① 10天付款方案

$$放棄折扣的信用成本率=\frac{3\%}{1-3\%}\times\frac{360}{90-10}=13.92\%$$

② 30天付款方案

$$放棄折扣的信用成本率=\frac{2.5\%}{1-2.5\%}\times\frac{360}{90-30}=15.38\%$$

③ 50天付款方案

$$放棄折扣的信用成本率=\frac{1.8\%}{1-1.8\%}\times\frac{360}{90-50}=16.50\%$$

由於各種方案放棄折扣的信用成本率均高於借款利息率13%，因此初步結論是應取得現金折扣，借入銀行借款以償還貨款。

① 10天付款方案

得折扣300元，用資= 10,000 - 300 = 9,700（元）

實際借款天數借款= 90 - 10 = 80（天）

利息$=9,700\times\frac{13\%}{360}\times80$（天）= 280.22（元）

淨收益= 300 - 280.22 = 19.78（元）

② 30天付款方案

得折扣250元，用資= 10,000 - 250 = 9,750（元）

實際借款天數借款= 90 - 30 = 60（天）

利息$=9,750\times\frac{13\%}{360}\times60$（天）= 211.25（元）

淨收益= 250 - 211.25 = 38.75（元）

③ 50天付款方案

得折扣180元，用資= 10,000 - 180 = 9,820（元）

實際借款天數借款= 90 - 50 = 40（天）

利息$=9,820\times\frac{13\%}{360}\times40$（天）= 141.84（元）

淨收益= 180 - 141.84 = 38.16（元）

可見，錦蓉公司第30天付款是最佳方案，其淨收益最大。

（二）應付票據

應付票據是指企業在商品購銷活動和對工程價款進行結算中，因採用商業匯票結算方式而產生的商業信用。商業匯票是指由付款人或存款人（或承兌申請人）簽發，由承兌人承兌，並於到期日向收款人或被背書人支付款項的一種票據，包括商業承兌匯票和銀行承兌匯票。商業匯票的支付期最長不超過6個月。應付票據按是否帶息分為帶息應付票據和不帶息應付票據兩種。

（三）預收帳款

預收貨款是銷貨方按照合同或協議規定，在發出商品之前向購貨方預先收取部分或全部貨款的信用行為。對於賣方來說，預收貨款相當於賣方向買方先借入一筆款項，然後用商品歸還。預收貨款通常是買方在購買緊缺商品時樂意採用一種方式，以便取得對貨物的要求權。而賣方對於生產週期長、售價高的商品，經常要向買方預收貨款，以緩和公司資金占用過多的矛盾。

（四）應計未付款

應計未付款是企業在生產經營和利潤分配過程中已經計提但尚未以貨幣支付的款項。主要包括應付工資、應交稅費、應付利潤或應付股利等。以應付工資為例，企業通常以半月或月為單位支付工資，在應付工資已計但未付的這段時間，就會形成應計未付款，它相當於職工給企業的一個信用，應交稅費、應付利潤或應付股利也有類似的性質。

應計未付款隨著企業規模的擴大而增加，屬於一種自發性籌資，企業無需為此付出任何代價。但是，應計未付款的期限具有強制性，不能總是拖欠，因而企業不能自由斟酌使用。

(五) 商業信用籌資評價

1. 商業信用籌資的優點

(1) 使用方便

商業信用與商品買賣同時進行，屬於一種自發性籌資，不用進行非常正規的安排，而且不需辦理手續，一般也不附加條件，使用比較方便。

(2) 成本低

如果沒有現金折扣或公司不放棄現金折扣，則利用商業信用籌資沒有實際成本。

(3) 限制少

商業信用的使用靈活且具有彈性。如果公司利用銀行借款籌資，銀行往往對貸款的使用規定一些限制條件，而商業信用則限制較少。

2. 商業信用籌資的缺點

(1) 商業信用籌資成本高

商業信用的籌資成本是一種機會成本，如果放棄現金折扣，則要付出較大的資本成本。由於商業信用籌資屬於臨時性籌資，其籌資成本比銀行信用要高。

(2) 容易惡化企業的信用水平

商業信用的期限籌資短，還款壓力大，對企業現金流量管理的要求很高。如果應付帳款的金額較大、發生較頻繁，容易帶來財務支付風險。而長期和經常性地拖欠帳款，又會造成企業的信譽惡化。

(3) 受外部環境影響較大

商業信用籌資受商品市場和金融市場環境的影響。例如，當商品市場求大於供時，賣方可能停止提供信用。

四、短期融資券

(一) 短期融資券及其分類

短期融資券是由企業依法發行的無擔保短期本票。在中國，短期融資券是指具有法人資格的非金融企業依照《銀行間債券市場非金融企業債務融資工具管理辦法》的條件和程序，在銀行間債券市場發行和交易並約定在一年內還本付息的債務融資工具，由中國人民銀行對融資券的發行、交易、登記、託管、結算、兌付進行監督管理。短期融資券按不同標準可作不同分類：

(1) 按發行人分類，短期融資券分為金融企業的融資券和非金融企業的融資券。在中國，目前發行和交易的是非金融企業的融資券。

(2) 按發行方式分類，短期融資券分為經紀人承銷的融資券和直接銷售的融資券。

非金融企業發行融資券一般採用間接承銷方式進行，金融企業發行融資券一般採用直接發行方式進行。根據中國《銀行間債券市場非金融企業債務融資工具管理辦法》，中國非金融企業發行短期融資券應由符合條件的承銷機構承銷。

（二）中國發行短期融資券的相關規定

根據2008年中國人民銀行頒布的《銀行間債券市場非金融企業債務融資工具管理辦法》及中國銀行間市場交易商協會制定的相關規則和指引，企業發行短期融資券應遵守下列規定：

（1）企業發行短期融資券應遵守國家相關法律法規，短期融資券待償還餘額不得超過企業淨資產的40%。

（2）企業發行短期融資券所募集的資金應用於符合國家相關法律法規及政策要求的企業生產經營活動，並在發行文件中明確披露具體資金用途。企業在短期融資券存續期內變更募集資金用途應提前披露。

（3）企業發行短期融資券應按交易商協會《銀行間債券市場非金融企業債務融資工具信息披露規則》在銀行間債券市場披露信息。

（4）企業發行短期融資券應由符合條件的承銷機構承銷。

（5）企業發行短期融資券應披露企業主體信用評級和當期融資券的債項評級。

（6）企業的主體信用級別低於發行註冊時信用級別的，短期融資券發行註冊自動失效，交易商協會將有關情況進行公告。

（7）短期融資券在債權債務登記日次一工作日即可在全國銀行間債券市場機構投資者之間流通轉讓。

（三）短期融資券籌資評價

1. 短期融資券籌資的優點

（1）籌資成本較低

相對於發行公司債券籌資而言，發行短期融資券的籌資成本較低。

（2）數額較大

相對於銀行借款籌資而言，短期融資券的一次性籌資數額比較大。

（3）能提高企業信譽和知名度

如果一個公司能發行自己的短期融資券，通常說明該公司有較好的信譽；同時，隨著所發行的短期融資券被投資者所瞭解，公司的聲望和知名度也會提高。

2. 短期融資券籌資的缺點

（1）條件比較嚴格

必須是具備一定信用等級的實力強的企業，才能發行短期融資券籌資。

（2）風險比較大

它的性質是約定在一年內還本付息的債務融資工具，如企業經營不善，則無法償還。

（3）彈性比較小

短期融資券待償還餘額不得超過企業淨資產的40%，在一定程度上制約了企業融資規模。

本章小結

• 營運資金是企業用以維持正常經營所需要的資金，是企業生產經營活動中占用流動資產上的資金。營運資金具有短期性、變現性、波動性、多樣性、轉換性、一致性等特點。影響營運資金週轉的因素包括存貨週轉期、應收帳款週轉期和應付帳款週轉期。

• 營運資金的管理就是對企業流動資產和流動負債的管理。因此，營運資金管理策略可分為流動資產的投資策略和流動資產的籌資策略。

• 現金是營運資金中流動性最強的資金。任何企業在任何時候出於交易性、預防性、投機性等動機都會持有一定數量的現金，然而現金持有量的大小又會不同程度地影響到持有現金的成本，進而影響到企業的盈利水平。企業可以利用成本分析模型、隨機模型、因素分析法和存貨模型等確定最佳的現金持有量。

• 應收帳款產生的原因主要是賒銷，賒銷既能促進銷售、減少存貨占用，也會產生一定的成本。採取賒銷方式就必然產生應收帳款，企業持有應收帳款主要有三項成本：機會成本、管理成本和壞帳成本。因此，企業必須注重應收帳款的管理，制定科學合理的信用政策，包括信用標準、信用條件和收帳政策三部分內容。

• 存貨是指企業在生產經營過程中為銷售或耗用而儲備的物資。存貨管理的重點在於提高存貨效益和控製存貨成本。存貨的成本包括購置成本、訂貨成本、儲存成本和缺貨成本。存貨管理的主要問題是如何確定企業存貨的最優訂貨批量。

• 短期籌資是指籌集在一年以內或者超過一年的一個營業週期內到期資金的活動，其具有籌資速度快、彈性好、成本低、風險大的特點。短期籌資的方式主要有短期借款、應付票據、商業信用以及短期融資券等，不同的籌資方式具有不同的優點和缺點。

案例分析

L公司的應收帳款管理[1]

一、案例資料

在中國企業應收帳款管理的案例中，有不少財務報表中存在大量應收帳款，它們粉飾企業的經營業績，造成後期大量的壞帳無法收回，營運資金鏈斷裂的事件發生。其中較為典型的是四川長虹應收帳款壞帳案例，因為四川長虹的最大債務人美國APEX公司破產，導致四川長虹數十億元應收帳款最終無法收回。

應收帳款的管理好比一張多米諾骨牌，直接影響到企業營運資金的週轉和經濟效益。因而作為一個具有市場競爭力的企業，需要把控好為了追求企業利潤最大化所能提供的賒銷規模尺度，加強對應收帳款的管理，保證企業的資金鏈能正常運作。

① 參考：徐玉坤．L公司應收帳款管理的具體案例研究［J］．現代商貿工業，2016，37（31）：94-95.

（一）L公司簡介

L公司是一家於2014年年底在新三板上市的國有控股企業，此公司的主營業務是廣告服務、網路技術增值服務和銷售電視機，其中廣告服務業於2014年已經全部實行營改增的業務，原先的營業稅率是5%，而營改增後的一般納稅人增值稅率為6%，因此它更加注重對合同銷售額和現金流量回收的程度。

L公司在新三板上市之前，公司對財務部極其不重視，只有國資委委派過來的一名總帳會計和一名出納來負責財務的所有工作。為了達到新三板上市的財務要求，L公司於上市之前才成立了一個小型的財務部門。

（二）L公司應收帳款概況

隨著公司業務的擴大和市場競爭的加劇，L公司急需通過擴大市場規模來爭取市場份額，公司採用了較為寬鬆的信用政策推進市場佔有率，表7-11為L公司2015年的應收帳款餘額與客戶數量。

表7-11　　L公司的應收帳款餘額與客戶數量及其比重

項目金額（萬元）	客戶數量	客戶比例（%）	應收帳款金額（萬元）	應收帳款金額比例（%）
金額>100	7	2	745	58
50<金額<100	25	8	222	17
10<金額<50	64	20	193	15
1<金額<10	75	24	77	6
0<金額<1	147	46	52	4
合計	318	100	1,289	100

以2015年12月31日的數據為基礎，其中應收帳款餘額在100萬元以上的有7個，餘額所占比重為58%；在50萬~100萬元的有25個，餘額所占比重為17%；在10萬~50萬元的有64，餘額所比重為15%；在1萬~10萬元的有75個，餘額所占比重為6%；1萬元以下的有147個，餘額所占比重為4%。

從表7-11可以看出，L公司的中小客戶雖然產生的經濟收益相對於大客戶來說較少，但是數量眾多，交易很頻繁，這就導致L公司的經濟業務量交易筆數較多，較易產生人為的差錯，再加上中小企業的財務規章制度不是很規範，比較容易產生壞帳，故而對這類客戶的應收帳款管理必須要有很好的風險管控機制。

（三）L公司應收帳款管理

由於L公司2014年年底在新三板上市，十分看重公司經濟效益的增長目標。L公司的應收帳款規模在逐年增長，中小客戶數量在逐年增多，再加上L公司的財務部目前並沒有獨立的信用審核部門，這些因素交織在一起就暴露出L公司的應收帳款管理的一些問題。

第一，企業缺少專職的倉庫管理人員，而將電視機的進貨和銷售全部交予銷售業務人員去管理。由於銷售人員在日常管理的過程中並沒有詳細登記每臺電視機的入庫和出庫信息，引發後期與供應商結算代銷貨款時沒有充分的對帳原始憑據，只能憑藉供應商申報的銷售數量作為L公司實際的出庫數量，若中途發生銷貨折讓或退回的特殊業務，會牽連到財務部門也無法正確將電視機的收入與成本相配比。由此可見，L公司的應收帳款內部控製管理流程存在一定的缺陷。

第二，在應收帳款管理的事前階段，L公司沒有設置獨立的信用評審機構，沒有專職的信用合規人員對客戶的資信做詳細的盡職調查，更缺少科學的信用條件審批流程，光憑經營管理人員現有的主觀經驗來對客戶的信用等級進行評定。

因為事前缺乏詳細的客戶資信審批流程，導致與其進行交易的部分中小型客戶的信用資質備受質疑，所以增加了企業應收帳款的壞帳損失風險。這類小客戶通常在沒有收到銷售發票時不做應付帳款的掛帳處理，而是要等到收到票據後再做業務處理，如果L公司的業務經辦人員沒有及時與這類客戶取得聯繫，則會導致銷售發票不能按時傳遞給客戶，時間一長便會發生票據的遺失，導致雙方對帳出現差異，更有賴帳的小公司謊稱通過現金支付了貨款。

另外，L公司的重點客戶群體是一些政府、學校等機關事業單位，由於這些客戶的審批支付流程較為複雜，致使支付貨款的時間跨度很長，甚至有些需要國庫集中支付但因為政府財政預算比較緊張等緣故，導致遲遲不肯支付貨款。

二、問題提出

1. 根據案例資料分析企業應如何進行事前的信用評估?
2. 針對L公司的應收帳款管理中存在的問題，你認為應如何著手解決?

思考與練習

一、單項選擇題

1 運用成本模型計算最佳現金持有量時，下列公式中，正確的是（　　）。

A. 最佳現金持有量=min（管理成本+機會成本+轉換成本）

B. 最佳現金持有量=min（管理成本+機會成本+短缺成本）

C. 最佳現金持有量=min（機會成本+經營成本+轉換成本）

D. 最佳現金持有量=min（機會成本+經營成本+短缺成本）

2. 現金週轉期和存貨週轉期、應收帳款週轉期和應付帳款週轉期都有關係。一般來說，下列會導致現金週轉期縮短的是（　　）。

A. 存貨週轉期變長　　B. 應收帳款週轉期變長

C. 應付帳款週轉期變長　　D. 應付帳款週轉期變短

3. 假設某企業預測的年銷售額為2,000萬元，應收帳款平均收帳天數為45天，變動成本率為60%，資金成本率為8%，一年按360天計算，則應收帳款占用資金應計利息為（　　）萬元。

A. 250　　B. 200　　C. 15D. 12

4. 某企業擬以「2/20，N/40」的信用條件購進原料一批，則企業放棄現金折扣的機會成本率為（　　）。

A. 2%　　B. 36.73%　　C. 18%　　D. 36%

5. 某公司在籌資時，對全部非流動資產和部分永久性流動資產採用長期籌資方式，據此判斷，該公司採取的籌資戰略是（　　）。

A. 保守型籌資策略　　　　B. 激進型籌資策略

C. 穩健型籌資策略　　　　D. 期限匹配型籌資策略

二、判斷題

1. 企業評價客户等級，決定給予或拒絕客户信用的依據是信用條件。（　　）

2. 企業之所以持有一定數量的現金，主要是出於三個方面的動機：交易動機、預防動機、投機動機。（　　）

3. 短期借款屬於自然性流動負債。（　　）

4. 某企業將所有欠款客户按其金額的多少進行分類排隊，然後分別採用不同的收帳策略。該企業採用的這種做法屬於 ABC 分析法。（　　）

5. 在現金管理總成本中，機會成本是正相關成本。如果增加現金持有量，則增加機會成本。（　　）

三、計算題

1. 某公司的年賒銷收入為 720 萬元，平均收帳期為 60 天，壞帳損失為賒銷額的 10%，年收帳費用為 5 萬元。該公司認為通過增加收帳人員等措施，可以使平均收帳期降為 50 天，壞帳損失下降為賒銷額的 7%。假設公司的資金成本率為 6%，變動成本率為 50%。

要求：為使上述變更在經濟上合理，計算新增收帳費用的上限（一年按 360 天計算）。

2. 企業全年耗用甲種材料 1,800 千克，該材料單價 20 元，年單位儲存成本 4 元，一次訂貨成本 25 元。

要求：

(1) 經濟訂貨批量；

(2) 最小相關總成本；

(3) 最佳訂貨次數；

(4) 最佳訂貨週期；

(5) 最佳存貨資金占用額。

3. 假設求精工廠全年需用甲零件 10,000 件。每次變動性訂貨成本為 50 元，每件甲零件年平均變動性儲存成本為 4 元。當採購量小於 600 件時，單價為 10 元；當採購量大於或等於 600 件，但小於 1,000 件時，單價為 9 元；當採購量大於或等於 1,000 件時，單價為 8 元。

要求：計算最優採購批量及全年最小相關總成本。

4. A 公司是一個商業企業，由於目前的信用條件過於嚴厲，不利於擴大銷售，該公司正在研究修改現行的信用條件，現有甲、乙、丙三個放寬信用條件的備選方案，有關數據如表 7-12 所示。

表 7-12

項目	甲方案 N/60	乙方案 N/90	丙方案 2/30，N/90
年賒銷額（萬元/年）	1,440	1,530	1,620
收帳費用（萬元/年）	20	25	30
固定成本	32	35	40
壞帳損失率	2.5%	3%	4%

已知 A 公司的變動成本率為 80%，資金成本率為 10%，壞帳損失率指預計年度壞帳損失和賒銷額的百分比，考慮到有一部分客戶會拖延付款，因此預計在甲方案中，應收帳款平均收帳天數為 90 天，在乙方案中應收帳款平均收帳天數為 120 天，在丙方案中，估計有 40%的客戶會享受現金折扣，有 40%的客戶會在信用期內付款，另外的 20%客戶會延期 60 天付款。

要求：

（1）計算丙方案的下列指標：應收帳款的平均收帳天數、應收帳款的機會成本、現金折扣。

（2）通過計算選擇一個最優的方案。

第八章　利潤分配管理

學習目標

- 瞭解利潤分配的程序，掌握股利支付的形式與程序。
- 理解股利分配理論的主要內容。
- 掌握股利政策的評價指標和類型。
- 瞭解實踐中影響股利政策的因素。
- 瞭解股票分割和股票回購。

引導案例

上市公司現金分紅「宮心計」[①]

Wind 數據顯示，在 2015 年派發現金紅利的 1,421 家上市公司中，有 70 家上市公司的現金分紅金額超過 10 億元，其中工商銀行現金分紅的金額約為 831 億元，位居目前上市公司現金分紅總額榜首。A 股最貴的個股貴州茅臺 2015 年淨利潤 155 億元，分紅則是拿出了其一半的利潤，公司擬每 10 股派現 61.71 元，共分配利潤超 77.52 億元；美的集團 2015 年 127 億元的淨利潤，現金分紅分掉了四成，擬每 10 股派現 12 元，並以資本公積金每 10 股轉增 5 股；宇通客車去年淨利潤 35.35 億元，按其總股本和每股 1.5 元的分紅方案來計算，股利支付率超過 90%，可謂 A 股良心。這些大盤藍籌的強勢分紅，背後有著堅強的業績基礎。

不同於藍籌股的派現，一些業績並不理想的企業，今年也現身現金分紅行列，在高調博眼球的同時讓人不得不去剖析其背後的分紅邏輯。如機械行業上市公司中聯重科 2015 年業績明顯下滑，但從 3 月末公布的預案看，每股分紅 0.15 元，股利支付率高達 6,886.64%，最終現金分紅金額達 11.5 億元，而該公司 2015 年度淨利潤為 8,346.74 萬元，該現金分紅總額為同期淨利潤的 13.77 倍。

思考與討論

1. 不同的股利分配政策會對企業產生哪些不同影響？
2. 企業在選擇股利分配政策時應該考慮哪些因素？
3. 中國上市公司的股利政策有什麼特點？存在哪些問題？

---

① 參考：程丹. 上市公司現金分紅「宮心計」[N]. 證券時報，2016-04-21（6）.

第一節 利潤分配概述

一、利潤分配的內容和程序

(一) 利潤的概念

利潤是收入彌補成本費用後的餘額。由於成本費用包括的內容與表現的形式不同，利潤所包含的內容與形式也有一定的區別。如果成本費用不包括利息和所得稅，則利潤表現為息稅前利潤；如果成本費用包括利息而不包括所得稅，則利潤表現為利潤總額；如果成本費用包括了利息和所得稅，則利潤表現為淨利潤。

利潤分配是企業按照國家有關法律、法規以及企業章程的規定，在兼顧股東與債權人及其他利益相關者利益關係的基礎上，將實現的利潤在企業與企業所有者之間、企業內部的有關項目之間、企業所有者之間進行分配的活動。

(二) 利潤分配的程序

這裡的利潤分配是指對淨利潤的分配，它主要包括法定分配和企業自主分配兩大部分。按照《中華人民共和國公司法》《企業財務通則》及相關財務法規的規定，企業交納所得稅後的淨利潤，除國家另有規定外，應按以下順序分配：

1. 彌補以前年度虧損

企業在提取法定公積金之前，應先用當年利潤彌補虧損。企業發生的年度虧損，可以用下一年度的稅前利潤彌補；下一年度彌補不足的，可以在5年內用稅前利潤連續彌補；5年內不足彌補的，則用稅後利潤彌補。其中，稅後利潤彌補虧損可以用當年實現的淨利潤，也可以用盈餘公積轉入。

2. 提取法定盈餘公積金

提取法定盈餘公積金的目的是為了增加企業內部累積，以利於企業擴大再生產。根據公司法的規定，法定盈餘公積金按照當年稅後利潤（扣除彌補企業以前年度虧損後）的10%提取。若法定盈餘公積金累積額已達註冊資本的50%，可以不再提取。法定盈餘公積金提取後，根據企業的需要，可用於彌補虧損，也可擴大企業生產經營或轉增企業資本金。但轉增資本後，企業法定盈餘公積金的餘額不得低於轉增前公司註冊資本的25%。

3. 提取任意盈餘公積金

根據公司法的規定，公司從稅後利潤中提取法定公積金後，經股東會或者股東大會決議，還可以從稅後利潤中提取任意盈餘公積金。這是為了滿足企業經營管理的需要，控製向投資者分配利潤的水平，以及調整各年度利潤分配的波動。

4. 向投資者分配利潤

企業彌補虧損和提取公積金後所餘稅後利潤，才是可供分配給投資者的利潤。企業當年無利潤時，不得分配股利。一般而言，有限責任公司按照股東實繳的出資比例分取紅利，全體股東另有約定除外；股份有限公司按照股東持有的股份比例分取紅利，公司章程另有規定除外。企業向投資者分配多少利潤，取決於企業的利潤分配政策。企業應根據法律規定、股東要求以及企業經營需要等因素加以確定。對股份有限公司，應按照支付優先股股利、提取任意盈餘公積金、支付普通股股利的順序進行分配。

二、股利支付的形式與程序

(一) 股利支付的形式

股份公司支付股利一般有現金股利、股票股利、財產股利和負債股利等方式，但後兩種方式應用較少。

1. 現金股利

現金股利是以現金支付的股利，它是股利支付的主要方式。公司選擇發放現金股利除了要有足夠的留存收益（特殊情況下可用彌補虧損後的盈餘公積金支付）外，還要有足夠的現金，而現金充足與否往往會成為公司發放現金股利的主要制約因素。

現金股利操作簡便，易於為股東接受，也不會改變企業原有的股權結構，但現金股利也存在如下缺點：

(1) 發放現金股利會導致公司的資產結構發生變化，負債比例上升，償債能力下降。一旦宣布現金股利發放，即形成公司償付義務，從而潛在增加公司財務風險，如果預料將支付大量現金，公司為此應根據現金流情況進行合理運作，以保障現金股利支付，避免償付風險。比如，如果股利支付之前有現金流入，可將其暫時存入銀行，或投資於流動性很好、風險較小又有一定短期收益的有價證券；如果預計股利支付之後不久有現金流入，則可採用短期借款方式來籌集支付股利所需資金；如果目前現金不足，短期內又沒有現金流入，則應採用長期融資方式籌集資金。

(2) 發放現金股利，股東需要繳納個人所得稅，從而減少了股東淨利潤。

2. 股票股利

股票股利是公司以增發股票的方式所支付的股利，中國實務中通常稱其為「紅股」。

(1) 股票股利對公司的影響。公司支付股票股利，不會發生現金流出，也不會導致公司的資產的減少或負債的增加，而只是將公司的留存收益轉化為股本和資本公積。發放股票股利會增加流通在外的股票數量，同時降低股票的每股價值。它雖然不改變公司股東權益總額的帳面價值，但會引起股東權益各項目的結構發生變化。

【例 8-1】 錦蓉公司今年發放股票股利前的資產負債表如表 8-1 所示：

表 8-1　　錦蓉公司發放股票股利前的資產負債表　　單位：萬元

資產	100,000	負債	20,000
		普通股（面值 1 元，發行在外 10,000 萬股）	10,000
		資本公積	20,000
		盈餘公積	20,000
		未分配利潤	30,000
		股東權益合計	80,000
資產總計	100,000	負債與股東權益合計	100,000

現錦蓉公司宣布發放10送2的股票股利，即現有股東每持有10股，即可獲贈2股普通股。若錦蓉公司股票當時的市價為每股10元，隨著股票股利的發放，需從「未分配利潤」項目劃轉出的資金為：

10,000 × 20% × 10 = 20,000（萬元）

由於股票面值不變，因此，增發的2,000萬股普通股，「普通股」帳戶只應增加2,000萬元，其餘的18,000萬元（20,000−2,000）應作為股票溢價轉至「資本公積」帳戶，而公司資產負債表中的股東權益總額不變，仍是100,000萬元。股票股利發放後對資產負債表中各帳戶的影響如表8-2所示：

表8-2　　錦蓉公司發放股票股利後的資產負債表　　單位：萬元

資產	100,000	負債	20,000
		普通股（面值1元，發行在外12,000萬股）	12,000
		資本公積	38,000
		盈餘公積	20,000
		未分配利潤	10,000
		股東權益合計	80,000
資產總計	100,000	負債與股東權益合計	100,000

可見，發放股票股利並沒有改變公司股東權益總額的帳面價值，但會增加市場上流通股的數量。因此，發放股票股利會使公司的每股收益下降。在市盈率保持不變的情況下，發放股票股利後的股票價格，應當按發放的股票股利的比例而成比例下降。如在上例中，錦蓉公司在發放股票股利後，理論上該公司的股票在除息日之後的市場價格應降至8.33元（10/1.2）。

（2）股票股利對股東的影響。對於股東而言，發放股票股利並不會改變公司股東的持股比例，只是增加了股東所擁有的股票數量。但由於發放股票股利後公司的股票價格下降，因此，股東在股利分配前後持股總價值不變。

【例8-2】在派發股票股利之前，投資者老張持有錦蓉公司的股票10萬股，那麼，他所擁有的股權比例為：

10萬股 ÷ 10,000萬股 = 0.1%

持股總價值為：

10萬股 × 10元 = 100（萬元）

派發股票股利之後，老王所擁有的股票數量為：

10萬股×（1+20%）= 12（萬股）

擁有的股權比例為：

12萬股 ÷ 12,000萬股 = 0.1%

持股總價值為：

12萬股 × 8.33元 = 100（萬元）

可見，發放股票股利並不會改變股東的持股比例，也不能直接帶來股東財富的增加。但如果公司在發放股票股利之後，還能發放現金股利，且能維持每股現金股利不變；或者股票價格在除權（息）日後並沒有隨著股票數量的增加而同比例下降，即股票能夠填權①，走出填權行情，股東的財富就會增長。

從純粹經濟的角度看，發放股票股利既不直接增加股東財富與公司的價值，也不改變財富的分配，僅僅是增加了股份數量，但對股東和公司都有特殊意義。

對股東來講，股票股利的優點主要有：

第一，派發股票股利後，理論上每股市價會成比例下降，但實務中這並非必然結果。因為市場和投資者普遍認為，發放股票股利往往預示著公司會有較大的發展和成長，這樣的信息傳遞會穩定股價或使股價下降比例減少甚至不降反升，股東便可以獲得股票價值相對上升的好處。

第二，由於股利收入和資本利得稅率的差異，如果股東把股票股利出售，還會給其帶來資本利得納稅上的好處。

對公司來講，股票股利的優點主要有：

第一，發放股票股利有利於保持公司的流動性。向股東分派股票股利本身並未發生現金的流出，僅僅改變了股東權益的內部結構。在再投資機會較多的情況下，適當發放一定數量的股票股利可以使股東在分享公司盈餘的同時也使現金留存在企業內部，作為營運資金或用於其他用途從而有助於公司的發展。

第二，發放股票股利可以降低公司股票的市場價格。在盈餘和現金股利不變的情況下，發放股票股利可以降低每股價值，使股價保持在合理的範圍之內，既有利於促進股票的交易和流通，又有利於吸引更多的投資者。

第三，發放股票股利可以用較低的成本向市場傳遞公司未來發展前景良好的信息。通常管理者在公司前景看好時，才會發放股票股利。外部人會把股票股利的發放視為利好信號，從而增強投資信心，在一定程度上穩定股票價格。股票股利是公司以增發股票的方式所支付的股利，中國實務中通常稱其為「紅股」。公司支付股票股利，不會發生現金流出，也不會導致公司的財產減少，而只是將公司的留存收益轉化為股本和資本公積。但股票股利會增加流通在外的股票數量，同時降低股票的每股價值。它雖然不改變公司股東權益的帳面價值，但會改變股東權益的構成。

3. 財產股利

財產股利是以現金以外的其他資產支付的股利。主要是以公司所擁有的其他企業的有價證券，如債券、股票等，作為股利支付給股東。

4. 負債股利

負債股利是以公司的負債作為股利支付給股東，通常以公司的應付票據支付給股東，在不得已的情況下也有發行公司債券抵付股利的。

財產股利與負債股利實際上是現金股利的替代。這兩種股利方式目前在中國公司實務中很少使用。

---

① 在除權或除息後一段時間內，如果多數投資者對該股看好，使得該股股價上漲，其價格高於除權或除息報價，這種情況稱為填權。

(二) 股利支付的程序

公司股利的支付必須遵循法定的程序，按照日程安排來進行。一般先由董事會根據公司盈利水平和股利政策提出分配預案，然後提交股東大會審議，通過後才能生效。股東大會決議通過分配預案之後，公司方可對外發布股利分配公告，向股東宣布股利分配方案，並確定股權登記日、除息日和股利支付日等重要日期，具體實施分配方案。

1. 股利宣告日

股利宣告日即公司董事會將股東大會通過的股利分配方案予以公告的日期。公告中將宣布每股派發股利、股權登記日、除息日、股利支付日以及派發對象等事項。在股利宣告日，所宣告的股利就成為公司的一項實際負債，應體現在公司的會計記錄中。

2. 股權登記日

股權登記日即有權領取本期股利的股東資格登記截止日期。因為股票具有流通性，其所有權隨時可能變更，所以確定股權登記日非常重要。只有在股權登記日這一天登記在冊的股東（即在此日期及之前持有或買入股票的股東），才有資格領取本期股利，而在這一天之後登記在冊的股東，即使是在股利支付日之前買入的股票，也無權領取本期分配的股利。

凡是在此指定日期收盤之前取得公司股票，成為公司在冊股東的投資者都可以作為股東享受公司分派的股利。在這一天之後取得股票的股東則無權領取本次分派的股利。

3. 除息日

除息日也稱除權日，即領取股利的權利與股票分離的日期。在除息日之前購買的股票才能領取本次股利，而在除息日當天及以後購買的股票，則不能領取本次股利。中國上市公司的除息日通常是在登記日的下一個交易日。

除息日是一個非常重要的日期，對股票價格有明顯的影響。由於在除息日之前的股票價格中包含了本次派發的股利，而自除息日起的股票價格中不再包含本次股利，所以在除息日股票價格一般會下降。理論上，如果不考慮稅收及交易成本等因素的影響，除息日股票的開盤價約等於前一天的收盤價減去每股股利。

4. 股利支付日

股利支付日即公司按照公布的分紅方案向股權登記日在冊的股東正式支付股利的日期。在股利支付日，公司會通過資金清算系統或其他方式將股利支付給股東。

【例 8-3】以下是美克家居（股票代碼：600337）《2016 年利潤分配方案》的節選材料，請閱讀後指出美克家居的股利宣告日、股權登記日、除權除息日和股利支付日的具體日期。

美克國際家居用品股份有限公司（以下稱「公司」或「美克家居」）於 2017 年 4 月 5 日召開 2016 年度股東大會審議通過了《公司 2016 年度利潤分配議案》，決定以 2016 年年末總股本 644,960,198 股為基數，以資本公積轉增股本的方式向全體股東每 10 股轉增 13 股，共計轉增 838,448,258 股；同時向全體股東派發現金紅利，每 10 股派發現金紅利 3.00 元（含稅），共計派發現金紅利 193,488,059.40 元，剩餘利潤結轉下一年度。公司於 2017 年 4 月 13 日在《上海證券報》《證券時報》以及上海證券交易所網站（www.sse.com.cn）披露了《公司 2016 年度權益分派實施公告》。公司本次權益分派股權登記日為 2017 年 4 月 18 日，除權除息日為 2017 年 4 月 19 日，現金紅利發放日為 2017 年 4 月 19 日，新增無限售條件流通股份上市日為 2017 年 4 月 20 日，至本公告披露日，公司 2016 年度利潤分配方案已實施完畢，公司總股本為 1,483,408,456 股。

分析：從公告可知，2017 年 4 月 5 日為股利宣告日，4 月 18 日是股權登記日，4 月 19 日為除權除息日，4 月 19 日為股利支付日。

第二節　股利分配理論

股利分配的核心問題是如何權衡公司股利支付決策與未來長期增長之間的關係，以實現企業的財務管理目標。股利理論主要研究兩個問題：一是股利的支付是否能影響公司股價或公司價值；二是如果有影響的話，股利的支付是如何影響公司股價的。圍繞著這兩個問題，主要有兩類不同的股利理論：股利無關論和股利相關論。

股利無關論認為，企業的股利政策不會對公司的股票價格產生任何影響。其代表性觀點是 MM 理論。股利相關論認為，企業的股利政策會影響公司股票的價格，其代表性觀點主要有「在手之鳥」理論、信號傳遞理論、稅收差異理論、代理成本理論等。

一、股利無關理論

1961 年，美國財務學家默頓・米勒（Merton H. Miller）和經濟學家弗蘭克・莫迪利安尼（Franco Modigliani）共同發表了《股利政策、增長和股票價值》[①] 一文，提出了股利無關論，又稱為 MM 理論。

股利無關論建立在一系列嚴密的假設條件下，包括：第一，完全市場假設，即不存在公司和個人所得稅，不存在股票的發行費用或交易費用，任何股東都不可能通過其自身交易影響或操縱股票的市場價格；第二，信息對稱假設，即公司所有的股東均能準確地掌握公司的情況，對於將來的投資機會，股東和管理者擁有相同的信息，不存在代理成本；第三，公司的投資政策既定並已經為投資者所瞭解，不會隨著股利政策的改變而改變；第四，股東對現金股利和資本利得不存在偏好。上述假設描述的是一種完美無缺的資本市場，因而股利無關論又被稱為完全市場理論。

在這些假設的基礎上，股利無關論認為，股利政策對公司的股票價格和股東財富沒有實質性影響，股利支付可有可無、可多可少。

首先，投資者並不關心公司股利的分配。理解這一結論的關鍵在於投資者可以通過買賣公司的股票創造出自己的「股利頭寸」。在公司的投資政策既定時，如果公司留

---

① Merton H. Miller, Franco Modigliani. Dividend Policy, Growth and the Valuation of Shares [J]. Journal of Business, 1961 (34): 411-423.

存較多的利潤用於再投資，會導致公司股票價格上升；儘管此時股利較低，但需用現金的投資者可以出售手中的股票換取現金創造「股利」。相反，如果公司發放較多的現金股利，則投資者可以用獲得的現金股利再購買一些股票以擴大投資。也就是說，投資者對股利和資本利得並無偏好，因此也不會關心公司的股利分配政策。

其次，股利的支付比率不影響公司的價值。既然投資者不關心股利的分配，公司的價值就完全取決於公司所選擇的投資政策的獲利能力和風險，公司的利潤在股利和留存收益之間的分配並不影響公司的價值，既不會使公司價值增加，也不會使公司價值減少。

股利無關論是以完美資本市場假設為前提的。在現實生活中，這些假設並不存在，因此，股利無關論在現實條件下並不一定有效。但股利無關論對股利政策的研究建立在嚴謹的數學方法之上，也是理論界第一次對股利政策的性質和影響進行系統的分析。此後學術界關於股利理論的研究正是在逐步放鬆股利無關論的一系列假設的基礎上完成的。

二、股利相關理論

股利相關論認為，在現實世界中 MM 理論的一些假設得不到滿足，因而股利政策就會顯現出對公司價值或股票價格的影響。因此，股利政策不是被動性的，而是一種主動的理財計劃與策略。由於關注點的不同，股利相關論又形成了不同的理論分支。

(一)「在手之鳥」理論

股利無關論的重要假設之一是股東對現金股利和資本利得不存在偏好。「在手之鳥」理論正是建立在對這一假設的批判之上。

該理論認為，股東的投資收益來自於當期股利和資本利得兩個方面，一般情況下，股利收益屬於相對穩定的收入，而資本利得具有較大的不確定性。由於大部分股東是厭惡風險的，他們會認為現實的現金股利要比未來的資本利得更為可靠，更偏好於確定的股利收益，而不願將收益留存在公司內部，去承擔未來的投資風險。所以，公司的股利政策與公司的股票價格密切相關，當公司支付較高的股利時，公司的股票價格會隨之上升。根據這一理論，公司在制定股利政策時應維持較高的股利支付率。

「在手之鳥」理論的代表人物是戈登（Gordon）和林特納（Lintner）。戈登形象地指出，未來的資本利得就像林中的鳥一樣，不一定能抓得到；眼前的股利則猶如手中的鳥一樣飛不掉，「雙鳥在林，不如一鳥在手」。所以這一理論被稱為「在手之鳥」理論。

(二) 信號傳遞理論

信號傳遞理論放鬆了股利無關論中完全信息這一假設，在信息不對稱的前提下分析股利政策的信號揭示功能。

該理論認為，在現實條件下，企業經理人員比外部投資者擁有更多的企業經營狀況與發展前景的信息，這說明在內部經理人員與外部投資者之間存在信息不對稱。這種信息分佈不均衡狀態使得經理人員與其他外部人士之間有著潛在的利益衝突，並可能導致兩者之間的對立關係。為了消除或至少部分地消除經理人員與其他外部人士之間的可能衝突，就需要建立一種信息傳遞機制，而股利政策可以作為經理人員向外界傳遞其掌握的內部信息的一種手段。如果企業經理人員預計公司的發展前景良好，未來業績有大幅度增長時，就會通過增加股利的方式將這一信息及時告訴現有股東和潛在的股東；相反，如果預計到公司的發展前景不太好，未來盈餘不理想時，他們往往會維持甚至降低現有股利水平，這等於向現有股東和潛在股東發出了不利信號。

根據信號傳遞理論，公司實行的股利政策包含了關於公司價值的信息，因而與公司的股票價格是相關的，投資者可以據此對公司的經營狀況與發展前景作出自己的判斷。如果某公司的股利政策一直很穩定，而現在卻有所變動，那麼投資者會把這種現象視為公司的未來收益發生變化的信號，從而影響到公司股票的價格。股利支付水平上升，表明經理人員預期公司未來創造現金的能力增強，公司的股價會隨之上升；股利支付水平下降，意味著公司經營狀況可能變壞，公司的股價也會下降。

顯然，信號傳遞理論支持高股利支付率的股利政策。

（三）稅收差異理論

股利無關論假設不存在稅收，但在現實條件下，現金股利稅與資本利得稅不僅是存在的，而且還存在差異性。稅收差異理論強調了稅收在股利分配中對股東財富的重要作用。

稅收差異理論由利茲伯格（Lizenberger）和拉馬斯瓦米（Ramaswamy）於 1979 年提出。該理論指出：在通常情況下，股利收益的所得稅率高於資本利得的所得稅率，這樣，資本利得對於股東更為有利。即使股利與資本利得按相同的稅率徵稅，由於納稅時間的差異，股利收益在收取股利的當時納稅，而資本利得只有在股票出售時才需納稅，考慮到貨幣的時間價值，這種稅收延期的特點給資本利得提供了優惠。因此，該理論認為：如果不考慮股票交易成本，低股利支付率的股票比高股利支付率的股票能夠為股東帶來更高的稅後投資報酬率，企業應採取低股利支付率的分配政策，以提高留存收益再投資的比率，使股東在實現未來的資本利得中享有稅收節省。

根據稅收差異理論，高股利支付率將導致股價下跌，低股利支付率則會使股價上漲。所以，公司在制定股利政策時應採取低股利支付率的政策。當股利為零時，公司的股票價格達到最大。

（四）代理成本理論

股利無關論隱含的一個重要假設是：公司的管理者與股東之間的利益完全一致，即管理者和股東之間不存在利益衝突。然而這種假設在所有權和經營權相分離的現代公司中實際上是不可能的。代理成本理論就是放鬆這一隱含假設而發展起來的。

該理論認為，股東和經理人之間存在委託—代理問題，並引發了代理成本，包括股東對經理人的監督和激勵支出。股利政策有助於減緩經理人與股東之間的代理衝突，股利的支付能夠有效地降低代理成本。首先，股利的支付減少了經理人對自由現金流量的支配權，這在一定程度上可以抑制公司經理人的過度投資或在職消費行為，從而提高了資金的使用效率，保護外部投資者的利益；其次，大額現金股利的發放，使得公司內部資本由留存利潤供給的可能性減小，為了滿足新投資的資金需求，公司必須尋求外部融資，從而公司將接受資本市場上更多、更嚴格的監督和檢查。這樣，新資本的供應者實際上幫助老股東監控了經理人員，股利支付成為一種間接約束經理人員的監控機制。

根據代理成本理論，高股利支付率將迫使公司接受資本市場的監督，從而在一定程度上降低代理成本，公司應實行高水平的股利政策。

第三節　股利政策實踐

一、股利政策的評價指標

投資者在購買股票進行投資時，通常會對公司的股利政策做出評價。用來評價公司股利政策的指標主要有兩個：股利支付率和股利收益率。

(一) 股利支付率

股利支付率也稱股息發放率，是指淨利潤中股利所占的比重。它反應公司的股利分配政策和股利支付能力。

其計算公式為：

股利支付率＝每股股利÷每股淨利潤×100%

或：

股利支付率＝年度股利支付額÷年度淨利潤總額×100%

股利支付率用來評價公司實現的淨利潤中有多少用於給股東分派紅利。但應注意，根據股利分配理論，股利支付率的高低並不是區分股利政策優劣的標準。基於各種原因，不同的公司會選擇不同的股利支付率。通常初創公司、小公司的股利支付率較低，而公用企業的股利支付率較高。股利分配比例高表明公司不需要更多的資金進行再投入。

股利支付與利潤留存之間存在著此消彼長的關係。

股利支付率＋利潤留存率＝1

另外，傳統的股利支付率反應的是股利與淨利潤的關係，並不能反應股利的現金來源和可靠程度。因此，公司理財理論對該指標進行了修正：

現金股利支付率＝現金股利或分配的利潤÷經營現金淨流量×100%

現金股利支付率反應本期經營現金淨流量與現金股利的關係，比率越低，企業支付現金股利的能力就越強。

(二) 股利收益率

股利收益率又稱獲利率，是指股份公司年度每股股利與股票市場價格的比率。該收益率可用於計算已得的股利收益率，也可用於預測未來可能的股利收益率。

其計算公式為：

股利收益率=每股股利÷每股市價×100%

股利收益率是投資者評價公司股利政策的重要指標，它反應了投資者進行股票投資所取得的紅利收益的高低。較高的股利收益率說明公司股票具有較好的回報，因而對投資者有較大的吸引力。

二、影響股利政策的因素

股利政策是指公司股東大會或董事會對一切與股利有關的事項所採取的方針和策略的總稱，涉及公司是否發放股利、發放多少股利以及何時發放股利等方面。支付給股東的利潤與留在企業的留存收益，存在此消彼長的關係，減少股利分配，會增加留存收益，所以，股利分配既決定給股東分配多少紅利，也決定有多少淨利潤留在企業。股利政策的決策不僅會影響股東的利益，而且會影響公司的正常營運和未來發展，甚至會影響到整個證券市場的健康運行。

實踐中，公司在進行股利分配時應結合自身具體實際情況選用合適的股利政策。在現實生活中，公司的股利分配決策要受到諸多主觀與客觀因素的影響和制約，主要包括以下幾個方面：

（一）法律因素

法律因素是指為了維護與公司股利分配有關各方的經濟利益，各國的法律都對公司的股利分配有所規範，公司必須在法律許可的範圍內進行股利分配。這些法律上的約束通常有：

1. 資本保全約束

資本保全約束即規定公司不能用資本（包括實收資本或股本和資本公積）發放股利。其目的在於維護公司資本的完整性，保證公司完整的產權基礎，防範股利的發放對資本可能產生的侵蝕，保障債權人的利益。

2. 公司累積約束

公司累積約束即規定公司必須按照一定的比例和基數提取各種公積金，股利只能從企業的可供分配利潤中支付。這裡的可供分配利潤包含公司當期的淨利潤按照規定提取各種公積金後的餘額和以前累積的未分配利潤。其目的在於保證公司有足夠的留存收益用於擴大生產經營、完善職工福利或增加公司資本。

3. 淨利潤約束

淨利潤約束即規定公司年度累計淨利潤必須為正數時才能用來發放股利，以前年度虧損必須足額彌補。其目的在於防止股東以發放股利作為轉移資金的方法來實現自身財富的增加。

4. 超額累積利潤約束

超額累積利潤約束即規定公司不得超額累積利潤，一旦公司的保留盈餘超過法律認可的水平，將被加徵額外的稅款。其目的在於防止公司通過延遲分配的方式避稅，因為股東獲得股利繳納的所得稅要高於其進行股票交易的資本利得稅。

5. 償債能力約束

償債能力約束即規定禁止無償債能力的公司支付現金股利。這項規定是基於對債權人的利益保護，要求公司考慮現金股利分配對償債能力的影響，如果公司已經無力償還負債，或股利支付會導致公司失去償債能力，則不能支付股利。其目的在於確保公司在分配後仍能保持較強的償債能力，以維持公司的信譽和借貸能力，保證公司的正常資金週轉。

（二）公司因素

公司內部影響股利分配的因素主要有：

1. 盈餘的穩定性

盈利是公司支付股利的前提。公司是否能獲得長期穩定的盈餘，是其股利決策的重要基礎。一般來講，公司的盈餘越穩定，其股利支付水平也就越高。盈餘穩定的公司面臨的經營風險和財務風險較小、籌資能力較強，這些都是其股利支付能力的保證。這類公司在選擇股利政策時比較靈活，而盈餘不穩定的公司一般只能採取低股利政策，以減少股價大幅波動的風險。

2. 資產的流動性

資產的流動性是指公司及時滿足財務應付義務的能力。保持一定的流動性，不僅是公司正常運轉的必備條件，也是公司在實施股利分配方案時需要權衡的。過多發放現金股利會減少公司的現金持有量，使資產的流動性降低，影響未來的支付能力。因此，資產流動性強、現金充足的公司，現金股利支付可多些；反之，現金股利支付應受到限制。

3. 籌資能力

支付現金股利後，公司的籌資能力會下降，嚴重的可能會導致破產。因此，具有較強籌資能力的公司因為能夠及時地籌措到所需的現金，傾向於採取相對寬鬆的股利政策；而籌資能力弱的公司為了保持必要的支付能力，往往選擇限制股利支付和多保留盈餘。

4. 投資機會

有著良好投資機會的公司，需要有強大的資金支持，因而往往將利潤的大部分用於投資，從而減少了股利的支付額。缺乏良好投資機會的公司，保留大量現金會造成資金的閒置，於是傾向於支付較高的股利。正因為如此，處於高速成長中的公司多採用低股利政策，發展減慢、缺乏良好投資機會的公司則多採取高股利政策。

5. 資本成本

資本成本是公司選擇籌資方式的基本依據。留存收益是企業內部籌資的一種重要方式，與發行新股或舉債相比，留存收益不需花費籌資費用，同時增加了公司權益資本的比重，降低了財務風險，是一種比較經濟的籌資渠道。因此，為了使公司資本成本最低、價值最大，當公司需要擴大資金規模時，應當採取低股利政策。

6. 償債需要

公司如果有債務到期，既可以通過舉借新債、發行新股籌集資金償還債務，也可以直接用留存收益還債。當外部籌資有困難或資本成本較高時，公司就只能依靠留存收益，這時股利支付將會減少。

7. 其他內部因素

由於股利的信號傳遞作用，公司不宜經常改變其利潤分配政策，應保持一定的連續性和穩定性。此外，利潤分配政策還會受到其他公司內部因素的影響，比如不同發展階段、不同行業的公司股利支付比例會有系統性差異。

(三) 股東因素

公司的股利政策最終由代表股東利益的董事會決定，並且必須經過股東大會的決議通過才能夠實施，因此，股東的意願對股利政策的選擇有著舉足輕重的影響。

1. 穩定的收入和避稅

不同公司股東的收入水平存在差異。一方面，一些依靠股利維持生活的股東往往要求公司支付穩定的股利，他們認為通過保留盈餘引起股價上漲而獲得資本利得是有風險的。若公司留存較多的利潤，將受到這部分股東的反對。另一方面，一些股利收入較多的股東出於避稅的考慮，又往往傾向於較低的股利支付水平，反對公司發放較多的股利。當前一種股東占大多數時，公司就有壓力支付較高股利。

2. 股東控製權的稀釋

現有股東往往將股利政策作為維持其控製地位的工具。若公司發放較多的現金股利，就會導致留存盈餘減少，可能造成未來資金緊缺，這意味著將來發行新股的可能性加大，而發行新股必然稀釋公司的控製權，這是在公司擁有控製權的股東們所不願看到的局面。因此，如果他們拿不出更多的資金購買新股，為了維持在公司的控製權，寧肯少分配甚至不分配股利。

(四) 其他因素

除了上述的因素以外，還有其他一些因素也會影響公司的股利政策選擇。

1. 債務契約的約束

公司對外借債時，要簽訂債務合同，尤其是長期債務。債權人為了防止股東、公司管理當局濫用權力，保證自己的利益不受侵害，通常都會在合同中加入一些關於借款企業股利政策的限制性條款，如限制最高股利數額，限制流動比率、速動比率、利息保障倍數等財務指標的最低數額，限制營運資金的最低數額等。這些限制都會使公司的股利政策受到影響，使公司只能採取低股利政策。

2. 通貨膨脹

在通貨膨脹的情況下，由於貨幣購買力下降，公司計提的折舊不能滿足固定資產重置的需要，需要通過留存收益補足重置固定資產的資金。因此在通貨膨脹時期公司的股利政策往往偏緊，股利支付率較低。

三、股利政策類型

股利政策的核心問題是確定利潤分配與留存的比例關係，即股利支付率問題。在股利分配實務中，公司經常採用的股利政策可以分為以下幾種類型：

(一) 剩餘股利政策

剩餘股利政策是指公司在有良好的投資機會時，可以少分配甚至不分配股利，而將稅後利潤用於公司再投資。這是一種投資優先的股利政策。

實施剩餘股利政策時，公司應根據一定的目標資本結構（最佳資本結構），測算出投資所需的權益資本額，先從稅後淨利潤中留用，然後將剩餘的淨利潤作為股利來分配，即淨利潤首先滿足公司的資金需求，如果還有剩餘，就派發股利；如果沒有，則不派發股利。具體步驟如下：

（1）根據選定的最佳投資方案，確定投資所需的資金數額。

（2）設定公司的目標資本結構，在此資本結構下，公司的加權平均資本將達到最低水平。

（3）確定公司的最佳資本預算，預計資金需求中所需增加的權益資本數額。

（4）最大限度地使用留存收益來滿足投資需要增加的權益資本數額。

（5）將滿足投資需要後的剩餘利潤作為股利向股東分配。

剩餘股利政策的理論依據是 MM 股利無關論。MM 理論認為，在理想狀態下的完全資本市場中，公司的股利政策與普通股每股市價無關，故而股利政策只需隨著公司投資、融資方案的制定而自然確定。

【例 8-4】 錦蓉公司 2016 年的稅後淨利潤為 3,600 萬元，目前的資本結構為：債務資本 40%，股東權益資本 60%。該資本結構也是下一年度的目標資本結構。如果 2017 年該公司有一個很好的投資項目，需要投資 5,000 萬元，若採用剩餘股利政策，該如何融資？分配給股東的股利和股利支付率分別是多少？

根據目標資本結構的要求，公司需要籌集的權益資本數額為：

5,000×60%＝3,000（萬元）

公司 2016 年的稅後淨利潤為 3,600 萬元，除了滿足上述投資方案所需的權益資本數額外，還有剩餘可用於發放股利。當年公司可以發放的股利金額為：

3,600－3,000＝600（萬元）

股利支付率為：

股利支付率＝600÷3,600×100%＝16.67%

剩餘股利政策的優點在於留存收益優先保證再投資的需要，有助於降低再投資的資本成本，保持最佳的資本結構，實現企業價值的長期最大化。但是，若完全遵照剩餘股利政策執行，每年的股利發放額就會隨著投資機會和盈利水平的變動而變動。某個年度可能因投資項目多或公司資金需求量大而不發放股利，另一個年度又可能因相反的原因而發放巨額股利，使股東未來可獲得的收益帶有很大的不確定性和隨意性。因此，採用剩餘股利政策的先決條件是投資機會的預期報酬率要高於股東要求的必要報酬率，並且股東對於公司的未來獲利能力有良好的預期，能夠接受這種股利的經常性變動。

剩餘股利政策通常適用於公司初創階段。一般公司很少會機械地照搬剩餘股利政策，而是運用這種理論幫助建立股利的長期目標支付率，即通過預測公司未來 5～10 年的盈利情況，確定在這些年度公司的長期股利支付率，從而維持股利政策的相對穩定性。

(二) 固定股利支付率政策

固定股利支付率政策是指公司確定一個股利占盈餘的比率，並且長期按此百分比支付股利的政策。這個百分比通常稱為股利支付率，股利支付率一經確定，一般不得隨意變更。在固定股利支付率政策下，只要公司的稅後利潤一經計算確定，所派發的股利也就相應確定了。各年股利額隨公司經營狀況的好壞而上下波動，獲得較多盈餘的年度股利額就高，獲得較少盈餘的年度股利額就低。如圖 8-1 中的虛線所示。

固定股利支付率政策的理論依據是「在手之鳥」理論。該理論認為，現在的股利收入是確定的，而留存收益進行投資帶來的未來收益具有較大的不確定性。因此，企業應先考慮派發股利，再考慮留存收益，這與剩餘股利政策的決策思路正好相反。

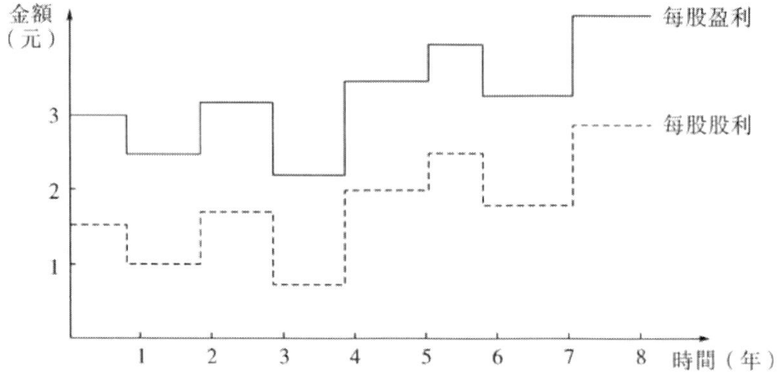

圖 8-1　固定股利支付率政策

主張實行固定股利支付率政策的人認為，這樣做能使股利與公司盈餘緊密地配合，體現了「多盈多分、少盈少分、無盈不分」的分配原則，才算真正公平地對待了每一位股東。從企業支付能力的角度來看，這也是一種穩定的股利政策。但是，大多數公司每年的收益很難保持穩定，導致不同年度的股利額波動較大，由於股利的信號傳遞作用，很容易給投資者帶來企業經營狀況不穩定、投資風險較大的不良印象，對於穩定股票價格不利。並且，固定股利支付率容易使公司面臨較大的財務壓力。這是因為公司實現的盈利多，並不能代表公司有足夠的現金流用來支付較多的股利額。此外，確定合理的固定股利支付率也有相當的難度。

固定股利支付率政策一般適用於那些處於穩定發展階段且財務狀況也較穩定的公司。在實務中，由於公司每年面臨的投資機會、籌資渠道都不同，而這些都可能影響到公司的股利分配，一成不變地奉行固定股利支付率政策的公司並不多見。

(三) 固定或穩定增長股利政策

固定或穩定增長股利政策是指公司將每年發放的股利額固定在某一相對穩定的水平上，然後在一段時間內維持不變。只有當公司認為未來盈餘會顯著地、不可逆轉地增加，足以使它能夠將股利維持在一個更高的水平時，才會提高每股股利的發放額。如圖 8-2 中的虛線所示。

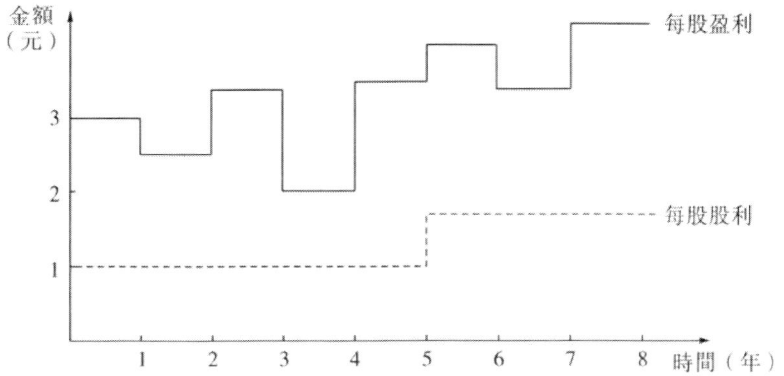

圖 8-2　固定或穩定增長股利政策

固定或穩定增長股利政策主要依據「在手之鳥」理論和信號傳遞理論，即認為公司所採用的股利政策能夠將公司的經營狀況等信息傳遞給投資者。如果公司支付的股利穩定，就說明公司的經營業績比較穩定，經營風險較小，這樣可以使股東要求的必要報酬率降低，有利於使股票價格維持在一個相對高位。

固定或穩定增長股利政策的優點在於：第一，由於股利政策本身的信息含量，穩定的股利向市場傳遞著公司正常發展的信息，有利於樹立公司的良好形象，增強投資者對公司的信心，穩定股票的價格。第二，對於那些打算進行長期投資並對股利收入有很高依賴性的投資者，穩定的股利額有助於他們有規律地安排股利收入和支出，而股利忽高忽低的股票，則不會受這些股東的歡迎，股票價格會因此而下降。第三，穩定的股利政策可以避免股利支付的大幅、無序波動，有助於預測現金流出量，便於公司事先進行資金的安排和調度。

儘管這種股利政策有股利穩定等優點，但由於股利的支付與企業當年的盈餘相脫節，即不論公司盈利多少，均要支付固定的股利，這可能會導致企業資金緊缺，財務狀況惡化；同時，它不能像剩餘股利政策那樣保持較低的資本成本。此外，在企業無利可分的情況下，若依然實施固定或穩定增長的股利政策，也是違反《中華人民共和國公司法》的行為。

固定或穩定增長股利政策一般適用於經營狀況比較穩定或正處於成長期的公司。採用這種股利政策，要求公司對未來的盈利和支付能力能作出準確的判斷。一般來說，公司確定的固定股利額不宜太高，以免陷入無力支付的被動局面。

（四）低正常股利加額外股利政策

低正常股利加額外股利政策是指公司事先設定一個較低的正常股利額，一般情況下公司按此正常股利額向股東發放股利，在公司盈餘較多、資金較為充裕的年份，再根據實際情況向股東發放額外股利。但是，額外股利並不固定化，不意味著公司永久地提高了股利支付率。如圖 8-3 中的虛線所示。

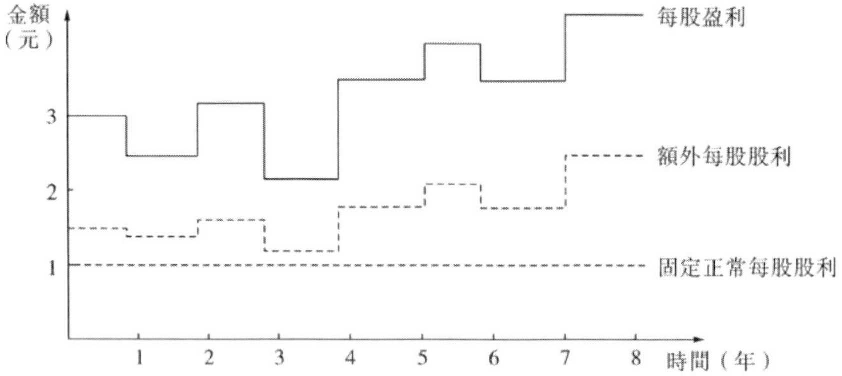

圖 8-3　低正常股利加額外股利政策

低正常股利加額外股利政策的理論依據仍然是「在手之鳥」理論和信號傳遞理論。由於公司通常發放的股利維持在一個較低的水平上，所以在公司的盈利較少或有很好的投資機會需要保留較多資金時，公司仍然能夠按照既定的股利水平發放股利，而不會給公司造成較大的財務壓力，體現「在手之鳥」理論，維持現有的股票價格。一旦公司盈利較多並且不需要保留投資資金時，就可以向股東發放額外的股利，體現信號理論，公司發放額外股利的信息傳遞給投資者，有利於公司股票價格的上升。

低正常股利加額外股利政策是介於穩定的股利政策和變動的股利政策之間的一種折中的股利政策，它吸收了穩定型股利政策的優點，同時又彌補了其在靈活性上的不足。首先，這種股利政策使公司在股利發放上留有餘地和保持彈性。公司可以視每年的具體情況制定不同的政策，選擇不同的股利發放水平，以穩定和提高股價，實現公司價值最大化。其次，對於股東而言，當公司盈餘較少或投資需用較多資金時，可以維持較低的正常股利，股東不會有股利跌落感；而當公司盈餘有較大幅度增加時，股東將得到更多的經濟利益，對公司的信心也會增強。特別是對於那些依靠股利度日的股東來說，雖然每年可以得到的股利收入較低，但股利發放比較穩定，從而也具有相當的吸引力。

然而，低正常股利加額外股利政策也有它的不足：第一，由於各年公司盈餘的波動，使得額外股利不斷變化，導致發放的股利不同，容易給投資者造成收益不穩定的印象。第二，如果公司在較長時間內持續發放額外股利，可能會被股東誤認為是「正常股利」，一旦不再發放額外股利，傳遞出的信號可能會使股東誤認為這是公司財務狀況惡化的表現，進而導致股價下跌。

低正常股利加額外股利政策一般適用於盈餘和現金流量經常變動，不易準確預測的公司，如季節性經營公司或受經濟週期影響較大的公司。在美國，通用汽車公司、杜邦公司等長期以來都採用這種股利政策。

第四節　股票分割與股票回購

一、股票分割

(一) 股票分割的含義

股票分割又稱拆股，是指將原來的一股股票拆分成若干股新的股票的行為。就會計角度而言，股票分割對公司的權益資本帳戶不產生任何影響，但會使公司股票面值降低、股票數量增加。從這一點上看，股票分割與發放股票股利非常相似：兩者都使流通在外的普通股股數增加，但都沒有增加股東的現金流量，也沒有改變股東權益總額。所不同的是，股票股利雖然不會引起股東權益總額的改變，但會使股東權益的內部結構發生變化，並且必須以當期的未分配利潤進行股利支付；而股票分割之後，股東權益總額及其內部結構都不會發生任何變化，變化的只是股票面值，即使公司當期沒有未分配利潤，仍然可以進行股票分割。

從實踐效果來看，由於股票分割與股票股利非常接近，所以一般要根據證券管理部門的具體規定對兩者加以區分。例如，有的國家證券交易機構規定，發放25%以上的股票股利即屬於股票分割。

(二) 股票分割的動機

就公司管理層而言，實行股票分割的最主要動機是降低股票價格，並進而實現以下三個目的：

1. 增強股票的流動性

公司的股票價格有一個合理的區間，如果股票價格過高，將不利於股票的交易活動，原因是一些中小投資者受資金量的限制不願意購買高價股票。通過股票分割，可以使每股市價降低，買賣該股票所需資金量減少，從而促進股票的流通和交易。流動性的提高和股東數量的增加，會在一定程度上加大惡意收購的難度。

2. 為發行新股做準備

股票價格過高會使許多潛在的投資者不敢輕易對公司股票進行投資。在新股發行之前，利用股票分割降低股票價格，有利於吸引更多的投資者，提高股票的可轉讓性，促進新股的發行。

3. 向投資者傳遞信息

由於股票分割往往是處於成長階段的公司的行為，此舉可以向市場和投資者傳遞「公司發展前景良好」的信號，有助於提振投資者對公司股票的信心，在短期內提高股價。

與股票分割相反，如果公司認為自己的股票價格過低，不利於其在市場上的聲譽和未來的再籌資時，為提高股票的價格，會採取反分割措施。反分割又稱股票合併或逆向分割，是指將多股股票合併為一股股票的行為。反分割顯然會降低股票的流通性，提高公司股票投資的門檻，它向市場傳遞的信息通常都是不利的。

【例 8-5】 錦蓉公司當前股票市價為 30 元，上一年年末資產負債表上的股東權益帳戶情況如表 8-3 所示：

表 8-3　**錦蓉公司上一年年末股東權益帳戶**　單位：萬元

普通股（面值 1 元，發行在外 10,000 萬股）	10,000
資本公積	30,000
盈餘公積	30,000
未分配利潤	150,000
股東權益合計	220,000

（1）假設該公司宣布發放 10%的股票股利，即現有股東每持有 10 股可獲贈 1 股普通股。發放股票股利後，股東權益有何變化？每股淨資產是多少？

（2）假設該公司按照 1∶5 的比例進行股票分割。股票分割後，股東權益有何變化？每股淨資產是多少？

根據上述資料，分析計算如下：

（1）隨著股票股利的發放，需從「未分配利潤」項目劃轉出的資金為：

10,000×10%×30＝30,000（萬元）

其中，轉入「普通股」帳戶 1,000 萬股×1 元＝1,000 萬元，轉入「資本公積」帳戶 29,000 萬元。

發放股票股利後股東權益情況如表 8-4 所示：

表 8-4　**錦蓉公司發放股票股利後的股東權益帳戶**　單位：萬元

普通股（面值 1 元，發行在外 11,000 萬股）	11,000
資本公積	59,000
盈餘公積	30,000
未分配利潤	120,000
股東權益合計	220,000

每股淨資產為：220,000÷11,000 ＝ 20（元/股）

（2）隨著股票的分割，每股普通股的面值由 1 元減少為 0.2 元，流通在外的普通股股數由 10,000 萬股增加為 50,000 萬股，股本總額和股東權益總額不變。

股票分割後股東權益情況如表 8-5 所示：

表 8-5　**錦蓉公司股票分割後的股東權益帳戶**　單位：萬元

普通股（面值 0.2 元，發行在外 50,000 萬股）	10,000
資本公積	30,000
盈餘公積	30,000
未分配利潤	150,000
股東權益合計	220,000

每股淨資產為：220,000÷50,000 = 4.4（元/股）

二、股票回購

(一) 股票回購的含義

股票回購是指上市公司出資將其發行在外的普通股以一定價格購買回來予以註銷或作為庫存股①的一種運作方式。目前，中國尚不允許回購股票作為庫存股。根據證監會 2005 年發布的《上市公司回購社會公眾股份管理辦法（試行）》的規定，上市公司回購股份只能是為減少註冊資本而依法予以註銷。

近年來，股票回購已成為公司向股東分配利潤的一種重要形式。公司以現金進行股票回購，使流通在外的股票數量減少，在公司總利潤不變的情況下，每股收益會有所增加，從而導致股價上升，股東能因此獲得資本利得。公司向股東回購自己的股票，相當於向股東支付了現金股利。正因為如此，股票回購也被視為現金股利的一種替代方式。儘管如此，股票回購與現金股利還是存在較大差別，現金股利對股東而言是一種長期穩定的回報方式，而股票回購只有在公司擁有大量閒置資金的情況下才能偶一為之。

(二) 股票回購的動機

對公司而言，進行股票回購的最終目的是增加公司的價值。主流財務理論對公司股票回購的動機做出了多種解釋：

1. 分配公司的超額現金

現金股利政策會對公司產生未來的派現壓力，而作為其替代方式的股票回購則不會。如果公司持有的現金明顯超過投資項目所需要的現金，就可以用自由現金流量進行股票回購，將現金分配給股東。這樣，股東可以根據自己的需要選擇繼續持有股票或出售獲得現金。股票回購既可以分配公司過多的現金，又有助於增加每股盈利水平，並進而提升股價。同時，公司自由現金流量的減少也降低了管理層的代理成本。

2. 傳遞股價被低估的信息

由於信息不對稱和預期差異，公司股價可能會被外部投資者低估，而過低的股價將會對公司產生負面影響。此時，公司可以通過股票回購，向市場傳遞股價被低估的信號。投資者一般認為股票回購傳遞了公司認為其股票價值被低估的信息，因此，在股票回購公告發布之後，股票價格通常會上漲。

3. 改善公司的資本結構

無論是現金回購還是舉債回購股份，都會提高公司的財務槓桿水平，改變公司的資本結構。如果公司認為其股東權益資本所占的比例過大、資本結構不合理時，就可能對外舉債，並用舉債獲得的資金進行股票回購，以實現公司資本結構的合理化。為了調整資本結構而進行股票回購，可以在一定程度上降低加權平均資本成本。

---

① 庫存股是指公司將自己已經發行的股票重新購回存放，且尚未註銷的股票。庫存股既不參與股利分配，又不享有投票權。

4. 基於控製權的考慮

控股股東為了保證其控製權，往往採取直接或間接的方式回購股票，從而鞏固既有的控製權。當公司現有股東的控製權受到威脅時，採取股票回購可以使流通在外的股份數量減少，股票價格上升，從而在一定程度上防止敵意收購，降低公司被收購的風險。

但是，股票回購也可能會對上市公司產生消極影響，主要表現在：第一，股票回購需要大量資金，容易造成資金緊張，降低資產流動性，影響公司正常的生產經營和發展。第二，股票回購是公司資本的減少，從而在一定程度上削弱了對債權人利益的保護。第三，股票回購容易導致內幕交易。允許上市公司回購本公司股票，容易導致其利用內幕消息對本公司股票進行炒作，損害投資者的利益。因此，各國對股票回購都有嚴格的法律限制，只有滿足相關法律規定的情形才允許股票回購。如《中華人民共和國公司法》規定，只有在以下四種情形下才能回購本公司股票：①減少公司註冊資本；②與持有本公司股份的其他公司合併；③將股份獎勵給本公司職工；④股東因對股東大會作出的公司合併、分立決議持異議，要求公司收購其股份的。

（三）股票回購的方式

股票回購的方式主要有以下三種：

1. 公開市場回購

公開市場回購是指上市公司在公開交易市場上以當前市價回購自身的股票。這種股票回購方式很容易導致股票價格升高，從而增加回購成本。另外，交易稅和交易佣金方面的成本也較高。公司通常利用該方式在股票的市場表現欠佳時小規模回購執行特殊用途（如股票期權、可轉換債券等）所需的股票。

2. 要約回購

要約回購是指公司在特定期間向股東發出以高於當前市價的某一價格回購既定數量股票的要約，並根據要約內容進行回購。在要約回購限定的期限內，如果各股東願意出售的股票總數多於公司計劃購買的數量，則公司可自行決定購買部分或全部股票。相反，如果要約出價未能購買到公司原定回購的數量，則公司可以通過公開市場回購不足的數量。在公司想回購大量股票時，要約回購方式比較適用。根據中國《上市公司回購社會公眾股份管理辦法（試行）》，上市公司以要約方式回購股份的，要約價格不得低於回購報告書公告前 30 個交易日該種股票每日加權平均價的算術平均值。要約的期限不得少於 30 日，並不得超過 60 日。

3. 協議回購

協議回購是指公司直接與一個或幾個特定股東簽訂協議，回購其持有的股票。在此種方式下，公司同樣必須公開披露回購股票的目的、數量等信息，並向其他股東保證公司的購買價格是公平的，以避免公司向特定股東輸送利益，損害其他股東的利益。協議回購方式是公開市場回購方式的補充，適用於回購股票的數量較大時，多作為大宗交易在場外進行。

本章小結

● 股份公司支付股利一般有現金股利、股票股利、財產股利和負債股利等方式。現金股利是股利支付的主要方式，需要公司有充足的現金。股票股利是公司以增發股票的方式支付的股利，不會導致現金的真正流出。股利的支付必須遵循法定的程序，確定股權登記日、除息日和股利支付日等。

● 股利理論主要探討股利政策對公司股價或公司價值有無影響，包括股利無關論和股利相關論。股利無關論認為，公司的股利政策不會對公司的股票價格產生任何影響，其代表性觀點是 MM 理論。股利相關論認為，公司的股利政策會影響公司股票的價格，其代表性觀點主要有「在手之鳥」理論、信號傳遞理論、稅收差異理論、代理成本理論等。

● 評價公司股利政策的指標主要有股利支付率和股利收益率。股利政策的主要類型有：剩餘股利政策、固定股利支付率政策、固定或穩定增長股利政策、低正常股利加額外股利政策。法律因素、公司因素、股東因素和其他因素等會影響公司的股利分配決策。

● 股票分割是指將原來的一股股票拆分成若干股新的股票的行為。實行股票分割的最主要動機是降低股票價格。股票回購是指上市公司將其發行在外的普通股以一定價格購買回來予以註銷或作為庫存股。公司進行股票回購的最終目的是增加公司的價值。股票回購的方式主要有公開市場回購、要約回購、協議回購三種。

案例分析

貴州茅臺的股利政策[①]

一、案例資料

（一）貴州茅臺酒股份有限公司簡介

貴州茅臺酒股份有限公司（簡稱貴州茅臺）是中國白酒行業的標杆性企業，茅臺酒的悠久歷史及其業內口碑使其擁有獨特競爭力，一直處在中國高端白酒前列。貴州茅臺集團由中國貴州茅臺酒廠有限責任公司及其下屬子公司等近 20 家企業構成，其所涉獵產業領域廣泛，白酒、證券、保險等行業均有其足跡。中國貴州茅臺酒廠有限責任公司由中國貴州茅臺酒廠演變而來，1997 年改制成為有限責任公司，貴州茅臺酒股份有限公司於 1999 年正式成立。

2001 年 7 月 31 日，貴州茅臺酒在上海證券交易所公開發行普通股 7,150 萬股。自從上市以來，貴州茅臺股價一路攀升，現金股利分紅的絕對值也相當可觀，連續贏得「最牛現金分紅股」稱號。

---

① 筆者根據公開資料整理編寫。

（二）貴州茅臺酒股份有限公司的股利政策

從 2001 年開始，貴州茅臺現金分紅從未間斷，並且現金股利逐年遞增，其每股盈餘也在不斷增長。

從表 8-6 可以看出，貴州茅臺自 2001 年上市以來持續 16 年分配現金股利，從不間斷，從市場上貴州茅臺的股價表現，體現出市場對公司的大力認可。貴州茅臺的股利支付一直處於增長水平，從 2005 年每 10 股派發 3 元至 2012 年每 10 股派發 64.14 元，一直處於增長階段，2013 年每 10 股派發 43.74 元，同樣處於高水平。隨著股價增長，派發股利金額也逐年上升。貴州茅臺的股利支付率和每股現金股利都比較高，每股現金股利高出同行業水平的數倍。同樣作為白酒行業的龍頭企業，五糧液 1998 年登陸資本市場以來，雖近 9 年連續保持了分紅記錄，但在過往的 1998—2007 年期間，有 5 個會計年度五糧液沒有進行現金分紅。

表 8-6　　貴州茅臺歷年股利發放情況

年份	當年股利分配方案	每股現金股利（元）	每股淨利潤（元）	股利支付率
2001	10 派 6	0.6	1.31	45.8%
2002	10 派 2 送 1 股	0.2	1.37	14.6%
2003	10 派 3	0.3	1.94	15.5%
2004	10 派 5	0.5	2.09	24%
2005	10 派 3	0.3	2.37	12.7%
2006	10 派 7	0.7	1.59	44%
2007	10 派 8.36	0.836	3	27.9%
2008	10 派 11.56	1.156	4.03	28.7%
2009	10 派 11.85	1.185	4.57	25.9%
2010	10 派 23 送 1	2.3	5.35	43%
2011	10 派 39.97	3.997	8.44	47.4%
2012	10 派 64.19	6.419	12.82	50%
2013	10 派 43.74 送 1	4.374	14.58	30%
2014	10 派 43.74 送 1	4.374	13.44	32.5%
2015	10 派 61.71	6.71	12.34	54.4%
2016	10 派 67.87	6.88	13.31	51.69%

資料來源：筆者根據貴州茅臺歷年年報整理。

按照上市公司公布的以往年度分紅金額進行計算得出，貴州茅臺上市 16 年來，公司累計分紅金額 436.48 億元；而五糧液上市至今的分紅金額為 193.99 億元；瀘州老窖累計分紅金額約為 149.24 億元；洋河股份累計分紅金額約為 145.05 億元。另外，山西汾酒上市以來分紅金額為 32.22 億元，沱牌舍得為 4.72 億元，古井貢酒為 15.61 億元，水井坊為 15.76 億元，酒鬼酒為 3.95 億元，金種子酒為 4.11 億元，順鑫農業為 8.84 億元，伊力特為 15.25 億元，老白干酒為 3.2 億元，青青稞酒為 5.97 億元，今世緣為 6.38 億元，口子窖為 4.9 億元，金徽酒業為 6,720 萬元。

從分紅金額來看，貴州茅臺、五糧液、瀘州老窖和洋河股份上市以來給投資者的分紅金額均過百億元，其中，貴州茅臺的分紅居首。

二、問題提出

1. 股利支付的程序是什麼？請查閱 2016 年公告，說明貴州茅臺的股利支付程序。

2. 請問貴州茅臺的股利政策屬於四種股利政策中的哪一種類型？貴州茅臺採取這種股利政策的理論依據是什麼？

3. 請評價貴州茅臺的股利政策效果。

思考與練習

一、單項選擇題

1. 以下關於利潤分配的描述中，正確的是（　　）。

A. 公司在提取法定公積金之前，應當先用當年利潤彌補虧損

B. 法定盈餘公積的提取比例為當年稅後利潤（彌補虧損後）的 20%

C. 公司不能從稅後利潤中提取盈餘公積金

D. 有限責任公司和股份有限公司股東都按照實繳的出資比例分取紅利

2. 股利的支付可減少管理層可支配的自由現金流量，在一定程度上可抑制管理層的過度投資或在職消費行為。這種觀點體現的股利理論是（　　）。

A. 股利無關理論　　B. 信號傳遞理論

C.「在手之鳥」理論　　D. 代理成本理論

3. 下列各項政策中，最能體現「多盈多分、少盈少分、無盈不分」股利分配原則的是（　　）。

A. 剩餘股利政策　　B. 低正常股利加額外股利政策

C. 固定股利支付率政策　　D. 固定或穩定增長的股利政策

4. 在確定企業的股利分配政策時，應當考慮相關因素的影響，其中「償債能力約束」屬於（　　）。

A. 股東因素　　B. 公司因素

C. 法律因素　　D. 債務契約因素

5. 下列各項中，不影響股東權益總額變動的股利支付形式是（　　）。

A. 現金股利　　B. 股票股利　　C. 負債股利　　D. 財產股利

6. 下列各項中，不屬於股票分割動機的是（　　）。

A. 增強股票的流動性

B. 為發行新股做準備

C. 傳遞「公司發展前景良好」的信號

D. 向股東分配紅利

二、判斷題

1. 在除息日之前，股利權利從屬於股票。從除息日開始，新購入股票的投資者不能分享本次已宣告發放的股利。（　　）

2. 在其他條件不變的情況下，股票分割會使發行在外的股票總數增加，進而降低公司資產負債率。（ ）

3. 上市公司不能用自己的產品給股東發放股利。（ ）

4. 盈利少的公司股利發放肯定少於盈利多的公司。（ ）

5. 股票回購肯定會提升公司股票的價格。（ ）

三、計算題

錦蓉股份有限公司 2015 年、2016 年稅後利潤分別為 3,000 萬元和 3,800 萬元，公司於 2016 年 5 月 10 日向股東分配現金股利 1,500 萬元。2017 年年初，公司擬投資一個新項目，經測算，新項目需資金 3,500 萬元。該公司目前的資本結構為：股東權益資本 70%，債務資本 30%。請分別回答以下問題：

（1）若該公司執行固定股利支付率政策，資本結構不變，計算公司為上新項目需要籌集多少權益資金。

（2）若該公司執行固定股利政策，資本結構不變，計算公司為上新項目需要籌集多少權益資金。

（3）若該公司執行剩餘股利政策，目標資本結構變為「股東權益資本 65%，債務資本 35%」，計算公司 2017 年可以發放多少現金股利。

專題篇

第九章　財務危機管理

學習目標

- 瞭解財務危機的概念、特點和分類。
- 瞭解財務危機管理的概念、特點、職能和內容，理解財務危機管理系統的構建。
- 理解財務預警的程序，掌握財務預警的定性和定量分析方法。
- 瞭解財務危機處理組織和處理程序，掌握財務危機處理策略。

引導案例

中達股份的財務危機[①]

江蘇中達新材料集團股份有限公司（簡稱中達股份）成立於1997年6月18日，主營雙向拉伸聚炳烯薄膜（BOPP）、聚酯薄膜（BOPET）、多層共擠流延薄膜（CPP）三大系列高分子軟塑料新型材料。歷經10年的發展，至2007年6月末，中達股份總資產由當初的6億元增加到近50億元。然而，中達股份的發展並非一帆風順。2005年以來，由於國內的軟塑包裝材料行業發展過快，使得市場呈現供過於求的狀況。而國際原油價格的持續飛漲也使原材料價格大幅度上升，產品獲利空間較小。與此同時，由於中達股份前期的投資過快，造成了公司負債偏高，結構不合理。在國家宏觀緊縮的貨幣政策下，利率不斷調高，公司負擔加重，財務風險凸顯。2006年9月，江蘇太平洋建設集團資金鏈斷裂，而中達股份的大股東申達集團與其存在互保關係，相關債權銀行追究申達集團的連帶擔保責任，由於中達股份也為江蘇太平洋建設集團提供了1億多元的擔保，內因、外因的積聚，使得中達股份財務危機終於爆發。公司股票於2007年9月11日起緊急停牌，中達股份的生產經營就此陷入了前所未有的困境。截至2011年年末，公司扣除非經常性損益後淨虧損6,094.07萬元，2012年上半年公司虧損約1.02億元，同年中達股份因公司淨資產為負值被上海證券交易所實施退市風險提示。一家如此規模的企業集團僅僅因為1億多元的擔保就陷入了財務困境。

思考與討論

1. 誘發財務危機的原因有哪些？
2. 財務危機有什麼特點？
3. 為什麼中達股份會陷入財務危機之中？

① 資料來源：根據相關公開資料整理改編。

第一節 財務危機概述

一、財務危機的概念及危害

(一) 財務危機的概念

危機是指具有嚴重影響、不確定性的情境導致組織陷入輿論壓力和困境中的各種事件組合，例如受外部或者內部的影響導致企業的核心競爭力受到威脅，企業的聲譽、產品受到不良影響等。它具有突發性、不確定性、破壞性，甚至具有連鎖反應，需要決策者迅速做出反應等。

財務危機（Financial Crisis）是由危機理論引入財務管理中的一個概念，在西方關於財務危機研究的經典文獻中，使用過財務困境（Financial Distress）、財務失敗（Financial Failure）、公司失敗（Corporate Failure）、公司破產（Corporate Bankrupty）等多個概念，對財務危機的內涵，目前還缺乏統一的認識。

在國外學者中，Deakin 認為財務危機就是無償債能力、倒閉或者為了債權人利益而清算。[①] Carmiehael 認為財務危機表現為流動性不足、權益不足、債務拖欠及流動資金不足四種形式。[②] 而目前較為典型的表述是 Ross 等人提出的，認為企業財務危機主要表現為：企業無法按期履行債務合約，帳面淨資產出現負數，資不抵債，清算後仍無力償付到期債務，企業或者債權人由於債務人無法到期履行債務合同，並成持續狀態時，向法院申請破產。[③]

國內學者中，谷祺等指出財務危機是指企業無力支付到期債務或費用的一種經濟現象，包括從資金管理技術性失敗到破產以及處於兩者之間的各種情況。[④] 餘緒纓將財務失敗界定為「企業無力履行對債權人的契約責任」，又可稱為契約性失敗，主要表現有企業違約、沒有償付能力或破產，並將財務危機根據其失敗程度的不同區分為技術性失敗和破產兩種。他認為技術性失敗（無償付能力）是指企業的總資產雖超過其總負債，但是由於其資產配置的流動性差，沒法轉變成足夠的現金來償還到期的債務；破產則是指財務危機的極端形式，指企業的所有債務超過了其全部資產的公允估計價值，企業出現了負的淨資產。[⑤]

在國內的實證研究中，諸多學者基於數據收集的易得性以及中國上市公司的特殊情況，都將財務危機公司界定為被實行特殊處理的公司即 ST 公司，的確很多 ST 公司

---

① Deakin E B. A Discriminant Analysis of Predictors of Business Failure [J]. Journal of Accounting Research, 1972 (spring), 10 (1): 167-179.

② Carmichael D R. The Auditor's Reporting Obligation [J]. Auditing Research Monograph (NewYork: AICPA), 1972 (1): 94.

③ Ross S, Westerfield R, Bradford D. Essentials of Corporate Finance [M]. McGraw-Hill Company, 2001.

④ 谷祺，劉淑蓮. 財務危機企業投資行為分析與對策 [J]. 會計研究，1999 (10): 28-31.

⑤ 餘緒纓. 企業理財學 [M]. 沈陽：遼寧人民出版社，1996: 34-36.

出現財務困難都是由於無法到期償還債務。由此可見，大多數學者將企業不能支付到期的債務作為企業出現財務危機的證明，輕則支付不起債務，重則破產倒閉。

儘管對於財務危機的表述不同，但財務危機的內涵可以概括為以下三個方面：

（1）財務危機是企業盈利能力實質性削弱，持續經營難以為繼的嚴重狀況；

（2）財務危機是企業償債能力嚴重削弱，資金週轉困難的困難處境；

（3）財務危機是企業持續經營喪失或接近喪失，即企業破產或接近破產的嚴峻局勢。

由上可見，財務危機既是一種動態的過程也是一種結果狀態。從靜態角度即資產存量的角度來看，財務危機通常表現為企業總資產帳面價值低於總負債帳面價值，即企業淨資產為負值；從動態角度即現金流量的角度來看，財務危機通常表現為企業缺乏償還即將到期債務的現金流入，現金總流入小於現金總流出，即企業淨現金流量為負值。

結合目前國內外學者的觀點，本書認為：企業財務危機是指企業財務活動處於失控狀態或遭受嚴重挫折的危險與緊急狀態，而造成企業償付能力的喪失（Insolvency），即喪失償還到期債務的能力，是企業盈利能力和償付能力實質性削弱、企業趨於破產等困難處境的總稱，極端形式就是企業破產。在實務中，財務危機可能表現為經濟失敗、技術性無力償債、資不抵債、破產及處於這幾種狀態之間的各種情況。

（二）財務危機的後果

企業的財務活動是企業生產經營的前提條件，貫穿於企業生產、供應、銷售各個方面，涉及生產經營活動各個領域，所以一旦發生財務危機其危害是多方面的。它導致企業流動資金占用急遽上升，資金極度缺乏，無法進行日常週轉；同時由於可利用的資金相對減少，致使企業只能維持簡單的生產無法擴大生產規模，甚至會導致企業破產，其危害具體表現為：

1. 影響企業正常的生產經營

企業資金占用居高不下、週轉不暢，加之由此而帶來的資金占用成本和銀行貸款利息費用不斷上升造成惡性循環，致使企業經濟效益下降，日常生產經營嚴重受阻。

2. 影響企業正常的生產經營秩序

發生財務危機時企業的經營管理和財務管理的重心將由日常生產經營轉為危機處理，致使企業管理者無法進行正常的生產經營決策，勢必會干擾企業生產經營的連續性。

3. 影響企業的競爭能力和發展能力

財務危機致使企業資金無法正常循環、資金鏈斷裂，使企業陷於被動狀態，導致企業無法參與市場競爭、無法擴大生產規模。

4. 影響職工的生產積極性

財務危機會引起企業負債經營，效益嚴重下滑，這直接關係到企業員工的經濟收入，因此會挫傷職工的生產積極性。

二、財務危機的特點

（一）隱蔽性

財務危機發生的過程有一定的潛伏期並具有一定的隱蔽性，往往不能一眼識破，特別是不加以注意往往極易被管理層忽略。在財務危機潛伏期內，企業組織內部潛伏的風險因素多而雜，而企業的外部環境也複雜多變，最為關鍵的就是企業的資金鏈，涉及企業本身、相關聯的其他企業或銀行，這其中的風險因素更是難以把握，在危機發生前具有極強的隱蔽性。

（二）突發性和災難性

企業財務危機的發生受到許多主觀和客觀因素的影響，財務危機的發生許多是意外性的，其中有些因素是可以把握和控製的，但更多因素是突發性的、意外的，有的甚至是爆發性的。

從宏觀上看，例如全球性金融危機，以迅雷不及掩耳之勢，使許多企業陷入危機，甚至破產倒閉；從微觀上看，例如某企業經營狀況很好，但由於一個長期貿易夥伴在事先無察覺情況下，突然宣布倒閉，造成數額巨大的應收帳款不能按期收回，使企業陷入困境。

（三）多樣性

1. 誘發財務危機原因的多樣性

誘發財務危機原因的多樣性是由企業的客觀屬性決定的。企業是一個複雜的系統，它既受外部環境因素的影響，又受企業內部管理因素的影響。同時企業的經營過程是一個連續不斷的過程，每一個過程中的失誤都可能形成財務危機。

另外，企業的財務行為方式是多樣化的，企業財務行為方式包括資金的籌集和運用、資金耗費、資金收回、利潤分配及以營運資金管理為核心的日常財務管理。在這些活動環節中不管哪一個環節出問題，也都會帶來財務危機。

2. 財務危機症狀表現的多樣性

財務危機的症狀有收入下降、商品滯銷、虧損、財務比率惡化、現金短缺等多種表現形式。

例如：在籌資、投資活動方面，籌資和投資決策的失誤，會造成資金回收困難；籌資結構與投資結構的配比不當，會造成還款期過於集中。在生產方面，由於質量不達標，造成產品積壓。在行銷方面，由於市場定位不準，或促銷手段落後，或售後服務跟不上，造成產品滯銷。由於諸多因素的綜合累積作用，造成企業一定時期內現金流出大於現金流入，以至企業不能按時償還到期債務而引發財務危機。

（四）累積性

財務危機發生不是朝夕之事，而是一個漸進的過程。這一過程在時間上表現為一定的累積過程。一般來說經濟失敗是財務危機的開端，無力償債和資不抵債表明企業的財務危機已處於嚴重階段，破產是財務危機的一種極端表現形式，也是財務危機最嚴重的結果。因此，它的發生在程度上表現為由輕變重，是各種財務活動行為失誤累積到一定程度的綜合反應。

（五）可預見性

企業財務危機雖然可能突然爆發，但追根究底是主、客觀因素共同作用的一個動態的過程，在發生前多少有些危機前兆。因為財務危機是企業生產經營中長期財務矛盾日積月累形成的，企業能通過財務預警對企業財務危機發生的概率進行預測和判斷，從而進行事前的預測與防範、事中的化解與分散以及事後的緩解與補救，將財務危機造成的損失控製在最小範圍內。

三、財務危機的分類

（一）按照危機程度和處理程序的不同劃分

1. 營運失敗

營運失敗是指企業收入低於包括其資本成本在內的全部營運成本。如果企業的投資者願意接受較低的投資收益率（有時甚至是負的投資收益率），並繼續向企業投入資金，則這類企業還可以持續經營，還沒有處於財務危機中。但是，如果企業沒有能力在一定時間內扭虧為盈，而投資者又不可能不斷向企業投入資本，這類企業的資產就會逐漸減少，陷入財務危機，最終會走向倒閉。

2. 商業失敗

商業失敗是美國一家著名的諮詢公司所使用的名詞，特指那種沒有經過正式破產程序的企業，但卻以債權人不能收回全部債權（即債權人蒙受了一定的損失）為代價而終止經營的情況。陷入商業失敗的企業雖沒有宣布破產，但企業整體情況已經惡化、資不抵債而陷入財務危機中，實質上已經失敗。

3. 技術性無力償債

技術性無力償債是指企業無力償還到期債務的情況。這種情況的出現主要是由於企業營運安排調度不當、資金週轉不靈造成的。如果寬限一段時間，企業可以籌措到足夠的資金來償清債務，那麼企業還可以繼續生存下去。但如果這種技術性無力償債同時又是經濟失敗的早期信號的話，即使是暫時籌資度過了目前的難關，但也已經陷入財務危機中，難以避免逐步走向失敗。

4. 無力償債

與技術性無力償債相比，無力償債是指企業無法籌集到足夠的資金以抵償企業現有的債務，這至少說明企業有兩種財務狀況的可能性，第一種是企業盈利能力或收款能力很差，企業無法採用經營活動或投資活動所獲現金來償付其債務本息；第二種是企業缺乏必要的籌資能力，企業在短期內可能無法籌集到償債所必須的資金，而更嚴重的是這一狀況可能並不是暫時的。

5. 資不抵債

當企業總資產的市場價值低於其總負債的帳面價值時，企業就陷入資不抵債的困境。顯然，這一情況要比技術性無力償債嚴重得多，常常會導致企業破產清算。但是，資不抵債並不意味著企業一定會破產。

6. 正式破產

根據法律規定，因無力償債而正式進入破產程序的企業為正式破產。破產是企業財務危機的一種極端形式，當同時出現企業資金匱乏和信用崩潰兩種情況時，企業必定會破產。因此，破產是指企業的全部負債大於其全部資產的公允價值，企業的所有者權益出現負數，並且，企業無法籌集新的資金，以償還到期債務的一種極端的財務危機。在這種情況下，如果債權人或債務人要求，經法院裁定，企業需要按照法律程序轉入破產清算。

（二）按照危機產生的原因不同劃分

1. 漸進型財務危機

漸進型財務危機的形成是一個循序漸進的過程，在這個過程中的不同時間段裡，一般會依次出現導致企業陷於財務危機的各種原因、症狀，最後才導致企業陷於財務危機。

漸進型財務危機類似於「自然死亡」，企業作為組織系統，經歷產生、成長、成熟、衰退等不同的階段，當一個企業開始進入市場後，隨著其規模的擴大、技術的進步和經營管理的改善等，其現金流逐步增加。隨後，由於外部市場競爭或企業內部存在的一些問題等原因，其市場規模和市場份額漸漸萎縮，在財務上表現為現金流的逐漸減少，這時，企業如不能採取有力的措施扭轉局面，則最終陷入財務危機甚至完全退出市場。

漸進型財務危機的形成是一個動態持續、逐步遞進的過程，並且具有經常性的特點，它為後面財務預警的「四階段症狀」分析法提供了理論依據。

2. 突發型財務危機

突發型財務危機是指由於一些突發事件給企業帶來了損失，從而所導致的財務危機。從產生的原因看，可以分為兩種情況：一種情況是來源於自然災害，即企業本身處於良好的經營狀態，完全由於自然災害等不可抗的外部因素所造成的財務危機。另一種情況是來源於外部突發事件，如環境污染事件、食品安全事件的發生和披露，等等。

與漸進型財務危機不同，突發型財務危機類似於「猝死」，具有偶然性、突發性、瞬間性和不可預見性等特點，突發型財務危機幾乎沒有階段性，可以發生於企業生命週期中的任何階段。

（三）按危機的表現形式劃分

1. 虧損型財務危機

虧損型財務危機是指以企業嚴重虧損或連續虧損為主要表現的財務危機，它是企業財務危機的主要類型。

嚴重虧損是指企業一個會計年度虧損或一次性虧損的數額巨大，對企業淨資產造成嚴重的侵蝕。就一般企業而言，如果初次年度虧損使企業淨資產減少 1/3 及以上，應視為嚴重虧損；就上市公司而言，如果初次年度虧損使公司每股淨資產降至 1 元以下（但仍為正值），應視為嚴重虧損。

持續虧損是指企業連續兩年及兩年以上發生虧損。企業持續虧損意味著其發生虧損的偶然性因素很小，同時也說明其盈利能力實質性削弱的危險趨勢顯現。

2. 償付型財務危機

償付型財務危機是指企業與各有關債權人之間的債權債務關係緊張，企業無力支付到期債務和費用或需要極大努力才能支付到期債務和費用。

這裡的「無力支付或需要極大努力才能支付到期債務和費用」是指：

（1）企業暫時沒有用於支付費用和償還債務的資金，它不是一種持久性的現象；

（2）企業尚有一定的信用，尚存在籌集一定資金的可能性；

（3）企業未發生嚴重虧損或連續虧損；

（4）企業資產負債率很高，但還未到資不抵債的地步；

（5）企業資金循環發生障礙，但不是企業資金衰竭，而是經過一定的努力可能予以償還或可能予以緩解。

3. 破產型財務危機

破產型財務危機是指以破產方式了結不能清償的債權債務關係，它是企業最嚴重、最為極端的財務危機。

按破產的原因，一般分為會計破產和技術性破產兩種。會計破產是指企業由於資不抵債即帳面資產出現負數而導致的企業破產；技術性破產是指企業由於財務管理技術失敗使企業無法償還到期債務而導致的破產。

四、財務危機與財務風險的關係

財務危機和財務風險既有聯繫又有區別，兩者的區別如下：

（一）產生的原因不同

財務危機主要是由於落後的管理觀念、錯誤的決策行為、資源配置低效率以及對風險應對不當而產生的。

財務風險的產生是由於籌資決策引起的，企業要想發展壯大僅僅依靠自身的力量是不夠的，必須借助於外部資金。

（二）導致的後果不同

財務危機是財務狀況逐漸惡化的結果，其主要表現為：現金流量不足、無力償還到期債務以及不能支付優先股股利等，給企業帶來的後果必然是企業的損失，嚴重時會導致企業破產。

財務風險指的是收益的不確定性，它給企業帶來的既可能是損失，也可能是收益。也就是說，若是企業對資金運籌加強管理，有可能獲得超過預期的收益。

（三）防範的方法不同

由於財務危機只能給企業帶來損失，因此對於財務危機要防止其發生或者盡量減少其發生的次數。企業可以通過建立財務危機預警系統，提前發出警告信息，以便及時採取有效措施。

對於財務風險，企業沒有辦法阻止其發生。因為只要企業舉債就要承擔利息，就會有財務風險。企業應該通過財務槓桿等量化方法來確定是否值得去冒風險，還可以通過多元化經營等分散風險的方法，使財務風險降到最低程度。

從上述分析可見，財務風險是一種客觀存在，它是企業籌資所帶來的風險，主要表現為未來收益的不確定性。不確定性程度越高，財務風險就越大，任何企業必須面對。財務危機是財務風險積聚到一定程度的產物，它是一個漸進的過程，在這個過程中企業若能在有效期間內採取化解措施，就能降低財務風險，擺脫財務危機；若企業面對危機束手無策，或措施不力，很有可能會進一步加劇財務危機，甚至導致破產。

第二節　財務危機管理概述

一、財務危機管理的概念及特點

財務危機管理是危機管理學科的一個分支，將企業的財務危機與危機管理相結合，通過建立一個包括防範、診斷、預警、處理在內的完善的危機管理系統，降低財務危機產生的危害，減少企業的價值損失，維護企業的安全運行。

（一）財務危機管理的概念

財務危機管理是指組織或個人在財務運作過程中通過危機防範、危機預警、危機處理和危機恢復等手段，以期達到避免和減少財務危機產生的危害，直至將危機轉化為轉機、重振企業財務能力的過程。

因此，財務危機管理的主體是管理者或者管理組織，管理的對象是企業的財務危機，包括財務危機防範、財務危機診斷及預警、財務危機處理和恢復等。管理的目的是化被動為主動，盡量減少財務危機對企業的影響。

財務危機防範是指防範財務危機，減少發生財務危機的機會，起到未雨綢繆的作用。

財務危機診斷及預警是指對企業的生產經營過程和財務狀況進行診斷並實時監控，一旦發現警兆及時進行預警，將財務危機扼殺在搖籃裡。

財務危機處理和恢復是指企業財務危機爆發後，採取善後措施，盡量減少企業損失，甚至轉危為安的過程。

（二）財務危機管理的特點

1. 不確定性

不確定性是由財務危機的隱蔽性和多樣性決定的。財務危機作為一種經濟現象，受到諸多因素的影響，有些因素是可以控製和把握的，但更多的因素是爆發性的、意外的，管理者有時很難把握和控製，難以對其實施有效的監測、控製。

2. 應急性

應急性是由財務危機的突發性決定的。一般而言，財務危機的過程分為前兆階段、爆發階段和持續階段。在前兆階段和持續階段的管理主要是預控、監測危機、防止危機發生直至採取措施清除危機造成的不良後果，總結經驗教訓，這是財務危機管理中的常態管理。而應急管理則是在危機爆發階段所進行的危機管理，通常情況下，危機爆發之前要宣布進入緊急狀態，及時採取應急措施，盡量趕在危機爆發之前控製事態進一步發展。這就需要在短時間內迅速做出正確決策，緊張而有序地實施各種危機處理措施等。

3. 預防性

預防性是由財務危機的災難性決定的，財務危機一旦爆發會給企業帶來極大的損失。因此，財務危機管理的有效途徑是避免危機發生，防患於未然，以減少發生財務危機的機會。

二、財務危機管理的職能和意義

（一）財務危機管理的職能

財務危機管理有兩大基本職能，即事前預防職能和事後處理職能。

1. 事前預防職能

事前預防職能主要體現在以下兩個方面：

（1）通過加強企業內控製度的建設來提高自身適應外部環境變化、抵禦風險、防範財務危機的能力。

（2）通過分析、診斷，加強危機預警，及時發現財務危機的徵兆，以便採取措施。財務危機並非一朝一夕形成，而是有一個較長的潛伏期，因此，有必要建立財務預警系統，在財務危機的萌芽狀態預先發出危機警報，使管理層及時採取有效對策，改善管理，防止企業陷入破產境地。

為此，可以通過建立、健全企業內控製度和財務預警體系預防財務危機的發生。

2. 事後處理職能

事後處理職能主要體現在以下兩個方面：

（1）財務危機處理預案。這是指企業為防止財務危機全面爆發和減少危機帶來的損失，事先制定的危機應對和處理方案。

（2）財務危機溝通。這是化解風險、爭取機會的過程，是財務危機處理的關鍵。財務危機溝通主要通過媒體發布與對話、談判協商、組織協調等具體方式，梳理、調節、緩和或化解以財務關係為主要內容的各種關係，以達到化解危機、轉危為安的目的。

（二）財務危機管理的意義

1. 有利於防止和避免企業破產

實踐證明，企業危機在很大程度上源於財務危機，一個企業如果在財務經營上陷入困難、危機四伏，企業危機就不可避免。通過財務危機管理，樹立危機的防患意識，避免財務危機出現時措手不及，缺乏應有的應對措施，給企業經營和員工生活帶來嚴重後果，甚至破產倒閉。

2. 有利於提高企業的適應能力和競爭能力

當前中國經濟發展進入新常態，經濟下行壓力加大，企業面臨的生產經營環境更加複雜，不可避免地會增加發生財務危機的可能性。只有當企業知道了怎樣防範危機，事先做好應對危機的計劃，研究好處理危機的措施等，才能不斷提高企業適應環境變化的能力，增強企業的競爭力。

3. 有利於降低財務危機對企業內部的負面影響

通過危機管理的事後處理，可以恢復企業信用，有利於降低企業的財產損失，消除財務危機給企業帶來的不利影響。

三、財務危機管理的內容

財務危機的「事後」處置儘管重要，對財務危機的管理仍然需要「事前」預防，力求避免。一般來說，對財務危機的管理至少涉及以下幾個方面：

（一）確定合理的經營戰略和債務結構

經驗研究表明，企業財務危機的主要原因是管理不善。企業的發展戰略應當隨著市場和企業外部環境的變化而不斷調整。而一旦方向確定以後，就應當對公司業務範圍和經營品種做出明確的界定，不應在不熟悉的業務領域大量地從事投資、經營或交易活動。對熟悉的領域，原則上不必絕對禁止積極的經營戰略，但這種經營帶來的風險必須是可控的：一方面可能帶來盈利；另一方面如果失誤，必須有足夠的資金準備。

公司的財務管理應當著眼於整個資產結構和債務結構的調整和優化，著眼於大筆現金流量的匹配。資產結構和債務結構的協調是現金流量匹配的前提，只要注重資產與負債總體結構的協調，優化大筆現金流量的匹配，一般就不會發生長期性的財務困難。

（二）制定恰當的現金流量規劃

現金流量規劃是經理人配置公司資源的重要內容和防範財務風險的基本手段。在市場競爭日益激烈的今天，企業追求收益的強烈願望與客觀環境對資產流動性的強烈要求，使兩者之間的矛盾更加突出。

企業的經營戰略以獲利為目標，通常包括更高的經營規模、市場占用率和新的投資項目等內容，這些戰略的實施需以更多現金流出為前提，一旦現金短缺，其發展規劃無疑就成了「無源之水」。因而，企業規劃與戰略都必須以現金流量預算為軸心，把握未來現金流量的平衡，以現金流量規劃作為其他規劃調整的重要依據，尤其是對資本性支出應該本著「量入為出，量力而行」的基本原則。即使公司的發展與擴張採用了負債經營，負債經營的規模也應該以未來現金流量為底線。不管是維持經營還是發展擴張，現金流量規劃是關鍵制約因素。

（三）實施對財務危機的預測和監測

使用統計方法對各種財務比率指標進行同行業比較和長期跟蹤，可以對本企業財務危機可能性的大小做出判斷。當然，這種預測並不是對危機事件本身的預測，而是對危機發生可能性大小的預測，這種方法常常可以在危機發生之前的一兩年做出預警。

（四）建立財務危機應急預案

財務危機對策方案的建立與完善，標誌著企業內部控製管理體系的完備和成熟。每一個企業都應當建立明確的、便於操作的財務危機應急預案，應急預案的內容可能隨著企業經營範圍的不同而有所側重，但一般應當包括處置財務危機的目標與原則（包括最高目標和最低目標，也可以是目標的序列）；與債權人的談判策略；專家和組織構架；應急資金的來源；削減現金支出和變賣資產的次序以及授權、操作和決策的程序等事項。

四、財務危機管理系統的構建

財務危機管理系統並不是孤立存在的，而是一個完整的程序化體系。從危機管理理論的角度講，財務危機管理是一個時間序列，既包括財務危機形成前的管理和財務危機發作時的管理，也包括危機過後的管理，即財務危機管理是包含財務危機防範、預警、處理等在內的動態過程。建立財務危機管理系統可以改變以往企業發生財務危機後再設法處理解決財務危機的被動思路和方法，盡量減少財務危機對企業帶來的負面影響。

（一）財務危機管理系統構建原則

1. 完整性原則

財務危機管理包含了危機的防範、預警、處理等多方面的內容，這些方面的內容成為財務危機管理系統的有機組成部分，缺一不可。因此，危機管理系統應包含由上述內容構成的子系統，同時還要保證各個方面的協調與統一，以便系統協調運作。

2. 及時性原則

財務危機從產生到擴大，其速度非常快，時間拖延越長，企業的損失就越大。因此，危機管理系統要在危機警報發出後的第一時間迅速做出快速反應，及時採取防範措施。

3. 有效性原則

危機管理系統構建後應當能根據不同的財務危機採取不同的危機處理方法，這些方法應當能夠幫助企業轉危為安。

（二）財務危機管理系統的構建

根據財務危機的特點，可將財務危機管理系統分為下面四個子系統，如圖 9-1 所示：

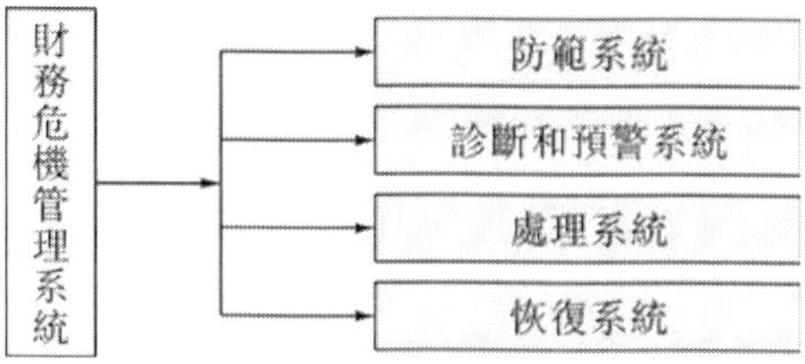

圖 9-1 財務危機管理子系統

1. 財務危機防範系統

企業財務危機不是一朝一夕的過程，而是一個長期累積和逐步發展的過程，而且財務危機是有程度之分的，存在一個階段性的特徵。在企業正常營運階段，財務狀況良好，財務危機的特徵基本不明顯，甚至不會為人們所留意，也不會引起管理當局的充分重視。然而，潛在的風險因素在不加以控製和管理的情況下可能會引發財務危機。如果能夠在財務危機徵兆出現之前就對其加以防範和管理，未雨綢繆，財務危機對企業的負面影響才能降到最低，管理當局才能最有效並最大限度地維護企業的利益和價值。

因此，在企業正常營運階段對財務危機的防範就是要樹立風險管理的意識。財務危機防範系統的構建能幫助企業發現財務弱點，找出財務失敗的徵兆，減少財務風險事件直接引發財務危機的機會，起到未雨綢繆的作用。財務危機管理的最理想模式是控製潛在財務風險，消除財務危機隱患，防範於未然。

2. 財務危機診斷和預警系統

（1）財務危機診斷系統

財務危機診斷是指利用企業財務資料，瞭解並判斷企業的財務狀況。這種判斷主要依據財務指標絕對值、比率值或者變化趨勢，結合經驗來判斷。

財務危機診斷是對企業發生財務危機的危險性及其程度進行動態地分析和推斷，這種診斷的主要目的在於充分瞭解企業的財務狀況，及時發現業已存在的財務隱患。

（2）財務危機預警系統

在財務危機診斷的基礎上，財務危機預警是對企業財務危機發生的可能性進行多角度的分析判斷，並及時提出危機警告的過程。

有效的預警系統能夠及時發現企業危機的徵兆和跡象，並將危機消滅於萌芽之中，它是企業管理危機的核心。通過建立財務危機預警系統對財務危機風險源、財務危機徵兆進行不間斷地監測，能在各種信號顯示財務危機來臨之際及時地向組織發出警報，提醒組織對財務危機採取行動，在財務危機之前就縮小其損失範圍和爆發規模。

3. 財務危機處理系統

由於財務風險的不確定性，它的發生又存在偶然性和破壞性，使得我們不可能對所有的財務風險都實現有效的控製，一部分財務風險必將導致財務危機的爆發。另外，財務運作帶有很大的偶然性，會面臨較多的不可控因素，這就決定了要有效化解財務危機，就必須構建一個有效的危機處理系統。

財務危機處理系統是以企業對財務危機的有效控製為基礎，針對財務危機後人員恢復、業務恢復、形象重塑等方面工作進行的一系列管理行為和活動有機集合形成的系統。該系統的目的主要有兩個，一是恢復財務危機造成的損失以維持企業生存和連續經營，二是抓住危機所帶來的機會為企業崛起做好準備。

4. 財務危機恢復系統

危機得到有效控製後，企業管理者應該將工作重心轉向危機的恢復工作，盡力將企業的財務、生產、行銷和人員恢復到正常狀態。通常在經歷過財務危機之後，企業的財產和員工都會遭受不同程度的衝擊和影響，完全恢復到危機發生以前的狀態存在較大的難度。但遭受危機影響的企業可以通過改進工作流程和效率、提高市場佔有率以及利益相關者的忠誠度，重新集中力量致力於改善企業的經營績效，以幫助企業有效利用資源。

第三節　財務危機診斷與預警

一、財務危機診斷與預警

(一) 財務診斷

財務診斷是指針對企業的財務經營狀況進行全面的調查分析，通過一系列的方法，找出企業在財務管理方面的問題，並提出相應的改進措施，指導改善企業財務管理的過程。

財務診斷是財務危機管理的重要環節，也是財務分析的深化和發展。企業歷年來的財務報表數據和經營狀況數據，如市場佔有率、銷售政策、產品品種、其他相關預測數據，是進行財務診斷的核心材料。在掌握了上述資料的同時，還必須瞭解企業目前的現狀，如：該企業是處在一個發展前景很好的產業，還是處在一個正在衰退的產業？其營業收入在最近幾年的增長情況怎樣？利潤增長率、資產報酬率、淨資產收益率各為多少？近幾年變化情況如何？企業的負債率為多少，有無近期、中期付款還債危機等。

財務指標分析是研究企業是否陷入財務危機的重要依據，主要考察以下幾個方面的指標：

1. 償債能力指標

若速動比率、現金流量比率等短期償債能力指標數值偏小或資產負債率、產權比率等長期償債能力指標比率偏高，說明企業資金來源以負債為主，且存貨與應收帳款數額較大，一旦發生經濟波動，企業將沒有足夠的貨幣資金償還近期到期的債務，容易導致企業陷入財務危機。

2. 營運能力指標

若存貨週轉率、應收帳款週轉率、固定資產週轉率等營運能力指標的比率較低，說明企業的流動資產變現能力差、固定資產結構不合理，這不但會限制企業的發展與擴張，而且資金鏈容易斷裂，危機隨時可能發生。

3. 盈利能力指標

如果資產報酬率和淨資產收益率等比率偏低，說明企業資產利用效率差，資產無法發揮其作用為企業創造更多的現金流，企業極易陷入財務危機。

4. 現金流量指標

現金流量指標主要反應企業的現金獲取能力和運用能力，包括銷售現金比率、全部資產現金回收率等。這些比率如果偏低，說明企業在發展過程中沒有可靠的資金來源。對於中小企業來說，這一問題更為突出，往往是內部無法獲取，外部不易融資，從而限制了企業的經營發展，再加之其成本費用水平較高，在激烈的市場競爭中，較易陷入財務危機。

（二）財務預警

預警（Early-warning）一詞來源於軍事，原本的意思是提前發現、分析和判斷敵人的進攻信號，並把這種信號的危險程度通過預警工具報告給己方指揮部，以提前採取應對措施。目前，預警思想已經在自然災害、環境保護、經濟管理、社會發展、文化教育等諸多領域得到了廣泛應用。

預警的「預」是預先、提前的意思，「警」是警報、報警的意思，將預警的含義引入到財務危機管理中，便形成了財務危機預警的概念。財務危機預警是指以企業真實、可信的財務會計信息為基礎，通過設置並觀察一些敏感性預警指標的變化，對企業可能或者將要面臨的財務危機實施實時監控，並及時發出預測警報的過程。

財務危機預警是現代企業財務管理的重要組成部分。通過分析企業財務報表等財務資料以及非財務信息，設置並觀察預警指標的變化，對引起企業財務危機的各種因素進行監測控製，以便預測和發現企業在經營活動中存在的各種風險，及時通知管理部門，尋找導致財務狀況惡化的根源，在危機發生之前及時採取防範措施，及時做好應對準備，避免企業陷入財務危機，起到防範於未然的作用。

二、財務預警系統及功能

在市場經濟條件下，企業作為自主經營、自負盈虧、自我約束和自我發展的市場主體，面臨著日益多變的市場環境，任何企業（即使是一個經營狀況良好的企業）隨時都要經受財務危機的考驗。如果等待問題完全暴露，危機也就爆發了，損失也往往無可挽回。因此，對現代企業來說，預防重於治療。如果企業能夠在財務危機發生之前，洞察先機，就能夠迅速採取相關措施，進行有效的預防。

財務預警系統是以企業財務信息數據為基礎，以財務指標體系為中心，通過對財務指標的綜合分析、預測，及時反應企業經營情況和財務狀況的變化，並對企業各環節發生或將可能發生的經營風險發出預警信號，為管理當局提供決策依據的分析和實時監控系統。

（一）財務預警系統的特點

1. 系統性

財務預警系統把企業作為一個整體來考慮，以整個企業生產經營過程作為它跟蹤、監測的範圍，從生產、供應、銷售、財務等各層面實時地收集敏感性數據，實現對企業物流和資金流的全面監測，完整地反應企業運行的狀態。同時，從外界導入有關產業、市場競爭狀況等相關信息，最終形成對企業可能面臨的經營風險、管理風險和財務風險的評價。

2. 結構性

構成財務預警系統的若干要素不是雜亂無章地堆積在一起，而是按一定秩序、方式和規則排列進行，即構成財務預警系統的各個要素之間是相互聯繫、相互作用的，任何一個要素的變化都會影響其他要素乃至整個系統的變化。

3. 動態性

財務預警系統是一個開放而動態的系統，這種開放性不僅表現在財務預警系統是處於企業開放的管理系統中，時時都與外部環境之間相互影響、相互作用，而且還表現在財務預警系統應根據不斷變化的外部環境而改變、替換或加強某種要素，重新調整各要素之間的關係，使之具有較強的生命力和較高的有效性。

4. 實時性

企業財務狀況惡化是個累進的過程，財務預警系統監測企業經營，就必須把過去與未來連接在一起，把企業的經營活動視為一個動態的過程，在分析過去的基礎上，把握未來的發展趨勢。所以財務預警系統必須有別於傳統滯後的會計核算反應，建立起實時、動態的信息系統，進行實時採集數據和實時診斷，掌握實際與計劃之間的差異，靈敏地反應每個時點上企業的變化。

5. 預測性

財務預警應具備預測未來的本領，即依據企業經營活動中形成的歷史數據資料分析、預測未來可能發生的情況。由於影響企業財務狀況的因素很多，並且各因素相互影響相互聯繫，因此根據企業財務運行狀態的發展變化趨勢，可以推導出與某一因素密切相關的各因素的發展變化，尤其是當影響企業財務狀況的關鍵因素出現不良徵兆時，可以及早預知可能發生的損失，並尋求相應的解決方法。

6. 靈敏性

由於企業財務體系中各因素之間密切相依，存在互動關係，某一因素的變動，會在另一因素上敏銳地反應出來，從而提供相關預警信息。如通過應收帳款率偏低的警示信息，可以分析企業信用交易政策和客戶管理方面的問題，並可進一步運用應收帳款帳齡分析法分析企業債權的安全性問題。

（二）財務預警系統的功能

一個有效的財務預警系統具有以下功能：

1. 信息收集功能

財務預警的過程是一個收集信息的過程，它通過對與企業經營相關的產業政策、市場競爭狀況、企業本身的各類財務和經營信息進行收集、分析和比較，從而進行預警。由此可見，信息收集功能貫穿了財務預警活動的始終。

2. 預報功能

預報功能是指當危及企業財務狀況的因素尤其是核心因素初顯時，財務預警系統能預先對企業經營者發出警告，提醒企業經營者未雨綢繆，提前尋求對策，避免潛在的風險演變成現實的損失。

3. 危機監測功能

監測功能是指對企業的生產經營過程進行實時跟蹤，可以將企業預定的目標、計劃、標準同企業生產經營的實際情況進行比較，實時對企業的經營狀況和財務狀況進行監督，幫助企業又快又準地找出偏差，並分析發生偏差的原因，做出調整應對措施，預防財務危機的進一步惡化。

4. 診斷治療功能

診斷治療功能是指企業經營者依據跟蹤監測過程中的信息，利用科學的企業管理理論和技術對發生的異常狀況進行分析並做出判斷，準確找出企業經營過程中的主要病根所在，並能有的放矢，制定科學的、可行的措施，找出造成企業財務危機的根源，及時糾正企業經營中的偏差或過失，防止財務狀況進一步惡化，使企業回覆到正常營運的軌道上來。

5. 反饋免疫功能

企業的財務預警系統在執行上述一連串的功能後，便能系統而詳盡地記錄每次引發財務危機的原因、處理的過程、解除危機的各項舉措、改進意見和反饋信息，並總結整個過程中的經驗和教訓，還可將企業糾正偏差與過失的一些經驗教訓轉化成企業管理活動的規範，以免重犯同樣或類似的錯誤。以此作為前車之鑒，避免類似的問題再次發生，不斷增強企業的免疫能力。

6. 消除財務危機功能

有效的財務預警系統不僅能及時迴避現有的財務危機，而且能及時提出改進建議，彌補企業現有財務管理及經營中的缺陷，從而既提供未來可能發生類似情況的警示，更能從根本上消除隱患。

三、財務預警程序

財務危機預警程序一般分為以下步驟：明確預警對象、尋找警源、分析警兆、建立預警模型、預報警度和擬定排警對策。

（一）明確預警對象

預警的對象是由若干個警素構成的。警素主要指構成警情的要素，這些要素不僅包括流動比率、速動比率、資產負債率等償債能力指標，還包括應收帳款週轉率、存貨週轉率等營運能力指標，以及現金流量指標。

財務危機預警首先是要弄清楚預警的對象，仔細觀察和分析各種警素是否發生變化，以及變動值的變動幅度。

（二）尋找警源

警源即警情產生的根源，一般財務預警的警源包括外生警源和內生警源。

1. 外生警源

外生警源是由外部經營環境變化而產生的，對所有企業均會產生影響，是一種全局性的不可分散性的風險因素。例如，由於國家產業政策的調整，有可能導致企業被迫轉產或做出經營政策上的重大調整，也有可能直接或間接地導致巨額虧損，乃至破產；又如，因為地震、海嘯等自然災害，導致企業被毀或者遭受巨大的損失，企業陷入困境，資金不能週轉。

2. 內生警源

內生警源是由於企業內部運行不協調導致的，只影響個別企業。例如，投資失誤，而投入資金又是從銀行借入，導致營運資金出現負數，企業難以用流動資產償還即將到期的流動負債，很可能被迫折價變賣長期資產，以解燃眉之急。又如，企業利用銀行的借款而過度負債，但是只有自有資金的利潤率大於借款的利率，才會發揮負債的槓桿作用；否則，沉重的債務將導致企業資金週轉不靈，只能變賣長期資產，陷入困境。

(三) 分析警兆

警兆是指警素發生異常變化時的先兆。因為危機的形成並不是一朝一夕的，它有個由量變到質變的過程，在發生變化導致警情爆發之前，總有一些預兆或先兆。分析警兆是財務預警系統的關鍵一環。

企業財務危機可大體分為四個階段，每一階段會顯現出不同的症狀特徵。識別這些特徵能夠為企業財務危機預警提供可靠信號，有助於發現和預測財務系統的現有問題和發展趨勢，確定財務風險的高低程度。因此企業應時刻關注關鍵指標，分析警兆，做好監測，防止警情進一步惡化，將險情控製在企業能把控的範圍內。

(四) 建立預警模型

建立預警模型有兩類方法：一類是定性分析的方法，如專家調查法、流程圖法、經驗分析法，等等；另一類是定量分析的方法，包括指標形式和模型形式。

(五) 預報警度

警度是指警情的發展程度，也即是系列指標異常變動的程度大小和高低。

不同的方法下對警度設置表示有所不同，但其原理都是依據一定的標準，在標準範圍內可以設置為一個區間，一般情況下警度分為五個檔次，即無警、輕警、中警、重警、巨警。比如功效系數法中警度的設置，警度含義如下：當 $X<60$ 時，企業財務風險極高，屬於巨警；當 $60<X<70$ 時屬於重警；當 $70<X<80$ 時屬於中警；當 $80<X<90$ 時屬於輕警；當 $X>90$ 時，屬於無警。

有時也可以通過紅綠燈表示，紅燈表示巨警，黃燈表示中警，綠燈表示無警。警度如何確定，要根據預警指標的數據來確定。

(六) 擬定排警對策

監測的目的是為了有效防範財務風險和危機，當實際警情出現時或實際警度已測定時，就要採取行之有效的排警對策。排警對策的制定，應根據財務危機的類型和輕重程度來確定。在財務危機潛伏期、發作期，財務危機比較輕，不很嚴重，一般屬於輕警和中警，財務危機類型主要是虧損型和償付型危機；在財務危機惡化期和實現期，財務危機很嚴重，屬於重警和巨警，其財務危機類型主要表現為破產型財務危機，不同類型的財務危機其排警對策不同。

四、財務預警系統構成

所謂系統，是指由相互作用、相互聯繫、相互依賴的若干組成部分結合起來的具有某種或幾種特定功能的有機整體。系統具有層次性，財務預警系統是企業財務危機管理系統的子系統，也是財務危機管理系統的核心。

財務預警系統主要包括財務預警組織系統、財務信息收集傳遞系統、財務風險分析系統和財務風險處理系統。其中，財務信息收集傳遞系統是前提和基礎，財務預警組織系統是行使主體，財務風險分析系統和財務風險處理系統是核心和關鍵。

（一）財務預警的組織系統

為了使財務預警的功能得到充分發揮，企業應建立健全預警組織機構。預警組織機構的成員應由企業高層領導及具有經營管理知識和技術的管理人員組成，並聘請一定數量的外部管理諮詢專家。該機構相對獨立於企業的其他組織體系，獨立開展工作，但不直接干涉企業的經營管理過程，只對企業最高管理層負責。在建立預警組織機構時，應遵循專人負責、職責獨立的原則，確保財務預警分析工作有專人落實，且不受其他組織體系的干擾和影響。

（二）財務信息收集傳遞系統

良好的財務預警系統必須建立在對大量資料進行統計分析的基礎之上，這些原始信息收集除應與企業內部財務會計信息和其他管理信息系統對接外，還應注意收集供應商、承銷商以及其他關聯單位和潛在合作方的財務、履約等方面的情況資料；商品市場、資本市場、外匯市場的行情及其變化；國家經濟政策、稅收法規、信貸政策和有關部門的監管法規的變化與走向，等等。即信息資料應包括企業內部財務數據和相關的外部市場、行業等數據，並形成一個數據資料系統。並且這個數據資料系統應該是開放性的，系統信息要不斷更新、不斷升級，確保信息的相關性、全面性、及時性、準確性和有效性。

（三）財務風險分析系統

高效的風險分析系統是財務預警系統的核心和關鍵。通過風險分析，可以迅速排除對財務影響小的風險，從而將主要精力放在有可能造成重大影響的風險上。預警風險分析系統的重點在兩個要素，即預警指標和扳機點。預警指標是指用於預測財務危機的財務指標，也就是能夠有效識別財務狀況惡化跡象的財務指標。扳機點是指控製預警指標的臨界點，一旦測評指標超過臨界點，警情發生，就要啓動應急計劃。

（四）財務風險處理系統

在分析清楚財務風險後，就應立即制定相應的預防、轉化措施，以減少風險帶來的損失。財務風險處理系統主要著力於應急措施、補救方法和改進方案。其中，應急措施主要是面對財務危機和財務風險而採用的規避風險的手段，它可以控製事態的進一步惡化；補救方法主要是採取有效措施，將損失控製在一定的範圍內；改進方案主要是改進企業經營管理中的薄弱之處，杜絕和避免類似財務風險的再度發生。

五、財務危機預警方法

（一）定性分析

定性分析一般採用症狀分析方法，即根據財務危機症狀或先兆，對照檢查是否有相應情況發生，據以分析判斷危機發生的可能性及其原因。

1. 專家調查法

專家調查法是指由企業組織各領域專家，運用專業知識和經驗，根據企業的內外環境，對企業過去和現在的狀況、變化發展過程進行綜合分析和研究，通過直觀的歸納，找出企業運動、變化、發展的規律，從而對企業未來的發展趨勢做出判斷。

由於這一方法的成本較高，大部分企業只採用其中的標準調查法，即通過專業人員、諮詢公司等就企業可能遇到的問題加以詳細調查與分析，並形成報告文件，以供企業經營者參考。

2.「四階段症狀」分析法

企業從最初的財務營運狀況異常到陷入財務危機是一個動態發展並逐步惡化的過程，「四階段症狀」分析法就是根據發生財務危機的漸進性特徵，將這一過程分為四個階段，即財務危機潛伏期、財務危機發作期、財務危機惡化期以及財務危機實現期，企業經營管理者可以通過分析企業財務活動中所出現的問題以及特徵，判斷其所處的階段，對症下藥，採取可行的有效措施，幫助企業盡早擺脫財務困境，回到正常經營軌道。

各階段的症狀特徵如圖 9-2 所示。

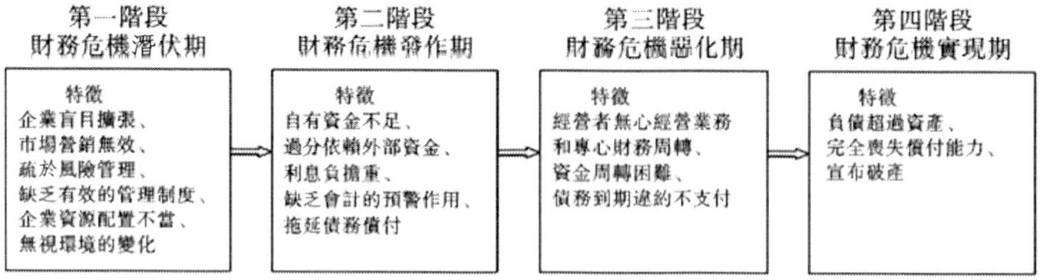
第一階段
財務危機潛伏期
特徵
企業盲目擴張、
市場營銷無效、
疏於風險管理、
缺乏有效的管理制度、
企業資源配置不當、
無視環境的變化
第二階段
財務危機發作期
特徵
自有資金不足、
過分依賴外部資金、
利息負擔重、
缺乏會計的預警作用、
拖延債務償付
第三階段
財務危機惡化期
特徵
經營者無心經營業務
和專心財務周轉、
資金周轉困難、
債務到期違約不支付
第四階段
財務危機實現期
特徵
負債超過資產、
完全喪失償付能力、
宣布破產

圖 9-2　財務危機四階段症狀分析法

「四階段症狀」分析法適用於分析漸進型財務危機，這種方法簡單明了，易於實施，但各個階段的界限有時難以區分。

3.「三個月資金週轉表」分析法

這種方法的基本思路是：當銷售額逐月上升時，兌現付款票據極其容易；相反如果銷售額每月下降，已經開出的付款票據也就難以支付。該種方法的判斷標準有兩個：一是如果制定不出三個月的資金週轉表，這本身就已經是個問題了；二是倘若已經制定了該表，就要查明轉入下個月的結轉額是否占總收入的 20%以上，付款票據的支付額是否占銷售額的 60%以下（批發商）或 40%以下（製造商）。

這種方法的實質是公司面臨的理財環境是變幻無窮的，要避免發生支付危機，就應當仔細計劃、準備好安全度較高的資金週轉表，如果連這種應當辦到的事都難以做到，就說明這個公司已經呈現緊張狀態了。

4. 流程圖分析法

這是一種動態分析方法，即通過制定企業流程圖來識別企業生產經營和財務活動的關鍵點，以揭示潛在的風險。在整個企業生產經營流程中，即使僅一兩處發生意外都有可能造成損失，使得企業難以達到既定目標。如果在關鍵點上出現堵塞或發生損失，將會導致企業全部經營活動終止或資金運轉終止。每個企業都可以找到一些關鍵點，分析如果在這些關鍵點上發生故障、損失將怎麼樣，有無預先防範的措施等，這是一種對潛在風險的判斷與分析。流程圖分析法脈絡清晰，層次分明，但是要求畫流程圖的人員有較高的水平。

5. 管理評分法

美國學者仁翰·阿吉蒂通過研究調查企業的管理特徵以及可能導致企業破產的管理缺陷，提出了採用管理評分法來將企業在經營管理過程中出現的各種缺陷、失誤以及徵兆對比打分，並依據各個項目對破產過程的影響程度高低對所打分數進行加權處理。

這種管理評分法的基本思路是：首先，列出財務制度和財務環境等方面的危險表現，並賦以分值；其次，對每個問題進行評估打分，注意每一項得分要麼是0，要麼是滿分，不容許給中間分。

在理想的企業中，這些分數應當為0，如果評價給出的分數合計超過25分，則表明企業正在面臨著失敗的風險；如果總分數超過35分，則表明企業正處於嚴重的財務困境之中；安全企業的得分一般是小於18分的。所以，18~35分的區域成為企業管理中的「黑色區域」。如果企業得到的評價總分數處於「黑色區域」之內，那麼企業的經營管理者們就必須要警惕潛在的財務危機，快速採取可行措施，將企業恢復到安全區域內。

總的來說，定性預警方法最明顯的特徵就是靈活性較大，它能夠依據企業自身真實的營運狀況來進行相應的調整。但是它也有不足之處，即主觀性太強，其結果極易因執行者主觀因素而受到影響，雖可以採取措施緩解這種影響，但卻無法完全消除。

(二) 定量分析

定量分析是指利用企業財務資料，從量的角度入手，分析企業的變現能力、償債能力、盈利能力等因素，瞭解並判斷企業的財務狀況。

1. 單變量預警模型

顧名思義，單變量預警模型是利用單個財務指標及其趨勢來預測和判定企業財務危機發生的可能性，當這些指標的值達到公司管理者設定的警戒值時，預警系統即發出預警信號。

首次運用統計方法建立單變量預警模型來研究財務失敗問題的是威廉·比弗(William Beaver)。Beaver選取了美國1954—1964年資產規模相同的79家經營失敗企業和79家正常經營企業作為研究樣本，並選取了30個財務指標。研究後發現用債務保障率（現金流量/負債總額）這一指標進行財務預測效果最佳，其次是資產收益率（淨收益/資產總額）和資產負債率（負債總額/資產總額），在失敗前的5年可達70%的預測能力，失敗前1年可達87%的正確區別率。

按照單變量模型的思路，企業良好的現金流量、淨收益和債務狀況應該表現為企業長期的、穩定的狀況，所以跟蹤考察企業時，應對上述比率的變化趨勢予以特別注意，風險大的企業有較少的現金而有較多的應收帳款，或者表現為極不穩定的財務狀況。因此運用單一財務比率預測財務危機，如果比率長期低於行業平均水平並不斷下降，是財務危機的先兆。

單變量預警模型雖然比較簡便，但其缺點在於：

(1) 企業的生產經營活動受到許多因素的影響，單個比率所反應的內容有限，無法全面揭示企業財務狀況；

(2) 某些財務比率已被公司管理者粉飾過，依此做出的預測不一定可靠；

(3) 不同財務比率的預測方向與能力常有相當大的差異，有時會產生對於同一公司使用不同比率預測出不同結果的現象，造成結論衝突；

(4) 被選用的財務比率之間可能是高度相關的，用相關變量建立的模型具有內在的缺陷。

因此，單變量預警模型逐漸被多變量預警模型所取代。

2. 多變量預警模型

多變量預警模型中最著名的就是 Z 計分模型（Z-Score Formula），它是由美國紐約大學斯特恩商學院教授愛德華・阿特曼（Edward Altman）於 1968 年提出來的。Z 計分模型以多變量統計方法為基礎，對企業的運行狀況、破產與否進行分析、判別。

(1) Z 計分模型

Altman 選擇了 33 家破產公司和 33 家非破產公司作為配對公司進行觀察，採用了公司破產前 1~5 年的 22 個財務比率來加以研究，這些財務比率分別反應企業償債能力、營運能力和盈利能力。利用數理統計方法，Altman 將 22 個財務比率轉換成幾個相互獨立的因素，根據判別誤差率最小的原則，最終確定了 5 個財務比率作為判別變量，建立了一個多元線性判別模型，再予以量化而得出公司整體的財務信用分數，即 Z 值。基本 Z 計分模型如下：

$$Z=0.012X_1+0.014X_2+0.033X_3+0.006X_4+0.999X_5$$

其中：

$$X_1=\frac{\text{營運資金}}{\text{資產總額}}$$

$$X_2=\frac{\text{留存收益}}{\text{資產總額}}$$

$$X_3=\frac{\text{利潤總額+利息支出}}{\text{資產總額}}=\frac{EBIT}{\text{資產總額}}$$

$$X_4=\frac{\text{所有者權益的市場價值（或股票市值）}}{\text{債務總額的帳面價值}}$$

$$X_5=\frac{\text{銷售收入}}{\text{資產總額}}$$

注意，公式中的比率 $X_1 \sim X_4$ 以百分比形式表示，X_5 的單位為次數，Z 為判別值，又稱為 Z 值。

該模型將反應企業償債能力（X_1，X_4），盈利能力（X_2，X_3）和營運能力（X_5）

的指標有機地結合起來，一般地，Z 值越低，企業發生財務危機的可能性越大。

Altman 提出了判斷企業破產的臨界值：Z 值小於 1.81，稱為「破產區」，該企業發生破產的可能性非常大，雖然企業此時仍未破產，但實際上已經無可救藥；Z 值大於 2.99，稱為「安全區」，該企業在短時期內一般不會出現危機，是一家正常企業；Z 值介於 1.81~2.99 之間，稱為「灰色區」，企業財務狀況極不穩定，風險較大，但很難估計這個企業破產的可能性。

經驗研究表明，Z 計分模型在企業破產前一年的準確率大約為 95%，破產前兩年的準確率大約為 70%，而破產前 3 年以上的準確率不到一半，僅為 48%。可見，Z 計分模型僅適用於短期（兩年內）的預測。

（2）Z 計分模型的擴展

基本 Z 計分模型只適用於上市的製造業公司，存在較大的局限性。如果分析對象是非上市公司或非製造業公司，基本 Z 計分模型就不再適用。

1995 年，阿特曼再版了《企業財務困境與破產》一書，對 Z 計分模型進行擴展和補充，提出了適合預測非上市公司的 Z 計分模型和非製造業公司的 Z 計分模型。而且，阿特曼之前的研究表明，作為企業的外部條件，宏觀經濟條件的變化可能導致企業最終的失敗，但他後來的研究結論表明，企業失敗的根本原因都源於企業本身。

① 適用於非上市製造業公司的 Z 計分模型

$$Z' = 0.717X_1 + 0.847X_2 + 3.107X_3 + 0.42X_4 + 0.998X_5$$

其中，X_1、X_2、X_3、X_5的含義同基本 Z 計分模型，由於非上市公司不存在權益市值，故在 X_4的計算中用期末股東權益的帳面價值代替市場價值。

$$X_4 = \frac{\text{期末股東權益的帳面價值}}{\text{債務總額的帳面價值}}$$

而判別值 Z'的臨界值也發生了變化：當 $Z'<1.23$ 時，為「破產區」，企業破產的可能性很大；當 $Z'>2.9$ 時，為「安全區」，企業破產可能性極小；當 $1.23<Z'<2.9$ 時，屬於未知區域，企業可能破產也可能不破產。

② 適用於非上市一般企業（非製造業）的 Z 計分模型

$$Z'' = 6.56X_1 + 3.26X_2 + 6.72X_3 + 0.42X_4$$

其中，X_1、X_2、X_3、X_4的含義同基本 Z 計分模型，但修正模型中不包含變量 X_5，原因是資產週轉率對行業敏感，從模型中剔除這類變量可以使行業的潛在影響最小化。

該模型的判別標準是：當 $Z''<1.1$ 時，為「破產區」；當 $Z''>2.6$ 時，為「安全區」；當 $1.1<Z''<2.6$，屬於灰色地帶，無法準確判斷企業破產的可能性。

（三）財務危機預警模型評價

儘管財務危機預警模型運用了嚴謹的統計學和計量經濟學的研究方法，具有較強的邏輯性和科學性，但就財務預警模型本身來看，仍然存在一定的局限性：

1. 缺乏系統的理論支持

目前有關財務危機研究的系統化、規範化理論比較薄弱，迄今為止，尚無一個重要的理論能夠說明財務比率在破產前的預測能力，因此各種模型的指標選取具有很大的主觀性。這些模型都是通過實證研究得到的，由於缺乏理論的指導，研究人員在變量選擇時將會受到自身價值判斷的影響，影響了預測的可靠性。

2. 受到所選樣本的限制

研究發現：不同的樣本選取範圍和不同的時間區間所得到的預警模型存在很大的差異。在樣本的選取範圍上，會受到不同國家和地區、不同行業的限制；在樣本的選取時間上，也會受到數據的完整性和研究區間的影響。這樣一來，模型的適用範圍就會由於不同的經濟環境、不同的行業以及不同的時間區間而大打折扣。

對於同一研究樣本，採用不同的財務預警方法，將會得到不同的財務模型，而且模型之間會存在較大的差異，這使得模型的穩定性和適用性大為降低，很難或者說不可能構建一個放之四海而皆準的財務預警模型。

3. 忽略非量化的因素

財務預警模型的變量通常只涉及會計數據和財務比率，沒有考慮到非量化的因素。而事實上，一些非量化因素在揭示財務狀況方面可能要比財務指標更為可靠、有效，如企業過度擴張、管理層人員頻繁變動等。

4. 需符合一定的前提假設

大部分定量研究方法是建立在一定的前提假設的基礎之上的，比如 Z 計分模型假設自變量服從正態分佈且兩組樣本的協方差相等，而現實的樣本數據往往難以滿足這些條件，這必然影響到模型的正確性和預測的精度，降低其適用性和精確性。

第四節　財務危機處理

財務危機處理是當企業財務危機的爆發已經無法避免時一項轉危為安、扭轉敗局的系統工程。有效的財務危機處理手段和措施可以使企業安然的渡過危機，避免走上破產或者解散之路。

當財務危機基本得到控製後，企業經營秩序得以相對平緩，但這並不意味著危機過程已經結束，而是企業財務危機管理進入了一個新階段。這一階段如果企業放鬆或者放棄了對財務危機的繼續管理，則極易導致危機隱患死灰復燃，甚至更加惡化，增加企業化解財務危機的難度。這就是實際中，為什麼很多上市公司被特別處理後，會被二次甚至多次特別處理，最終被迫破產摘牌的原因之一。

但是在這一時期，如果企業管理者充分重視財務危機事後處理機制建設，對危機後企業恢復和重建加強管理，並能抓住一切機會，彌補財務危機造成的損失，重新樹立原企業或重組後企業的新形象和信譽，則很可能使企業重新崛起。因此，這一階段的危機管理，對於企業徹底擺脫財務危機威脅，抓住機遇，重新崛起具有至關重要的意義。

一、財務危機處理組織

財務危機處理的組織機構包括財務危機分析小組和財務危機處理小組。財務危機分析小組的主要職能就是分析財務危機發生的原因，並迅速做出相應的決策。財務危機處理小組的主要任務就是執行處理決策，幫助企業解決財務危機。

當企業發生財務危機時，企業要以最快的速度啓動財務危機處理機制，成立專門的財務危機管理小組。該小組應由專業人員組成，具備較寬的知識面、較好的心理素質和較強的觀察、分析、決策能力，應包括企業領導人以及管理、行銷、技術、財務等崗位上的負責人和專家，小組獨立於各個職能機構，直接受企業最高決策層的領導。

（一）財務危機分析小組

1. 收集危機信息

在企業發生財務危機後，如果沒有掌握相關信息，就無法識別企業財務危機的根源和現狀，也無法進行後續的危機診斷和處理。因此，相關信息的收集和整理，是危機處理的第一步，也是最關鍵的一步。

2. 診斷財務危機

在對企業的財務狀況進行診斷的過程中，要重點選擇能反應企業財務狀況的數據指標，所選指標的原始數據應便於收集、統計分析或利用計算機進行數據處理，然後根據計算結果對企業的財務狀況做出分析評價，並寫出財務狀況診斷報告。

3. 確認決策方案

危機信息的收集和整理，財務狀況的評價和診斷，以及財務危機診斷報告的生成，這些都為確認決策方案提供了有力的支持。如果企業事先擬定了多個行動方案，則要求財務危機分析小組能夠從多個可行的方案中選擇最為合適的方案，這也是決策的難點。

（二）財務危機處理小組

1. 執行處理決策

此前，財務危機分析小組已經確認了相應的決策方案，因此，財務危機處理小組的首要任務就是執行處理決策。在執行決策的時候，財務危機處理小組要講究一定的戰略。鑒於財務危機的特點，企業危機處理必須在顧及全局的前提下，採取積極的措施，以達到控製危機擴散的目的。

2. 處理危機重點

面對不同類型的危機，有不同的執行重點。危機處理的重點應置於病源及外顯症狀，但在考慮處理方式時，則應以全局綜合判斷，必須針對病源解決危機。病源必然會反應出某種程度的症狀，如果只針對病源處理，症狀固然會日漸改善，但也很可能進入潛伏期，成為另一種危機，它一旦結合其他類型的危機因子，勢必又會成為未來企業的隱患。因此，只有病源及外顯症狀同步處理，才能畢其功於一役。

3. 進行危機總結

有效化解財務危機後，決不意味著財務危機處理機制的結束。應該在此基礎上總結經驗和教訓，針對容易發生風險和危機的環節、因素加強預防和控製，以防其再次發生。即使同一危機再次發生，因為有現成的方案，也可以省略前兩項工作，直接實施原有方案，為迅速化解財務危機贏得寶貴的時間。因此，做好危機總結是不可或缺的。

二、財務危機處理程序

在分析清楚企業出現的財務風險和危機後，應當立即制定相應的預防、轉化措施，以減少風險和危機帶來的損失。財務危機是關係到企業全局、根本性的危機，對企業威脅性大、影響面廣、涉及的內容複雜，因此在財務危機的處理過程中，應認真對待每一個環節，忽視任何一個環節都有可能產生不利影響，甚至導致處理失敗。財務危機處理一般程序如下：

（一）建立財務危機全權處理小組

企業財務危機發生後，必須採取強制式領導模式，以免受到不同利益主體的牽制而延誤時機。企業應盡早成立財務危機分析和處理小組，負責處理財務危機，如前所述。

（二）收集資料、判斷財務危機的性質和類型

收集一切相關資料，並對之進行必要的分析和整理，是處理財務危機的關鍵起點。財務危機爆發的觸發點多種多樣，可能是意外事件的引爆，也可能是企業經營管理不善的累積，但是不論是什麼原因導致的，都必須要盡快收集財務危機的致危信息、相關的法規和案例。只有這樣才能為以後分析形勢以及處理財務危機打下堅實的鋪墊。收集的信息主要包括以下幾方面：

一是獲取危機爆發時的即時信息。一般是指引爆危機的意外事件本身的全部過程、相關利益主體以及社會反應的信息。

二是收集財務危機的致因信息，也就是收集引發財務危機的原因和財務危機本身顯性表現的各種財務會計資料以及其他相關資料。

三是不能忽略了處理財務危機的有關法律法規、相關案例資料和處理財務危機的環境資料，為將來處理財務危機做出準備。

（三）進行財務危機診斷

收集到資料後，通過初步的分析，財務危機處理的決策組織應該立即對企業面臨的財務危機及其走勢進行診斷。這種診斷主要是指兩方面：

首先，應該判斷引發財務危機的風險事件是財務危機的並發症還是表象或是財務危機發生的根本原因，並且要關注這種財務危機會不會導致公共關係危機以及其他危機。

其次，要根據其表現的顯性特徵來判斷財務危機的類型。財務危機類型的認定，實際上是對所要發生的財務危機的本質的認定，抓住財務危機的主要矛盾，是制定處理財務危機的指導方針和行動方案的重要突破點。

因此，應對各種與危機相關信息進行認真分析、整理，識別財務危機的性質和類型，以便於制定和完善有針對性的財務危機處理措施和對策。

(四) 啓動財務危機處理預案

當財務危機發生時，應迅速啓動財務危機處理預案，並針對具體問題進行修改和補充，防止財務危機進一步擴大和蔓延。危機處理預案是在危機爆發前，企業根據危機發生的可能性，事先制定的防範和處理危機的方案和對策。好的危機處理預案包括危機管理組織責任分工、危機處理流程、人財物的準備等內容以及多套方案，有了危機處理預案，當危機發生時，可以及時處理和控製危機，防止其進一步擴大。

(五) 選擇財務危機處理策略

在分清楚財務危機的性質和類型後，應選擇有針對性的危機處理策略。根據第一節所述，財務危機可以按表現形式分為三類：虧損型財務危機、償付型財務危機和破產型財務危機，這三種類型的財務危機應採用不同的處理策略。

(六) 執行處理策略

鑒於財務危機的威脅性、複雜性和擴散性等特徵，當企業制定了財務危機的處理策略之後必須盡快將之付諸實踐。在這個過程中，財務危機管理小組應該全權進行任務分配與資源調度，不會受到掣肘而延誤時機，爭取先機，以達到企業控製財務危機的目標。

與此同時，企業內部必須充分調動起全員的積極性，相互支持、相互協作，同心協力，營造旺盛的士氣，並充分利用包括投資者、銀行、供應商、承銷商、新聞媒體、仲介機構和政府等在內的外部人際關係網路資源，為成功解決財務危機創造良好的內外環境。

三、財務危機處理策略

(一) 虧損型財務危機的處理

虧損型財務危機以企業發生嚴重虧損或者連續發生虧損為主要顯性表現，因此，處理虧損型財務危機，從根本上說就是要扭虧為盈，使企業的盈利能力得到實質性提升。從整體來看，虧損型財務危機的處理策略分為兩大類：常規手段和非常手段，兩者的根本區別在於是否改變企業組織形式、資產結構以及產權，是否重新進行資源配置或資源組合。

1. 虧損型財務危機處理的常規手段

常規手段是指在不改變企業組織形式、資產結構和股權結構的情況下，針對發生虧損這一不利局面的原因，從改善企業內部經營管理入手，整合和挖掘企業內部各種資源，提升產品和服務的市場競爭能力，擴大銷售，降低成本，減少損失，以達到轉虧為盈這一目標的各種策略和措施。

要提升企業主營業務盈利能力，應著力提升產品的市場競爭能力，同時努力降低成本費用，具體要點如下：

(1) 提升產品的市場競爭能力

企業必須根據自身條件和市場環境的變化不斷發展和調整核心產品，增強產品的競爭力，穩定並進一步擴大市場份額。為了達到這一要求，企業必須對產品結構加以調整，選擇競爭力強、獲利水平高的強勢主業，加大競爭力度，以提高產品總體盈利能力。而且，企業還應該在產品中注入自創和引進的新技術，創造有別於同類產品的特殊品質，並推陳出新，利用產品差異化優勢和更新換代快的優勢，擴大市場並取得較高的價格和銷售量。

與此同時，企業還應該注意清理和整合業已形成並營運較久的行銷網路，進一步清理和發展各承銷商、零售商，以建立和擴展較為穩定的多元化產銷利益共同體，擴大企業產品的市場份額。

（2）降低成本費用

在產品售價一定的條件下，成本費用的降低額就是利潤的增加額。因此，成本的降低就成了扭虧為盈的重要方面。要想壓縮成本、降低成本費用可以從以下幾個方面入手：

第一，優化原材料和零部件的採購方式和進貨渠道。原材料和零部件的採購價格是產品成本的重要組成部分，有效的採購方式和進貨渠道對原材料和零部件的採購成本有重大影響。若能採用公開招標以及價格競爭的方式進行大宗採購，不僅可以保證質量，還可以有效地降低生產成本。

第二，優化產品設計和改進產品配方。在提高或者保障產品質量的同時，盡可能對產品本身進行優化和改進，這是降低產品生產成本的有效途徑和手段。

第三，樹立產品生產質量和售後服務並重的觀念。從提高產品生產質量入手，延長產品性能和穩定性，提高產品優品率，減少產品的返修和使用故障維護率，優化服務網路，通過這種方法來提高客戶滿意度，降低行銷費用，提高盈利水平。

第四，削減和壓縮非核心資源開支。通過合併或撤銷不必要的管理和服務機構、減少管理層次、優化產品生產和購銷流程、減少不必要的崗位或者環節，將企業非核心資源的開支壓縮到必要的程度，從而優化企業資源配置，降低產品生產、銷售和管理費用支出。

2. 虧損型財務危機處理的非常手段

非常手段是指從改變企業的基本架構、經營資產結構和產權入手，重新進行資源配置或資源組合以重塑企業的盈利能力，迅速扭轉企業虧損局面所採取的措施和策略。

可見，常規手段是在企業組織的框架以內，調動和整合內部資源，以達到提升和改善企業經營管理能力，實現扭虧為盈的目標。而非常規手段是從打破企業現存的基本格局著手，通過企業內外部的重組，重新構建或塑造企業的盈利能力，以求迅速改變企業虧損局面。常見的幾種方法如下：

（1）資產剝離

資產剝離是指上市公司將非經營性閒置資產、無利可圖資產、已達到預定目的資產以及所有對公司整體利益有損的資產從公司資產中分離出來。

資產剝離是資產重組的一種具體操作方式，屬於企業收縮戰略的一部分。它可以把企業擁有的子公司、內部某一部門或分支機構轉移到公司之外，從而縮小公司的規模，提高企業的效率和盈利水平。這裡的剝離可以同過兩種方式實現，一是將企業創利能力弱的資產即虧損源出售給第三方，甩掉虧損的包袱；二是將企業一部分盈利能力弱的資產分離出來單獨成立一家子公司，自主經營、自負盈虧、自擔風險，這樣的目的是隔離虧損，集中企業優勢資源為主業，幫助企業走出困境。

（2）資產置換

資產置換是企業通過相互交換資產來實現企業資產結構優化的一種資源配置方式。站在企業處理虧損型財務危機的角度，一般是指企業引進資產重組方，改善企業資產結構及其質量。置入優質資產的原持有者，取得其置入資產同值的股權，企業通過資產置換最終實現股權重組。

置入資產一般是盈利能力較強的實體，它不但本身具有較強的活力，而且與企業原有資產具有較強的互補性和相互促進性，置入後可以提升企業的競爭能力和市場空間，為企業盈利創造機會。並且，資產重組的同時，企業股權結構也隨之改變，有利於改善企業治理結構，建立健全約束激勵機制，提高管理的效率和經濟效益。

（3）產業轉移

對於企業來說，產業是其生存和發展的戰略起點。選擇在一個相對較長的時期內有較好發展前景的產業，可以使企業保持良好的成長性和盈利能力。所謂產業的轉移，有兩層含義：一是從那些市場飽和、盈利性不強的產業中逐步退出，進入具有廣闊前景和較高成長性的產業；二是在鞏固原有產業的基礎上，通過股權投資、企業併購和項目投資方式涉足於其他新的產業，尋求新的發展空間，培養新的增長點。

（二）償付型財務危機的處理

不同企業產生償付型財務危機的根源也不相同。然而，想要有效地處理這些償付型財務危機，使處理策略更有針對性，就必須從企業實際情況入手，結合企業產生償付型財務危機的原因進行處理。

償付型的財務危機以企業與各有關債權人之間的債權債務關係緊張，涉及債務數額巨大為主要特徵，一般分為三類：產生原因以及處理對象都較為單一併且其持續時間不長的財務危機、由於公共關係風險事件所引爆的償付型財務危機以及累積型債務所引發的財務危機。

但無論是哪一類，償付型財務危機是企業持續經營條件下的財務危機，對其進行處理都應以維護企業持續經營和建立新的債權債務關係為目標。因此，償付型財務危機處理，主要是從業已形成的企業與各有關債權人之間的緊張關係入手，採取針對性的處理方案和具體策略，化解企業與各有關債權人之間的利益衝突，平衡各方利益。在處理過程中必須調動和利用企業內外部可以利用的一切資源，有計劃、有步驟地進行。

1. 處理償付型財務危機的總體策略

根據償付型財務危機的三種分類，可以大體制定出三種不同的處理思路：

（1）對於產生原因以及處理對象都較為單一併且其持續時間不長的財務危機，如果是由於現金流量不足引起的，可以以解決償付所需要的現金為主要思路。如果債權人中有部分與企業有較為長期的債權債務關係，可以爭取與債權人協商，取得他們的讓步或者推遲期限。

(2) 由於公共關係風險事件所引爆的償付型財務危機具有緊迫性和集中的特點。對於這一類型財務危機，企業要迅速針對突發的風險事件採取應急措施和策略安排。

(3) 累積型債務所引發的財務危機多數是企業逐步累積而成的，其中既有歷史遺留的陳年舊帳，又有新生債務。對於這一類的財務危機可以採取立即償債、債務重組或者分期償還等方式。

2. 處理償付型財務危機的具體策略

(1) 尋找新的抵押和擔保貸款

通過資產的抵押和質押，或尋求相應的擔保，千方百計取得經營資金。

(2) 尋求並獲得新的投資

這包括所有者追加投資或增資擴股，獲取新的投資，形成大額的現金流入，緩解資金緊張的狀況。

(3) 處置資產

為了償還債務以緩解資金緊張局面，企業可處置資產，處置的手段通常包括折價變賣等。

(4) 售後回租資產

採取這種措施，能緩解短期內資金緊張的狀況，同時又能滿足生產、經營需要。若將辦公用房、交通車輛等出售，然後再向買方租用房產和車輛。因租金遠遠小於其售價款，因而，能起到暫時緩解資金緊張的作用。

(5) 債務重組

對於無法展期的債務，若到期無力償還，企業可爭取與債權人達成協議，實施債務重組。

(6) 以非現金資產抵償債務

企業用非現金資產抵償債務不是「破產」還債，而是在維持和保證企業持續經營和發展的前提下，以部分可用於抵債的非現金資產抵債。企業非現金資產包括應收債權、庫存產品和其他物資，所持有價證券與長期債權，機器、設備、房屋、建築物等固定資產，專利權、商標權、土地使用權、礦產資源開採權等無形資產。從理論上講，只要是不影響企業生產經營活動正常進行和長期發展戰略的資產都可以用來抵償債務。

(7) 舉新債償舊債

舉新債償舊債是指企業利用其尚存的信用資源，採取擔保的形式，向銀行申請短期或長期貸款，借新債償舊債，借以緩解當前的償債壓力。

(8) 票據貼現

票據貼現是指企業將出售商品所取得的商業匯票，到銀行進行貼現，以貼現款項償還即時債務。用票據貼現來處理償付型財務危機特別適用那些應急債務，比如生產急需物資的貨款支付，採用此法可以解決燃眉之急。

(9) 債轉股

債轉股是將債權人的債權通過一定的程序和途徑轉變為股權，也就是說，債權人將成為企業的股東，債務將轉化為資本。債權轉化為股權，一方面使企業減少了債務和利息的支出，另一方面又使得企業擴充了資本，改善了資本結構，提高了抗風險的能力。通過債轉股，企業不但緩解了目前的償付壓力，還提高了抗風險能力，增強了再融資的能力，對企業償付型財務危機的緩解有一石二鳥的效果。

（三）破產型財務危機

這是企業最嚴重的危機，究其產生的根源而言，它是虧損型財務危機、償付型財務危機的所有根源未能得到遏制並進一步發展與惡化而導致的。對於破產型財務危機的處理，主要有兩種情況：一是提出破產申請，按企業破產制度所規範的方式處理，分為破產清算、破產重整與和解；二是已達到破產界限而未向法院提出破產申請或法院未受理的企業自救方式。

1. 破產清算

破產清算是指破產企業進入並通過破產清算程序處理財務危機的一種法定方式，這種處理方式就是破產清償債務，它是破產制度規範典型的處理破產型財務危機的方式。

2. 破產重組

破產重組包括重整與和解兩種情況。重整是在法院的主持和各利害關係人的參與下，對已經具備破產原因（條件）而又有再生希望的企業，進行生產經營上的整頓和債權債務關係的清理，以幫助其擺脫財務困境、恢復營業能力的法律制度。破產重整實際上就是給瀕臨破產的企業一次新生的機會。

和解是指在人民法院受理破產案件後，債務人與債權人之間就延期償還債務、減免債務數額等事項達成和解協議，以挽救企業，中止破產程序的法律行為。它是破產制度安排的另一種破產型財務危機處理方式。中國以破產整頓為前提的破產和解程序，為財務危機處理提供了較大的空間和策略靈活營運的餘地。

3. 企業自救

一些嚴重資不抵債又存在一定可用資源的企業，由於各種原因，債權人和債務人未向法院提出破產申請，或者已向法院提出破產申請，而法院未受理的情況下，債務人企業、主要債權人和主要股東，面對如此嚴重的財務危機，可以通過私下協商，制定有效的債務重組和轉虧為盈的處理方案，以及採取相關的常規策略和資產重組、財務重整等非常措施，扭虧轉盈，轉敗為勝。

本章小結

- 財務危機是指企業財務活動處於失控狀態或遭受嚴重挫折的危險與緊急狀態，而造成企業償付能力的喪失，即喪失償還到期債務的能力，是企業盈利能力和償付能力實質性削弱、企業趨於破產等困難處境的總稱，極端形式就是企業破產。在實務中，財務危機可能表現為經濟失敗、技術性無力償債、資不抵債、破產及處於這幾種狀態之間的各種情況。

• 財務危機具有隱蔽性、突發性、災難性、多樣性、累積性、可預見性等特點。企業財務危機按照產生的原因不同可分為漸進型財務危機和突發型財務危機；按表現形式不同可分為虧損型財務危機、償付型財務危機和破產性財務危機。

• 財務危機管理是指組織或個人在財務運作過程中通過危機防範、危機預警、危機處理和危機恢復等手段，以期達到避免和減少財務危機產生的危害，直至將危機轉化為轉機、重振企業財務能力的過程。財務危機管理具有不確定性、應急性、預防性的特點，以及事前預防、事後處理兩大基本職能。

• 財務危機管理系統的構建應遵循完整性、及時性、有效性原則。財務危機管理系統包括危機防範系統、危機診斷和預測系統、危機處理系統、危機恢復系統四個組成部分，每個子系統的功能有所不同，它們有機結合形成完整的財務危機管理系統。

• 財務診斷是指針對企業的財務經營狀況進行全面的調查分析，通過一系列的方法，找出企業在財務管理方面的問題，並提出相應的改進措施，指導改善企業財務管理的過程。財務診斷是財務危機管理的重要環節。

• 財務危機預警是指以企業真實、可信的財務會計信息為基礎，通過設置並觀察一些敏感性預警指標的變化，對企業可能或者將要面臨的財務危機實施實時監控，並及時發出預測警報的過程。財務預警系統具有信息收集、危機監測、診斷治療、反饋免疫和預報功能，這些功能有效集結，共同防禦企業財務危機的發生。財務危機預警程序分為以下步驟：明確預警對象、尋找警源、分析警兆、建立預警模型、預報警度和擬定排警對策。

• 財務危機預警方法有兩類：一是定性分析的方法，多採用症狀分析方法，即根據財務危機症狀或先兆，對照檢查是否有相應情況發生，據以分析判斷危機發生的可能性及其原因。常見的定性方法有專家調查法、流程圖法、「四階段症狀」分析法、「三個月資金週轉表」分析法等。二是定量分析的方法，是指利用企業財務資料，從量的角度入手，分析企業的變現能力、償債能力、盈利能力等因素，瞭解並判斷企業的財務狀況。常用的定量方法有單變量預警模型和多變量預警模型。

• 財務危機處理是以企業對財務危機的有效控製為基礎，針對財務危機後人員恢復、業務恢復、形象重塑等方面工作進行的一系列管理行為。財務危機處理的組織機構包括財務危機分析小組和財務危機處理小組。企業的財務危機有不同類型，不同類型危機的引發原因不同，因而危機處理策略也就不同。處理虧損型財務危機的重點是提升企業的盈利能力，處理償付型財務危機的重點是緩解企業與債權人之間的緊張關係。

案例分析

「世界光伏產業的航母」——江西賽維 LDK 的沉沒[1]

一、案例資料

江西賽維 LDK 太陽能高科技有限公司（簡稱江西賽維）是新能源的明星企業，曾被冠以「世界光伏產業的航母」的美稱，紅極一時。2011 年第四季度卻發生高達 5.9 億美元的巨額虧損。為了應對來自市場和公司內部管理的挑戰，短短幾個月之內，江西賽維就已裁減了 9,000 多名職員。而延遲至 2012 年 4 月 30 日發布的 2011 年年報顯示，公司資金鏈十分緊張，截至 2011 年 12 月 31 日負債總額共計 60 億美元，負債率達 87.7%，更為嚴峻的是，其短期負債接近 20 億美元。

2014 年 10 月 21 日，在美國上市的賽維 LDK 正式向特拉華州威爾明頓的美國破產法院提交了破產申請。江西賽維這家有著強大政府背景、被前新能源首富掌管著的企業，即使在最難熬的 2011—2012 年一度負債率高達 227%都沒有提出破產，緣何突然死在了光伏業的春天裡？

（一）江西賽維簡介

江西賽維是亞洲規模最大的太陽能多晶硅片生產企業，2005 年 7 月，此前在蘇州從事勞保用品生產的彭小峰轉行成立江西賽維 LDK 太陽能高科技有限公司。工廠坐落於江西省新餘市經濟開發區，是全球領先的垂直一體化光伏產品生產商，公司生產多晶硅料、單晶、多晶硅錠、硅片、電池片、組件，同時參與系統安裝、電站建設並提供解決方案，擁有國際最先進的生產技術和設備。公司註冊資金 11,095 萬美元，總投資近 3 億美元。

江西賽維於 2006 年 4 月份投產，7 月份產能即達到 100 兆瓦，8 月份入選「RED HERRING 亞洲百強企業」，10 月份產能達到 200 兆瓦，被國際專業人士稱為「LDK 速度奇跡」。榮獲「2006 年中國新材料產業最具成長性企業」稱號，被冠以「世界光伏產業的航母」之稱。

2007 年 6 月 1 日，江西賽維在美國紐交所成功上市，股票代碼「LDK」，融資金額達 4.86 億美元，是中國新能源領域最大的一次 IPO。由此，江西賽維也成為繼無錫尚德之後中國太陽能產業的又一巨頭，同時也是江西省第一家在美國上市的企業。

2007 年 8 月，江西賽維完成銷售收入 4.8 億美元，折合人民幣 30 多億元。同時，公司向外界宣布將在未來兩年內斥資 120 億元上馬 1.5 萬噸多晶硅項目，項目建成後，其多晶硅年產能將達到 1,600 兆瓦。

2008 年，江西賽維實現銷售收入突破 120 億元，成為最年輕的中國 500 強企業、中國科技十強企業，也是江西唯一銷售收入過百億元的民營高科技企業。

2009 年，江西賽維成為世界上唯一年銷售量突破 1,000 兆瓦的光伏企業，硅片全

---

[1] 根據相關公開資料整理改編。

球市場份額接近20%。

2010年，公司銷售收入突破200億元，成為全球出貨量最大、盈利能力最強的光伏企業。

2011年，公司銷售量及市場份額繼續逆勢上漲。

(二) 目標畸高

早在2005年，彭小峰選擇硅片切入光伏行業時，硅料價格只有40美元。2007年年底，全球的多晶硅價格飆升至300多美元。然而賽維並未趕上多晶硅行業如日中天的好時代。2008年，彭小峰在江西賽維的新餘總部幾千米之外的一個鎮上，籌集120億元資金開始建設1.5萬噸的多晶硅工廠，這使得江西賽維成為全球最大的硅料製造商。2009年年初，江西賽維的多晶硅廠才建了一半，價格就跌至40美元/千克。

但江西賽維無視外部環境的變化，繼續冒進。公司2011年第四季度報表顯示，江西賽維多晶硅的平均成本為每千克42.3美元，而其競爭對手，素有「多晶硅之王」之稱的保利協鑫，其多晶硅成本僅為15~16美元/千克。如果按市場人士預計，2012年多晶硅價格穩定在23~28美元/千克，那麼保利協鑫仍能保持較好的盈利水平，江西賽維可就難以為繼了。

但在國內外競爭的擠壓下，江西賽維確立的2012年銷售目標仍然是：銷售收入超過500億元；硅料產量1.8萬噸、硅片產量3,500兆瓦、電池片產量1,600兆瓦、組件產量2,000兆瓦；光伏系統建設1,200兆瓦。但2011年第四季度，太陽能行業的供需已是嚴重失衡——市場需求疲軟，產品售價迅速下降。江西賽維財報顯示，其2011年第四季度的存貨減值高達2.326億美元，而應收款和預付款的壞帳準備為1.792億美元。難以完成畸高的銷售目標，也是江西賽維出現虧損的重要原因。

(三) 全產業鏈之禍

江西賽維是全產業鏈的積極擁護者，而產業鏈拉得過長終於成為其資金鏈斷裂的主要原因。從2005年創立之初到今天，江西賽維因其對發展的規模和速度有近乎偏執的追求，已經成為全球垂直一體化最全面的光伏產品製造商、開發商、分銷商和系統集成商。但每個環節卻也都是它的包袱，使得公司的財務風險問題一直比較大。

在江西賽維全產業鏈中，目前最主要的問題出在多晶硅環節。多晶硅價格的大幅下跌導致其收入鋭減，而江西賽維在歐洲的最大供應商Q-Cells申請破產等一系列因素又嚴重影響了其多晶硅銷售，量價齊跌導致江西賽維業績大幅下滑，負債猛增。2012年4月3日，江西賽維在歐洲的最大供應商Q-Cells向法院提交了破產申請，這無疑是對江西賽維的最大打擊。這家德國當地最大的光伏企業，從2007年起便與江西賽維緊密合作，為了挽留住這家巨大的供應商，江西賽維也曾親自為Q-Cells「量身打造」了1.5萬噸的多晶硅擴產項目。

(四) 資金鏈瀕臨斷裂

江西賽維2012年4月30日發布的2011年年報顯示，公司資金鏈十分緊張，截至2011年12月31日，負債總額共計60億美元，負債率達87.7%；更為嚴峻的是，其短期負債接近20億美元。2012年3月末，資產負債率進一步攀升至87%。更為嚴重的是，公司的現金流幾近枯竭。2012年第一季度財報顯示，江西賽維虧損1.85億美元，成為當時光伏企業中的虧損之王，而且公司第一季度流動比率約為0.47，遠小於業內公認的流動比率不小於1的風險底線。

(五)「世界光伏產業的航母」最終沉沒

2011年，彭小峰豪賭多晶硅，融資2.4億元，這成為擊倒江西賽維的導火線。企業產能擴張所需的資金大部分來源於負債，債務的償還能力又差。產能過剩，經營出現問題，同時遇上高額的利息，2012年江西賽維第三季度的財務報告顯示，其權益資本降到歷史最低，負債率卻達到頂峰的227%。以短期融資為主，長期債券為輔的融資策略，成為壓倒江西賽維的最後一根稻草，2012年起陷入四處籌資償還短期債務的狼狽中。

江西賽維在開曼群島的臨時清盤人在一份法院文件中表示，自2011年以來該集團財務表現大幅惡化，部分原因是太陽能電池市場產能過剩。該公司在法院文件中列出了多達10億美元的資產。破產文件中列出的最大無擔保債權人包括紐約梅隆銀行以及中國國家開發銀行南昌分行，前者是今年到期2.847億美元優先債券的受託人，後者被欠1,790萬美元。

公開資料顯示，截至2014年6月底，江西賽維淨資產為-13.41億元，資產負債率高達105.6%。實際上，早在一年多前，江西賽維就出現了資不抵債的情況。財報數據顯示，截至2013年上半年，公司資產負債率為101.65%。2014年上半年年末，公司經營活動產生的現金流量淨額為-22.04億元，較2013年年底的6.05億元大幅惡化。

2007年江西賽維在紐交所上市時，負債率僅為47%，之後公司的總資產逐年增長，資產負債率也隨之急遽上升，過度負債經營之下，資產結構嚴重失衡。江西賽維創立僅6年營業額就翻了23倍。但不停融資、不停擴張，使得賽維的存托股票最終於2014年3月21日被紐交所暫停交易，此後轉入OTCBB市場（美國場外櫃臺交易系統）掛牌。但退市，並不代表麻煩就已經結束，其實江西賽維的更大災難還在後面。

2015年11月，江西省新餘市中級人民法院宣佈，江西賽維集團旗下光伏硅、多晶硅、高科技、高科技（新餘）四家公司實施破產重整。破產管理人由新餘市高新技術產業開發區成立的破產清算組擔任。

二、問題提出

1. 根據提供的案例資料，分析江西賽維陷入財務危機的原因。
2. 江西賽維的破產給了我們哪些啟示？

思考與練習

一、單項選擇題

1. 企業財務危機按照產生的原因不同，可以分為（　　）。

   A. 漸進型財務危機和突發型財務危機

   B. 虧損型財務危機和漸進型財務危機

   C. 虧損型財務危機和突發型財務危機

   D. 突發型財務危機和漸進型財務危機

2. 對企業財務危機發生的可能性進行多角度的分析判斷，並及時提出危機警告，是通過（　　）完成的。

A. 危機防範系統　　B. 危機診斷和預警系統

C. 危機處理系統　　D. 危機恢復系統

3. 通過對企業經營相關的產業政策、市場競爭狀況、企業本身的各類財務和經營信息進行收集、分析和比較，從而進行預警。這是財務預警的（　　）功能。

A. 危機監測功能　　B. 信息收集功能

C. 診斷治療功能　　D. 預報功能

4.「四階段症狀」分析法就是根據發生財務危機的漸進性特徵，將這一過程分為四個階段，按其漸進性正確的是（　　）。

A. 財務危機惡化期、財務危機發作期、財務危機潛伏期以及財務危機實現期

B. 財務危機發作期、財務危機潛伏期、財務危機惡化期以及財務危機實現期

C. 財務危機潛伏期、財務危機發作期、財務危機惡化期以及財務危機實現期

D. 財務危機潛伏期、財務危機惡化期、財務危機發作期以及財務危機實現期

5. 單變量預警模型運用單一財務比率預測財務危機，以下財務比率預測效果最好的是（　　）。

A. 資產收益率　　B. 資產負債率

C. 資產安全率　　D. 債務保障率

6. 屬於虧損型財務危機處理策略有（　　）。

A. 資產剝離　　B. 破產清算

C. 尋找新的抵押　　D. 擔保貸款

二、判斷題

1. 償付型財務危機是以破產方式了結不能清償的債權債務關係，它是企業最嚴重、最為極端的財務危機。（　　）

2. 針對非上市製造業公司的 Z 計分模型在計算 X_4 時用期末股東權益的帳面值代替市場價值。（　　）

3. 內生警源是由於企業內部運行不協調導致的，是一種個別企業特有的可避免的風險因素。（　　）

4. 財務危機預警是通過設置並觀察一些敏感性財務指標的變化，對企業可能或將要面臨的財務危機進行監測預報。（　　）

5. Z 計分模型理論認為，Z 值大於 2.99，說明該企業在短時期內一般會出現危機，是一家非正常企業。（　　）

第十章　企業併購

學習目標

- 理解企業併購的概念，掌握併購的類型。
- 瞭解企業併購的歷史演進，理解企業併購理論。
- 瞭解目標企業的選擇、併購整合，理解併購的支付方式和籌資方式，掌握目標企業的價值評估方法。

引導案例

王健林 372 億天價建影視帝國是為了圓什麼夢[1]

萬達電影院線股份有限公司（簡稱萬達院線）（股票代碼 002739）成立於 2005 年，隸屬於萬達集團。截至 2015 年年底，公司擁有已開業影城 292 家，銀幕總數 2,557 塊。2015 年公司觀影人次 1.51 億人次，票房總收入 63 億元，約占全國 14%的票房份額，連續七年票房收入、市場份額、觀影人次居全國第一。

2016 年 4 月 21 日，A 股上市公司萬達院線發布重大資產重組停牌公告，宣布公司本次擬發行股份購買標的主要包括萬達影視和傳奇影業。5 月 13 日，萬達院線宣布擬向萬達投資等 33 名交易方發行股份購買其持有的萬達影視 100%股權，資產交易價格為 372.04 億元。整合後的萬達影視包括美國傳奇影業。如果合併成功，萬達院線資本市場的保守估值在 1,500 億元，直接衝擊中小板市值第一股，這也將是國內影視行業最大的一起投資併購案。

思考與討論

1. 如果併購成功，對萬達院線將產生什麼樣的影響？
2. 萬達院線併購方案中採用什麼併購支付方式？通常有哪些併購支付方式？

---

[1] 王瓏娟．王健林 372 億天價建影視帝國是為了圓什麼夢［EB/OL］．http://www.mrcjcn.com/n/109265.html，2016-05-15．

第一節　企業併購的概念和類型

一、併購的概念

「併購」一詞源於英文 Merger and Acquisition（M&A），其中 Merger 是指兼併、合併，Acquisition 則是指收購。在實踐中，由於不同國家法律規定和經濟環境的差異，以及企業併購活動的不斷創新，人們關於併購的認識並不一致。對於併購概念包含的範圍和內容，存在廣義和狹義之分。

狹義的併購是指《中華人民共和國公司法》所規定的公司合併，包括吸收合併（Merger）和新設合併（Consolidation）。吸收合併是指兩家或者更多的獨立企業、公司合併組成一家企業，通常由一家占優勢的公司吸收其他公司，即 A+B=A。新設合併是指兩個或兩個以上的企業合併成為一個新的企業，合併完成後，原來各方的法人地位均歸於消失，即 A+B=C。由此可見，狹義併購反應了公司實現資本集中的特定模式，併購活動會使併購的雙方或一方消失，形成一個新的經濟實體。

廣義的併購除了包括狹義併購外，還包括收購（Acquisition）、接管（Takeover）、重組（Restructuring）等形式，這些活動不以取得目標公司的全部股權或資產為目的，而是為了對目標公司進行控製或者施加重大影響而購買其部分股權或資產。在收購或接管完成後，被收購或接管的公司仍然存在，並沒有消失，也不需要成立新的經濟實體。

本書採用的是廣義的併購概念，既包括《中華人民共和國公司法》規定的吸收合併和新設合併，也包括為取得對其他公司的控製權或實施重大影響而進行的股權或資產購買。

二、併購的類型

（一）按照併購雙方行業相關性劃分

按照併購雙方所處行業的相關性，企業併購可以分為橫向併購、縱向併購和混合併購。

1. 橫向併購

橫向併購是指生產同類產品或生產工藝相近的企業之間的併購，實質上是競爭對手之間的合併。

（1）橫向併購的優點：①可以迅速擴大生產規模，節約共同費用，便於提高通用設備的使用效率；②便於在更大範圍內實現專業分工協作；③便於統一技術標準，加強技術管理和進行技術改造；④便於統一銷售產品和採購原材料等，形成產銷的規模經濟。

（2）橫向併購的缺點：減少了競爭對手，容易破壞競爭，形成壟斷的局面，因此橫向併購常常被嚴格限制和監控。

2. 縱向併購

縱向併購是指與企業的供應商或客戶的合併，即優勢企業將同本企業生產緊密相關的生產、行銷企業併購過來，形成縱向生產一體化。按照企業在價值鏈中所處的相對位置，又可以將縱向併購進一步區分為前向一體化和後向一體化。

縱向併購的優點：①能夠擴大生產經營規模，節約通用的設備費用等；②可以加強生產過程各環節的配合，有利於節約交易費用；③可以加速生產流程，縮短生產週期，節約運輸、倉儲和能源消耗水平等。

3. 混合併購

混合併購是指既非競爭對手又非現實中或潛在的客戶或供應商的企業之間的併購，如一個企業為擴大競爭領域而對尚未滲透的地區與本企業生產同類產品的企業進行併購，或對生產和經營與本企業毫無關聯度的企業進行併購。

混合併購包括：①產品擴張性併購，即生產相關產品的企業間的併購，目的是擴大經營範圍，如轎車生產企業併購運輸卡車生產企業。②市場擴張性併購，即一個企業為了擴大競爭地盤而對它尚未滲透的地區生產同類產品的企業進行的併購，目的是擴大市場，提高市場佔有率。③純粹的混合併購，即生產和經營彼此毫無關係的企業之間的併購。

（二）按照被併購企業意願劃分

按照併購是否取得被併購方即目標企業同意，企業併購可以分為善意併購和敵意併購。

1. 善意併購

善意併購是指收購方事先與目標企業協商、徵得其同意並通過談判達成收購條件，雙方管理層通過協商來決定併購的具體安排，在此基礎上完成收購活動的一種併購。

2. 敵意併購

敵意併購是指收購方在收購目標企業時遭到目標企業抗拒但仍然強行收購，或者併購方事先沒有與目標企業進行協商，直接向目標企業的股東開出價格或者收購要約的一種併購行為。

（三）按照併購的支付方式劃分

按照併購的支付方式，企業併購可以分為現金購買式併購、股權支付式併購和混合支付式併購。

1. 現金購買式併購

現金購買式併購是指併購企業通過用現金購買被併購企業的資產，或者用現金購買被併購企業股權的方式達到獲取被併購企業控製權目的的併購方式。

2. 股權支付式併購

股權支付式併購是指併購企業通過以自己的股權換取被併購企業股權，或者換取被併購企業資產的方式達到獲取被併購企業控製權目的的併購方式。

3. 混合支付式併購

混合支付式併購是指併購企業利用多種支付工具的組合，達成併購交易，獲取被併購企業控製權的併購方式。

第二節　企業併購理論

一、企業併購的歷史演進

從世界範圍來看，併購早已成為企業增強自身實力、實現快速擴張的重要方式，在企業成長過程中發揮著重要作用。從某種意義上說，企業發展史就是一部併購史。

（一）西方國家的五次併購浪潮

自 19 世紀末以來，美、英等西方發達國家已經出現了五次較大規模的企業併購浪潮，並且第五次併購浪潮在全球範圍內的影響至今仍然存在。每一次企業併購浪潮都體現了時代特徵，也反應了人們對併購認識的不斷加深，同時也造就了一批前所未有的巨型企業，推動著現代公司的形成和社會經濟的發展。

1. 以橫向併購為特徵的第一次併購浪潮

19 世紀下半葉，科學技術取得巨大進步，大大促進了社會生產力的發展，為以鐵路、冶金、石化、機械等為代表的行業大規模併購創造了條件。在 19 世紀與 20 世紀之交，發生了第一次併購浪潮。在這股併購浪潮中，橫向併購占據了主流，大量中小型企業通過併購組成大型企業，並逐步成為某一個部門或行業的壟斷者，如美國鋼鐵公司、杜邦公司、美國菸草公司等。從 1895 年到 1904 年的短短幾年時間，美國有 75%的企業因併購而消失。特別是在 1899 年併購高峰時期，美國的企業併購達到 1,208 起，是 1896 年的 46 倍，併購的資產額達到 22.6 億美元。在工業革命發源地——英國，併購活動也大幅增長，在 1880—1881 年，有 665 家中小型企業通過兼併組成了 74 家大型企業，壟斷著主要的工業部門。後起的資本主義國家德國的工業革命完成比較晚，但企業併購重組的發展也很快，1875 年，德國出現第一個卡特爾，通過大規模的併購活動，1911 年就增加到 550~600 個，控製了德國國民經濟的主要部門。

2. 以縱向併購為特徵的第二次併購浪潮

第二次併購浪潮發生在 20 世紀 20 年代（1925—1929 年），那些在第一次併購浪潮中形成的大型企業繼續併購擴張，進一步增強經濟實力，提升對市場的壟斷地位。這一時期的併購形式以縱向併購為主，即把一個部門的各個生產環節統一在一個企業聯合體內，形成縱向托拉斯組織，形成寡頭壟斷。資料顯示，在美國 278 家大企業中，有 85%的企業在這一階段進行了縱向併購，其中又以福特汽車公司最為典型。通過這些併購，主要工業國家普遍形成了主要經濟部門的市場被一家或幾家企業壟斷的局面。

3. 以混合併購為特徵的第三次併購浪潮

20 世紀五六十年代，各主要工業國出現了第三次併購浪潮。第二次世界大戰後，各國經濟經過 40 年代後期和 50 年代的逐步恢復，在 60 年代迎來了經濟發展的黃金時期，主要發達國家都進行了大規模的固定資產投資。隨著第三次科技革命的興起，一系列新的科技成就得到廣泛應用，社會生產力實現迅猛發展。在這一時期，併購形式以混合併購為主，其規模和速度均超過了前兩次併購浪潮。

4. 以金融槓桿併購為特徵的第四次併購浪潮

第四次併購浪潮自 20 世紀 70 年代中期興起，延續了整個 80 年代。1980—1988 年，企業併購總數達到 20,000 多起，1985 年達到頂峰。這次併購浪潮的顯著特點是以槓桿併購為主，規模巨大，數量繁多。一是併購形式呈現多樣化，相關產品間的混合併購取代了單純的無關聯的混合併購。二是槓桿併購迅速發展，出現了大量小企業併購大企業的現象，即「小魚吃大魚」。三是併購交易規模空前，跨國併購開始出現，如以住友、三菱集團等為代表的日本大企業大量收購美國資產。四是金融界通過金融創新，發行「垃圾債券」，為併購籌資提供了極大的方便。

5. 以跨國併購為特徵的第五次併購浪潮

進入 20 世紀 90 年代以來，經濟全球化、一體化發展日益深入。在此背景下，跨國併購作為對外直接投資（FDI）的方式之一逐漸成為跨國直接投資的主導方式。從統計數據看，1987 年全球跨國併購額僅有 745 億美元，1990 年就達到 1,510 億美元。2000 年全球併購交易額達到 34,600 億美元，其中跨國併購額達到 11,438 億美元。但是從 2001 年開始，由於受歐美等國經濟增長速度下降和「9.11」事件的影響，全球跨國併購浪潮出現了減緩的跡象，但從中長期的發展趨勢來看，跨國併購還將得到繼續發展。

（二）中國企業併購的發展歷程

自 20 世紀 70 年代末改革開放以來，中國的企業併購經歷了三個階段：第一階段是改革開放初期至 20 世紀 80 年代末；第二階段是 20 世紀 80 年代末至 90 年代末；第三階段是 20 世紀 90 年代末至今。

1. 第一階段（改革開放初期至 20 世紀 80 年代末）

中國經濟體制改革初期，圍繞增強企業活力，先後採取了利潤留成、擴大企業自主權、放權讓利、利改稅、承包經營制等措施，在一定程度上增強了企業的活力和效益。但從總體上看，企業的經營狀況仍然不佳，大量國有資產沉澱在經濟效益低的企業，企業併購有利於盤活企業、有利於產業結構調整，促進企業的優勝劣汰。因而，從中央到地方的各級政府都很重視。

20 世紀 80 年代中國企業併購的實踐，開創了兩個重要的模式，即「保定模式」和「武漢模式」。雖然這兩個模式有很大的歷史局限性，但在當時的經濟、社會體制下，其意義是深遠的。「保定模式」開創了中國企業承債式併購的先河。「武漢模式」的特點是自下而上由企業自主決定兼併對象，使用貨幣支付方式，政府予以相應的政策扶持。

這一時期的企業併購形式單一，且帶有明顯的行政干預，併購的主要目的是為了減少虧損和安置就業，併購的範圍極小，僅限於國有企業內部，並未形成規模。

2. 第二階段（20 世紀 80 年代末至 90 年代末）

這一階段的中國經濟背景發生了很大的變化，股份制試點不斷擴大範圍，資本市場開始試點並逐步擴大，市場經濟體制的方向已經確立，經濟的市場化程度進一步提高，多數競爭性行業逐步開放。

這一階段，各級政府對企業併購表現出極大的興趣，境外資本和民間資本大量參與了企業的併購活動，歸納起來主要有三類併購案例：一是國有企業的「拉郎配」併購；二是股票市場上的股權交易式併購；三是外資企業的行業滲透性併購。

這一時期的企業併購存在著一些基本特點：一是中央政府的行政色彩明顯，地方爭取優惠政策的動機明顯；二是產權歸屬不清、價值評估不準；三是基本都是優勢企業併購劣勢企業，同時出現了跨地區、跨行業的併購。

3. 第三階段（20 世紀 90 年代末至今）

20 世紀 90 年代末以來，從企業的經營環境看，有三個方面的背景對企業併購影響很大：一是中國加入世界貿易組織（WTO），加入 WTO 的行業開放時間表，催促著國內企業及相應主管部門加快併購，以便能夠形成足以與境外企業相抗衡的行業骨干企業。二是資本市場的發展培養了一批初具規模的上市公司，出於發展戰略的考慮，其中相當一批公司試圖通過併購實現快速擴張，伴隨著上市公司成為中國國民經濟發展的重要力量，上市公司的併購也成為企業併購的重要方式。三是經過 30 多年的改革開放，民營企業已經有了長足的發展，領先的民營企業已經不滿足於一般的產品經營，它們已經有能力通過資本市場運作，以併購為手段，實現自身的跨越式發展。

20 世紀 90 年代以來，中國企業併購呈現出以下特點和發展趨勢：

（1）併購成為中國上市公司規避政策管制的重要手段。按照證監會的規定，上市公司配股、增發以及摘牌等均與公司財務業績有關，併購成為控股股東操縱利潤，獲得配股、增發資格或保住公司上市資格的重要方式。而由於各種政策的限制，民營企業很難直接發行股票進行融資，因此購買現有上市公司的控製權實現上市再融資目的（即買殼上市）就成為中國企業併購的一個主要特徵。

（2）企業併購重組的動力增強。宏觀經濟形勢和市場環境的變化，使企業併購重組日趨活躍。一是加入 WTO 和《關於外國投資者併購境內企業的規定》等有關政策的出抬掀起外資併購熱潮；二是隨著國有股的減持湧現出一波併購大浪；三是經濟結構轉型和產業結構調整將促使上市公司利用兼併重組加強資源整合、提高企業質量，如很多傳統產業上市公司正在向電子信息、生物制藥、環保、智能製造等領域轉型；四是核准制的出抬雖然使殼資源價值降低，但公司上市需連續、完整、獨立的要求又加大了上市的難度，延長了上市的時間，使得借殼上市依然看好；五是隨著創業板市場的擴張，高科技企業之間的併購會成為一道亮麗的風景。

（3）併購方式和手段發生變化。隨著《中華人民共和國公司法》《中華人民共和國證券法》《上市公司收購管理辦法》等相關法律法規的修改和完善，併購方式不斷創新，併購手段更加豐富。自 2003 年南鋼聯合在國內首次採用要約收購方式以來，要約收購這種完全市場化的、國外成熟證券市場最主要的收購形式在國內也逐漸得到了廣泛運用。從 2006 年開始，以發行股份購買資產或股份作為併購支付手段在上市公司的併購實踐中大量出現，並在 2008 年證監會頒布《上市公司重大資產重組管理辦法》後得到了進一步的規範。2008 年，中國銀監會發布了《商業銀行併購貸款風險管理指引》，拓寬了併購的籌資渠道。

（4）中國的企業併購開始與國際市場接軌，海外併購的大幕拉開。進入 21 世紀後，一批有實力的國內企業加快了「走出去」的步伐，通過海外併購實現跨國經營。

其中，民營企業成為海外併購的重要力量。普華永道2017年年初發布的《2016年中國企業併購市場回顧與2017年展望》報告顯示，2016年，中國大陸企業的海外併購投資金額為2,210億美元，增幅高達246%，幾乎是2015年的3.5倍。其中，有51宗大額海外投資交易金額超過10億美元，幾乎是2015年記錄的兩倍。報告同時指出，中國的民營企業主導海外併購市場，2016年交易數量達到去年的3倍，並且首次在金額上超過國有企業的交易總額。近年來中國民營企業跨國併購的代表性事件如：2012年5月，萬達集團以26億美元併購美國院線公司AMC；2013年10月，復星集團與美國摩根大通銀行（JPMorgan Chase Bank）簽訂購買協議，出價7.25億美元買下位於美國紐約曼哈頓前大通銀行的全球總部；2015年9月，海航集團旗下渤海租賃斥資25.55億美元併購在紐交所上市的飛機租賃公司Avolon Holdings Ltd. 100%股權；2016年10月海航集團宣布以65億美元巨資收購希爾頓全球酒店集團25%股權，作為長期戰略投資，等等。

二、併購理論

隨著大規模併購浪潮的發生，理論界從不同的角度分析了企業併購的動因、方式和效應，從而產生了各種企業併購理論。學者們對這些問題的研究和分析推動了企業併購理論的不斷發展。下面主要介紹企業併購的效率理論、代理理論和稅收優惠理論。

（一）效率理論

效率理論認為，併購具有潛在的經濟效益，可提高企業的整體效率，即「1+1>2」的效應。在效率理論中，對併購後業績提高的來源有不同的觀點和看法，所以形成了不同的假說。其包括差別管理效率假說、無效管理者替代假說、經營協同效應假說、財務協同效應假說、多元化經營假說和價值低估假說等。

1. 差別管理效率假說

差別管理效率假說認為，由於不同公司的管理效率存在差異，高效率的公司收購低效率的公司，可以提高被收購公司的經營效率，並進而提高整個社會的經濟效率。假定A公司管理層比B公司更有效率，如果A收購了B，則B的經營效率便會被提高到A的水平，產生管理協同效應。

2. 無效管理者替代假說

無效管理者替代假說認為，由於公司股權過於分散等原因，使目標公司的所有者無法更換無效率的管理者，必須通過併購方式，由外部接管來解決這個問題。

3. 經營協同效應假說

經營協同效應假說認為，公司可以通過併購來提高經營效率和業績。因為在併購之前，公司的經營活動達不到實現規模經濟的潛在要求，通過併購可以讓公司之間優勢互補，達到規模經濟，實現協同效應。

4. 財務協同效應假說

財務協同效應假說認為，不同公司的股利政策不盡相同，用於未來投資留存收益也存在差異，這會構成對未來投資的約束。在混合經營的公司中，各個部門無法留存多餘的盈餘和現金流量，要根據未來的收益前景來分配。從這個角度來講，混合公司就相當於在自己內部形成了一個資本市場，把屬於外部資本市場的資金供給職能給內部化了。通過內部資本市場的資源分配，可以克服外部融資的各種融資約束，降低融資成本，從而增加公司的總體價值。

5. 多元化經營假說

多元化經營假說認為，公司多元化經營可以增加公司價值，因為多元化可以分散風險、降低公司的勞動力成本、降低現金流量波動、提高資源的利用效率。

6. 價值低估假說

價值低估假說認為，併購活動發生的主要原因是目標企業的價值被低估。詹姆斯·托賓以 Q 值反應企業併購發生的可能性，Q 等於公司股票的市場價值和公司資產重置成本的比值。如果 Q<1，說明進行併購要比購買或建造相關的資產更便宜。Q 越小，則企業被併購的可能性越大。該理論提供了選擇目標企業的一種思路，但現實中並非所有價值被低估的公司都會被併購，也並非只有價值被低估的公司才會成為併購目標。

(二) 代理理論

在股份有限公司中，由於所有權與經營權的分離，股東與管理者之間形成了委託代理關係。在信息不對稱的前提下，由於委託人（股東）和代理人（管理者）的利益不完全一致，有可能出現代理人損害委託人利益的情況。代理理論從不同的角度對企業併購進行瞭解釋，形成了以下幾種不同觀點。

1. 併購解決代理問題

公司中的代理問題可以通過公司內部治理結構和外部市場機制得到有效控製。曼尼（Manne）認為，併購市場為代理問題的解決提供了最後的外部控製手段。併購通過收購要約或代理權之爭，可以使外部管理者戰勝現有的管理者和董事會，從而取得對目標企業的決策控製權。如果公司的管理層因為無效率或代理問題而導致經營管理滯後的話，公司就可能會被接管，從而面臨被收購的威脅。

2. 管理主義動機

穆勒（Muller）1969 年提出該假說，他認為管理者的報酬取決於公司的規模大小，因此管理者有動機通過收購來擴大公司的規模，從而忽視公司的實際投資報酬率。可見，管理主義動機與前述併購可以解決代理問題的觀點相反，該假說認為企業併購是代理問題的一種形式，而不是解決辦法。

3. 管理層自負假說

羅爾（Roll）1986 年提出，在企業併購過程中，目標公司的價值增加是由於併購公司的管理層在評估目標公司價值時因過於樂觀和自負所犯的錯誤所致，實際上該交易可能並無投資價值。那麼，如果交易無價值的話，為什麼會有公司進行競價收購呢？羅爾認為可以用併購公司管理層的自負解釋他們為什麼要競價，一個特定的競價者往往錯誤地認為自己對目標公司的估價是正確的，由此產生了併購溢價，但這只是他們自以為是的結果。

(三) 稅收優惠理論

稅收優惠理論認為企業併購的目的是為了獲得稅收方面的優惠。通常來講，通過企業併購可以獲得的稅收優惠主要體現在以下三個方面：①併購虧損公司帶來的稅收利益。按照稅法規定，一個盈利的企業必須繳納企業所得稅。如果這家盈利的公司收購了一家虧損的公司，公司的利潤就會被目標公司的虧損抵消一部分，從而實現避稅效應。②併購享有稅收優惠的公司帶來的稅收利益。如果目標公司依法享有稅收減免的優惠政策時，如果收購該公司後依然能夠享有這種稅收優惠政策，這種併購就能為併購公司帶來稅收利益。③資本利得稅代替一般所得稅帶來的稅收利益。如果資本利得稅的稅率低於一般收入的所得稅稅率，則一個內部投資機會較少的成熟公司可以收購一個成長型公司，從而用資本利得稅代代替一般所得稅，達到避稅目的。因為成長型公司沒有或只有少量的股利支出，但要求持續的資本性開支，收購公司可以為目標公司提供必要的資金，而不是在向股東支付股利時以稅收方式流向政府。

第三節　企業併購實踐

一、目標企業的選擇

企業併購是一個複雜的系統的過程，選取適合的目標企業也不是一件簡單的事。目標企業的選擇首先從識別目標企業開始，其次對目標企業做初步調查，再次依據篩選原則選取並進行可行性分析，最後確定企業併購的目標企業。

(一) 目標企業的搜尋與識別

基於併購戰略中所提出的要求，制定併購目標企業的搜尋標準，編制併購目標搜尋計劃書。可選擇的基本指標有行業、規模和必要的財務指標，還可包括地理位置的限制等。而後按照標準，通過特定的渠道搜集符合標準的目標企業。搜尋目標企業主要有兩種渠道：一是利用本企業自身力量，包括企業的高級職員和企業內部建立專門的併購部門。二是借助企業外部力量，利用專業仲介機構為併購方選擇目標企業出謀劃策。這些仲介機構可以是精通某一行業的律師、會計師、經紀人等，也可以是投資銀行和商業銀行。

(二) 目標企業的初步調查

併購方通過各種途徑和渠道識別出一批「候選」目標企業（一般不超過五個），為了進一步的評判與篩選，應搜集每個目標企業相關生產經營、行業等各方面的信息，並依據這些信息對這些目標企業進行評價和對比。搜集的信息應至少包括目標企業區位環境因素、產業環境信息、經營能力信息、財務信息、股權因素、經營管理層信息等。

(三) 目標企業篩選原則

(1) 與併購方自身發展目標和規模相適應；

(2) 與併購方自身管理和經濟實力相適應;

(3) 與併購方具有產業協同效應;

(4) 能為併購方帶來新的增值潛力。

(四) 可行性分析

目標企業的選擇標準應該立足於企業戰略性資源、知識的互補與兼容。互補體現在企業現有的核心能力通過併購得以補充與強化;兼容體現在併購雙方擁有的資源、知識通過併購得以融合、強化與擴張。目標企業的評價與篩選應考慮如下因素:

(1) 一般因素。①雙方戰略的匹配性。所謂戰略匹配性,是指雙方的合併要能夠實現優勢互補、資源共享,並在此基礎上實現「1+1>2」的協同效應。這種匹配性具體包括資源的匹配性、產品的匹配性、技術的匹配性、市場的匹配性等幾個方面。②雙方文化的匹配性。文化的融合與再造是對併購活動的一項重大挑戰,併購雙方能否順利融合,在很大程度上取決於併購前對併購雙方文化可匹配性的考查。

(2) 特殊因素。①橫向併購中目標企業選擇要重點考慮的因素有國家政策及法律規定、行業週期與行業集中度、併購方競爭力狀況等因素。②縱向併購中目標企業選擇要重點考慮的因素有併購方行業和實力要求、目標企業地位與資產、目標企業與併購方規模協調性等因素。③混合併購中目標企業選擇要重點考慮的因素有行業選擇、併購企業實力、涉足新產業詳細成本收益等因素。

(五) 目標企業確定

深入評估公司能力(如有必要再進行專項調研),按照事先確定的目標企業評價標準,通過層層篩選、評價以及進行潛在協同效應(經營協同效應、管理協同效應、財務協同效應等)分析,並最終確定目標企業。

二、目標企業的價值評估方法

(一) 現金流量折現法

現金流量折現法是通過將被評估企業預期收益折現來確定被評估企業價值。主要運用現值技術,即一項資產的價值是其所能獲取的未來收益的現值,而折現率反應了投資該項資產並獲得收益的風險回報率。該方法是目前較成熟、使用較多的估值技術。

1. 評估思路

現金流量折現法是通過估測被評估企業未來預期現金流量的現值來判斷企業價值的一種估值方法。現金流量折現法從現金流量和風險角度考察企業的價值。

(1) 在風險一定的情況下,被評估企業未來能產生的現金流量越多,企業的價值就越大,即企業內在價值與其未來產生的現金流量成正比。

(2) 在現金流量一定的情況下,被評估企業的風險越大,企業的價值就越低,即企業內在價值與風險成反比。

2. 基本步驟

(1) 分析歷史績效。對企業歷史績效進行分析,其主要目的就是要徹底瞭解企業過去的績效，這可以為判定和評價今後績效的預測提供一個視角，為預測未來的現金流量做準備。歷史績效分析主要是對企業的歷史會計報表進行分析，重點在於企業的關鍵價值驅動因素。

（2）確定預測期間。在預測企業未來的現金流量時，通常會人為確定一個預測期間，在預測期後現金流量就不再估計。期間的長短取決於企業的行業背景、管理部門的政策、併購的環境等，通常為5~10年。

（3）預測未來的現金流量。在企業價值評估中使用的現金流量是指企業所產生的現金流量在扣除庫存、廠房設備等資產所需的投入及繳納稅金後的部分，即自由現金流量。用公式可表示為：

自由現金流量=（息前稅後淨利潤+折舊攤銷）-（資本支出+營運資金增加額）

$= EBIT$-所得稅+折舊攤銷-（資本支出+營運資金增加額）

需要注意的是，利息費用儘管作為費用從收入中扣除，但它是屬於債權人的自由現金流量。因此，只有在計算股權自由現金流量時才扣除利息費用，而在計算企業自由現金流量時則不能扣除。

（4）選擇合適的折現率。折現率是指將未來預測期內的預期收益換算成現值的比率，有時也稱資金成本率。通常，折現率可以通過加權平均資本成本模型確定（股權資本成本和債務資本成本的加權平均）。

$$r_{WACC}=\frac{E}{E+D}\times r_e+\frac{D}{D+E}\times r_d$$

股權資本成本的計算方法一：資本資產定價模型

$$r_e=r_f+(r_m-r_f)\times\beta$$

因為併購活動通常會引起企業負債率的變化，進而影響系數β，所以需要對β系數做必要的修正。可利用哈馬達方程對β系數進行調整，其計算公式如下：

$$\beta_1=\beta_0\times[1+(1-T)\times\frac{D}{E}]$$

股權資本成本的計算方法二：股利折現模型

①每年股利不變時：

$$r_e=\frac{D}{P}$$

②股利以不變的增長速度g增長時：

$$r_e=\frac{D_1}{P}+g$$

債務資本成本的計算：$r_d=r\times(1-t)$

（5）預測終值

企業未來的現金流量不可能無限制地預測下去，因此要對未來某一時點的企業價值進行評估，即計算企業的終值。

企業終值一般可採用永久增長模型（固定增長模型）計算。永久增長模型與現金流量折現方法具有一致性，這種方法假定從計算終值的那一年起，自由現金流量是以固定的年複利率增長的。企業終值計算公式為：

$$企業終值\ TV=\frac{FCF_{n+1}}{r_{WACC}-g}=\frac{FCF_n\times(1+g)}{r_{WACC}-g}$$

（6）預測企業價值

企業價值等於確定預測期內現金流量的折現值之和，加上終值的現值。其計算公式如下：

$$V=\sum_{t=1}^{n}\frac{FCF_t}{(1+r_{WACC})^t}+\frac{TV}{(1+r_{WACC})^n}$$

【例 10-1】紅光電器計劃收購一家生產掃地機器人的鴻鳴電子股份有限公司，需要對該公司進行價值評估。該公司 2016 年的銷售收入為 26,500 萬元，不包含折舊和利息費用的經營成本為 12,300 萬元，折舊為 1,850 萬元，利息費用為 200 萬元，資本性支出為 1,000 萬元，營運資本占銷售收入的 20%，所得稅稅率為 25%。鴻鳴公司今後 5 年將處於快速增長期，每年銷售收入增長 10%，經營成本、折舊、資本性支出和營運資本以相同比率增長，該階段的加權平均資本成本為 15%；以後轉為零增長，該階段的加權平均資本成本為 10%。假定利息費用在各年保持 200 萬元不變。請估算鴻鳴公司的企業價值。

分析：

鴻鳴公司在 2017—2021 年保持 10%增長，從 2022 年起轉為零增長，每年的公司自由現金流量與 2021 年相同。我們在表 10-1 中分析公司在 2017—2021 年的自由現金流量。

表 10-1　　鴻鳴公司自由現金流量計算表　　單位：萬元

項目	2016	2017	2018	2019	2020	2021
銷售收入	26,500	29,150	32,065	35,272	38,799	42,679
經營成本	12,300	13,530	14,883	16,371	18,008	19,809
折舊	1,850	2,035	2,239	2,463	2,709	2,980
EBIT	12,350	13,385	14,743	16,238	17,882	19,690
利息	200	200	200	200	200	200
所得稅	3,038	3,346	3,686	4,060	4,471	4,923
資本性支出	1,000	1,100	1,210	1,331	1,464	1,610
營運資本	5,300	5,830	6,413	7,054	7,759	8,535
營運資本增加額		530	583	641	705	776
自由現金流量(FCF)		10,644	11,703	12,869	14,151	15,561

鴻鳴公司的價值：

$$\begin{aligned}V&=10,644\times(P/F,15\%,1)+11,703\times(P/F,15\%,2)+12,869\times(P/F,15\%,3)+\\&\quad 14,151\times(P/F,15\%,4)+15,561\times(P/F,15\%,5)+(15,561/10\%)\times(P/F,15\%,5)\\&=119,737\ (萬元)\end{aligned}$$

（二）市場法

市場法是也稱為相對價值法，是以資本市場上與目標公司的經營業績和風險水平相當的公司的價值作為參照標準，以此來估算目標公司的一種價值評估方法。

1. 評估思路

以交易活躍的同類企業的股價和財務數據為依據，計算出一些主要的財務比率，然後用這些比率作為乘數計算得到非上市企業或交易不活躍上市企業的價值。這種方法的技術性要求較低，與現金流量折現法相比理論色彩較淡。

2. 基本步驟

選擇可比企業，所選取的可比企業應在營運上和財務上與被評估企業具有相似的特徵。在基於行業的初步搜索得出足夠多的潛在可比企業總體後，還應該用進一步的標準來決定哪個可比企業與被評估企業最為相近。常用的標準如規模、企業提供的產品或服務範圍、所服務的市場及財務表現等。所選取的可比企業與目標企業越接近，評估結果的可靠性就越好。

3. 常用方法

按照所選擇的乘數不同，最常用的有市盈率法和市淨率法兩類：

（1）市盈率法。根據參照公司的平均市盈率水平來確定目標公司的合理市盈率，據此來評估目標公司的價值。用 PE 表示市盈率，其計算公式為：

$$PE=\frac{P}{EPS}=\frac{V}{X}$$

上式中，P 表示每股股價，EPS 是每股淨利潤，V 是公司總市值，X 是公司淨利潤。

目標公司的價值 V，等於目標公司的淨利潤與合理市盈率之積，可以用如下公式計算：

$$V=PE\times X$$

計算企業的市盈率時，既可以使用歷史收益（過去 12 個月或上一年的收益或者過去若干年的平均收益），也可以使用預測收益（未來 12 個月或下一年的收益），相應的比率分別稱為追溯市盈率和動態市盈率。出於估值目的，通常首選動態市盈率，因為最受關注的是未來收益。而且，企業收益中的持久構成部分才是對估值有意義的，因此，一般把不會再度發生的非經常性項目排除在外。

【例 10-2】伊利公司打算收購四川的一家奶企 A，經過調研，伊利公司打算用市盈率法對 A 公司進行評估。目前資本市場上與 A 公司相似的奶企的平均市盈率為 16 倍。經過測算，A 奶企今後每年的盈利比較穩定，每年為 5,000 萬元。請問伊利公司對 A 企業的收購價應該怎麼安排？

分析：根據市盈率估價法，A 企業的價值為

$V=PE\times X=16\times 5,000=80,000$（萬元）

所以伊利公司對 A 企業的收購價不應該高於 80,000 萬元。

（2）市淨率法。根據參照公司的平均市淨率來確定目標公司的市淨率，據此評估

目標公司的價值。市淨率是公司的市場價值與淨資產的比值，也可以用每股股價除以每股淨資產來計算，其公式為：

$$PB=\frac{P}{B}$$

上式中，PB 為市淨率，V 表示公司價值，B 為公司淨資產。

目標公司的價值 V，等於目標公司的淨資產與合理市淨率之積，可以用如下公式計算：

$$V=PB\times B$$

【例 10-3】 華域汽車是中國最大的汽車零部件廠商，該公司計劃收購一家汽車電子生產企業東林公司。經過調查，東林公司所在行業的平均市淨率為 1.5，由於東林公司的技術先進，所以可以考慮給予東林公司比行業均值高 20%的溢價，經過財務測算，東林公司的淨資產為 2.5 億元。請問華域汽車的收購價格策略。

分析：根據市淨率估價法，東林公司的價值為

$V=2.5\times1.5\times(1+20\%)=4.5$（億元）

所以華域汽車的收購價格策略為收購價不高於 4.5 億元。

（三）成本法

成本法也稱資產基礎法，是在合理評估目標企業各項資產價值和負債的基礎上確定目標企業的價值。

應用成本法需要考慮各項損耗因素，具體包括有形損耗、功能性損耗和經濟性損耗等。根據選擇的資產價值標準不同，成本法主要有帳面價值法、重置成本法和清算價格法。

1. 帳面價值法

帳面價值法是基於會計的歷史成本原則，以企業帳面淨資產為計算依據來確認目標企業價值的一種估值方法。

帳面價值法的優點在於：它是按通用會計原則計算得出的，比較客觀，而且取值方便。

帳面價值法的缺點在於：它是一種靜態估價方法，既不考慮資產的市價，也不考慮資產的收益。實際中，有三方面的原因使帳面價值往往與市場價值存在較大的偏離：一是通貨膨脹的存在使一項資產的價值不等於它的歷史價值減折舊；二是技術進步使某些資產在壽命終結前已經過時和貶值；三是由於組織資本的存在使得多種資產的組合會超過相應各單項資產價值之和。因此，這種方法一般適用於簡單的併購中，主要針對帳面價值與市場價值偏離不大的非上市企業。

2. 重置成本法

重置成本法是以目標企業各單項資產的重置成本為計算依據來確認目標企業價值的一種估值方法。

重置資產法和帳面價值法有相似之處，也是基於企業的資產為基礎的。但它不是用歷史上購買資產的成本，而是根據現在的價格水平購買同樣的資產或重建一個同樣

的企業所需要的資金來估算該企業的價值。

運用重置成本法，需要對資產帳面價值進行適當的調整。在實際運用中，有兩種調整方法：一是價格指數法，即選用一種價格指數，將資產購置年份的價值換算成當前的價值。價格指數法存在的最大問題是沒有反應技術貶值等因素對某些重要資產價值帶來的影響。二是逐項調整法，即按通貨膨脹和技術貶值兩個因素對資產價值影響的大小，逐項對每一資產的帳面價值進行調整，以確定各項資產的當前重置成本。

3. 清算價格法

清算價格法是通過估算目標企業的淨清算收入來確定目標企業價值的方法。企業的淨清算收入是出售企業所有的部門和全部固定資產所得到的收入，再扣除企業的應付債務。這一估算的基礎是對企業的不動產價值（包括廠房和設備、各種自然資源或儲備等）進行估算。

清算價格法是在目標企業作為一個整體已經喪失增值能力情況下的估值方法，估算所得到的是目標企業的可變現價格。此方法主要適用於陷入困境的企業價值評估。

三、併購的支付方式

併購是企業進行快速擴張的有效途徑，同時也是優化配置社會資源的有效方式。在企業併購中，支付方式對併購雙方的股東權益會產生影響，並且影響併購後公司的財務整合效果。

（一）現金支付

現金收購是指收購公司支付一定數量的現金，以取得目標公司的所有權。一旦目標企業的股東收到對其擁有股份的現金支付，就失去了對原企業的任何權益。在實際操作中，併購方的現金來源主要有自有資金、發行債券、銀行借款和出售資產等方式，按付款方式又可分為即時支付和遞延支付兩種。

現金收購的優勢是顯而易見的。首先，現金收購操作簡單，能迅速完成併購交易。其次，現金支付是最清楚的支付方式，目標公司可以將其虛擬資本在短時間內轉化為確定的現金，股東不必承受因各種因素帶來的收益不確定性等風險。最後，現金收購不會影響併購後公司的資本結構，因為普通股股數不變，併購後每股收益、每股淨資產不會由於稀釋原因有所下降，有利於股價的穩定。現金收購的缺陷在於：對併購方而言，現金併購是一項重大的即時現金負擔；對目標公司而言，由於無法推遲確認資本利得，會使當期交易的所得稅負大增。因此，對於巨額收購案，現金支付的比例一般較低。

（二）股票支付

股票支付是指併購公司將本公司股票支付給目標公司股東以按一定比例換取目標公司股票，目標公司從此終止或成為收購公司的子公司。這是一種不需動用大量現金而優化資源配置的方法，在國際上被大量採用。

在企業併購實務中，股票支付具體又分為兩種不同的形式：一種是併購企業在股票市場發行新股或向原股東配售新股，即企業通過發行股票並用銷售股票所得價款為併購支付交易價款。在這種情況下，併購企業等於用自有資金進行併購，因而使財務費用大大降低，收購成本較低。另一種是以換股方式實現收購。根據換股方式的不同具體可以分為增資換股、庫存股換股和股票回購換股三種形式。

股票支付的優點主要表現在：

1. 不受併購方獲現能力制約

對併購公司而言，股票支付不需要即時支付大量現金，不會擠占公司營運資金，併購後能夠保持良好的現金支付能力。因此，股權支付可使併購交易的規模相對較大。近年來，併購交易的目標公司規模越來越大，若使用現金併購方式來完成併購交易，對併購公司的即時獲現能力和併購後的現金回收情況都要求很高。而採用股票併購支付方式，併購公司無須另行籌資來支付併購交易，輕而易舉地克服了這一瓶頸約束。

2. 具有規避估價風險的效用

由於信息的不對稱，在併購交易中，併購公司很難準確地對目標公司進行估價，如果用現金支付，併購後可能會發現目標公司內部有一些問題，那麼，由此造成的全部風險都將由併購公司股東承擔。但若採用股票支付，這些風險則同樣轉嫁給了原目標公司股東，使其與併購方股東共同承擔。

3. 原股東參與新公司收益分配

採用股權支付方式完成併購交易後，目標公司的原股東不但不會失去其股東權益（只是公司主體名稱發生了變化），還可分享併購後新公司可能產生的價值增值的好處。

4. 延期納稅的好處

對目標公司股東而言，股權支付方式可推遲收益時間，享受延期納稅的好處。如美國國內稅收準則（Internal Revenue Code，簡稱 IRC）規定，一項併購如果滿足被並企業股東所有權的持續性（即在被並企業股東所收到的補償中，至少有 50%是由主並企業所發行的有表決權的股份）及另外兩個條件（一是併購動機是商業性質而非僅為稅收目的；二是併購成立後被並企業必須以某種可辨認的形式持續經營），那麼被並企業股東毋須為這筆收購交易中形成的資本利得納稅。與現金支付方式比較，股權支付無須過多地考慮稅收規則及對價格安排上的制約。

當然，股權支付也存在很多不足，其主要表現為：控製權風險、收益稀釋風險、交易風險等。

（三）混合支付

混合支付方式是指在實際併購中，併購方同時採用幾種支付方式完成併購。混合支付方式往往需要進行詳細的資產評估，交易流程十分繁瑣。但若進行合理搭配，該支付方式也能夠合理降低籌資的壓力。

四、併購籌資

（一）併購籌資渠道

根據資金來源不同，併購籌資渠道分為內部籌資渠道和外部籌資渠道。

1. 內部籌資渠道

內部籌資渠道是指從公司內部開闢資金來源，籌措併購所需的資金。如果收購方在收購前有充足的甚至過剩的閒置資金，則可以考慮使用內部資金。其主要包括：

（1）企業自有資金。企業自有資金是企業在發展過程中所累積的、經常持有的、按規定可以自行支配、並不需要償還的那部分資金。企業自有資金是企業最穩妥、最有保障的資金來源。通常企業可用的內部自有資金主要有留存收益、閒置資產變賣和應收帳款等形式。

（2）未使用或未分配的專項資金。這部分資金在其未被使用和分配以前，是一個可靠的資金來源，一旦需要使用或分配這些資金，企業可以及時以現款支付。專項資金主要是指用於更新改造、修理、新產品試製、生產發展等經濟活動的資金。從長期的平均趨勢看，這是企業內部能夠保持的一部分較為穩定的資金流量，具有長期佔有性，在一定條件下，也可以用來進行併購活動。

（3）應付稅款和利息。雖然從資產負債表看，企業應付稅款和利息屬於債務性質，但從長期的平均趨勢看，其本源仍在企業內部，是企業內部籌資的一個來源。

但是，由於併購活動所需的資金數額往往非常巨大，而企業內部資金畢竟有限，利用併購企業的營運現金流進行籌資有很大的局限性，因而內部籌資一般不能作為企業併購籌資的主要方式。

2. 外部籌資渠道

併購中應用較多的籌資方式是外部籌資，即企業從外部開闢資金來源，向本企業以外的經濟主體（包括企業現有股東和企業職員及雇員）籌措併購所需資金。外部籌資渠道主要包括：

（1）直接籌資。直接籌資是指不通過仲介機構（如銀行、證券公司等）直接由企業面向社會籌資。直接籌資是企業經常採用的籌資渠道。在美國，企業籌資的70%是通過證券市場實現的。從經濟的角度看，直接籌資能最大限度地利用社會閒散資金，形成多樣化的籌資結構，降低籌資成本；同時，又能提高公司的知名度。企業可以通過發行普通股、優先股、債券、可轉換債券、認股權證等方式進行直接籌資。

（2）間接籌資。間接籌資即企業通過金融市場仲介組織借入資金，主要包括向銀行及非銀行金融機構（如信託投資公司、保險公司、證券公司）貸款。間接籌資多以負債方式表現出來，其影響與企業發行債券類同。所不同的是，一則由於金融仲介組織的介入，簡化了籌資操作，但也增加了籌資成本；二則企業面向銀行等金融組織，受到的壓力更大。

（二）併購籌資工具

1. 債務工具

債務是一種承諾，即債務人必須在未來一個確定的時間支付一筆確定的資金，通常這種承諾是以協議的形式達成的。債務籌資是指企業按約定代價和用途取得且需按期還本付息的一種籌資方式。債務籌資往往通過銀行、非銀行金融機構、民間等渠道，採用申請貸款、發行債券、利用商業信用、租賃等方式籌措資金。作為併購籌資方式的企業的債務籌資主要包括三個部分：貸款、票據和債券、租賃。

（1）貸款籌資。貸款是指企業根據借款協議或合同向銀行或其他金融機構借入的款項。通常，銀行的貸款方式有兩種：①定期貸款；②循環信用貸款。

西方企業併購中常見的貸款還有過橋貸款，它是指投資銀行為了促使併購交易迅速達成，在安排中長期貸款前，為滿足併購方正常營運的資金需要，而提供的過渡性的短期貸款。

與發行債券相比，貸款會給併購企業帶來一系列的好處。由於銀行貸款所要求的低風險導致銀行的收益率也很低，因而使企業的籌資成本相應降低；銀行貸款發放程序比發行債券、股票簡單，可以降低企業的籌資費用，其利息還可以抵減所得稅；此外，通過銀行貸款可以獲得巨額資金，足以進行金額巨大的併購活動。

但是，要從銀行取得貸款，企業必須向銀行公開其財務、經營狀況，並且在今後的經營管理上還會受到銀行的制約；為了取得銀行貸款，企業可能要對資產實行抵押、擔保等，從而降低企業今後的再籌資能力，產生隱性籌資成本，進而可能會對整個併購活動的最終結果造成影響。

（2）票據和債券籌資。票據就是證明債權債務關係的一種法律文件。債券是一種有價證券，是債務人為了籌措資金而向非特定的投資者發行的債務證券。企業債券代表的是一種債權、債務之間的契約關係，這種關係明確規定債券發行人必須在約定的時間內支付利息和償還本金，這種債權、債務關係給予了債權人對企業收益的固定索取權，對公司財產的優先清償權。企業債券的種類很多，主要包括：①抵押債券；②信用債券；③無息債券（也稱零票面利率債券）；④浮動利率債券；⑤垃圾債券。

（3）租賃籌資。租賃是出租人以收取租金為條件，在契約或合同規定的期限內，將資產租讓給承租人使用的一種經濟行為。租賃業務的種類很多，通常可按不同標準進行劃分。①以租賃資產風險與收益是否完全轉移為標準，租賃可分為融資租賃和經營租賃；②以出租人資產的來源不同為標準，租賃可分為直接租賃、轉租賃和售後回租；③以設備購置的資本來源為標準，租賃可分為單一投資租賃和槓桿租賃。

2. 權益工具

權益資本是指投資者投入企業的資金。企業併購中最常用的權益籌資方式是股份有限公司的普通股籌資。

發行普通股籌資是企業最基本的籌資方式。其優點在於：①普通股籌資沒有固定的股利負擔。企業有盈餘，並認為適合分配股利，就可以分配給股東；企業盈餘較少，或雖有盈餘但資金短缺或有更有利的投資機會，就可以少支付或不支付股利。②普通股沒有固定的到期日，不需要償還股本。利用普通股籌措的是永久性資金，它對保證企業最低的資金需求有重要意義。③利用普通股籌資風險小。由於普通股無固定到期日，不用支付固定的股利，因此，實際上不存在不能償付的風險。④普通股籌資能增強企業的信譽。

其缺點在於：①分散企業控製權，新股的發行使公司的股權結構發生變化，稀釋了公司的控製權，留下了公司被收購的風險；②普通股的發行成本較高，包括審查資格成本高、成交費用高等；③由於股利需稅後支付，故公司稅負較大。

3. 混合工具

除了上述常見的債務、權益籌資工具以外，西方企業在併購籌資中還大量使用一些混合型籌資工具。常見的混合型籌資工具包括以下三種：可轉換證券、認股權證和優先股。

（1）可轉換證券。西方企業併購籌資中最常使用的一種籌資工具就是可轉換證券。可轉換證券分為可轉換債券和可轉換優先股。它是指在一定時期內，可以按規定的價格或一定的比例，由持有人自由選擇轉換為普通股或優先股的債券。由於這種債券可調換成普通股或優先股，因此，利率一般比較低。其優點在於：①靈活性較高，公司可以設計出不同報酬率和轉換溢價的可轉換證券，尋求最佳資本結構；②可轉換證券籌資的報酬率一般較低，大大降低了公司的籌資成本；③一般可獲得較為穩定的長期資本供給。其缺點在於：①受股價影響較大，當公司股價上漲大大高於轉換價格時，發行可轉換債券籌資反而使公司財務蒙受損失；②當股價未如預期上漲，轉換無法實施時，會導致投資者對公司的信任危機，從而對未來籌資造成障礙；③順利轉換時，意味著公司原有控製權的稀釋。

（2）認股權證。認股權證是企業發行的長期選擇權證，它允許持有人按照某一特定的價格購買一定數額普通股。認股權證通常被用來作為一種給予債券持有者的優惠，隨同債券發行，以吸引潛在的投資者。其優點在於：①可在金融緊縮時期或公司處於信用危機邊緣時，有效地推動公司有價證券的發行；②與可轉換債券一樣，籌資成本較低；③認股權證被行使時，原來發行的公司債務尚未收回，因此，所發行的普通股意味著新的籌資，公司資本增加，可以用增資抵債。其缺點類同於可轉換債券籌資。

（3）優先股。優先股是不享有公司控製權，但享有優先分配股利和優先索償權的股票。優先股雖然沒有固定的到期日，不用償還本金，但往往需要支付固定的股利，成為企業的財務負擔。其優點在於：①可以固定籌資成本，將未來潛在利潤保留給普通股股東，並可防止股權分散；②同樣可取得長期資本，相對於負債而言，不會造成現金流量問題。其缺點在於：①優先股的稅後資金成本較負債高；②優先股的收益不如普通股和負債，發行較為困難。

（三）槓桿支付籌資

槓桿支付籌資在本質上屬於債務籌資現金支付的一種。因為它同樣是以債務籌資作為主要的資金來源，然後再用債務籌資取得的現金來支付併購所需的大部分價款。所不同的是，槓桿支付的債務籌資是以目標公司的資產和將來現金收入做擔保來獲取金融機構的貸款，或者通過目標公司發行高風險高利率的垃圾債券來籌集資金。在這一過程中，收購方自己所需支付的現金很少（通常只占收購資金的5%～20%），並且負債主要由目標公司的資產或現金流量償還，所以，它屬於典型的金融支持型支付方式。採用槓桿支付時，通常需要投資銀行安排過渡性貸款，該過渡性貸款通常由投資銀行的自有資本作支持，利率較高，該筆貸款日後由收購者發行新的垃圾債券所得款項，或收購完成後出售部分資產或部門所得資金償還。因此，過渡性貸款安排和垃圾債券發行成為槓桿收購的關鍵。

除了收購方只需出極少部分的自有資金即可買下目標公司這一顯著特點外，槓桿支付籌資的優點還體現在以下兩個方面：

1. 股權回報率高

槓桿支付就是通過公司的財務槓桿來完成收購交易。財務槓桿實質上反應的是股本與負債比率，在資本資產不變的情況下，當稅前利潤增大時，每一元利潤所負擔的固定利息（優先股股息、租賃費等）都會相對減少，這樣就給普通股帶來了額外利潤。根據財務槓桿原理，收購公司通過負債籌資加強其財務槓桿的力度，當公司資產收益大於其借入資本的平均成本時，便可大幅度提高普通股收益。經驗研究表明，與宣布收購消息之前一個月或兩個月的股價相比，槓桿收購對股票所產生的溢價高達40%左右。

2. 享受稅收優惠

槓桿收購公司其債務資本往往占公司全部資本的90%~95%，由於支付債務資本的利息可在計算收益前扣除，槓桿收購公司可享受一定的免稅優惠。同時，目標公司在被收購前若有虧損亦可遞延，沖抵被槓桿收購後各年份產生的盈利，從而降低納稅基礎。然而，由於資本結構中債務占了絕大比重，又由於槓桿收購風險較高，貸款利率也往往較高，因此槓桿收購公司的償債壓力也較為沉重。若收購者經營不善，則極有可能被債務壓垮。

五、併購整合

企業併購的目的是通過對目標企業的營運來謀求目標企業的發展，實現企業的經營目標，因此，通過一系列程序取得了目標企業的控製權，只是完成了併購目標的一半。在收購交易完成後，必須對目標企業進行整合，使其與企業的整體戰略、經營協調相一致、互相配合，具體包括：戰略整合、業務整合、制度整合、組織人事整合和企業文化整合。

（一）戰略整合

如果被併購企業的戰略不能與收購企業的戰略相配合、相互融合，那麼兩者之間很難發揮出戰略的協同效應。只有在併購後對目標企業的戰略進行整合，使其符合整個企業的發展戰略，這樣才能使收購方與目標企業相互配合，使目標企業發揮出比以前更大的效應，促進整個企業的發展。因此，在併購以後，必須規劃目標企業在整個戰略實現過程中的地位與作用，然後對目標企業的戰略進行調整，使整個企業中的各個業務單位之間形成一個相互關聯、互相配合的戰略體系。

（二）業務整合

在對目標公司進行戰略整合的基礎上繼續對其業務進行整合，根據其在整個體系中的作用及與其他部分的關係，重新設置其經營業務，將一些與本業務單位戰略不符的業務剝離給其他業務單位或者合併掉，將整個企業其他業務單位中的某些業務規劃到本單位之中，通過整個運作體系的分工配合以提高協作、發揮規模效應和協作優勢。相應的，對其資產也應該重新進行配置，以適應業務整合後生產經營的需要。

（三）制度整合

管理制度對企業的經營與發展有著重要的影響，因此併購後必須重視對目標公司的制度進行整合。如果目標企業原有的管理制度十分良好，收購方則不必加以修改，可以直接利用目標企業原有的管理制度，甚至可以將目標企業的管理制度引進到收購企業中，對收購企業的制度進行改進。假如目標企業的管理制度與收購方的要求不相符，則收購方可以將自身的一些優良制度引進到目標公司之中，例如：存貨控製、生產過程、銷售分析等。通過這種制度輸出，對目標公司原有資源進行整合，使其發揮出更好的效益。

在新制度的引入和推行過程中，常常會遇到很多方面的問題，例如：引入的新制度與目標公司某些相關的制度不配套，甚至互相衝突，影響新制度作用的發揮。在很多情況下，引入新制度還會受到目標公司管理者的抵制，他們通常會認為買方企業的管理者並不瞭解目標企業的實際情況，而盲目的改變目標企業的管理制度。因此，在對目標企業引入新制度時，必須詳細調查目標企業的實際情況，對各種影響因素做出細緻的分析之後，再制訂出周密可行的策略和計劃，為制度整合的成功奠定基礎。

（四）組織人事整合

在收購後，目標公司的組織和人事應該根據對其戰略、業務和制度的重新設置進行整合。根據併購後對目標企業職能的要求，設置相應的部門，安排適當的人員。一般在收購後，目標企業和買方在財務、法律、研發等專業的部門和人員可以合併，從而發揮規模優勢，降低這方面的費用；如果併購後，雙方的行銷網路可以共享，則行銷部門和人員也應該相應的合併。總之，通過組織和人事整合，可以使目標企業高效運作，發揮協同優勢，使整個企業的運作系統互相配合，實現資源共享，發揮規模優勢、降低成本費用，提高企業的效益。

（五）企業文化整合

企業文化是企業經營中最基本、最核心的部分，企業文化影響著企業運作的所有方面。併購後，只有買方與目標企業在文化上達到整合，才意味著雙方真正的融合。因此，對目標企業文化的整合，對於併購後整個企業能否真正協調運作有關鍵的影響。在對目標企業的文化整合過程中，應深入分析目標企業文化形成的歷史背景，判斷其優缺點，分析其與買方文化融合的可能性，在此基礎上，吸收雙方文化的優點，摒棄其缺點，從而形成一種優秀的、有利於企業戰略實現的文化，並很好的在目標企業中推行，使雙方實現真正的融合。

本章小結

- 併購源於英文 M&A，有廣義和狹義之分。本書採用的是廣義的併購概念，既包括吸收合併和新設合併，也包括收購、接管等為取得對其他公司的控製權或實施重大影響而進行的股權或資產購買。

• 按照併購雙方所處行業相關性，企業併購可以分為橫向併購、縱向併購和混合併購。按照併購是否取得目標企業同意，企業併購可以分為善意併購和敵意併購。按照併購的支付方式，企業併購可以分為現金購買式併購、股權支付式併購和混合支付式併購。

• 西方國家經歷了五次併購浪潮，產生了各種企業併購理論，如效率理論、代理理論和稅收優惠理論。

• 目標企業的選擇首先從識別目標企業開始，其次對目標企業做初步調查，再次依據篩選原則選取並進行可行性分析，最後確定企業併購的目標企業。目標企業的價值評估方法主要有：現金流量折現法、市場法、成本法。

• 併購的支付方式主要有現金支付、股票支付、混合支付。併購籌資渠道分為內部籌資渠道和外部籌資渠道。併購籌資工具包括債務工具、權益工具和混合工具。併購整合具體包括：戰略整合、業務整合、制度整合、組織人事整合和企業文化整合。

案例分析

均勝電子的高速增長之謎①

寧波均勝電子股份有限公司（以下簡稱「均勝電子」，股票代碼600699）成立於2004年，是一家全球化的汽車零部件供應商。短短12年內，該公司從幾千萬元人民幣的銷售額，發展到2016年超過180億元的銷售額（2017年預計銷售額將突破200億元大關）。這家公司是如何實現超高速增長的？

一、案例資料

（一）公司簡介

均勝電子是中國優秀的高速成長型汽車電子供應商之一，總部位於中國寧波，於2011年12月在上海證交所上市。

均勝電子立足於中國和德國兩大基地，實現全球資源配置，企業產品系列包括駕駛員智能控製系統、電動汽車電池管理系統、工業自動化生產線、空調控製系統、傳感器系統、電子控製單元、汽車發動機渦輪增壓進排氣系統、空氣管理系統、車身清洗系統、後視鏡總成等。

均勝電子在2004年企業初創時期就確立了同步設計理念，與客戶同步，實時做出反應，隨時解決客戶問題。為前沿客戶量身打造全方位解決方案，切實滿足客戶需求。早在2007年前後，均勝電子就發現汽車零部件行業競爭異常激烈，儘管投入大筆資金研發，但總免不了被模仿；另外，均勝電子靠自主研發進軍汽車電子配件領域的計劃也實施得困難。對於有2,000多億元的龐大的中國汽車電子配件市場，均勝電子顯得心有餘而力不足。這種情形下，它們將尋求突破的目光投向海外，探索性地走上了一條與多數公司不同的成長路徑。

---

① 筆者根據公開資料整理編寫。

2009年均勝電子開始實施併購戰略，創新產品升級改造途徑。2009年併購上海華德，擴張並整合國內產品系。2011年耗資16億元併購德國普瑞，通過讓德國普瑞的創新能力和生產品質管控與中國公司的資金優勢和市場資源互補，提前實現了全球化和轉型升級戰略目標。

（二）公司收購歷程

2011年完成重組後，均勝電子邁出了國際併購的步伐，以此來獲取高端汽車電子領域的核心技術，尋找新的利潤增長點。第一步拿下的即是德國普瑞。

普瑞不僅是全球市場佔有率排名前五的汽車空調系統控製供應商，同時還在駕駛員控製系統占據著10%的市場份額，更是寶馬推出的i系列電動車型的電池管理系統供應商。拿下普瑞後，均勝電子不僅順利獲取了普瑞的技術力量，並由此打入國際市場，成為了寶馬、奧迪、通用、福特等全球500強企業的一級供應商。截至2015年年底，併購後普瑞每年增幅超過20%，為均勝電子貢獻了近七成營業收入。

融入世界的努力為均勝電子打開了全新的大門，併購德國普瑞使得均勝增加了100多項專利，增加了500多名研發人員，技術共享更是助力均勝電子突破了汽車電子技術的壁壘。嘗到海外併購的甜頭之後，均勝電子又完成了一系列連環收購，包括德國的IMA公司、QUIN公司、美國的百利得等，這一系列跨國併購實現了市場、資源及技術的全球整合，打通了全球主機廠的客戶通道，並網羅到全球高素質人才及技術力量。均勝電子上市後的併購事件如表10-2所示：

表10-2　均勝電子上市以來的併購事件

併購年份	併購標的	併購金額（萬元）	併購標的當年淨利潤（萬元）
2014	德國IMA：成立於1975年，總部位於德國巴伐利亞州的安貝克（Amberg），從成立之初即專注於工業機器人的研發、製造和集成，為客戶提供定制化的工業機器人系統、自動化產品和諮詢服務。IMA公司擁有約240名員工人，能夠為客戶提供全球配套服務。	11,926.2	1,117.54
2015	德國QUIN：Quin是高端方向盤總成和內飾功能件總成供應商。客戶包括奔馳、寶馬等整車企業。在所在行業細分市場，公司全球排名領先。	68,900	6,700
2016	美國EVANA：公司專注於工業機器人和自動化系統的研發、製造和集成，在細分市場處於全球領先。	12,600	1,809（此數據為EBIT）
2016	美國KSS：公司是安全氣囊、安全帶和方向盤等汽車安全系統和關鍵零部件的設計、開發和製造領域的全球領先者。	600,000	45,652
2016	德國TS道恩：公司業務包括汽車模塊化信息系統開發和供應、導航輔助駕駛和智能車聯網。	130,000	9,389

資料來源：根據寧波均勝電子股份有限公司相關公告整理。

面對未來智能駕駛的大趨勢，均勝電子意識到安全系統和車聯網是核心要素。正是出於這一考量，其再度出手拿下了汽車安全領域的四大供應商之一的美國KSS。KSS

同時也是無人駕駛領域龍頭企業，其在 2010—2014 年的營業收入複合增長率超過 20%。同時收購了另一家公司德國 TS 道恩公司的汽車分部，其強項在於導航以及娛樂信息的集成。此項收購有助於完善均勝電子的智能導航系統和車載系統的板塊，從而更好地為整車提供完整的 HMI 方案（Human Machine Interface 的縮寫，即人機接口，也叫人機界面）。

不難看出，均勝電子併購的所有企業都聚合於服務智能駕駛、新能源汽車動力控製和工業機器人三大業務方向，同時充分實現了區域市場、技術實力、資本資源和營運經驗的共享融合。目前，其在中國、歐洲以及北美都建立了新的研發中心，實現了三地技術市場和人力的聯通互動。

均勝電子的併購有很強的戰略指引，而且其買的技術是屬於導入型的，而非成熟型的，對構建均勝電子的汽車生態圈以及未來產業的創新升級有很大的意義。這些併購都佈局在產業相關領域，從人機交互、汽車安全、車載互聯、電子功能到新能源動力控製系統等。均勝電子通過海外併購豐富了產品線。均勝併購後的產品線如表 10-3 所示：

表 10-3　均勝電子產品線

產品分類	產品系	所屬細分領域	併購企業	核心客戶
智能汽車電子	人機交互產品	車身電子	德國普瑞	寶馬、奔馳、大眾、福特、通用
	汽車安全系統	安全控製系統	美國 KSS	大眾、寶馬、沃爾沃、通用、福特
	車載互聯繫統	通訊娛樂系統	德國 TS	大眾、奥迪、柯斯達
	電子功能件	車身電子	德國 Quin	奔馳、保時捷、大眾、通用
新能源汽車電子	新能源動力控製系統	動力控製系統	德國普瑞	寶馬、奔馳、中國中車
智能製造	工業自動化及機器人集成	智能製造	德國 IMA、美國 EVANA	博世、大陸、TRW

資料來源：根據寧波均勝電子股份有限公司相關公告整理。

（三）均勝電子的併購整合和上市以來業績變化

在對國外企業收購過程中，工會是一支不容忽視的力量。普瑞有類似工會的組織叫職工委員會，它向均勝電子拋出了經常出現在併購案中的 3 個經典問題：「你們會不會把我們的設備、生產能力轉移到中國，對我們就業產生影響？你們來了之後有什麼想法？為什麼要買這個企業？」

均勝電子向普瑞坦言：「我們買企業，以現在這個經濟情況是不會買的，但對未來經濟復甦有信心，看你們過去 5 年報表，連續 5 年兩位數增長，新技術、新產品都很好，你們在中國發展會有很大的空間，因為到目前為止，你們在中國還沒有公司。如果你們保持這樣的良好勢頭，我們沒有理由轉移技術、設備。但你們的技術必須支持中國發展，中國肯定要國產化的，派人培訓，你們必須幫助我們。」聽到這樣一番解釋，普瑞職工委員會算是吃下了一顆定心丸，談判順利推進。

走進總部位於寧波的均勝電子生產車間，「老外」的面孔隨處可見。這些來自德國的工程師，把精準、務實的工匠精神帶給了均勝電子，苛刻的「德國標準」已成為這家全球化汽車零部件頂級供應商內化於心的工作態度和方式。

併購德國普瑞後，均勝電子突破了技術的壁壘，實現了產品系以及技術含量的延伸，企業進入到全新的產品發展階段，普瑞的銷售增長率也逐年增長。同時，普瑞嚴謹而成熟的管理體系提升了均勝電子的管理水平，使事業部獲得新發展機遇，均勝電子一躍成為「中國汽車電子第一股」。

均勝電子於2012年實現借殼上市，上市以來的營業收入和淨利潤如表10-4所示：

表10-4　　均勝電子2012至2016營業收入和淨利潤情況

年份	營業收入（億元）	淨利潤（億元）
2012	53.58	2.07
2013	61.04	2.89
2014	70.77	3.47
2015	78.14	4
2016	182.66	4.54

資料來源：根據寧波均勝電子股份有限公司各年年報整理。

二、問題提出

1. 請運用你所學的併購理論解釋均勝電子的併購動機。
2. 請評價均勝電子併購後的整合難點。
3. 請評價均勝電子併購的效果。

思考與練習

一、單項選擇題

1. 下列併購中，不屬於行業相關性劃分的為（　　）。

A. 橫向併購　　B. 縱向併購

C. 混合併購　　D. 跨國併購

2. 下列不屬於併購支付方式劃分的是（　　）。

A. 現金購買式併購　　B. 股權支付式併購

C. 混合支付式併購　　D. 負債式併購

3.（　　）認為高效率的公司收購低效率的公司，可以提高被收購公司的經營效率。

A. 效率理論　　B. 交易費用理論

C. 代理成本理論　　D. 價值低估理論

4. 下列選項中屬於市場法最常用的乘數是（　　）。

A. 市銷率　　B. 市淨率

C. 資產負債率　　D. 息稅前利潤率

5. 下列目標企業估值方法中，不屬於成本法的是（　）。

A. 帳面價值法　　B. 清算價格法

C. 可比企業分析法　　D. 重置成本法

6. 下列併購籌資工具中屬於混合工具的是（　）。

A. 貸款　　B. 普通股　　C. 可轉換債券　　D. 債券

二、判斷題

1. 併購是指兩家或者更多的獨立企業、公司合併組成一家企業。（　）

2. 橫向併購指與企業的供應商或客戶的合併，即優勢企業將同本企業生產緊密相關的生產、行銷企業併購過來，形成縱向生產一體化。（　）

3. 代理理論認為，併購可提高企業的整體效率，即產生協同效應「1+1>2」。（　）

4. 在風險一定的情況下，被評估企業未來能產生的現金流量越多，企業的價值就越大，即企業內在價值與其未來產生的現金流量成反比。（　）

5. 市場法的基本思路是，以交易活躍的同類企業的股價和財務數據為依據，計算出一些主要的財務比率，然後用這些比率作為乘數計算得到非上市企業和交易不活躍上市企業的價值。（　）

參考文獻

[1] BAXTER N D, CRAGG J G. Corporate Choice Among Long-Term Financing Instruments [J]. Review of Economics & Statistics, 1970, 52 (3): 225-235.

[2] BOOTH L, AIVAZIAN V, DEMIRGUC-KUNT A, et al. Capital Structures in Developing Countries [J]. The Journal of Finance, 2001, 56 (1): 87-130.

[3] DEANGELO H, MASULIS R W. Optimal Capital Structure Under Corporate and Personal Taxation [J]. Journal of Financial Economics, 1980, 8 (1): 3-29.

[4] HARRIS M, RAVIV A. The Theory of Capital Structure [J]. The Journal of Finance, 1991, 46 (1): 297-355.

[5] JENSEN M C, MECKLING W H. Theory of the Firm: Managerial Behavior, Agency Costs and Ownership Structure [J]. Journal of Financial Economics, 1976, 3 (4): 305-360.

[6] MARSH P. The Choice Between Equity and Debt: An Empirical Study [J]. The Journal of Finance, 1982, 37 (1): 121-144.

[7] MILLER M H, MODIGLIANI F. Dividend Policy, Growth, and the Valuation of Shares [J]. Journal of Business, 1961, 34 (4): 411-433.

[8] MODIGLIANI F, MILLER M H. The Cost of Capital, Corporation Finance, and the Theory of Investment [J]. American Economic Review, 1958, 48 (3): 261-297.

[9] MYERS S C. The Capital Structure Puzzle [J]. The Journal of Finance, 1984, 39 (3): 574-592.

[10] MYERS S C, MAJLUF N S. Corporate Financing and Investment Decisions When Firms Have Information That Investors do not Have [J]. Journal of Financial Economics, 1984, 13 (2): 187-221.

[11] RAJAN R G, ZINGALES L. What Do We Know about Capital Structure? Some Evidence from International Data [J]. The Journal of Finance, 1995, 50 (5): 1421-1460.

[12] SHARPE W F. Capital Asset Prices: A Theory of Market Equilibrium under Conditions of Risk [J]. The Journal of Finance, 1964, 19 (3): 425-442.

[13] TITMAN S, WESSELS R. The Determinants of Capital Structure Choice [J]. The Journal of Finance, 1988, 43 (1): 1-19.

[14] 詹姆斯·C. 範霍恩, 約翰·M. 瓦霍維奇. 財務管理基礎 [M]. 13版. 劉曙光, 等, 譯. 北京: 清華大學出版社, 2009.

[15] 理查德·A. 布雷利, 斯圖爾特·C. 邁爾斯, 弗蘭克林·艾倫. 公司財務原

理［M］. 10 版. 趙英軍，譯. 北京：機械工業出版社，2014.

［16］羅伯特・C. 希金斯. 財務管理分析［M］. 10 版. 沈藝峰，等，譯. 北京：北京大學出版社，2015.

［17］財政部會計資格評價中心. 財務管理［M］. 北京：中國財政經濟出版社，2016.

［18］財政部企業司.《企業財務通則》解讀（修訂篇）［M］. 北京：中國財政經濟出版社，2010.

［19］成其謙. 投資項目評價［M］. 北京：中國人民大學出版社，2014.

［20］馮根福，吳林江，劉世彥. 中國上市公司資本結構形成的影響因素分析［J］. 經濟學家，2000（5）：59-66.

［21］符剛，曾萍，陳冠林. 經濟新常態下企業財務危機預警實證研究［J］. 財經科學，2016（9）：88-99.

［22］高建來，王丹. 企業財務危機應對策略探討［J］. 財會通訊，2013（8）：118-120.

［23］顧蓓蓓，盧寧文，駱陽. 上市公司財務預警探析［J］. 財會通訊，2015（10）：39-41.

［24］郭鵬飛，孫培源. 資本結構的行業特徵：基於中國上市公司的實證研究［J］. 經濟研究，2003（5）. 66 73.

［25］何伊凡，王琦，牛文文. 雅戈爾：隱形的翅膀——2007 年中國最「牛」的投資神話能否持續？［J］. 中國企業家，2008（Z1）：62-71.

［26］洪錫熙，沈藝峰. 中國上市公司資本結構影響因素的實證分析［J］. 廈門大學學報（哲學社會科學版），2000（3）：114-120.

［27］荊新，王化成，劉俊彥. 財務管理學［M］. 7 版. 北京：中國人民大學出版社，2015.

［28］李紅梅，田景鮮. 公司財務危機預警模型比較研究——以 A 股製造業上市公司為例［J］. 財會月刊，2013（10）：25-29.

［29］劉淑蓮. 財務管理學［M］. 2 版. 北京：中國人民大學出版社，2016.

［30］劉秀琴，陳藝城，羅軍. 基於 Logistic 模型的中小板上市公司財務預警模型構建［J］. 財會月刊，2016（36）：85-88.

［31］陸正飛，辛宇. 上市公司資本結構主要影響因素之實證研究［J］. 會計研究，1998（8）：34-37.

［32］陸正飛，朱凱，童盼. 高級財務管理［M］. 2 版. 北京：北京大學出版社，2013

［33］羅正英，權小鋒. 財務管理［M］. 上海：立信會計出版社，2015.

［34］彭家鈞，王竹泉. 海爾集團營運資金管理體系的構建與運行［J］. 財務與會計，2012（3）：36-38.

［35］裘益政，竺素娥. 財務管理案例［M］. 2 版. 大連：東北財經大學出版社，2014.

［36］唐國正，劉力．公司資本結構理論——回顧與展望［J］．管理世界，2006（5）：158-169．

［37］王化成．財務管理［M］．4 版．北京：中國人民大學出版社，2013．

［38］王化成．高級財務管理［M］．3 版．北京：中國人民大學出版社，2017．

［39］王瀛，嚴睿．李如成：雅戈爾投資調整［J］．英才，2012（7）：40-42．

［40］吳星澤．財務危機預警研究：存在問題與框架重構［J］．會計研究，2011（2）：59-65．

［41］肖澤忠，鄒宏．中國上市公司資本結構的影響因素和股權融資偏好［J］．經濟研究，2008（6）：119-134．

［42］楊潔．賽維：破產還是重生［J］．現代國企研究，2014（15）：66-71．

［43］葉德磊，田豔華．主業專注與投資多元：兼容還是矛盾？——雅戈爾的案例研究［J］．華東師範大學學報（哲學社會科學版），2013（4）：130-136．

［44］張友棠，黃陽．基於行業環境風險識別的企業財務預警控製系統研究［J］．會計研究，2011（3）：144-145．

［45］張友棠，黃陽．多主體博弈的企業財務危機演化機理研究［J］．財會通訊，2012（7）：11-12．

［46］中國註冊會計師協會．財務成本管理［M］．北京：中國財政經濟出版社，2016．

［47］中華人民共和國財政部．企業會計準則（2017 年版）［M］．上海：立信會計出版社，2017．

［48］中華人民共和國財政部．企業會計準則應用指南（2017 年版）［M］．上海：立信會計出版社，2017．

［49］中華人民共和國財政部．企業財務通則［M］．北京：中國財政經濟出版社，2006．

［50］周丹，管河山．上市公司財務危機預警模型研究［J］．財會通訊，2016（29）：108-110．

［51］周穎，孫秀峰．項目投融資決策［M］．北京：清華大學出版社，2010．

［52］朱乃平．中達股份財務危機案例剖析［J］．財務與會計，2008（3）：10-11．

附表一：複利終值係數表

期數	1%	2%	3%	4%	5%	6%	7%	8%	9%	10%	11%	12%	13%	14%	15%
1	1.01	1.02	1.03	1.04	1.05	1.06	1.07	1.08	1.09	1.1	1.11	1.12	1.13	1.14	1.15
2	1.0201	1.0404	1.0609	1.0816	1.1025	1.1236	1.1449	1.1664	1.1881	1.21	1.2321	1.2544	1.2769	1.2996	1.3225
3	1.0303	1.0612	1.0927	1.1249	1.1576	1.191	1.225	1.2597	1.295	1.331	1.3676	1.4049	1.4429	1.4815	1.5209
4	1.0406	1.0824	1.1255	1.1699	1.2155	1.2625	1.3108	1.3605	1.4116	1.4641	1.5181	1.5735	1.6305	1.689	1.749
5	1.051	1.1041	1.1593	1.2167	1.2763	1.3382	1.4026	1.4693	1.5386	1.6105	1.6851	1.7623	1.8424	1.9254	2.0114
6	1.0615	1.1262	1.1941	1.2653	1.3401	1.4185	1.5007	1.5869	1.6771	1.7716	1.8704	1.9738	2.082	2.195	2.3131
7	1.0721	1.1487	1.2299	1.3159	1.4071	1.5036	1.6058	1.7138	1.828	1.9487	2.0762	2.2107	2.3526	2.5023	2.66
8	1.0829	1.1717	1.2668	1.3686	1.4775	1.5938	1.7182	1.8509	1.9926	2.1436	2.3045	2.476	2.6584	2.8526	3.059
9	1.0937	1.1951	1.3048	1.4233	1.5513	1.6895	1.8385	1.999	2.1719	2.3579	2.558	2.7731	3.004	3.2519	3.5179
10	1.1046	1.219	1.3439	1.4802	1.6289	1.7908	1.9672	2.1589	2.3674	2.5937	2.8394	3.1058	3.3946	3.7072	4.0456
11	1.1157	1.2434	1.3842	1.5395	1.7103	1.8983	2.1049	2.3316	2.5804	2.8531	3.1518	3.4786	3.8359	4.2262	4.6524
12	1.1268	1.2682	1.4258	1.601	1.7959	2.0122	2.2522	2.5182	2.8127	3.1384	3.4985	3.896	4.3345	4.8179	5.3503
13	1.1381	1.2936	1.4685	1.6651	1.8856	2.1329	2.4098	2.7196	3.0658	3.4523	3.8833	4.3635	4.898	5.4924	6.1528
14	1.1495	1.3195	1.5126	1.7317	1.9799	2.2609	2.5785	2.9372	3.3417	3.7975	4.3104	4.8871	5.5348	6.2613	7.0757
15	1.161	1.3459	1.558	1.8009	2.0789	2.3966	2.759	3.1722	3.6425	4.1772	4.7846	5.4736	6.2543	7.1379	8.1371
16	1.1726	1.3728	1.6047	1.873	2.1829	2.5404	2.9522	3.4259	3.9703	4.595	5.3109	6.1304	7.0673	8.1372	9.3576
17	1.1843	1.4002	1.6528	1.9479	2.292	2.6928	3.1588	3.7	4.3276	5.0545	5.8951	6.866	7.9861	9.2765	10.7613
18	1.1961	1.4282	1.7024	2.0258	2.4066	2.8543	3.3799	3.996	4.7171	5.5599	6.5436	7.69	9.0243	10.5752	12.3755
19	1.2081	1.4568	1.7535	2.1068	2.527	3.0256	3.6165	4.3157	5.1417	6.1159	7.2633	8.6128	10.1974	12.0557	14.2318
20	1.2202	1.4859	1.8061	2.1911	2.6533	3.2071	3.8697	4.661	5.6044	6.7275	8.0623	9.6463	11.5231	13.7435	16.3665
21	1.2324	1.5157	1.8603	2.2788	2.786	3.3996	4.1406	5.0338	6.1088	7.4002	8.9492	10.8038	13.0211	15.6676	18.8215
22	1.2447	1.546	1.9161	2.3699	2.9253	3.6035	4.4304	5.4365	6.6586	8.1403	9.9336	12.1003	14.7138	17.861	21.6447
23	1.2572	1.5769	1.9736	2.4647	3.0715	3.8197	4.7405	5.8715	7.2579	8.9543	11.0263	13.5523	16.6266	20.3616	24.8915
24	1.2697	1.6084	2.0328	2.5633	3.2251	4.0489	5.0724	6.3412	7.9111	9.8497	12.2392	15.1786	18.7881	23.2122	28.6252
25	1.2824	1.6406	2.0938	2.6658	3.3864	4.2919	5.4274	6.8485	8.6231	10.8347	13.5855	17.0001	21.2305	26.4619	32.919
26	1.2953	1.6734	2.1566	2.7725	3.5557	4.5494	5.8074	7.3964	9.3992	11.9182	15.0799	19.0401	23.9905	30.1666	37.8568
27	1.3082	1.7069	2.2213	2.8834	3.7335	4.8223	6.2139	7.9881	10.2451	13.11	16.7387	21.3249	27.1093	34.3899	43.5353
28	1.3213	1.741	2.2879	2.9987	3.9201	5.1117	6.6488	8.6271	11.1671	14.421	18.5799	23.8839	30.6335	39.2045	50.0656
29	1.3345	1.7758	2.3566	3.1187	4.1161	5.4184	7.1143	9.3173	12.1722	15.8631	20.6237	26.7499	34.6158	44.6931	57.5755
30	1.3478	1.8114	2.4273	3.2434	4.3219	5.7435	7.6123	10.0627	13.2677	17.4494	22.8923	29.9599	39.1159	50.9502	66.2118

附表一（續）

期數	16%	17%	18%	19%	20%	21%	22%	23%	24%	25%	26%	27%	28%	29%	30%
1	1. 16	1. 17	1. 18	1. 19	1. 2	1. 21	1. 22	1. 23	1. 24	1. 25	1. 26	1. 27	1. 28	1. 29	1. 3
2	1. 3456	1. 3689	1. 3924	1. 4161	1. 44	1. 4641	1. 4884	1. 5129	1. 5376	1. 5625	1. 5876	1. 6129	1. 6384	1. 6641	1. 69
3	1. 5609	1. 6016	1. 643	1. 6852	1. 728	1. 7716	1. 8158	1. 8609	1. 9066	1. 9531	2. 0004	2. 0484	2. 0972	2. 1467	2. 197
4	1. 8106	1. 8739	1. 9388	2. 0053	2. 0736	2. 1436	2. 2153	2. 2889	2. 3642	2. 4414	2. 5205	2. 6014	2. 6844	2. 7692	2. 8561
5	2. 1003	2. 1924	2. 2878	2. 3864	2. 4883	2. 5937	2. 7027	2. 8153	2. 9316	3. 0518	3. 1758	3. 3038	3. 436	3. 5723	3. 7129
6	2. 4364	2. 5652	2. 6996	2. 8398	2. 986	3. 1384	3. 2973	3. 4628	3. 6352	3. 8147	4. 0015	4. 1959	4. 398	4. 6083	4. 8268
7	2. 8262	3. 0012	3. 1855	3. 3793	3. 5832	3. 7975	4. 0227	4. 2593	4. 5077	4. 7684	5. 0419	5. 3288	5. 6295	5. 9447	6. 2749
8	3. 2784	3. 5115	3. 7589	4. 0214	4. 2998	4. 595	4. 9077	5. 2389	5. 5895	5. 9605	6. 3528	6. 7675	7. 2058	7. 6686	8. 1573
9	3. 803	4. 1084	4. 4355	4. 7854	5. 1598	5. 5599	5. 9874	6. 4439	6. 931	7. 4506	8. 0045	8. 5948	9. 2234	9. 8925	10. 6045
10	4. 4114	4. 8068	5. 2338	5. 6947	6. 1917	6. 7275	7. 3046	7. 9259	8. 5944	9. 3132	10. 0857	10. 9153	11. 8059	12. 7614	13. 7858
11	5. 1173	5. 624	6. 1759	6. 7767	7. 4301	8. 1403	8. 9117	9. 7489	10. 6571	11. 6415	12. 708	13. 8625	15. 1116	16. 4622	17. 9216
12	5. 936	6. 5801	7. 2876	8. 0642	8. 9161	9. 8497	10. 8722	11. 9912	13. 2148	14. 5519	16. 012	17. 6053	19. 3428	21. 2362	23. 2981
13	6. 8858	7. 6987	8. 5994	9. 5954	10. 6993	11. 9182	13. 2641	14. 7491	16. 3863	18. 1899	20. 1752	22. 3588	24. 7588	27. 3947	30. 2875
14	7. 9875	9. 0075	10. 1472	11. 4198	12. 8392	14. 421	16. 1822	18. 1414	20. 3191	22. 7374	25. 4207	28. 3957	31. 6913	35. 3391	39. 3738
15	9. 2655	10. 5387	11. 9737	13. 5895	15. 407	17. 4494	19. 7423	22. 314	25. 1956	28. 4217	32. 0301	36. 0625	40. 5648	45. 5875	51. 1859
16	10. 748	12. 3303	14. 129	16. 1715	18. 4884	21. 1138	24. 0856	27. 4462	31. 2426	35. 5271	40. 3579	45. 7994	51. 923	58. 8079	66. 5417
17	12. 4677	14. 4265	16. 6722	19. 2441	22. 1861	25. 5477	29. 3844	33. 7588	38. 7408	44. 4089	50. 851	58. 1652	66. 4614	75. 8621	86. 5042
18	14. 4625	16. 879	19. 6733	22. 9005	26. 6233	30. 9127	35. 849	41. 5233	48. 0386	55. 5112	64. 0722	73. 8698	85. 0706	97. 8622	112. 4554
19	16. 7765	19. 7484	23. 2144	27. 2516	31. 948	37. 4043	43. 7358	51. 0737	59. 5679	69. 3889	80. 731	93. 8147	108. 8904	126. 2422	146. 192
20	19. 4608	23. 1056	27. 393	32. 4294	38. 3376	45. 2593	53. 3576	62. 8206	73. 8641	86. 7362	101. 7211	119. 1446	139. 3797	162. 8524	190. 0496
21	22. 5745	27. 0336	32. 3238	38. 591	46. 0051	54. 7637	65. 0963	77. 2694	91. 5915	108. 4202	128. 1685	151. 3137	178. 406	210. 0796	247. 0645
22	26. 1864	31. 6293	38. 1421	45. 9233	55. 2061	66. 2641	79. 4175	95. 0413	113. 5735	135. 5253	161. 4924	192. 1683	228. 3596	271. 0027	321. 1839
23	30. 3762	37. 0062	45. 0076	54. 6487	66. 2474	80. 1795	96. 8894	116. 9008	140. 8312	169. 4066	203. 4804	244. 0538	292. 3003	349. 5935	417. 5391
24	35. 2364	43. 2973	53. 109	65. 032	79. 4968	97. 0172	118. 205	143. 788	174. 6306	211. 7582	256. 3853	309. 9483	374. 1444	450. 9756	542. 8008
25	40. 8742	50. 6578	62. 6686	77. 3881	95. 3962	117. 3909	144. 2101	176. 8593	216. 542	264. 6978	323. 0454	393. 6344	478. 9049	581. 7585	705. 641
26	47. 4141	59. 2697	73. 949	92. 0913	114. 4755	142. 0429	175. 9364	217. 5369	268. 5121	330. 8722	407. 0373	499. 9157	612. 9982	750. 4685	917. 3333
27	55. 0004	69. 3455	87. 2598	109. 5893	137. 3706	171. 8719	214. 6424	267. 5704	332. 955	413. 5903	512. 867	634. 8929	784. 6377	968. 1044	1192. 5333
28	63. 8004	81. 1342	102. 9666	130. 4112	164. 8447	207. 9551	261. 8637	329. 1115	412. 8642	516. 9879	646. 2124	806. 314	1004. 3363	1248. 8546	1550. 2933
29	74. 0085	94. 9271	121. 5005	155. 1893	197. 8136	251. 6377	319. 4737	404. 8072	511. 9516	646. 2349	814. 2276	1024. 0187	1285. 5504	1611. 0225	2015. 3813
30	85. 8499	111. 0647	143. 3706	184. 6753	237. 3763	304. 4816	389. 7579	497. 9129	634. 8199	807. 7936	1025. 9267	1300. 5038	1645. 5046	2078. 219	2619. 9956

附表二：複利現值系數表

期數	1%	2%	3%	4%	5%	6%	7%	8%	9%	10%	11%	12%	13%	14%	15%
1	0. 9901	0. 9804	0. 9709	0. 9615	0. 9524	0. 9434	0. 9346	0. 9259	0. 9174	0. 9091	0. 9009	0. 8929	0. 885	0. 8772	0. 8696
2	0. 9803	0. 9612	0. 9426	0. 9246	0. 907	0. 89	0. 8734	0. 8573	0. 8417	0. 8264	0. 8116	0. 7972	0. 7831	0. 7695	0. 7561
3	0. 9706	0. 9423	0. 9151	0. 889	0. 8638	0. 8396	0. 8163	0. 7938	0. 7722	0. 7513	0. 7312	0. 7118	0. 6931	0. 675	0. 6575
4	0. 961	0. 9238	0. 8885	0. 8548	0. 8227	0. 7921	0. 7629	0. 735	0. 7084	0. 683	0. 6587	0. 6355	0. 6133	0. 5921	0. 5718
5	0. 9515	0. 9057	0. 8626	0. 8219	0. 7835	0. 7473	0. 713	0. 6806	0. 6499	0. 6209	0. 5935	0. 5674	0. 5428	0. 5194	0. 4972
6	0. 942	0. 888	0. 8375	0. 7903	0. 7462	0. 705	0. 6663	0. 6302	0. 5963	0. 5645	0. 5346	0. 5066	0. 4803	0. 4556	0. 4323
7	0. 9327	0. 8706	0. 8131	0. 7599	0. 7107	0. 6651	0. 6227	0. 5835	0. 547	0. 5132	0. 4817	0. 4523	0. 4251	0. 3996	0. 3759
8	0. 9235	0. 8535	0. 7894	0. 7307	0. 6768	0. 6274	0. 582	0. 5403	0. 5019	0. 4665	0. 4339	0. 4039	0. 3762	0. 3506	0. 3269
9	0. 9143	0. 8368	0. 7664	0. 7026	0. 6446	0. 5919	0. 5439	0. 5002	0. 4604	0. 4241	0. 3909	0. 3606	0. 3329	0. 3075	0. 2843
10	0. 9053	0. 8203	0. 7441	0. 6756	0. 6139	0. 5584	0. 5083	0. 4632	0. 4224	0. 3855	0. 3522	0. 322	0. 2946	0. 2697	0. 2472
11	0. 8963	0. 8043	0. 7224	0. 6496	0. 5847	0. 5268	0. 4751	0. 4289	0. 3875	0. 3505	0. 3173	0. 2875	0. 2607	0. 2366	0. 2149
12	0. 8874	0. 7885	0. 7014	0. 6246	0. 5568	0. 497	0. 444	0. 3971	0. 3555	0. 3186	0. 2858	0. 2567	0. 2307	0. 2076	0. 1869
13	0. 8787	0. 773	0. 681	0. 6006	0. 5303	0. 4688	0. 415	0. 3677	0. 3262	0. 2897	0. 2575	0. 2292	0. 2042	0. 1821	0. 1625
14	0. 87	0. 7579	0. 6611	0. 5775	0. 5051	0. 4423	0. 3878	0. 3405	0. 2992	0. 2633	0. 232	0. 2046	0. 1807	0. 1597	0. 1413
15	0. 8613	0. 743	0. 6419	0. 5553	0. 481	0. 4173	0. 3624	0. 3152	0. 2745	0. 2394	0. 209	0. 1827	0. 1599	0. 1401	0. 1229
16	0. 8528	0. 7284	0. 6232	0. 5339	0. 4581	0. 3936	0. 3387	0. 2919	0. 2519	0. 2176	0. 1883	0. 1631	0. 1415	0. 1229	0. 1069
17	0. 8444	0. 7142	0. 605	0. 5134	0. 4363	0. 3714	0. 3166	0. 2703	0. 2311	0. 1978	0. 1696	0. 1456	0. 1252	0. 1078	0. 0929
18	0. 836	0. 7002	0. 5874	0. 4936	0. 4155	0. 3503	0. 2959	0. 2502	0. 212	0. 1799	0. 1528	0. 13	0. 1108	0. 0946	0. 0808
19	0. 8277	0. 6864	0. 5703	0. 4746	0. 3957	0. 3305	0. 2765	0. 2317	0. 1945	0. 1635	0. 1377	0. 1161	0. 0981	0. 0829	0. 0703
20	0. 8195	0. 673	0. 5537	0. 4564	0. 3769	0. 3118	0. 2584	0. 2145	0. 1784	0. 1486	0. 124	0. 1037	0. 0868	0. 0728	0. 0611
21	0. 8114	0. 6598	0. 5375	0. 4388	0. 3589	0. 2942	0. 2415	0. 1987	0. 1637	0. 1351	0. 1117	0. 0926	0. 0768	0. 0638	0. 0531
22	0. 8034	0. 6468	0. 5219	0. 422	0. 3418	0. 2775	0. 2257	0. 1839	0. 1502	0. 1228	0. 1007	0. 0826	0. 068	0. 056	0. 0462
23	0. 7954	0. 6342	0. 5067	0. 4057	0. 3256	0. 2618	0. 2109	0. 1703	0. 1378	0. 1117	0. 0907	0. 0738	0. 0601	0. 0491	0. 0402
24	0. 7876	0. 6217	0. 4919	0. 3901	0. 3101	0. 247	0. 1971	0. 1577	0. 1264	0. 1015	0. 0817	0. 0659	0. 0532	0. 0431	0. 0349
25	0. 7798	0. 6095	0. 4776	0. 3751	0. 2953	0. 233	0. 1842	0. 146	0. 116	0. 0923	0. 0736	0. 0588	0. 0471	0. 0378	0. 0304
26	0. 772	0. 5976	0. 4637	0. 3607	0. 2812	0. 2198	0. 1722	0. 1352	0. 1064	0. 0839	0. 0663	0. 0525	0. 0417	0. 0331	0. 0264
27	0. 7644	0. 5859	0. 4502	0. 3468	0. 2678	0. 2074	0. 1609	0. 1252	0. 0976	0. 0763	0. 0597	0. 0469	0. 0369	0. 0291	0. 023
28	0. 7568	0. 5744	0. 4371	0. 3335	0. 2551	0. 1956	0. 1504	0. 1159	0. 0895	0. 0693	0. 0538	0. 0419	0. 0326	0. 0255	0. 02
29	0. 7493	0. 5631	0. 4243	0. 3207	0. 2429	0. 1846	0. 1406	0. 1073	0. 0822	0. 063	0. 0485	0. 0374	0. 0289	0. 0224	0. 0174
30	0. 7419	0. 5521	0. 412	0. 3083	0. 2314	0. 1741	0. 1314	0. 0994	0. 0754	0. 0573	0. 0437	0. 0334	0. 0256	0. 0196	0. 0151

附表二（續）

期數	16%	17%	18%	19%	20%	21%	22%	23%	24%	25%	26%	27%	28%	29%	30%
1	0.8621	0.8547	0.8475	0.8403	0.8333	0.8264	0.8197	0.813	0.8065	0.8	0.7937	0.7874	0.7813	0.7752	0.7692
2	0.7432	0.7305	0.7182	0.7062	0.6944	0.683	0.6719	0.661	0.6504	0.64	0.6299	0.62	0.6104	0.6009	0.5917
3	0.6407	0.6244	0.6086	0.5934	0.5787	0.5645	0.5507	0.5374	0.5245	0.512	0.4999	0.4882	0.4768	0.4658	0.4552
4	0.5523	0.5337	0.5158	0.4987	0.4823	0.4665	0.4514	0.4369	0.423	0.4096	0.3968	0.3844	0.3725	0.3611	0.3501
5	0.4761	0.4561	0.4371	0.419	0.4019	0.3855	0.37	0.3552	0.3411	0.3277	0.3149	0.3027	0.291	0.2799	0.2693
6	0.4104	0.3898	0.3704	0.3521	0.3349	0.3186	0.3033	0.2888	0.2751	0.2621	0.2499	0.2383	0.2274	0.217	0.2072
7	0.3538	0.3332	0.3139	0.2959	0.2791	0.2633	0.2486	0.2348	0.2218	0.2097	0.1983	0.1877	0.1776	0.1682	0.1594
8	0.305	0.2848	0.266	0.2487	0.2326	0.2176	0.2038	0.1909	0.1789	0.1678	0.1574	0.1478	0.1388	0.1304	0.1226
9	0.263	0.2434	0.2255	0.209	0.1938	0.1799	0.167	0.1552	0.1443	0.1342	0.1249	0.1164	0.1084	0.1011	0.0943
10	0.2267	0.208	0.1911	0.1756	0.1615	0.1486	0.1369	0.1262	0.1164	0.1074	0.0992	0.0916	0.0847	0.0784	0.0725
11	0.1954	0.1778	0.1619	0.1476	0.1346	0.1228	0.1122	0.1026	0.0938	0.0859	0.0787	0.0721	0.0662	0.0607	0.0558
12	0.1685	0.152	0.1372	0.124	0.1122	0.1015	0.092	0.0834	0.0757	0.0687	0.0625	0.0568	0.0517	0.0471	0.0429
13	0.1452	0.1299	0.1163	0.1042	0.0935	0.0839	0.0754	0.0678	0.061	0.055	0.0496	0.0447	0.0404	0.0365	0.033
14	0.1252	0.111	0.0985	0.0876	0.0779	0.0693	0.0618	0.0551	0.0492	0.044	0.0393	0.0352	0.0316	0.0283	0.0254
15	0.1079	0.0949	0.0835	0.0736	0.0649	0.0573	0.0507	0.0448	0.0397	0.0352	0.0312	0.0277	0.0247	0.0219	0.0195
16	0.093	0.0811	0.0708	0.06 8	0.0541	0.0474	0.0415	0.0364	0.032	0.0281	0.0248	0.0218	0.0193	0.017	0.015
17	0.0802	0.0693	0.06	0.052	0.0451	0.0391	0.034	0.0296	0.0258	0.0225	0.0197	0.0172	0.015	0.0132	0.0116
18	0.0691	0.0592	0.0508	0.0437	0.0376	0.0323	0.0279	0.0241	0.0208	0.018	0.0156	0.0135	0.0118	0.0102	0.0089
19	0.0596	0.0506	0.0431	0.0367	0.0313	0.0267	0.0229	0.0196	0.0168	0.0144	0.0124	0.0107	0.0092	0.0079	0.0068
20	0.0514	0.0433	0.0365	0.0308	0.0261	0.0221	0.0187	0.0159	0.0135	0.0115	0.0098	0.0084	0.0072	0.0061	0.0053
21	0.0443	0.037	0.0309	0.0259	0.0217	0.0183	0.0154	0.0129	0.0109	0.0092	0.0078	0.0066	0.0056	0.0048	0.004
22	0.0382	0.0316	0.0262	0.0218	0.0181	0.0151	0.0126	0.0105	0.0088	0.0074	0.0062	0.0052	0.0044	0.0037	0.0031
23	0.0329	0.027	0.0222	0.0133	0.0151	0.0125	0.0103	0.0086	0.0071	0.0059	0.0049	0.0041	0.0034	0.0029	0.0024
24	0.0284	0.0231	0.0188	0.0154	0.0126	0.0103	0.0085	0.007	0.0057	0.0047	0.0039	0.0032	0.0027	0.0022	0.0018
25	0.0245	0.0197	0.016	0.0129	0.0105	0.0085	0.0069	0.0057	0.0046	0.0038	0.0031	0.0025	0.0021	0.0017	0.0014
26	0.0211	0.0169	0.0135	0.0109	0.0087	0.007	0.0057	0.0046	0.0037	0.003	0.0025	0.002	0.0016	0.0013	0.0011
27	0.0182	0.0144	0.0115	0.0091	0.0073	0.0058	0.0047	0.0037	0.003	0.0024	0.0019	0.0016	0.0013	0.001	0.0008
28	0.0157	0.0123	0.0097	0.0077	0.0061	0.0048	0.0038	0.003	0.0024	0.0019	0.0015	0.0012	0.001	0.0008	0.0006
29	0.0135	0.0105	0.0082	0.0054	0.0051	0.004	0.0031	0.0025	0.002	0.0015	0.0012	0.001	0.0008	0.0006	0.0005
30	0.0116	0.009	0.007	0.0054	0.0042	0.0033	0.0026	0.002	0.0016	0.0012	0.001	0.0008	0.0006	0.0005	0.0004

附表三：年金終值系數表

期數	1%	2%	3%	4%	5%	6%	7%	8%	9%	10%	11%	12%	13%	14%	15%
1	1	1	1	1	1	1	1	1	1	1	1	1	1	1	1
2	2. 01	2. 02	2. 03	2. 04	2. 05	2. 06	2. 07	2. 08	2. 09	2. 1	2. 11	2. 12	2. 13	2. 14	2. 15
3	3. 0301	3. 0604	3. 0909	3. 1216	3. 1525	3. 1836	3. 2149	3. 2464	3. 2781	3. 31	3. 3421	3. 3744	3. 4069	3. 4396	3. 4725
4	4. 0604	4. 1216	4. 1836	4. 2465	4. 3101	4. 3746	4. 4399	4. 5061	4. 5731	4. 641	4. 7097	4. 7793	4. 8498	4. 9211	4. 9934
5	5. 101	5. 204	5. 3091	5. 4163	5. 5256	5. 6371	5. 7507	5. 8666	5. 9847	6. 1051	6. 2278	6. 3528	6. 4803	6. 6101	6. 7424
6	6. 152	6. 3081	6. 4684	6. 633	6. 8019	6. 9753	7. 1533	7. 3359	7. 5233	7. 7156	7. 9129	8. 1152	8. 3227	8. 5355	8. 7537
7	7. 2135	7. 4343	7. 6625	7. 8983	8. 142	8. 3938	8. 654	8. 9228	9. 2004	9. 4872	9. 7833	10. 089	10. 4047	10. 7305	11. 0668
8	8. 2857	8. 583	8. 8923	9. 2142	9. 5491	9. 8975	10. 2598	10. 6366	11. 0285	11. 4359	11. 8594	12. 2997	12. 7573	13. 2328	13. 7268
9	9. 3685	9. 7546	10. 1591	10. 5828	11. 0266	11. 4913	11. 978	12. 4876	13. 021	13. 5795	14. 164	14. 7757	15. 4157	16. 0853	16. 7858
10	10. 4622	10. 9497	11. 4639	12. 0061	12. 5779	13. 1808	13. 8164	14. 4866	15. 1929	15. 9374	16. 722	17. 5487	18. 4197	19. 3373	20. 3037
11	11. 5668	12. 1687	12. 8078	13. 4864	14. 2068	14. 9716	15. 7836	16. 6455	17. 5603	18. 5312	19. 5614	20. 6546	21. 8143	23. 0445	24. 3493
12	12. 6825	13. 4121	14. 192	15. 0258	15. 9171	16. 8699	17. 8885	18. 9771	20. 1407	21. 3843	22. 7132	24. 1331	25. 6502	27. 2707	29. 0017
13	13. 8093	14. 6803	15. 6178	16. 6268	17. 713	18. 8821	20. 1406	21. 4953	22. 9534	24. 5227	26. 2116	28. 0291	29. 9847	32. 0887	34. 3519
14	14. 9474	15. 9739	17. 0863	18. 2919	19. 5986	21. 0151	22. 5505	24. 2149	26. 0192	27. 975	30. 0949	32. 3926	34. 8827	37. 5811	40. 5047
15	16. 0969	17. 2934	18. 5989	20. 0236	21. 5786	23. 276	25. 129	27. 1521	29. 3609	31. 7725	34. 4054	37. 2797	40. 4175	43. 8424	47. 5804
16	17. 2579	18. 6393	20. 1569	21. 8245	23. 6575	25. 6725	27. 8881	30. 3243	33. 0034	35. 9497	39. 1899	42. 7533	46. 6717	50. 9804	55. 7175
17	18. 4304	20. 0121	21. 7616	23. 6975	25. 8404	28. 2129	30. 8402	33. 7502	36. 9737	40. 5447	44. 5008	48. 8837	53. 7391	59. 1176	65. 0751
18	19. 6147	21. 4123	23. 4144	25. 6454	28. 1324	30. 9057	33. 999	37. 4502	41. 3013	45. 5992	50. 3959	55. 7497	61. 7251	68. 3941	75. 8364
19	20. 8109	22. 8406	25. 1169	27. 6712	30. 539	33. 76	37. 379	41. 4463	46. 0185	51. 1591	56. 9395	63. 4397	70. 7494	78. 9692	88. 2118
20	22. 019	24. 2974	26. 8704	29. 7781	33. 066	36. 7856	40. 9955	45. 762	51. 1601	57. 275	64. 2028	72. 0524	80. 9468	91. 0249	102. 4436
21	23. 2392	25. 7833	28. 6765	31. 9692	35. 7193	39. 9927	44. 8652	50. 4229	56. 7645	64. 0025	72. 2651	81. 6987	92. 4699	104. 7684	118. 8101
22	24. 4716	27. 299	30. 5368	34. 248	38. 5052	43. 3923	49. 0057	55. 4568	62. 8733	71. 4027	81. 2143	92. 5026	105. 491	120. 436	137. 6316
23	25. 7163	28. 845	32. 4529	36. 6179	41. 4305	46. 9958	53. 4361	60. 8933	69. 5319	79. 543	91. 1479	104. 6029	120. 2048	138. 297	159. 2764
24	26. 9735	30. 4219	34. 4265	39. 0826	44. 502	50. 8156	58. 1767	66. 7648	76. 7898	88. 4973	102. 1742	118. 1552	136. 8315	158. 6586	184. 1678
25	28. 2432	32. 0303	36. 4593	41. 6459	47. 7271	54. 8645	63. 249	73. 1059	84. 7009	98. 3471	114. 4133	133. 3339	155. 6196	181. 8708	212. 793
26	29. 5256	33. 6709	38. 553	44. 3117	51. 1135	59. 1564	68. 6765	79. 9544	93. 324	109. 1818	127. 9988	150. 3339	176. 8501	208. 3327	245. 712
27	30. 8209	35. 3443	40. 7096	47. 0842	54. 6691	63. 7058	74. 4838	87. 3508	102. 7231	121. 0999	143. 0786	169. 374	200. 8406	238. 4993	283. 5688
28	32. 1291	37. 0512	42. 9309	49. 9676	58. 4026	68. 5281	80. 6977	95. 3388	112. 9682	134. 2099	159. 8173	190. 6989	227. 9499	272. 8892	327. 1041
29	33. 4504	38. 7922	45. 2189	52. 9663	62. 3227	73. 6398	87. 3465	103. 9659	124. 1354	148. 6309	178. 3972	214. 5828	258. 5834	312. 0937	377. 1697
30	34. 7849	40. 5681	47. 5754	56. 0849	66. 4388	79. 0582	94. 4608	113. 2832	136. 3075	164. 494	199. 0209	241. 3327	293. 1992	356. 7868	434. 7451

附表三（續）

期數	16%	17%	18%	19%	20%	21%	22%	23%	24%	25%	26%	27%	28%	29%	30%
1	1	1	1	1	1	1	1	1	1	1	1	1	1	1	1
2	2. 16	2. 17	2. 18	2. 19	2. 2	2. 21	2. 22	2. 23	2. 24	2. 25	2. 26	2. 27	2. 28	2. 29	2. 3
3	3. 5056	3. 5389	3. 5724	3. 6061	3. 64	3. 6741	3. 7084	3. 7429	3. 7776	3. 8125	3. 8476	3. 8829	3. 9184	3. 9541	3. 99
4	5. 0665	5. 1405	5. 2154	5. 2913	5. 368	5. 4457	5. 5242	5. 6038	5. 6842	5. 7556	5. 848	5. 9313	6. 0156	6. 1008	6. 187
5	6. 8771	7. 0144	7. 1542	7. 2966	7. 4416	7. 5892	7. 7396	7. 8926	8. 0484	8. 207	8. 3684	8. 5327	8. 6999	8. 87	9. 0431
6	8. 9775	9. 2068	9. 442	9. 683	9. 9299	10. 183	10. 4423	10. 7079	10. 9801	11. 2588	11. 5442	11. 8366	12. 1359	12. 4423	12. 756
7	11. 4139	11. 772	12. 1415	12. 5227	12. 9159	13. 3214	13. 7396	14. 1708	14. 6153	15. 0735	15. 5458	16. 0324	16. 5339	17. 0506	17. 5828
8	14. 2401	14. 7733	15. 327	15. 902	16. 4991	17. 1189	17. 7623	18. 43	19. 1229	19. 8419	20. 5876	21. 3612	22. 1634	22. 9953	23. 8577
9	17. 5185	18. 2847	19. 0859	19. 9234	20. 7989	21. 7139	22. 67	23. 669	24. 7125	25. 8023	26. 9404	28. 1287	29. 3692	30. 6639	32. 015
10	21. 3215	22. 3931	23. 5213	24. 7089	25. 9587	27. 2738	28. 6574	30. 1128	31. 6434	33. 2529	34. 9449	36. 7235	38. 5926	40. 5564	42. 6195
11	25. 7329	27. 1999	28. 7551	30. 4035	32. 1504	34. 0013	35. 962	38. 0388	40. 2379	42. 5661	45. 0306	47. 6388	50. 3985	53. 3178	56. 4053
12	30. 8502	32. 8239	34. 9311	37. 1802	39. 5805	42. 1416	44. 8737	47. 7877	50. 895	54. 2077	57. 7386	61. 5013	65. 51	69. 78	74. 327
13	36. 7862	39. 404	42. 2187	45. 2445	48. 4966	51. 9913	55. 7459	59. 7788	64. 1097	68. 7596	73. 7506	79. 1066	84. 8529	91. 0161	97. 625
14	43. 672	47. 1027	50. 818	54. 8409	59. 1959	63. 9095	69. 01	74. 528	80. 4961	86. 9495	93. 9258	101. 4654	109. 6117	118. 4108	127. 9125
15	51. 6595	56. 1101	60. 9653	66. 2607	72. 0351	78. 3305	85. 1922	92. 6694	100. 8151	109. 6868	119. 3465	129. 8611	141. 3029	153. 75	167. 2863
16	60. 925	66. 6488	72. 939	79. 8502	87. 4421	95. 7799	104. 9345	114. 9834	126. 0108	138. 1085	151. 3766	165. 9236	181. 8677	199. 3374	218. 4722
17	71. 673	78. 9792	87. 068	96. 0218	105. 9306	116. 8937	129. 0201	142. 4295	157. 2534	173. 6357	191. 7345	211. 723	233. 7907	258. 1453	285. 0139
18	84. 1407	93. 4056	103. 7403	115. 2659	128. 1167	142. 4413	158. 4045	176. 1883	195. 9942	218. 0446	242. 5855	269. 8882	300. 2521	334. 0074	371. 518
19	98. 6032	110. 2846	123. 4135	138. 1664	154. 74	173. 354	194. 2535	217. 7116	244. 0328	273. 5558	306. 6577	343. 758	385. 3227	431. 8696	483. 9734
20	115. 3797	130. 0329	146. 628	165. 418	186. 688	210. 7584	237. 9893	268. 7853	303. 6006	342. 9447	387. 3887	437. 5726	494. 2131	558. 1118	630. 1655
21	134. 8405	153. 1385	174. 021	197. 8474	225. 0256	256. 0176	291. 3469	331. 6059	377. 4648	429. 6809	489. 1098	556. 7173	633. 5927	720. 9642	820. 2151
22	157. 415	180. 1721	206. 3448	236. 4385	271. 0307	310. 7813	356. 4432	408. 8753	469. 0563	538. 1011	617. 2783	708. 0309	811. 9987	931. 0438	1067. 2796
23	183. 6014	211. 8013	244. 4868	282. 3518	326. 2369	377. 0454	435. 8607	503. 9166	582. 6298	673. 6264	778. 7707	900. 1993	1040. 3583	1202. 0465	1388. 4635
24	213. 9776	248. 8076	289. 4945	337. 0105	392. 4842	457. 2249	532. 7501	620. 8174	723. 461	843. 0329	982. 2511	1144. 2531	1332. 6586	1551. 64	1806. 0026
25	249. 214	292. 1049	342. 6035	402. 0425	471. 9811	554. 2422	650. 9551	764. 6054	898. 0916	1054. 7912	1238. 6363	1454. 2014	1706. 8031	2002. 6156	2348. 8033
26	290. 0883	342. 7627	405. 2721	479. 4306	567. 3773	671. 633	795. 1653	941. 4647	1114. 6336	1319. 489	1561. 6818	1847. 8358	2185. 7079	2584. 3741	3054. 4443
27	337. 5024	402. 0323	479. 2211	571. 5224	681. 8528	813. 6759	971. 1016	1159. 0016	1383. 1457	1650. 3612	1968. 7191	2347. 7515	2798. 7061	3334. 8426	3971. 7776
28	392. 5028	471. 3778	566. 4809	681. 1116	819. 2233	985. 5479	1185. 744	1426. 5719	1716. 1007	2063. 9515	2481. 586	2982. 6444	3583. 3438	4302. 947	5164. 3109
29	456. 3032	552. 5121	669. 4475	811. 5228	984. 068	1193. 5129	1447. 6077	1755. 6835	2128. 9648	2580. 9394	3127. 7984	3788. 9583	4587. 6801	5551. 8016	6714. 6042
30	530. 3117	647. 4391	790. 948	966. 7122	1181. 8816	1445. 1507	1767. 0813	2160. 4907	2640. 9164	3227. 1743	3942. 026	4812. 9771	5873. 2306	7162. 8241	8729. 9855

附表四：年金現值系數表

期數	1%	2%	3%	4%	5%	6%	7%	8%	9%	10%	11%	12%	13%	14%	15%
1	0. 9901	0. 9804	0. 9709	0. 9615	0. 9524	0. 9434	0. 9346	0. 9259	0. 9174	0. 9091	0. 9009	0. 8929	0. 885	0. 8772	0. 8696
2	1. 9704	1. 9416	1. 9135	1. 8861	1. 8594	1. 8334	1. 808	1. 7833	1. 7591	1. 7355	1. 7125	1. 6901	1. 6681	1. 6467	1. 6257
3	2. 941	2. 8839	2. 8286	2. 7751	2. 7232	2. 673	2. 6243	2. 5771	2. 5313	2. 4869	2. 4437	2. 4018	2. 3612	2. 3216	2. 2832
4	3. 902	3. 8077	3. 7171	3. 6299	3. 546	3. 4651	3. 3872	3. 3121	3. 2397	3. 1699	3. 1024	3. 0373	2. 9745	2. 9137	2. 855
5	4. 8534	4. 7135	4. 5797	4. 4518	4. 3295	4. 2124	4. 1002	3. 9927	3. 8897	3. 7908	3. 6959	3. 6048	3. 5172	3. 4331	3. 3522
6	5. 7955	5. 6014	5. 4172	5. 2421	5. 0757	4. 9173	4. 7665	4. 6229	4. 4859	4. 3553	4. 2305	4. 1114	3. 9975	3. 8887	3. 7845
7	6. 7282	6. 472	6. 2303	6. 0021	5. 7864	5. 5824	5. 3893	5. 2064	5. 033	4. 8684	4. 7122	4. 5638	4. 4226	4. 2883	4. 1604
8	7. 6517	7. 3255	7. 0197	6. 7327	6. 4632	6. 2098	5. 9713	5. 7466	5. 5348	5. 3349	5. 1461	4. 9676	4. 7988	4. 6389	4. 4873
9	8. 566	8. 1622	7. 7861	7. 4353	7. 1078	6. 8017	6. 5152	6. 2469	5. 9952	5. 759	5. 537	5. 3282	5. 1317	4. 9464	4. 7716
10	9. 4713	8. 9826	8. 5302	8. 1109	7. 7217	7. 3601	7. 0236	6. 7101	6. 4177	6. 1446	5. 8892	5. 6502	5. 4262	5. 2161	5. 0188
11	10. 3676	9. 7868	9. 2526	8. 7605	8. 3064	7. 8869	7. 4987	7. 139	6. 8052	6. 4951	6. 2065	5. 9377	5. 6869	5. 4527	5. 2337
12	11. 2551	10. 5753	9. 954	9. 3851	8. 8633	8. 3838	7. 9427	7. 5361	7. 1607	6. 8137	6. 4924	6. 1944	5. 9176	5. 6603	5. 4206
13	12. 1337	11. 3484	10. 635	9. 9856	9. 3936	8. 8527	8. 3577	7. 9038	7. 4869	7. 1034	6. 7499	6. 4235	6. 1218	5. 8424	5. 5831
14	13. 0037	12. 1062	11. 2961	10. 5631	9. 8986	9. 295	8. 7455	8. 2442	7. 7862	7. 3667	6. 9819	6. 6282	6. 3025	6. 0021	5. 7245
15	13. 8651	12. 8493	11. 9379	11. 1184	10. 3797	9. 7122	9. 1079	8. 5595	8. 0607	7. 6061	7. 1909	6. 8109	6. 4624	6. 1422	5. 8474
16	14. 7179	13. 5777	12. 5611	11. 6523	10. 8378	10. 1059	9. 4466	8. 8514	8. 3126	7. 8237	7. 3792	6. 974	6. 6039	6. 2651	5. 9542
17	15. 5623	14. 2919	13. 1661	12. 1657	11. 2741	10. 4773	9. 7632	9. 1216	8. 5436	8. 0216	7. 5488	7. 1196	6. 7291	6. 3729	6. 0472
18	16. 3983	14. 992	13. 7535	12. 6593	11. 6896	10. 8276	10. 0591	9. 3719	8. 7556	8. 2014	7. 7016	7. 2497	6. 8399	6. 4674	6. 128
19	17. 226	15. 6785	14. 3238	13. 1339	12. 0853	11. 1581	10. 3356	9. 6036	8. 9501	8. 3649	7. 8393	7. 3658	6. 938	6. 5504	6. 1982
20	18. 0456	16. 3514	14. 8775	13. 5903	12. 4622	11. 4699	10. 594	9. 8181	9. 1285	8. 5136	7. 9633	7. 4694	7. 0248	6. 6231	6. 2593
21	18. 857	17. 0112	15. 415	14. 0292	12. 8212	11. 7641	10. 8355	10. 0168	9. 2922	8. 6487	8. 0751	7. 562	7. 1016	6. 687	6. 3125
22	19. 6604	17. 658	15. 9369	14. 4511	13. 163	12. 0416	11. 0612	10. 2007	9. 4424	8. 7715	8. 1757	7. 6446	7. 1695	6. 7429	6. 3587
23	20. 4558	18. 2922	16. 4436	14. 8568	13. 4886	12. 3034	11. 2722	10. 3711	9. 5802	8. 8832	8. 2664	7. 7184	7. 2297	6. 7921	6. 3988
24	21. 2434	18. 9139	16. 9355	15. 247	13. 7986	12. 5504	11. 4693	10. 5288	9. 7066	8. 9847	8. 3481	7. 7843	7. 2829	6. 8351	6. 4338
25	22. 0232	19. 5235	17. 4131	15. 6221	14. 0939	12. 7834	11. 6536	10. 6748	9. 8226	9. 077	8. 4217	7. 8431	7. 33	6. 8729	6. 4641
26	22. 7952	20. 121	17. 8768	15. 9828	14. 3752	13. 0032	11. 8258	10. 81	9. 929	9. 1609	8. 4881	7. 8957	7. 3717	6. 9061	6. 4906
27	23. 5596	20. 7069	18. 327	16. 3296	14. 643	13. 2105	11. 9867	10. 9352	10. 0266	9. 2372	8. 5478	7. 9426	7. 4086	6. 9352	6. 5135
28	24. 3164	21. 2813	18. 7641	16. 6631	14. 8981	13. 4062	12. 1371	11. 0511	10. 1161	9. 3066	8. 6016	7. 9844	7. 4412	6. 9607	6. 5335
29	25. 0658	21. 8444	19. 1885	16. 9837	15. 1411	13. 5907	12. 2777	11. 1584	10. 1983	9. 3696	8. 6501	8. 0218	7. 4701	6. 983	6. 5509
30	25. 8077	22. 3965	19. 6004	17. 292	15. 3725	13. 7648	12. 409	11. 2578	10. 2737	9. 4269	8. 6938	8. 0552	7. 4957	7. 0027	6. 566

附表四（續）

期數	16%	17%	18%	19%	20%	21%	22%	23%	24%	25%	26%	27%	28%	29%	30%
1	0.8621	0.8547	0.8475	0.8403	0.8333	0.8264	0.8197	0.813	0.8065	0.8	0.7937	0.7874	0.7813	0.7752	0.7692
2	1.6052	1.5852	1.5656	1.5465	1.5278	1.5095	1.4915	1.474	1.4568	1.44	1.4235	1.4074	1.3916	1.3761	1.3609
3	2.2459	2.2096	2.1743	2.1399	2.1065	2.0739	2.0422	2.0114	1.9813	1.952	1.9234	1.8956	1.8684	1.842	1.8161
4	2.7982	2.7432	2.6901	2.6386	2.5887	2.5404	2.4936	2.4483	2.4043	2.3616	2.3202	2.28	2.241	2.2031	2.1662
5	3.2743	3.1993	3.1272	3.0576	2.9906	2.926	2.8636	2.8035	2.7454	2.6893	2.6351	2.5827	2.532	2.483	2.4356
6	3.6847	3.5892	3.4976	3.4098	3.3255	3.2446	3.1669	3.0923	3.0205	2.9514	2.885	2.821	2.7594	2.7	2.6427
7	4.0386	3.9224	3.8115	3.7057	3.6046	3.5079	3.4155	3.327	3.2423	3.1611	3.0833	3.0087	2.937	2.8682	2.8021
8	4.3436	4.2072	4.0776	3.9544	3.8372	3.7256	3.6193	3.5179	3.4212	3.3289	3.2407	3.1564	3.0758	2.9986	2.9247
9	4.6065	4.4506	4.303	4.1633	4.031	3.9054	3.7863	3.6731	3.5655	3.4631	3.3657	3.2728	3.1842	3.0997	3.019
10	4.8332	4.6586	4.4941	4.3389	4.1925	4.0541	3.9232	3.7993	3.6819	3.5705	3.4648	3.3644	3.2689	3.1781	3.0915
11	5.0286	4.8364	4.656	4.4865	4.3271	4.1769	4.0354	3.9018	3.7757	3.6564	3.5435	3.4365	3.3351	3.2388	3.1473
12	5.1971	4.9884	4.7932	4.6105	4.4392	4.2784	4.1274	3.9852	3.8514	3.7251	3.6059	3.4933	3.3868	3.2859	3.1903
13	5.3423	5.1183	4.9095	4.7147	4.5327	4.3624	4.2028	4.053	3.9124	3.7801	3.6555	3.5381	3.4272	3.3224	3.2233
14	5.4675	5.2293	5.0081	4.8023	4.6106	4.4317	4.2646	4.1082	3.9616	3.8241	3.6949	3.5733	3.4587	3.3507	3.2487
15	5.5755	5.3242	5.0916	4.8759	4.6755	4.489	4.3152	4.153	4.0013	3.8593	3.7261	3.601	3.4834	3.3726	3.2682
16	5.6685	5.4053	5.1624	4.9377	4.7296	4.5364	4.3567	4.1894	4.0333	3.8874	3.7509	3.6228	3.5026	3.3896	3.2832
17	5.7487	5.4746	5.2223	4.9897	4.7746	4.5755	4.3908	4.219	4.0591	3.9099	3.7705	3.64	3.5177	3.4028	3.2948
18	5.8178	5.5339	5.2732	5.0333	4.8122	4.6079	4.4187	4.2431	4.0799	3.9279	3.7861	3.6536	3.5294	3.413	3.3037
19	5.8775	5.5845	5.3162	5.07	4.8435	4.6346	4.4415	4.2627	4.0967	3.9424	3.7985	3.6642	3.5386	3.421	3.3105
20	5.9288	5.6278	5.3527	5.1009	4.8696	4.6567	4.4603	4.2786	4.1103	3.9539	3.8083	3.6726	3.5458	3.4271	3.3158
21	5.9731	5.6648	5.3837	5.1268	4.8913	4.675	4.4756	4.2916	4.1212	3.9631	3.8161	3.6792	3.5514	3.4319	3.3198
22	5.0113	5.6964	5.4099	5.1486	4.9094	4.69	4.4882	4.3021	4.13	3.9705	3.8223	3.6844	3.5558	3.4356	3.323
23	5.0442	5.7234	5.4321	5.1668	4.9245	4.7025	4.4985	4.3106	4.1371	3.9764	3.8273	3.6885	3.5592	3.4384	3.3254
24	5.0726	5.7465	5.4509	5.1822	4.9371	4.7128	4.507	4.3176	4.1428	3.9811	3.8312	3.6918	3.5619	3.4406	3.3272
25	5.0971	5.7662	5.4669	5.1951	4.9476	4.7213	4.5139	4.3232	4.1474	3.9849	3.8342	3.6943	3.564	3.4423	3.3286
26	6.1182	5.7831	5.4804	5.206	4.9563	4.7284	4.5196	4.3278	4.1511	3.9879	3.8367	3.6963	3.5656	3.4437	3.3297
27	6.1364	5.7975	5.4919	5.2151	4.9636	4.7342	4.5243	4.3316	4.1542	3.9903	3.8387	3.6979	3.5669	3.4447	3.3305
28	6.152	5.8099	5.5016	5.2228	4.9697	4.739	4.5281	4.3346	4.1566	3.9923	3.8402	3.6991	3.5679	3.4455	3.3312
29	6.1656	5.8204	5.5098	5.2292	4.9747	4.743	4.5312	4.3371	4.1585	3.9938	3.8414	3.7001	3.5687	3.4461	3.3317
30	6.1772	5.8294	5.5168	5.2347	4.9789	4.7463	4.5338	4.3391	4.1601	3.995	3.8424	3.7009	3.5693	3.4466	3.3321

國家圖書館出版品預行編目(CIP)資料

財務管理 / 朱盈盈 主編. -- 第一版.
-- 臺北市 : 崧博出版 : 崧燁文化發行, 2018.09

面 ; 公分

ISBN 978-957-735-441-9(平裝)

1.財務管理

494.7 107015090

書 名：財務管理

作 者：朱盈盈 主編

發行人：黃振庭

出版者：崧博出版事業有限公司

發行者：崧燁文化事業有限公司

E-mail：sonbookservice@gmail.com

粉絲頁 網 址：

地 址：台北市中正區重慶南路一段六十一號八樓 815 室

8F.-815, No.61, Sec. 1, Chongqing S. Rd., Zhongzheng Dist., Taipei City 100, Taiwan (R.O.C.)

電 話：(02)2370-3310 傳 真：(02) 2370-3210

總經銷：紅螞蟻圖書有限公司

地 址：台北市內湖區舊宗路二段 121 巷 19 號

電 話：02-2795-3656 傳真：02-2795-4100 網址：

印 刷 ：京峯彩色印刷有限公司（京峰數位）

定價：600 元

發行日期：2018 年 9 月第一版

◎ 本書以POD印製發行